EUL VERLAG

Dr. Antje Beier

Die Nachfrage nach M&A-Dienstleistungen

Eine Analyse des Beschaffungsprozesses und der Auswahlkriterien

Mit einem Geleitwort von Prof. Dr. Reinhard Meckl,
Universität Bayreuth

EUL VERLAG

Bibliographische Information der Deutschen Bibliothek

Die Deutsche Bibliothek verzeichnet diese Publikation in der Deutschen Nationalbibliothek; detaillierte bibliographische Daten sind im Internet über <http://dnb.ddb.de> abrufbar.

Dissertation, Universität Jena, 2008

ISBN 978-3-89936-809-3
1. Auflage Juli 2009

JOSEF EUL VERLAG GmbH
Brandsberg 6
D-53797 Lohmar
Tel.: +49 (0) 22 05 / 90 10 6-6
Fax: +49 (0) 22 05 / 90 10 6-88
http://www.eul-verlag.de
info@eul-verlag.de

Bei der Herstellung unserer Bücher möchten wir die Umwelt schonen. Dieses Buch ist daher auf säurefreiem, 100% chlorfrei gebleichtem, alterungsbeständigem Papier nach DIN 6738 gedruckt.

Geleitwort

M&A-Transaktionen stellen in den meisten Fällen hochkomplexe Projekte dar, da Expertenwissen aus unterschiedlichen Bereichen für eine erfolgreiche Abwicklung der Transaktionen notwendig ist. Spezifische, häufig nur bei M&A auftretende Fragen z.B. aus dem betriebswirtschaftlichen, juristischen, steuerlichen oder auch technischen Bereich erfordern Kenntnisse, die von den meisten Unternehmen nicht in ihrer Gänze vorgehalten werden. Umso wichtiger ist bei M&A-Transaktionen die Einschaltung von externen Beratern, die aufgrund ihrer Qualifikation und auch Erfahrung optimierte Konstellationen z.B. was die Dealstruktur betrifft entwerfen können oder auch die spezifischen Risiken eines M&A-Projekts erkennen und entsprechend vermindern können.

Angesichts der Unsicherheiten eines geplanten M&A-Projekts ist es aber für Unternehmen, die Berater für die Transaktion engagieren wollen, sehr schwierig, die für das Projekt am besten geeigneten Berater zu finden. Angesichts der Spezifitäten und der Unsicherheit sind traditionelle Beschaffungsmodelle in ihrer Übertragbarkeit limitiert.

Die vorliegende Arbeit entwickelt ein Entscheidungsmodell, das in mehreren Schritten eine Optimierung der Beschaffungsentscheidung für M&A-Berater vornimmt. Die Verfasserin verwendet als Hintergrund entscheidungstheoretische Überlegungen, um das komplexe und von großen Unsicherheiten belastete Beschaffungsproblem zu modellieren und im Rahmen einer logischen Kette von Einzelentscheidungen einer konsistenten Lösung zuzuführen. Es gelingt ihr dabei, die theoretische Konzeption mit einer anwendungsorientierten inhaltlichen Vorgehensweise zu füllen. Aus diesem Grund bietet die vorliegende Arbeit sowohl theoretisch interessierten Wissenschaftlern als auch Praktikern wichtige und interessante Anregungen wie mit dem Problem der Beschaffung von M&A-Beratungsleistungen umzugehen ist.

Bayreuth, im Februar 2009 Prof. Dr. Reinhard Meckl

Vorwort

Die Beschaffung von M&A-Dienstleistungen stellt ein schwieriges organisatorisches Entscheidungsproblem dar, das in der wirtschaftswissenschaftlichen Literatur bisher kaum Beachtung gefunden hat. In der sehr umfangreichen Forschung zu M&A, die darauf ausgerichtet ist, Erfolgsfaktoren bei M&A zu identifizieren, wird die Rolle von M&A-Beratern und speziell die Frage nach der Beschaffung dieser Dienstleistungen bisher nur unzureichend betrachtet.

Die vorliegende Arbeit geht davon aus, dass die Auswahl eines geeigneten Beraters bei M&A-Transaktionen einen Erfolgsfaktor bei M&A darstellt. Die Beschaffung von M&A-Leistungen ist mit einem hohen Risiko verbunden, das sich zum einen aus der Hochwertigkeit der nachgefragten Leistungen und zum anderen aus den strategischen Implikationen der Beratungsempfehlungen ergibt. Ziel der Arbeit ist es, auf der Basis theoretischer Analysen und der Auswertung empirischer Studien den Beschaffungsprozess von M&A-Dienstleistungen zu strukturieren und ein Entscheidungsmodell zu entwickeln, aus dem Handlungsempfehlungen für die Auswahl von M&A-Beratern abgeleitet werden können.

Die vorliegende Dissertation entstand während meiner Tätigkeit als wissenschaftliche Mitarbeiterin am Lehrstuhl für Internationales Management an der Wirtschaftswissenschaftlichen Fakultät der Friedrich-Schiller-Universität in Jena und ich möchte an dieser Stelle all denen danken, die mich bei ihrer Erstellung unterstützt haben.

Für seine langjährige und wohlwollende Unterstützung möchte ich meinem Doktorvater Herrn Prof. Dr. Reinhard Meckl danken. Darüber hinaus bin ich Herrn Prof. Dr. Andreas Bausch für die Erstellung des Zweitgutachtens zu Dank verpflichtet.

Mein herzlicher Dank gilt allen Freunden und Kollegen am Lehrstuhl und an der Fakultät, die mich auf vielfältige Weise unterstützt haben und mit denen ich immer gern zusammen gearbeitet habe. Als fleißige Korrekturleser sind Anne Canis, Juliane Schunke und Stefan Uebensee besonders zu erwähnen.

Schließlich möchte ich meinem Mann Stephan danken, der immer für mich da war und der mir durch seine Liebe die Kraft für die Erstellung dieser Arbeit gegeben hat. Dieses Buch widme ich dem Andenken meines Vaters, dessen uneingeschränkter Unterstützung und Förderung ich mir immer sicher sein konnte.

Weimar, im Februar 2009 Antje Beier

Inhaltsverzeichnis

Abbildungsverzeichnis

Tabellenverzeichnis

Abkürzungsverzeichnis

Abb.	Abbildung
AG	Aktiengesellschaft
Aufl.	Auflage
bspw.	beispielsweise
bzw.	beziehungsweise
ca.	circa
c.p.	ceteris paribus (lat.; unter sonst gleichen Bedingungen)
CPA	Certified Public Accountant (engl.; Wirtschaftsprüfer)
DAX	Deutscher Aktienindex
DBW	Die Betriebswirtschaft
DDR	Deutsche Demokratische Republik
d.h.	das heißt
DL	Dienstleistung
et al.	et altera (lat.; und andere)
etc.	et cetera (lat.; und so weiter)
GB	Großbritannien
ggf.	gegebenenfalls
GuV	Gewinn- und Verlustrechnung
H.	Heft
hrsg. v.	herausgegeben von
i.d.R.	in der Regel
IPO	Initial Public Offering (engl.; öffentliche Erstemission)
Jg.	Jahrgang
LOI	Letter of Intent
M&A	Mergers und Acquisitions
NEMAX	Neuer Markt Index
Nr.	Nummer
o.Jg.	ohne Jahrgang
o.V.	ohne Verfasser
S.	Seite
sog.	so genannte(r)
u.a.	unter anderem
USA	Vereinigte Staaten von Amerika

v.	von
vgl.	vergleiche
vs.	versus
z.B.	zum Beispiel
ZfB	Zeitschrift für Betriebswirtschaft
ZfbF	Zeitschrift für betriebswirtschaftliche Forschung
z.T.	zum Teil

1 Einleitung und Problemstellung

1.1 Relevanz der Problemstellung der Arbeit

Obwohl die Inanspruchnahme externer Beratung bei Mergers und Acquisitions (M&A) in Deutschland im Vergleich zu anderen Märkten wie den USA noch nicht so weit verbreitet ist, kann doch festgestellt werden, dass die Hinzunahme externer Beratung bei M&A in Europa und auch in Deutschland immer mehr an Bedeutung gewinnt. In den Jahren 2001 bis 2004 wurden knapp 30% aller europäischen M&A-Transaktionen von externen Beratern begleitet (vgl. Russo/Perrini 2006, 52). Eine Beratungsquote von etwa 30% konnte auch durch die Studie von Hohnhaus bestätigt werden (vgl. 2004, 37). Für den deutschen Markt existieren unterschiedliche Schätzungen bezüglich der Einschaltungsintensität von Beratern bei M&A-Transaktionen. So geht Weihe (vgl. 2003, 72) davon aus, dass im Jahr 2000 rund 47% der abgeschlossenen deutschlandbezogenen M&A von Beratern begleitet wurden. In einer Studie von Oleownik und Bußmann (vgl. 2002, 246) geben 40% der DAX-Unternehmen an, dass sie bei vergangenen Akquisitionen schon einmal mit einem M&A-Berater und einer Investmentbank zusammengearbeitet haben. Die Mehrheit der befragten Unternehmen gibt an, in Zukunft noch stärker auf externe M&A-Beratung zurückgreifen zu wollen. Bei der Veräußerung von Beteiligungen nutzen 81% der Beteiligungsgesellschaften externe Berater. Am häufigsten werden Rechtsanwälte, gefolgt von Wirtschaftsprüfern und Unternehmensberatern in Anspruch genommen (vgl. Haarmann Hemmelrath 2002, 18).

Es zeigt sich also, dass in Deutschland eine steigende Zahl von Transaktionen mit Hilfe von M&A-Beratern durchgeführt wird (vgl. Beitel 2004, 2). Achleitner (2002, 155) hält fest, dass die externen Berater bei M&A „...einen festen Platz innerhalb des institutionalisierten M&A-Marktes eingenommen haben, ohne den sich die große Anzahl der durchgeführten Deals nur schwer realisieren ließe". Auch Weihe (2004, 408) geht davon aus, dass sich die Beauftragung externer M&A-Berater „... in Deutschland zum Marktstandard bei Unternehmenstransaktionen..." entwickelt.

M&A-Beratungsleistungen sind verhältnismäßig teure Dienstleistungen und ihre Inanspruchnahme geht mit erheblichen Kosten für das nachfragende Unternehmen einher (vgl. Abschnitt 2.5.4). Wenn das nachfragende Unternehmen einen Berater beauftragt, der zur Lösung des anstehenden Problems nicht geeignet ist, läuft es Gefahr, eine beträchtliche Fehlinvestition zu tätigen (vgl. Kohr 2000, 1).

Was aber die Beschaffung von Beratungsleistungen noch bedeutsamer macht, ist die Tatsache, dass Unternehmen ein beträchtliches ökonomisches Risiko eingehen, wenn sie Beraterempfehlungen folgen. Ungeeignete Beraterempfehlungen können dem Unternehmen massiv schaden, denn sie haben weitreichende Konsequenzen für den Erfolg des Unternehmens (vgl. Wittreich 1966, 127). Die Berater erlangen Einfluss auf Entscheidungen des Unternehmens, die die langfristige Entwicklung betreffen. Die Bedeutung der beschafften Dienstleistungen geht also deutlich über ihre Bezugskosten und deren Einfluss auf das Unternehmensergebnis hinaus (vgl. Thiell 2006, 102). Das gilt umso mehr für M&A-Transaktionen, die häufig von großer strategischer Bedeutung sind und eine verhältnismäßig hohe Misserfolgsquote aufweisen (vgl. Hawranek 2004, 2). Die hohe Wahrscheinlichkeit des Scheiterns von M&A-Transaktionen wird z.B. dadurch belegt, dass 48% aller deutschen an der Frankfurter Börse notierten Unternehmen angeben, mindestens eine gescheiterte M&A-Transaktion erlebt zu haben (vgl. Oleownik/Bußmann 2002, 244).

Meckl (vgl. 2006, 407) strukturiert die Erfolgs- bzw. Misserfolgsfaktoren von M&A-Transaktionen nach der Projektmanagementebene, der individuellen Ebene und der methodischen Ebene. Auf der Projektmanagementebene hängt der Erfolg einer M&A-Transaktion davon ab, wie effizient die Strukturierung und Führung eines Projektes sind. Auf der individuellen Ebene sind Erfahrungen, Kenntnisse und Fähigkeiten der an dem Projekt Beteiligten wichtig für dessen Erfolg. Auf der methodischen Ebene geht es darum, richtige und leistungsfähige Instrumente in den jeweiligen Prozessphasen einzusetzen. Der Einsatz von M&A-Beratern hat Auswirkungen auf alle genannten Kategorien von Erfolgsfaktoren. Die vielfältigen Erfahrungen von M&A-Beratern ermöglichen es ihnen, ein effizientes Projektmanagement zu etablieren und die Transaktion sinnvoll zu strukturieren (vgl. Krauß 1999, 28; Kesner/Shapiro/Sharma 1994, 704). Auf der individuellen Ebene bringen M&A-Berater aufgrund ihrer Spezialisierung und ihres Netzwerkes Kenntnisse und Fähigkeiten ein, die als Ergänzung von im Unternehmen vorhandenen Kenntnissen nützlich sind. Auf der methodischen Ebene verfügen Berater über eine besondere Kompetenz hinsichtlich der Auswahl und Anwendung geeigneter Instrumente (vgl. Hedtstück/Strick 2006, 64; Wirtz 2003, 99).

Sie können also zum Erfolg einer M&A-Transaktion beitragen, ihre Hinzunahme kann aber auch negative Konsequenzen haben, wenn nicht die geeigneten und am besten befähigten Berater ausgewählt werden.

Beratungssuchende Unternehmen befinden sich in einer Entscheidungssituation, die durch Ungewissheit hinsichtlich der verfügbaren Alternativen, deren Bewertung und letztlich der zu erwartenden Konsequenzen der Entscheidung gekennzeichnet ist (vgl. Kohr 2000, 1). Die Entscheidung für einen Beratungsanbieter stellt eine besonders schwierige und komplexe Beschaffungsentscheidung dar (vgl. Corcoran/McLean 1998, 37). Die Beschaffung von Dienstleistungen wird allgemein als risikoreicher als die von Produkten angesehen. Die Beschaffung von Beratungsleistungen wiederum ist komplexer als die Beschaffung von anderen Dienstleistungen. Die organisationale Nachfrage durch Unternehmen ist komplexer als die Konsumentennachfrage. Es lässt sich also ableiten, dass die Nachfrage nach Beratungsleistungen durch Unternehmen eine der schwierigsten und risikoreichsten Beschaffungsentscheidungen überhaupt ist (vgl. Mitchell 1994, 337).

Während der Einkauf von Sachgütern in den meisten Unternehmen klar organisiert und strukturiert ist, fehlen für den Einkauf von Dienstleistungen häufig konkrete Vorgaben. Für Beratungsleistungen gibt es in den nachfragenden Unternehmen oft noch keine eindeutigen Erkenntnisse darüber, wie der Beschaffungsprozess am besten zu gestalten ist. Es zeigt sich, dass spezialisierte Kenntnisse und Fähigkeiten notwendig sind, um eine fundierte Beschaffungsentscheidung für Dienstleistungen treffen zu können (vgl. Smeltzer/Ogden 2002, 67-68).

In Anbetracht der Schwierigkeit und der weitreichenden Konsequenzen der Beschaffungsentscheidung für M&A-Dienstleistungen erscheint eine Professionalisierung des Beschaffungsverhaltens notwendig. „Die Komplexität, der Umfang, oftmals die Einmaligkeit und die weitreichende finanzielle Tragweite von einzelnen Projekten machen die Auswahl einer optimal geeigneten Investmentbank für den Kunden zu einem erfolgsentscheidenden Schritt“ (Achleitner 2002, 14). Diese Sichtweise teilt auch Merz (vgl. 1994, 27), der die Suche und Auswahl eines geeigneten M&A-Beraters für einen wesentlichen Erfolgsfaktor bei der Durchführung einer M&A-Transaktion hält. Die Tatsache, dass die großen deutschen Konzerne eine Professionalisierung ihres Umgangs mit M&A-Beratern durch den Aufbau eigener M&A-Teams verfolgen, ist Beleg für die Bedeutung dieses Aspekts (vgl. Hedtstück/Strick 2006, 64). Die wissenschaftliche Auseinandersetzung mit dem Nachfrageverhalten und mit der Gestaltung des Beschaffungsprozesses für M&A-Dienstleistungen erscheint lohnenswert, da sich hier ein Ansatzpunkt für die Verbesserung der Qualität von M&A-Prozessen bietet. Es stellt sich nun die Frage, inwieweit die Thematik in der bisherigen

Forschung Berücksichtigung erfahren hat und ob diesbezüglich noch weitergehender Forschungsbedarf besteht, der eine Auseinandersetzung mit der Problematik rechtfertigt.

1.2 Überblick über den Stand der Forschung

Die betrachtete Problemstellung der Nachfrage nach M&A-Beratung sollte für verschiedene Forschungsrichtungen von Interesse sein, weshalb zu erwarten wäre, dass bereits eine intensive Auseinandersetzung mit dem Thema stattgefunden hat. Für die Identifikation relevanter Forschungsbereiche ist eine analytische Aufgliederung der Problemstellung „Nachfrage und Beschaffung von M&A-Beratungsleistungen" sinnvoll. Für die Betrachtungen sind also zum einen das Objekt „M&A-Beratungsleistungen", zum anderen die Aktivität „Nachfrage bzw. Beschaffung" von Bedeutung.

Bei dem Objekt der Nachfrage handelt es sich nicht um Sachgüter, sondern um Dienstleistungen. Es wird eine besondere Form von Dienstleistungen betrachtet, die die Beratung von Unternehmen zum Inhalt hat. Die Beratung bezieht sich auf eine besondere betriebswirtschaftliche Problemstellung: die Durchführung von M&A-Transaktionen. Im Zusammenhang mit dem Objekt sollten die Forschungsbereiche des Investitionsgütermarketings, des Dienstleistungsmarketings, der Beratungsforschung sowie die M&A-Forschung interessant sein.

Das Investitionsgütermarketing wurde als eigenständige Forschungsrichtung neben dem am Konsumentenverhalten ausgerichteten Marketing etabliert. Es trägt der Tatsache Rechnung, dass das Beschaffungsverhalten von Organisationen sich von dem von Konsumenten unterscheidet. Das Investitionsgütermarketing ist hauptsächlich auf die Analyse der Nachfrage und der Vermarktung von Sachgütern, insbesondere von Investitionsgütern ausgerichtet. Dienstleistungen finden i.d.R. nicht explizit Berücksichtigung (vgl. Kißling 1999, 3).

Im Rahmen des Dienstleistungsmarketings wurden zahlreiche Arbeiten veröffentlicht, die sich mit Dienstleistungen als besondere Form wirtschaftlicher Leistungen auseinandersetzen (vgl. z.B. Kleinaltenkamp 2007; Meffert/Bruhn 2006; Bruhn 2001). Klassische Schwerpunkte der Auseinandersetzung sind zum einen die Frage, wie sich die dienstleistungsspezifischen Merkmale auf die Vermarktung von Dienstleistungen auswirken und zum anderen die Frage nach der Messung und Steuerung der

Dienstleistungsqualität. Hinzu kommen eine Vielzahl neuer Fragestellungen und Erweiterungen, die z.B. die Internationalisierung von Dienstleistungskonzepten, spezielle Formen wie industrielle Dienstleistungen oder das Dienstleistungscontrolling betreffen (vgl. Meffert/Bruhn 2006, V).

Bei M&A-Dienstleistungen handelt es sich um eine besondere Form von Dienstleistungen, die sich insbesondere dadurch auszeichnet, dass sie ausschließlich für Organisationen, vor allem Unternehmen, erbracht werden. Derartige Dienstleistungen werden auch als Business Services bezeichnet und haben in der Vergangenheit nur ein eingeschränktes wissenschaftliches Interesse gefunden, so dass die Zahl der Arbeiten, die sich mit Business Services befassen, verhältnismäßig klein ist (vgl. Schuler 2004, 25; Mitchell/Moutinho/Lewis 2003, 2-3; Lapierre 1997, 377). Das wird schon von Scott/van der Walt (1995, 28) festgestellt: „Organizational purchase procedures in professional service selection have not been the subject of much research". Trotz des gestiegenen Interesses an professionellen Dienstleistungen ist ein umfassendes Verständnis der Beschaffung dieser Leistungen durch Unternehmen noch nicht erreicht (vgl. Mitchell/Moutinho/Lewis 2003, 1).

Da es sich um Beratungsleistungen handelt, sollte auch die Beratungsforschung relevante Erkenntnisse aufzeigen. Kohr betrachtet in seiner Arbeit die Auswahl von Unternehmensberatungsleistungen. Er stellt fest, dass sich die betriebswirtschaftliche Forschung bisher kaum mit dem Gegenstand der Auswahl von Unternehmensberatung befasst hat (vgl. Kohr 2000, 1-2). Dass eine derartige Forschungslücke schon länger besteht, zeigt die Aussage von Mitchell (1994, 336), der konstatiert: „...despite the obvious problems and risk in appointing consultants, the literature is poor in guidelines and best practices". Die Forschungslücke ergibt sich allerdings weniger aus einer mangelnden Quantität im Sinne der Zahl von Veröffentlichungen, sondern eher aus der fehlenden Qualität der Beschäftigung mit dem Problem. Obwohl es relativ viele deskriptive und präskriptive Arbeiten zur Auswahl von Beratern gibt, kann festgestellt werden, dass diese häufig sehr stark praxisorientiert sind und eine systematische und theoretisch fundierte Herangehensweise an das Problem vermissen lassen: „...there is a lack of any systematic, well-grounded research on the selection and evaluation of consultancy..." (Gallouj 1997, 48). Das zeigt sich insbesondere in der großen Anzahl von „How to select a consultant..."-Artikeln, die in weiten Teilen aus Checklisten und allgemeinen, praxisorientierten Anregungen zur Beschaffung von Beratungsleistungen bestehen (vgl. z.B. Floyd 2004; Wei 2002; Burke/Bandick 1997; Frable 1997; Marchesi

1989). Auch Day und Barksdale (vgl. 1993, 85) betonen, dass tiefergehende Erkenntnisse über das Beschaffungsverhalten nur gewonnen werden können, wenn man statt eng angelegter Studien eine systematische Analyse des Beschaffungsprozesses in seiner Gesamtheit vornimmt.

Die Forschung zu M&A ist sehr umfangreich und erstreckt sich auf eine Reihe von Problemfeldern, zu denen insbesondere die Erfolgsfaktoren und spezifischen Aktivitäten im M&A-Prozess wie z.B. die Due Diligence oder die Post-Merger-Integration gehören (vgl. Hawranek 2004, 4). M&A-Dienstleistungen stehen nicht im Fokus des Interesses. Die Bedeutung von Investmentbanken und anderen M&A-Beratern wurde für den deutschen Markt bisher kaum erforscht (vgl. Beitel 2004, 2). Dies zeigt sich auch in der geringen Zahl von Veröffentlichungen, die sich explizit mit der Rolle der Berater bei M&A beschäftigen (vgl. Häcker 2007; Fischer 2005; Hohnhaus 2004; Schuler 2004; Bross/Caytas/Mahari 1991). Zum Investment Banking existieren verhältnismäßig viele Arbeiten, bei denen es aber mehrheitlich nicht ausschließlich um M&A geht, sondern die sich auch mit anderen Dienstleistungen (wie z.B. die Begleitung von IPOs) von Investment Banken beschäftigen.

Betrachtet man die Nachfrage oder Beschaffung als wesentlichen Teil der Problemstellung, lässt sich ein weiterer relevanter Forschungsbereich ableiten. Es existiert eine umfangreiche und breit angelegte Forschungsrichtung, die sich mit der Beschaffung von Produkten und Leistungen in Unternehmen befasst. Ausgangspunkt der Betrachtungen war zunächst lediglich die Ausschöpfung von Kostensenkungspotenzialen. In Folge von Bewegungen wie dem „Lean Management" oder dem Fokus auf Kernkompetenzen gewann die Beschaffung jedoch zunehmend an Bedeutung, da die Fertigungstiefe stark verringert wurde (vgl. Kißling 1999, 2). Damit ging eine Neuorientierung einher, die nicht nur das Kostensenkungspotenzial sondern auch die strategische Bedeutung der Beschaffungsfunktion betonte (vgl. Cox 2003). Zu den betrachteten Problemstellungen gehören u.a. Beschaffungsstrategien, Global Sourcing, Lieferantenmanagement, Supply Chain Management, Logistik und rechtliche Rahmenbedingungen.

Trotz der Vielzahl von Arbeiten zur Beschaffung gibt es noch immer Autoren, die der Meinung sind, dass die wissenschaftliche Auseinandersetzung mit der Beschaffung intensiviert werden müsste. So halten Degraeve, Labro und Roodhooft (2005, 3) fest: "Purchasing determines an important part of the competitive position of most firms..."

und "...purchasing probably does not receive the attention it deserves in Western academic literature...".

In der bisherigen empirischen Forschung zum Beschaffungsverhalten von Unternehmen wird eine Vielzahl situativer Einflüsse untersucht. Dabei zeigen die vorliegenden Arbeiten häufig die Schwäche, dass nicht erkennbar ist, wie die untersuchten Einflussfaktoren ausgewählt wurden und welche Beziehungen zwischen den Einflussfaktoren bestehen (vgl. Homburg/Werner 1998, 981). Es fehlt an einer gesamtheitlichen Betrachtungsweise des Beschaffungsverhaltens.

Die Mehrzahl der Arbeiten zur Beschaffung ist auf Sachgüter, insbesondere Investitionsgüter, ausgerichtet. Die Beschaffung von Dienstleistungen ist hingegen selten der Gegenstand der Auseinandersetzung. „We know a lot about product procurement; however, our academic knowledge for services procurement seems to be limited" (Sheth 1996, 14). In Anbetracht der hohen Kosten, die durch die Inanspruchnahme von Beratungsleistungen verursacht werden, ist es erstaunlich, dass es zur Beschaffung von Beratungsleistung so wenig Literatur gibt (vgl. Mitchell 1994, 315). Obwohl es in der Literatur eine Vielzahl von Beschaffungsmodellen gibt, wird deren Anwendung auf die Beschaffung von Dienstleistungen sehr kontrovers diskutiert. Viele Autoren sind zu dem Schluss gekommen, dass eine Übertragung der Prinzipien der Beschaffung von Produkten auf die Beschaffung von Dienstleistungen nicht ohne weiteres möglich ist. Das liegt vor allem daran, dass das Beschaffungsrisiko bei Dienstleistungen deutlich größer wahrgenommen wird als bei Produkten (vgl. Roodhooft/Van den Abbeele 2006, 492; Gallouj 1997, 43; Mitchell 1994, 316).

Als Ergebnis der vorangegangenen Betrachtungen ist festzuhalten, dass eine Forschungslücke bezüglich der Nachfrage nach M&A-Dienstleistungen besteht. Es mangelt insbesondere an einer ganzheitlichen wissenschaftlichen Herangehensweise und Analyse der Beschaffung von M&A-Dienstleistungen. Darüber hinaus untersuchen die vorliegenden Ansätze das Problem vornehmlich aus der Perspektive der Anbieter. Die Mehrzahl der in der Literatur zu findenden Beiträge zum Nachfrageverhalten stellen darauf ab, Erkenntnisse für das Marketing der betreffenden Produkte oder Leistungen abzuleiten (vgl. z.B. Bunn/Clopton 1993, 457; Day/Barksdale 1992, 85).

Eine intensive Auseinandersetzung mit der Frage, wie hingegen die Beschaffung im Unternehmen gestaltet sein sollte, fand für M&A-Dienstleistungen bisher nicht statt und ist auch für vergleichbare Dienstleistungen nur bedingt erfolgt, so dass für die vorliegende Themenstellung noch Forschungsbedarf besteht.

1.3 Ziele und Aufbau der Arbeit

Ziel der Arbeit ist es, durch eine systematische und theoriegeleitete Analyse der Beschaffung von M&A-Dienstleistungen die identifizierte Forschungslücke zu schließen. Übergeordnetes Ziel ist die Ableitung eines konzeptionellen Modells eines idealtypischen Beschaffungsprozesses, aus dem Handlungsempfehlungen für die verschiedenen Prozessphasen entwickelt werden können.

Das übergeordnete Ziel lässt sich in das Erkenntnisziel und das Gestaltungsziel gliedern. Das Erkenntnisziel beinhaltet die Beschreibung und Analyse des Beschaffungsverhaltens für M&A-Dienstleistungen. Es sollen Erkenntnisse darüber gewonnen werden, wie die in die Beschaffung von M&A-Dienstleistungen involvierten Objekte beschaffen sind und welche Handlungsweisen im Zusammenhang mit der Beschaffung zu beobachten sind. Aus methodischer Sicht wird das Ziel verfolgt, theoretische Ansätze zu identifizieren und auszuwerten, die geeignet erscheinen, die Charakteristika der betrachteten Objekte zu beleuchten. Aus inhaltlicher Sicht soll eine Analyse des Beschaffungsverhaltens Ansatzpunkte für eine Verbesserung des Ablaufes des Beschaffungsprozesses liefern. Das Gestaltungsziel ist darauf ausgerichtet, konkrete Empfehlungen mit Bezug auf verschiedene Prozessphasen und Ausgangssituationen zu generieren.

Eine Analyse des Beschaffungsverhaltens bei M&A-Dienstleistungen erweist sich als schwierig, da es ein komplexes Konstrukt darstellt, das aus einer Vielzahl von Elementen besteht, die in komplexen Wirkungsbeziehungen zueinander stehen. Um das Problem der Nachfrage nach M&A-Dienstleistungen analytisch erfassen zu können, muss diese Komplexität reduziert werden. Das kann durch eine klare Strukturierung des Problemfeldes erreicht werden, weshalb eine analytische Unterteilung des Gesamtproblems in drei Ebenen vorgenommen wird.

Die erste Ebene, die **Objekt-Ebene**, beschäftigt sich mit den Betrachtungsgegenständen der Analyse des Beschaffungsprozesses. Eine Beschaffungssituation umfasst eine Leistung, die zwischen dem Anbieter und dem Nachfrager ausgetauscht wird. Unter Objekte werden deshalb die am Beschaffungsprozess beteiligten Akteure, d.h. Nachfrager und Anbieter, sowie die zu beschaffende Leistung gefasst. Die Objekt-

Ebene wird also noch einmal weiter in ihre drei Bestandteile differenziert. Ein wesentlicher erster Schritt dieser Arbeit wird es sein, eine Charakterisierung von M&A-Dienstleistungen sowie ihrer Anbieter und Nachfrager vorzunehmen. Diese werden zunächst einzeln betrachtet, wobei von besonderem Interesse ist, inwieweit sich die Eigenheiten der Objekte auf die Nachfragesituation auswirken können. Diese Objekt-Ebene verdeutlicht die statische Komponente eines Modells zum Beschaffungsverhalten bei M&A-Dienstleistungen. Sie enthält die begrifflich-konzeptionelle Grundlegung der Arbeit.

Die zweite Ebene ist die **Prozess-Ebene**, die sich mit dem Ablauf und den Phasen der Beschaffung von M&A-Dienstleistungen auseinandersetzt. Diese Ebene reflektiert den dynamischen Charakter des Beschaffungsverhaltens und zeigt es als Kombination zeitlich paralleler und zeitlich aufeinanderfolgender Handlungen sowie damit verbundener iterativer Schleifen. Ziel ist es, eine Vorstellung von der zeitlichen und logischen Erstreckung des Beschaffungsprozesses zu gewinnen, wobei von besonderem Interesse ist, ob und welche Gestaltungsmöglichkeiten an einzelnen Punkten des Prozesses bestehen und an welchen Prämissen die Gestaltung grundsätzlich ausgerichtet sein sollte.

Die dritte Ebene ist die **Verhaltens-Ebene**, die sich auf das Informations- und Entscheidungsverhalten der Nachfrager bezieht. Auf dieser Ebene erfolgt eine Übersicht über allgemeine theoretische und empirische Erkenntnisse zum Informations- und Entscheidungsverhalten von Menschen in Nachfragesituationen. Die Analyse befasst sich dabei mit konkreten Verhaltensaspekten wie der nachgefragten Informationsmenge, den gewählten Informationsquellen oder den angewandten Entscheidungsverfahren. Die Verhaltens-Ebene hat zum einen explikativen Charakter, da an dieser Stelle nach Begründungen für real zu beobachtendes Verhalten gesucht wird. Erklärungsmodelle für das Verhalten der Nachfrager in den einzelnen Prozessphasen werden abgeleitet, indem Einflussvariablen und ihre Wirkung aufgezeigt werden. Sie hat aber auch präskriptiven Charakter, da an dieser Stelle Abweichungen zu den in der Prozessebene bestimmten Prämissen sichtbar werden. Diese Abweichungen bilden die Grundlage für die Ableitung konkreter Maßnahmen zur organisatorischen und inhaltlichen Ausgestaltung des Beschaffungsprozesses.

Die nachfolgende Abbildung verdeutlicht den Aufbau der Arbeit anhand der drei genannten Ebenen:

Abb. 1: Aufbau der Arbeit anhand der Analyseebenen

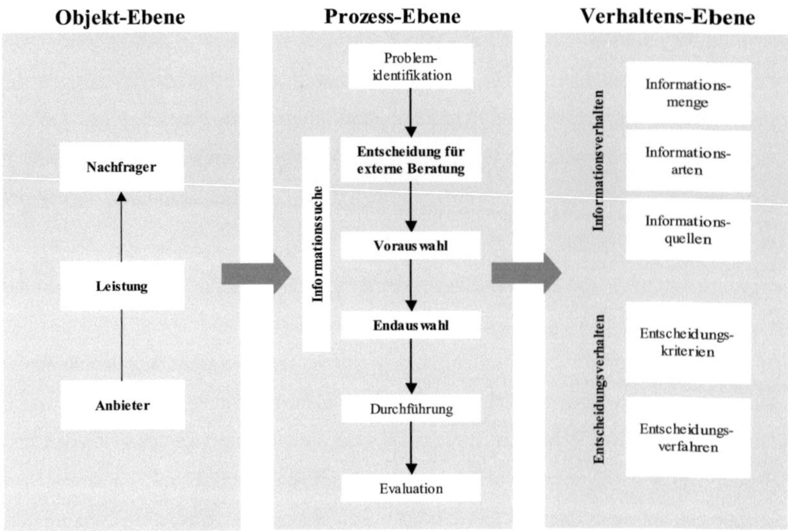

Quelle: eigene Darstellung

Die Betrachtung der **Objekt-Ebene** erstreckt sich über die Kapitel 2, 3 und 4. In Kapitel 2 wird eine Charakterisierung von M&A-Dienstleistungen vorgenommen. Zunächst erfolgen die notwendigen Begriffsbestimmungen, dann werden die wesentlichen Eigenschaften von M&A-Dienstleistungen herausgearbeitet, die Auswirkungen auf das Beschaffungsverhalten haben. Kapitel 3 widmet sich der Charakterisierung der Anbieter von M&A-Dienstleistungen, wobei insbesondere auf die verschiedenen Arten von Dienstleistern eingegangen wird und die Marktstruktur des deutschen Marktes für M&A-Beratung beleuchtet wird. In Kapitel 4 erfolgt dann eine Analyse der Nachfrager von M&A-Beratungsleistungen, wobei sowohl strukturelle Fragen, wie z.B. die Einbindung der Nachfrager in die Organisation, als auch inhaltliche Fragen, wie z.B. die von den Nachfragern verfolgten Zielstellungen, betrachtet werden. Mit diesem Kapitel ist der erste Teil der Arbeit, die Analyse der Objekt-Ebene, abgeschlossen.

Die **Prozess-Ebene** ist Gegenstand des fünften Kapitels. In diesem Kapitel wird sowohl die strukturelle als auch die inhaltliche Gestaltung des Beschaffungsprozesses für M&A-Dienstleistungen erarbeitet. Es werden die relevanten Prozessphasen und ihr idealtypischer Ablauf betrachtet. Darüber hinaus wird bestimmt, an welchen Prämissen sich die inhaltliche Gestaltung des Beschaffungsprozesses orientieren sollte.

In den Kapiteln 6, 7 und 8 folgt die Analyse der **Verhaltens-Ebene**. Hierbei werden die im Kapitel 5 definierten Prozess-Schritte in ihrer idealtypischen Reihenfolge durchlaufen und die Verhaltenselemente des jeweiligen Schrittes aufgezeigt. Kapitel 6 thematisiert die Entscheidung für externe Beratung und versucht situationsabhängige Empfehlungen für diese Entscheidung zu geben. Kapitel 7 widmet sich der Phase der Informationssuche. Untersucht wird das Informationsverhalten, das sich in den genutzten Informationsarten, Informationsquellen und Informationsmengen ausdrückt. Kapitel 8 beschäftigt sich mit der Auswahl, bei der eine Entscheidung für einen Anbieter getroffen wird. An dieser Stelle wird das Entscheidungsverhalten untersucht, das sich im Wesentlichen in den Entscheidungsverfahren und Entscheidungskriterien manifestiert. Abbildung 2 gibt einen Überblick über den Aufbau der Arbeit.

Abb. 2: Aufbau der Arbeit

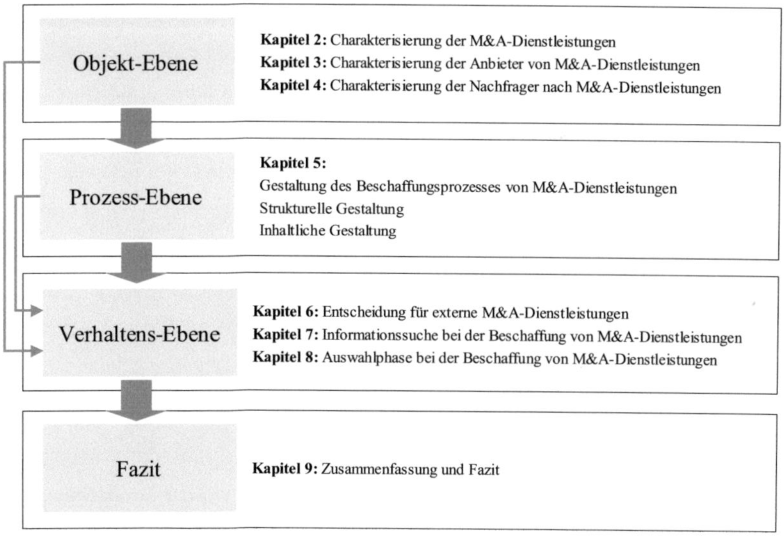

Quelle: eigene Darstellung

1.4 Forschungskonzeption

Die betriebswirtschaftliche Forschung bewegt sich im Spannungsfeld zwischen den Ansprüchen der Wissenschaft und der Praxis an die von ihr gewonnenen Erkenntnisse (vgl. Kieser/Nicolai 2003, 590). Für die Wirtschaftspraxis als Gegenstand der Wirtschaftswissenschaften ist die Frage nach der Brauchbarkeit der Theorien wichtig (vgl.

Freimann 1994, 14). In der Wissenschaftswelt ist dagegen die Erkenntnisorientierung entscheidend. Die symbolische Interpretation der Realität ist das Ziel der Wissenschaft (vgl. Kießler 1994, 62). Hier eröffnet sich das Theorie-Praxis-Dilemma der Betriebswirtschaftslehre, die zwischen Erklärungsorientierung und Gestaltungsorientierung steht. Das Dilemma ist allerdings nicht so gravierend, wenn man bedenkt, dass immer zunächst erklärende Aussagen über die Wirtschaftswelt gefunden werden müssen, um eine Basis für Gestaltungsmodelle und Instrumente zu schaffen (vgl. Freimann 1994, 15). Bevor jedoch erklärende Aussagen getroffen werden können, muss der Forschungsgegenstand erfasst werden, was Inhalt der Deskription ist.

Ausgangspunkt dieser Arbeit ist ein Praxisproblem der Wirtschaftswelt, das durch theoretisch-analytische Betrachtung erschlossen werden soll. Wissenschaftstheoretisches Ziel der Arbeit ist es, ein Modell des Beschaffungsprozesses für M&A-Dienstleistungen zu konstruieren, der als Teil des gesamten M&A-Prozesses aufgefasst werden kann. Modelle werden häufig als Vorläufer formaler Theorien aufgefasst, deren Ziel es ist, das Verhalten von Individuen zu beschreiben und den Einfluss verschiedener Variablen zu verdeutlichen. Sie richten sich typischerweise an spezifischen Problemen aus und arbeiten häufig mit graphischen Veranschaulichungen in Form von Diagrammen (vgl. Case 2007, 120). Sie haben den Vorteil, dass sie komplexe Prozesse strukturiert abbilden und dass sie wesentliche Elemente des Prozesses leicht erfassbar machen. Nachteilig ist die sich aus der Vereinfachung ergebende Gefahr der übermäßigen Generalisierung von realen Phänomenen (vgl. Case 2007, 121). Nach der Modellbildung erfolgt die Rückkoppelung zur praktischen Seite der Betriebswirtschaftslehre über normative Aussagen zur Gestaltung des Beschaffungsprozesses und des Beschaffungsverhaltens.

Die Forschungskonzeption der vorliegenden Arbeit basiert auf der Analyse und Deduktion unter Zuhilfenahme bestehender Theorien sowie auf der Beobachtung und Induktion unter Rückgriff auf vorliegende empirische Erkenntnisse.

Der Arbeit liegt ein pluralistisches Wissenschaftsverständnis zu Grunde. Die Forschungskonzeption folgt der Idee der Triangulation. Triangulation als Begriff entstammt der Navigation und bedeutet, dass mehrere (mindestens drei) Referenzpunkte genutzt werden, um die exakte Position eines Objektes zu bestimmen (vgl. Scandura/Williams 2000, 1249). Bezogen auf die wissenschaftliche Forschung bedeutet Triangulation, dass man verschiedene Theorien und Forschungsmethoden nutzt, um ein

Forschungsfeld möglichst genau und umfassend abzugrenzen. Es wird also eine Positionsbestimmung des zur Betrachtung stehenden Forschungsobjektes vorgenommen, indem verschiedene Theorien als Referenzpunkte der Sichtweise auf das Objekt genutzt werden. Verschiedene Forschungsmethoden werden genutzt, um einen größtmöglichen Erkenntnisfortschritt hinsichtlich des Forschungsobjektes erreichen zu können.

Durch die Einbeziehung verschiedener theoretischer Bezugspunkte wird der Tatsache Rechnung getragen, dass die Annäherung an den komplexen Untersuchungsgegenstand des Beschaffungsverhaltens aus nur einer Perspektive unzureichend ist. Das Vorgehen in dieser Arbeit ist dadurch gekennzeichnet, dass verschiedene Untersuchungsperspektiven eingenommen werden, zu denen die ökonomische, sozial-psychologische, soziologische, institutionenökonomische und dienstleistungstheoretische Perspektive gehören. Dieses Vorgehen wird gewählt, um eine Zusammenführung isoliert vorliegender Forschungsergebnisse zu ermöglichen und in einem interdisziplinären Forschungsansatz zu neuen Erkenntnissen zu gelangen. In der Arbeit wird die Perspektive des nachfragenden Unternehmens eingenommen, wobei zur genaueren Analyse eine Differenzierung der Betrachtungsebenen in organisationale und individuelle Ebene erfolgt. Insbesondere für die Betrachtung der individuellen Ebene werden neben betriebswirtschaftlichen auch die Erkenntnisse sozialwissenschaftlicher Nachbardisziplinen berücksichtigt. Dies erscheint notwendig, um behaviorale Aspekte, die als intervenierende Variablen des Beschaffungsverhaltens wirken, erfassen zu können.

Die in der Arbeit angewandte Forschungsmethodik setzt sich ebenfalls aus verschiedenen Elementen zusammen. Der erste Teil der Arbeit, die Beschäftigung mit der Objekt-Ebene erfolgt terminologisch-deskriptiv. Auf diese Weise wird der sprachliche und gedankliche Bezugsrahmen für die Arbeit konstruiert. Die Betrachtungsgegenstände sollen in ihrer spezifischen Charakteristik abgebildet werden. Dabei wird der Fokus auf diejenigen Charakteristika der Objekte gelegt, für die eine Wirkung auf das zu erklärende Beschaffungsverhalten zu erwarten ist. Ergänzend wird eine primäranalytisch-synthetische Arbeitsweise verfolgt, bei der vorhandene Theorien und Ansätze ausgewertet werden. Darauf aufbauend erfolgt eine empiriegerichtete Fundierung. Das empirische Vorgehen besteht in der Zusammenstellung und Auswertung von die Forschungsobjekte betreffenden Studien. Schließlich soll eine anwendungsorientierte plausibilitätsbasierte Heuristik für Entscheidungen im Zusammenhang mit dem Beschaffungsprozess abgeleitet werden.

2 Charakterisierung der M&A-Dienstleistungen

2.1 Begriffsbestimmung M&A

Eine Definition besteht aus der Zuordnung eines längeren Definiens zu einem kürzeren Definiendum. Dabei kann entweder nach einer Bezeichnung für ein gegebenes Definiens gefragt werden oder danach, worin das Wesen des Definiendums besteht (vgl. Chmielewicz 1979, 50). Im vorliegenden Fall stellt sich die Frage, wie das vorgegebene Definiendum „Mergers & Acquisitions" (M&A) umschrieben und eingegrenzt werden kann.

Der Begriff „Mergers & Acquisitions" ist ein Sammelbegriff, der aus Sicht der Unternehmen ein Instrument strategischer Entscheidungen darstellt (vgl. Jansen 2001, 44). Er bedeutet in einer direkten Übersetzung etwa so viel wie „Zusammenschlüsse und Käufe" (vgl. Schmitz 1993, 2). Unter dem Oberbegriff „Mergers & Acquisitions" werden also die Fusion oder der Kauf von Unternehmen zusammengefasst. Eine einheitliche Begriffsdefinition hat sich in der Literatur jedoch bisher nicht durchgesetzt, weshalb eine genauere Auseinandersetzung mit dem Begriff notwendig ist (vgl. Lucks/Meckl 2002, 23). Im weiteren Sinne bezeichnet das Begriffspaar „M&A" alle Transaktionen am Markt für Unternehmenskontrolle (vgl. Lo 1999, 5). Das heißt, dass diese Definition von M&A alle Vorgänge beinhaltet, die mit dem Erwerb oder der Veräußerung von Unternehmen verbunden sind (vgl. Lucks/Meckl 2002, 23). M&A bezeichnen Transaktionen, die sowohl die Übertragung von Eigentumsrechten als auch den Transfer von Informations-, Leitungs- und Kontrollbefugnissen an Unternehmen beinhalten. Entsprechend fallen der Erwerb geringfügiger oder ausschließlich renditeorientierter Beteiligungen durch Privatpersonen und institutionelle Anleger nicht darunter (vgl. Dufey/Hommel 2000, 963). Um von M&A sprechen zu können, sollte also neben einer Kapitalbeteiligung die strategische Zielsetzung des Eingriffs in die Geschäftstätigkeit des Zielunternehmens vorliegen (vgl. Lucks/Meckl 2002, 24). Zusammenfassend lässt sich festhalten, dass die Mehrzahl der Definitionen von M&A auf einige wenige konstitutive Merkmale ausgerichtet sind. Zu diesen Merkmalen zählen der Prozesscharakter, der Transfer von Eigentumsrechten, die Übertragung von Weisungs- und Kontrollbefugnissen sowie die dahinterliegenden strategischen Absichten (vgl. Wirtz 2003, 12). Anhand des Merkmals der Eigenkapitalbeteiligung können verschiedene Formen der Zusammenarbeit von Unternehmen vom Begriff

M&A abgegrenzt werden. Da strategische Allianzen nicht notwendigerweise eine Kapitalbeteiligung umfassen müssen, fallen sie in dieser Sichtweise nicht unter M&A. Der Sonderfall des Joint Venture, bei dem zwei oder mehrere Unternehmen durch Unternehmenserwerb oder Neugründung ein gemeinsames Unternehmen schaffen, ist dagegen Bestandteil der vorliegenden M&A-Definition (vgl. Lucks/Meckl 2002, 25).

M&A können in der Realität verschiedene Formen annehmen. Der Kauf eines Unternehmens wird auch als Übernahme (takeover) oder Akquisition (acquisition) bezeichnet. Es handelt sich dabei um Transaktionen, die eine einseitige Abtretung von Verfügungsrechten zur Folge haben (vgl. Bausch 2003, 21). Man unterscheidet freundliche Übernahmen (friendly takeovers), die mit der Unterstützung des Managements stattfinden und feindliche Übernahmen (hostile takeovers), die gegen den Willen des Managements durchgeführt werden (vgl. Dufey/Hommel 2000, 963).

Der Kauf eines Unternehmens kann durch die Übertragung von Gesellschaftsanteilen aus dem börslichen oder außerbörslichen Handel erfolgen (share deal) oder die Übertragung der betroffenen Vermögensgegenstände beinhalten (asset deal) (vgl. Dufey/Hommel 2000, 964).

Als Fusion (Merger) wird der Zusammenschluss zweier oder mehrerer rechtlich selbständiger Unternehmen durch Aufnahme oder Neugründung verstanden. Dabei verliert mindestens ein beteiligtes Unternehmen seine rechtliche Selbständigkeit (vgl. Lucks/Meckl 2002, 23). M&A-Transaktionen können weiterhin in Verkaufs- und Kauftransaktionen unterschieden werden. Diese Unterscheidung ist aber nur von nachrangiger Bedeutung für die vorliegende Arbeit, da unterstellt wird, dass die Unterscheidung kaum Relevanz für das allgemeine Beschaffungsverhalten und den Beschaffungsprozess für M&A-Dienstleistungen hat. Gestützt wird diese Annahme durch eine Studie von Schuler (vgl. 2004, 192) in der gezeigt wird, dass die Risikowahrnehmung von verschiedenen Transaktionsarten (Akquisition, Verkauf, Merger, Takeover-Defense) für Nachfrager von M&A-Beratungsleistungen nicht signifikant verschieden ist. Die wichtigsten Arten von M&A entsprechend der Begriffsdefinition dieser Arbeit werden noch einmal in der nachfolgenden Abbildung zusammengefasst.

Abb. 3: Die wichtigsten Arten von M&A

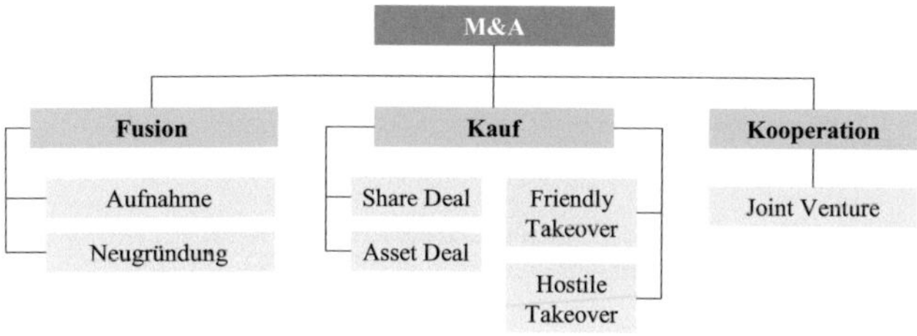

Quelle: eigene Darstellung in Anlehnung an Vogel 2002, 5

Nachdem der Begriff M&A nun umfassend bestimmt wurde, ist eine Definition des für die Arbeit zentralen Begriffs der M&A-Dienstleistungen abzuleiten, was Gegenstand des folgenden Abschnitts ist.

2.2 Begriffsbestimmung M&A-Dienstleistungen

In der einschlägigen Literatur findet sich keine klare Definition davon, was unter M&A-Beratung oder M&A-Dienstleistungen (diese Begriffe sollen im Folgenden synonym verwendet werden) zu verstehen ist. Da der Begriff der M&A-Dienstleistungen jedoch zentral für diese Arbeit ist, erscheint es notwendig, eine geeignete Arbeitsdefinition abzuleiten. Dazu wird zunächst betrachtet, wie verwandte Beratungsleistungen, insbesondere die Unternehmensberatung definiert werden. Eine Analyse der Literatur zur Unternehmens- und Managementberatung zeigt, dass eine klare definitorische Abgrenzung der Unternehmensberatung von anderen professionellen Dienstleistungen schwierig ist, da es keinen rechtlichen Berufsschutz für diese Tätigkeit gibt und somit eine Vielzahl von Berufsgruppen am Markt für Unternehmensberatung tätig sind (vgl. Sommerlatte 2000, 71). In der Beratungsforschung konnte deshalb noch keine einheitliche Definition bestimmt werden (vgl. Jeschke 2004a, 162). Dennoch weist die Mehrzahl der Definitionen ähnliche Merkmale auf, zu denen z.B. die Unterstützung, die Interaktivität oder die Professionalität zählen, wie die nachfolgende Tabelle zeigt.

Tabelle 1: Definitionen der Unternehmensberatung

Autor	Unternehmensberatung ist...
Krebs 1980, 55-56	„... die [...] Aufgabe [...], durch die Bereitstellung von Informationen verschiedenster Art die Unternehmensleitungen der zu beratenen Unternehmungen bei der Lösung komplex-weiträumiger Problemstellungen zu unterstützen."
Meffert 1990, 181-182	„...eine von externen, unabhängigen Personen bereitgestellte Hilfe bei der Identifizierung und Lösung betriebswirtschaftlicher Probleme..."
Kohr 2000, 17	„...eine professionelle und individuelle Dienstleistung, die von unabhängigen, externen Beratern in einem interaktiven Prozess mit dem Klienten erbracht wird und die Identifizierung, Analyse und Lösung von betriebswirtschaftlichen Problemen des Klienten sowie die Umsetzung der empfohlenen Lösungen beinhaltet."
Sommerlatte 2000, 85	„... eine auftragsindividuelle Dienstleistung professioneller, unabhängiger, organisationsinterner oder -externer Personen, die im Rahmen zeitlich und sachlich abgegrenzter Projekte zur Lösung betriebswirtschaftlicher Probleme öffentlicher und privater Organisationen erbracht wird, innerhalb derer die Leistungserbringer über keinerlei Entscheidungs- oder Durchsetzungskompetenz verfügen."
Jeschke 2004a, 162	„...eine professionelle, entgeltlich erstellte Dienstleistung [...], die von qualifizierten Berater(inne)n im Rahmen eines interaktiven und auftragsindividuellen Beratungsprozesses zur Identifizierung und/oder Lösung komplexer betriebswirtschaftlicher Probleme und unter Einbezug des Managements bzw. der Mitarbeiter eines auftragserteilenden Unternehmens erbracht werden."

Eine Definition lässt sich anhand der wichtigsten Merkmale der Unternehmensberatung ableiten, zu denen die institutionellen, die funktionellen und die instrumentellen Merkmale gehören (vgl. Steyrer 1991, 12). Institutionelle Merkmale ergeben sich aus der Frage, wer Träger der Beratung ist. In der Beratungsbeziehung müssen der Berater und der Kunde unterschieden werden. Da es sich zumeist nicht um Einzelpersonen sondern um strukturierte Personengruppen handelt, spricht man auch vom Beratersystem und vom Klientensystem (vgl. Hohnhaus 2004, 31). Institutionales Merkmal der Unternehmensberatung ist, dass der Berater normalerweise nicht Bestandteil des Systems des Auftraggebers ist, also nicht in die Hierarchie des Unternehmens eingebunden wird (vgl. Sommerlatte 2000, 75). Außerdem ist er unabhängig und hat eine interessenneutrale Sichtweise auf das Unternehmen. Die Erbringung von Beratungsleistungen ist die betriebliche Hauptleistung eines Beraters, was bedeutet, dass sie entgeltlich erbracht werden und nicht Nebenprodukt einer anderen Tätigkeit sind. Ein weiteres institutionelles Merkmal ist die formale, fachliche und personelle Qualifikation des Beraters, die zur Ausübung der Beratungstätigkeit notwendig ist (vgl. Sommerlatte 2000, 76).

Funktionales Merkmal der Unternehmensberatung ist, dass keine Umsetzungsverantwortung des Beraters vorliegt, er jedoch Unterstützung bei der Lösung betriebswirtschaftlicher Fragestellungen in Form von Handlungsempfehlungen geben soll und in zunehmendem Maße auch die Umsetzungsphase begleitet (vgl. Sommerlatte 2000, 78-79).

Die instrumentelle Perspektive betrachtet, wie und mit welchen Mitteln die Beratungsleistung erbracht wird (vgl. Hohnhaus 2004, 32). Aus instrumenteller Sichtweise wird die Beratung durch Projektbezug, Auftragsindividualität, Personenbezogenheit und Partizipation charakterisiert (vgl. Sommerlatte 2000, 79-81, vgl. dazu ausführlicher Abschnitt 2.5).

Während einige Autoren die mit M&A-Transaktionen verbundenen Dienstleistungen unter den Begriff M&A subsumieren (vgl. z.B. Merz 1994, 31; Vogel 2002, 5; Achleitner 2002, 141), soll in dieser Arbeit eine Abgrenzung von M&A und M&A-Dienstleistungen bzw. M&A-Beratung getroffen werden. Wenn in der gängigen Literatur zu M&A auf die Rolle von externen Beratern oder Spezialisten als Anbieter von M&A-Dienstleistungen eingegangen wird, verzichten die meisten Autoren auf eine Definition der M&A-Dienstleistungen per se. Stattdessen wird auf Auflistungen der in den einzelnen Phasen der M&A-Transaktion erforderlichen Handlungen zurückgegriffen (vgl. z.B. Achleitner 2002, 152; Lucks/Meckl 2002, 41; Wirtz 2003, 100). Weihe (2003, 45) bestimmt den Begriff folgendermaßen: „Unter M&A-Beratung versteht man die Dienstleistungen, die spezialisierte externe Berater (sog. M&A-Berater) bei Mergers & Acquisitions anbieten".

Das wesentliche konstitutive Merkmal von M&A-Dienstleistungen ist, dass es sich um jegliche Form von Beratung und Unterstützung bei der Abwicklung von M&A-Transaktionen handelt. Neben der reinen Beratung sind auch Zusatzleistungen wie z.B. die Finanzierung und vermittelnde Tätigkeiten wie z.B. die Kontaktherstellung zu Interessenten durch den Begriff der M&A-Dienstleistungen erfasst (vgl. Kerler 2000, 238). Weil M&A-Transaktionen grundsätzlich nur von Organisationen durchgeführt werden, ergibt sich aus diesem Merkmal zwangsläufig, dass es sich nicht um private Nachfrager (Konsumenten) handeln kann. In der Arbeit soll sich die Betrachtung auf private Unternehmen beschränken und öffentliche Unternehmen, Verwaltungen und andere Organisationen nicht betrachtet werden. Das erscheint sinnvoll, da das Beschaffungsverhalten in öffentlichen Institutionen aufgrund vergaberechtlicher Vorschriften stark strukturiert ist und nur begrenzte Gestaltungsspielräume bietet (vgl. Roodhooft/Van den Abbeele 2006, 497).

Da die Auswahl von Anbietern von M&A-Dienstleistungen durch Unternehmen betrachtet werden soll, muss angenommen werden, dass diese M&A-Berater nicht Bestandteil des nachfragenden Unternehmens sind. Es werden also unter M&A-Dienstleistungen nur Leistungen verstanden, die von Externen für das Unternehmen erbracht werden. Weiterhin soll sich die Betrachtung auf den professionellen Markt für M&A-Dienstleistungen beschränken, so dass der Begriff M&A-Dienstleistungen nur Dienstleistungen und Beratung umfasst, die gegen Bezahlung ausgeführt werden. M&A-Dienstleistungen werden nur nach individueller Beauftragung durch ein Unternehmen erbracht und richten sich an den spezifischen Anforderungen und Besonderheiten des Unternehmens und der Situation aus (vgl. Jacob/Klein 1996, 40). Fasst man diese wesentlichen Merkmale zusammen, gelangt man zu folgender Begriffsbestimmung:

Der Begriff der M&A-Dienstleistungen umfasst sämtliche durch ein Unternehmen von professionellen externen Anbietern entgeltlich nachgefragte, auftragsindividuelle Beratungsleistungen und Umsetzungsmaßnahmen, die der Vorbereitung, Durchführung und/oder Nachbereitung einer M&A-Transaktion dienen.

Nachdem nun eine Arbeitsdefinition entwickelt wurde, soll im Folgenden näher auf die im Rahmen der M&A-Beratung erbrachten Dienstleistungen eingegangen werden.

2.3 Inhalte von M&A-Dienstleistungen

2.3.1 Allgemeine Bestandteile der M&A-Beratung

Mit dem Abschluss eines Beratungsvertrages geht der M&A-Berater eine Reihe von allgemeinen Verpflichtungen ein, die auch die Grundlage für mögliche Haftungsansprüche bilden. Zu den Beraterpflichten gehören die Ausrichtung am Beratungsbedarf des Kunden, die Beratung (nur) im Rahmen des übernommenen Aufgabenbereiches sowie die Durchführung der Beratung. Der M&A-Berater muss Sorge dafür tragen, dass er den Beratungsbedarf korrekt ermittelt, was in der Praxis häufig mit Schwierigkeiten verbunden ist, wenn beim Kunden Wissenslücken oder Unsicherheit bezüglich der zu bearbeitenden Problemstellung bestehen. Der Aufgabenbereich wird im Beratervertrag klar eingegrenzt und sollte in Form eines detaillierten Aufgabenkataloges formuliert sein, der ggf. auch den Beratungsverzicht des Kunden in Teilbereichen schriftlich festhält. Im Rahmen der Durchführung hat der Berater die Pflicht der Informationsermittlung und -überprüfung sowie der vollständigen, wahrheitsgemäßen und klaren Weitergabe seiner Erkenntnisse an den Kunden (vgl. Rützel/Jürgens 1999, 521).

Im Rahmen der M&A-Beratung werden Kunden betreut, die einzelne Geschäftsbereiche oder ganze Unternehmen kaufen oder verkaufen bzw. ihr Unternehmen mit einem anderen verschmelzen möchten (vgl. Achleitner 2002, 19). Neben der strategischen Beratung widmen sich M&A-Berater insbesondere der Strukturierung des Akquisitionsverfahrens, der Erstellung des Bewertungsgutachtens und der Ansprache potenzieller Investoren. Auch die Verhandlungsführung, die Unterstützung des Nachfragerunternehmens bei der Informationsauswertung und bei der Preisfindung sowie die technische Abwicklung der Transaktion fallen in ihren Aufgabenbereich (vgl. Dufey/Hommel 2000, 967). Ein weiterer Aufgabenkomplex ist die Gestaltung von feindlichen Übernahmen oder die Abwehr derartiger Angriffe. Teile des Corporate-Restructuring-Geschäftes zählen ebenfalls zum Bereich der M&A-Beratung (vgl. Achleitner 2002, 19).

M&A-Transaktionen werden üblicherweise in drei Phasen eingeteilt: die Vorfeldphase, die Transaktionsphase und die Integrationsphase (vgl. Lucks/Meckl 2002, 54). In Abhängigkeit von der jeweiligen Transaktionsphase fallen bei der Abwicklung von Akquisitionen unterschiedliche Aufgaben an, wie die nachfolgende Tabelle verdeutlicht.

Tabelle 2: Aufgabenverteilung auf die Phasen der M&A-Transaktion

Vorfeldphase	Transaktionsphase	Integrationsphase
- Unternehmensanalyse - Wettbewerbsanalyse - Analyse der Zielsetzung - Strategiekonzeption - Projektplanung - Kontaktsuche - Kandidatenbewertung und -auswahl - Vorverträge	- Due Diligence - Unternehmensbewertung - Verhandlungen - Kaufpreisfestsetzung - Finanzierung - Umsetzungsverträge - Wettbewerbsrechtliche Prüfung - Closing	- Planung des Integrationsprozesses - Strategische, rechtliche, organisatorische, operative und kulturelle Integration - Folge-restrukturierungen - Erfolgskontrolle

Quelle: in Anlehnung an Jansen 2001, 164; Lucks/Meckl 2002, 54

Im Folgenden sollen die Aktivitäten der Vorfeldphase näher erläutert werden. Die phasenabhängigen Aktivitäten von M&A-Beratern in der Transaktions- und Integrationsphase werden in den darauffolgenden zwei Abschnitten dargestellt.

2.3.2 M&A-Dienstleistungen in der Vorfeldphase

M&A-Berater fungieren in der Vorfeldphase als wichtige Impulsgeber für die Durchführung oder auch Nicht-Durchführung von M&A-Transaktionen. Bestandteil der Vorfeldphase ist die Strategieentwicklung, die Festlegung der Akquisitionsstrategie und die Organisation des Akquisitionsprozesses. Im Rahmen der Strategieentwicklung sollte eine detaillierte Umfeld-, Branchen- und Marktanalyse sowie eine Stärken-Schwächen-Analyse des Unternehmens erstellt werden. Auf diese Weise erkannte strategische Lücken müssen durch die Entwicklung geeigneter Strategien geschlossen werden (vgl. Wirtz 2003, 108). Dabei ist insbesondere zu klären, ob das externe Wachstum oder die Schrumpfung durch eine M&A-Transaktion geeignet ist, um die Unternehmensziele zu erreichen (vgl. Hohnhaus 2004, 53).

Ist die Entscheidung zugunsten der Durchführung einer M&A-Transaktion gefallen, ist die wichtigste Aktivität in der Vorfeldphase die Analyse der Ausgangssituation. Bei einem Unternehmens- oder Beteiligungsverkauf müssen hier die Ziele der Partnersuche festgesetzt und ein Verkaufskonzept entworfen werden. Für den Unternehmens- oder Beteiligungserwerb stellt sich dagegen die Frage nach geeigneten Zielobjekten und Such- und Selektionskriterien (vgl. Müller-Stewens/Spickers/Deiss 1999, 55). Für die Bestimmung eines Suchprofils beim Unternehmenskauf werden abstrakte, klar operationalisierbare Kriterien erarbeitet (vgl. Müller-Stewens/Spickers/Deiss 1999, 55).

Es schließt sich die Identifizierung potenzieller Transaktionspartner an. Der M&A-Berater führt eine intensive Recherche und Analyse potenzieller Käuferunternehmen durch (vgl. Maehrle/Friedrich 2007, 10). Aufgrund ihrer langjährigen Tätigkeit haben sich M&A-Berater eine gute Marktübersicht geschaffen, was sie in besonderem Maße befähigt, geeignete Transaktionspartner ausfindig zu machen. Diese Fähigkeit wird von einigen Beratern auch zur aktiven Akquise von Beratungsaufträgen durch „Deal Drafting“ genutzt, indem sie potenzielle Kauf- oder Verkaufsobjekte am Markt ausmachen und diese einem Unternehmen in einem Transaktionskonzept präsentieren (vgl. Hawranek 2004, 77). Der M&A-Berater nutzt seinen Zugriff auf Datenbanken, seine persönlichen Netzwerke, Branchenpublikationen, Messeinformationen und Auskunfteien, um eine möglichst umfassende Zusammenstellung potenzieller Investoren zu erarbeiten (vgl. Müller-Stewens/Spickers/Deiss 1999, 40). Bei der Identifizierung von Transaktionspartnern werden zunächst alle in Frage kommenden Unternehmen aufgelistet, um dann eine weitere Eingrenzung vorzunehmen (vgl. Müller-Stewens/Spickers/Deiss 1999, 55). Es wird eine „Long List", also eine Auswahl möglichst vieler dem Suchprofil entsprechender Transaktionspartner erstellt. Die Long List wird durch ein Screening auf die sog. Short List reduziert, die die Basis der Kontaktaufnahme darstellt und nur noch die besonders geeigneten potenziellen Transaktionspartner enthält (vgl. Müller-Stewens/Spickers/Deiss 1999, 40). Zur Identifikation potenzieller Akquisitionsobjekte werden das Such- und das Kandidatenprofil anhand bestimmter Bewertungskriterien miteinander verglichen (vgl. Müller-Stewens/Spickers/Deiss 1999, 55).

Im Anschluss fertigt der Berater in Zusammenarbeit mit dem Unternehmen Ansprache-unterlagen wie das Informationsmemorandum oder Blindprofil an (vgl. Maehrle/Friedrich 2007, 10). Hierin sind Bilanzkennzahlen, das Geschäftskonzept, die Marktposition und die strategische Ausrichtung des Unternehmens sowie die erwartete weitere Geschäftsentwicklung dargestellt (vgl. Dufey/Hommel 2000, 974).

Es folgt die Kontaktaufnahme mit den potenziellen Transaktionspartnern. Dabei ist zu klären, ob das betreffende Unternehmen bereit ist eine M&A-Transaktion durchzuführen (vgl. Müller-Stewens/Spickers/Deiss 1999, 40). Mit der Erstansprache potenzieller Käufer muss auch eine Vertraulichkeitserklärung erstellt und unterschrieben werden (vgl. Maehrle/Friedrich 2007, 10). Beim Unternehmensverkauf wird das Verkaufsmemorandum gegen eine Vertraulichkeitserklärung an potenzielle Käufer weitergeleitet, damit diese sich über die wesentlichen für den Verkauf relevanten Unternehmensdaten informieren können (vgl. Müller-Stewens/Spickers/Deiss 1999, 55).

2.3.3 M&A-Dienstleistungen in der Transaktionsphase

Die Transaktionsphase besteht aus einer intensiven Analyse des Kauf- oder Verkaufsobjektes. Dazu müssen die unternehmensinternen Daten aufbereitet und ggf. eine Unternehmensbewertung vorgenommen werden (vgl. Müller-Stewens/ Spickers/Deiss 1999, 55). Es wird ein Bewertungsgutachten erstellt, das die Grundlage für die sich später anschließende Preisverhandlung bildet (vgl. Dufey/Hommel 2000, 973). Nach den ersten Verhandlungen wird in einem „Letter of Intent" (LOI) von beiden Seiten eine Erklärung abgegeben, dass sie die Transaktion durchführen wollen. Im LOI können auch Verhandlungen mit Dritten ausgeschlossen werden. Hinzu kommt eine Geheimhaltungsverpflichtung des Käufers (vgl. Müller-Stewens/Spickers/Deiss 1999, 41).

Im Verkaufsfall führt der M&A-Berater eine interne Due Diligence des Verkaufsobjektes durch (Vendor Due Diligence), um die Argumentation in den Verkaufsverhandlungen zu fundieren (vgl. Maehrle/Friedrich 2007, 10). Durch die Due Diligence soll sichergestellt werden, dass alle wirtschaftlichen und vertraglichen Risiken der Transaktion aufgedeckt werden. Ein wesentlicher Bestandteil der Due Diligence ist die „Financial Due Diligence", in der die Wertansätze der Wirtschaftsgüter, die Investitionsplanungen, die Ergebnisplanungen und die Planungen des Finanzbedarfs auf ihre Angemessenheit geprüft werden. Hinzu kommt die „Legal Due Diligence", in der die sachen-, arbeits- und schuldrechtlichen Positionen des Unternehmens untersucht werden. Die „Tax Due Diligence" bezieht sich auf alle steuerlichen Aspekte der Transaktion. Schließlich kann in der „Environmental Due Diligence" noch eine Untersuchung möglicher Umweltrisiken unternommen werden, um das Haftungsrisiko zu verringern. Die Bewertung des Unternehmens bildet die Grundlage für die Beurteilung der Vorteilhaftigkeit der Transaktion und für die Festlegung der Kaufpreisbandbreiten. Als Bewertungsmethoden werden die Discounted-Cash-Flow-Methode, die Bewertung anhand vergleichbarer Transaktionen oder die Bewertung anhand vergleichbarer börsennotierter Unternehmen ergänzt um die Leveraged-Buy-Out-Analyse und den Merger Plan genutzt (vgl. Müller-Stewens/Spickers/Deiss 1999, 40).

Bei einem Kaufmandat muss der M&A-Berater die relevanten Plandaten des Verkäufers wie Bilanz-, GuV- und Cash-Flow-Planung einer Plausibilitätsprüfung unterziehen. Das ist notwendig, da das Verkäuferunternehmen den Verkaufserlös maximieren will und deshalb eventuell die zukünftigen Cash Flows zu hoch ansetzt (vgl. Dufey/Hommel 2000, 973). Externe Berater werden häufig hinzugezogen, um die Due Diligence durchzuführen, da sie nicht nur ihre fachlichen Kenntnisse einbringen, sondern darüber hinaus auch zu einer neutralen und diskreten Durchführung verpflichtet sind (vgl. Müller-Stewens/Spickers/Deiss 1999, 55). Sie stellen sicher, dass alle Annahmen und Angaben über die Kauf- oder Verkaufsobjekte realitätsgetreu, konsistent und für Dritte nachvollziehbar sind (vgl. Dufey/Hommel 2000, 973). Bei den Vertragsverhandlungen muss eine Einigung über die Übernahmemodalitäten erzielt werden. Der M&A-Berater übernimmt hierbei die Rolle eines Moderators, der einen Interessenausgleich zwischen den beteiligten Parteien herbeiführt und somit auf den erfolgreichen Abschluss der Verhandlungen hinwirkt (vgl. Hawranek 2004, 77). In einer Übernahmekonzeption werden die neue gesellschaftliche Struktur, die Kompetenzen im neuen Unternehmensverbund sowie die Optimierung der Struktur unter steuerlichen Gesichtspunkten bestimmt. Schließlich wird der Vertrag abgeschlossen (closing), in dem die Geschäftsgrundlagen, der Kaufgegenstand und Kaufpreis samt Zahlungsmodalitäten sowie das Übergangsdatum festgelegt sind. In einem gesonderten Abschnitt werden die Garantien, Zusicherungen und Gewährleistungen des Verkäufers bestimmt. Mit der Vertragsunterzeichnung und der notariellen Beurkundung ist die eigentliche M&A-Transaktion abgeschlossen (vgl. Müller-Stewens/Spickers/Deiss 1999, 40-41).

2.3.4 M&A-Dienstleistungen in der Integrationsphase

Die Integrationsphase schließt sich nach dem Vertragsabschluss an. Gegenstand dieser Phase ist die Eingliederung des erworbenen Unternehmens in das eigene Unternehmen. Zu klären ist dabei insbesondere der Integrationsgrad und die Integrationsgeschwindigkeit (vgl. Müller-Stewens/Spickers/Deiss 1999, 55). Die Integrationsphase ist die Phase des M&A-Prozesses, die den geringsten Beteiligungsgrad externer M&A-Berater aufweist. Nach einer Studie von 2002 sind nur 30% der M&A-Berater in der Integrationsphase aktiv (vgl. Strick 2002, 14).

Die Integrationsphase kann in eine stärker konzeptionelle und eine eher umsetzungsorientierte Teilphase gegliedert werden. Die Integrationskonzeption umfasst die Bestimmung der Integrationsziele, des Integrationsablaufes und des Integrationsteams. Bei der Planung der Integration sind die Aspekte der Aufbau- und Ablauforganisation, der Information sowie der Marktorientierung zu berücksichtigen. Das Integrationsteam kann sich aus Mitarbeitern eines oder beider beteiligten Unternehmen zusammensetzen (vgl. Achleitner/Wecker/Wirtz 2004b, 1506). In das Integrationsteam können auch externe Berater und Dienstleister einbezogen werden.

Der Tätigkeitsbereich von M&A-Beratern in der Integrationsphase ist sehr vielfältig, weshalb auf eine vollständige und detaillierte Aufzählung an dieser Stelle verzichtet werden muss. M&A-Berater können z.B. hinzugezogen werden, um die strukturellen Veränderungen oder die Harmonisierung der Unternehmenskultur konzeptionell zu unterstützen. Sie können in konkrete Umsetzungsmaßnahmen wie z.B. die Integration der Informations- und Kommunikationstechnologien involviert sein. Diese Beratungsaufgaben sind in weiten Teilen nicht mehr M&A-spezifisch sondern ähneln allgemeinen Unternehmensberatungsaufgaben.

2.4 Ökonomische Interpretation von M&A-Dienstleistungen

Um eine Charakterisierung von M&A-Beratungsleistungen vornehmen zu können, ist zunächst zu klären, welche Interpretationsansätze für die Betrachtung von M&A-Beratungsleistungen relevant sind. Beratungsleistungen bei M&A-Transaktionen lassen sich im Wesentlichen aus vier verschiedenen Forschungsrichtungen heraus interpretieren und analysieren, wie Abbildung 4 verdeutlicht. Diese Forschungsrichtungen sind das Investitionsgütermarketing, die Theorie der Finanzintermediation, die Dienstleistungstheorie und die Neue Institutionenökonomie.

Die Charakterisierung von M&A-Beratung als **Investitionsgut** ergibt sich aus der Tatsache, dass M&A-Dienstleistungen nicht von Konsumenten sondern von Unternehmen und Organisationen nachgefragt werden. Das Investitionsgütermarketing oder auch Industriegütermarketing beschäftigt sich mit den Besonderheiten des organisationalen Beschaffungsverhaltens. Es bildet somit das auf Unternehmen und Organisationen bezogene Pendant zur Konsumentenverhaltensforschung im „klassischen" Marketing (vgl. Kißling 1999, 23). Diese Sichtweise bezieht sich nicht so sehr auf die Charakterisierung der Leistung selbst, als vielmehr auf die Charakterisierung der Nachfrager von M&A-Leistungen, weshalb eine genauere Untersuchung dieses Aspektes in Abschnitt 4.1 erfolgen soll.

Abb. 4: Ökonomische Interpretation von M&A-Beratungsleistungen

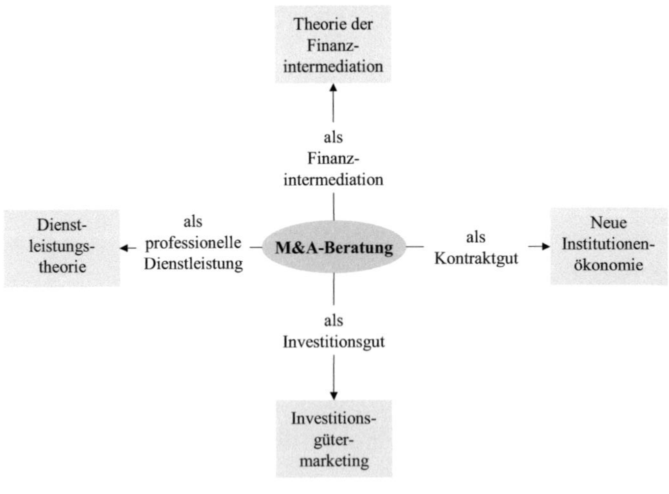

Quelle: eigene Darstellung

Die Interpretation von M&A-Beratung als **Finanzintermediation** erscheint sinnvoll, da die Intermediation zwischen verschiedenen Marktakteuren wesentlicher Tätigkeitsbestandteil ist, wie bereits in Abschnitt 2.3 erläutert wurde. M&A-Berater sind also als Intermediäre auf Finanzmärkten aufzufassen. Die Existenz von Intermediären im Markt lässt sich durch die Erfüllung finanzwirtschaftlicher Grundfunktionen erklären (vgl. Achleitner 2002, 44). Unter der Annahme vollkommener Märkte sind Intermediäre überflüssig, da die Verteilung von Ressourcen effizient ist und die Leistungen von Intermediären die Wohlfahrt nicht verbessern. Die Betrachtung realer Märkte zeigt jedoch, dass die Annahme von vollkommenen Märkten nicht aufrecht erhalten werden kann. Die Theorie der Intermediation beschäftigt sich deshalb mit der Existenz von Intermediären in Finanzmärkten, die mit der Existenz von Transaktionskosten und Informationsasymmetrien begründet wird (vgl. Allen/Santomero 1997, 1462-1463). Transaktionskosten bezeichnen die Kosten, die entstehen, weil Finanzmärkte unvollkommene Märkte sind. Es sind Kosten der Vertragsanbahnung, Vertragsverhandlung, Vertragsabsicherung und Vertragskontrolle, also aller Aktivitäten, die mit ökonomischen Austauschen einhergehen (vgl. Williamson 1985, 20-21). Finanzintermediation ist die Reaktion auf bestehende Informationsasymmetrien im Markt, denn durch Intermediäre kann der Informationstransfer im Markt verbessert werden (Leland/Pyle 1977, 372).

Intermediäre erbringen Leistungen der Transaktionsabwicklung und Informationsverarbeitung und -umsetzung (vgl. Achleitner 2002, 24). Die Transaktionsabwicklung bezeichnet die rein technische Zusammenführung von Angebot und Nachfrage auf den Finanzmärkten. Unter der Informationsverarbeitung versteht man die Sammlung von Daten mit dem Ziel, Bewertungen und Prognosen über den Markt in ökonomische Transaktionen umzusetzen (vgl. Achleitner 2002, 26-27).

Die M&A-Beratung ist als Finanzintermediation im weiteren Sinne aufzufassen. Intermediäre im weiteren Sinne vereinfachen den Vertragsabschluss zwischen zwei Parteien, ohne sich selbst an der Geschäftsbeziehung zu beteiligen. Die Investmentbanken übernehmen lediglich Funktionen, die für den Vertragsabschluss notwendig sind, wie z.B. die Suche nach geeigneten Transaktionspartnern oder die Strukturierung der Konditionen. Sie erbringen eine Vermittlungs- und Informationsleistung und gehen nicht unmittelbar ein wirtschaftliches Risiko ein (vgl. Achleitner 2002, 29). Die Betrachtung von M&A-Beratung als Finanzintermediation ist vor allem geeignet, um Erkenntnisse darüber zu gewinnen, warum es M&A-Berater gibt und warum ihre

Leistungen von Unternehmen nachgefragt werden. Diese Betrachtung soll in Abschnitt 4.3 bei der Betrachtung der Nachfrageziele weiter vertieft werden.

M&A-Beratungsleistungen können den **Dienstleistungen** zugerechnet werden. Trotz der Vielzahl bisheriger Definitionsversuche konnte bislang keine allgemein anerkannte und auf breiter Ebene verwendbare Definition von Dienstleistungen entwickelt werden (vgl. Kohr 2000, 17). Es existieren verschiedene Vorgehensweisen zur Definition von Dienstleistungen, die sich untergliedern lassen in die Enumeration von Beispielen, die Negativdefinition (Abgrenzung zu Sachleistungen) und die Aufzählung konstitutiver Merkmale (vgl. Kohr 2000, 17). Die Aufzählung von Dienstleistungen als Definitionsversuch erscheint nicht erfolgversprechend, da sich der Dienstleistungsmarkt ständig weiterentwickelt. Eine Negativdefinition erscheint schwierig, weil es noch nicht gelungen ist, eine trennscharfe Abgrenzung von Sachleistungen und Dienstleistungen vorzunehmen, da in der Praxis Leistungen häufig sowohl Dienstleistungs- als auch Sachleistungselemente enthalten. Der Definition anhand konstitutiver Merkmale kommt deshalb die größte Bedeutung zu. Es wird schon lange versucht, Leistungen anhand konstitutiver Merkmale zu definieren und einzuteilen (vgl. Kunz 2002, 4).

Die Leistungsdimensionen, anhand derer das Wesen von Dienstleistungen bestimmt werden soll, sind das Dienstleistungspotenzial, der Dienstleistungsprozess und das Dienstleistungsergebnis (vgl. Haase 2005, 32). Meffert und Bruhn (2006, 28) definieren Dienstleistungen als: „...selbständige, marktfähige Leistungen, die mit der Bereitstellung [...] und/oder dem Einsatz von Leistungsfähigkeiten [...] verbunden sind...". Diese Definition stellt auf die Potenzialorientierung als konstitutives Merkmal ab. Die Ergebnisorientierung findet Ausdruck darin, dass nach Meffert und Bruhn (vgl. 2006, 30) die Faktorenkombination des Dienstleistungsanbieters mit dem Ziel eingesetzt wird, an den externen Faktoren, die vom Nachfrager in die Erstellung der Dienstleistung eingebracht werden, eine nutzenstiftende Wirkung zu erreichen. Das Dienstleistungsergebnis ist also der Nutzen für den Nachfrager.

Dienstleistungen werden in der Mehrzahl der Fälle anhand der Merkmale der Immaterialität, Integration des externen Faktors und Simultaneität von Produktion und Konsum charakterisiert (vgl. Haase 2005, 32). Während weitgehende Einigkeit über die zwei letzten Eigenschaften herrscht, wird die Immaterialität des Dienstleistungsergebnisses in der Literatur kontrovers diskutiert. Obwohl die Immaterialität eines der am häufigsten genutzten Merkmale zur Abgrenzung von Dienstleistungen ist, gibt es eine intensive wissenschaftliche Diskussion darum, ob es sich dabei um ein geeignetes Abgrenzungskriterium handelt. Das begründet sich darin, dass die Immaterialität der Dienstleistungsergebnisse von einigen Autoren angezweifelt wird. So weist z.B. die Reparatur einer Maschine auch materielle Ergebnisbestandteile auf, was eine Abgrenzung anhand dieses Merkmals erschwert (vgl. z.B. Lorenz-Meyer 2004, 27; Kunz 2002, 6; Kißling 1999, 12). Die Ergebnisdimension der Dienstleistungen ist also nur bedingt geeignet, eine trennscharfe Begriffsbestimmung zu liefern (vgl. Kißling 1999, 12).

Besonders geeignet für die Interpretation von M&A-Dienstleistungen erscheint die Forschung zu **professionellen Dienstleistungen**. Neben dem Dienstleistungsmarketing existiert ein eigenständiger Forschungsbereich, der sich mit sog. professionellen Dienstleistungen beschäftigt (vgl. z.B. Schmitz 1997, Kißling 1999, Bürger 2004, Nikolova 2007). Die Beschäftigung mit dieser speziellen Form von Dienstleistungen begann bereits in den späten 1970er Jahren mit Arbeiten von Gummesson (vgl. 1978) und Grönroos (vgl. 1979), als man die Notwendigkeit erkannte, diese Gruppe von Dienstleistungen von anderen Dienstleistungen abzugrenzen und über die mit ihnen verbundenen Marketingprobleme separat nachzudenken.

Professionelle Dienstleistungen können nach Gummesson (vgl. 1978, 90) anhand von sechs Faktoren von anderen Dienstleistungen unterschieden werden:

- Professionell qualifizierte Anbieter
- Beratender Charakter
- Problemlösungsorientierung
- Professionelle Identität
- Individuelle Beauftragung des Anbieters durch Nachfrager
- Unabhängigkeit von Anbietern anderer Leistungen oder Produkte.

Sie werden von professionell qualifizierten Personen angeboten, die typischerweise eine professionelle Identität (z.B. Steuerberater, Wirtschaftsprüfer) haben. Die Professionalität findet ihren Ausdruck darin, dass professionelle Dienstleistungen von besonders qualifizierten Personen mit zumeist akademischer Fachausbildung erbracht werden und dass intellektuelles Wissen die Basis für die Leistungserstellung bildet (vgl. Jeschke 2004b, 124). Wenn ein Unternehmen Beratungsleistungen nachfragt, so kauft es genau genommen die Expertise und Erfahrung des Beratungsanbieters, um die eigene Unsicherheit zu verringern (vgl. Gallouj 1997, 43). Der wesentliche Wertbeitrag professioneller Dienstleistungsunternehmen besteht darin, Wissen zu sammeln, zu schaffen und weiterzugeben, um individuelle Problemlösungen für ihre Klienten zu entwickeln (vgl. Bettencourt et al. 2002, 100-101).

Professionelle Dienstleistungen haben eher beratenden Charakter und sind auf die Lösung von Problemen ausgerichtet. Die Erbringung der Dienstleistungen folgt einer spezifischen Beauftragung durch den Kunden (vgl. Dawes/Dowling/Patterson 1993, 33). Anbieter von professionellen Dienstleistungen agieren unabhängig von anderen Anbietern von Produkten oder Dienstleistungen, was bedeutet, dass diese Dienstleistungen nicht als Nebenprodukte anderer Leistungen verkauft werden (vgl. Gummesson 1978, 90). Für die M&A-Beratung lässt sich festhalten, dass sie die aufgeführten Merkmale aufweist (vgl. dazu auch Abschnitt 2.2) und deshalb als professionelle Dienstleistung aufgefasst werden kann.

Eine Sichtweise, die mit der Dienstleistungsperspektive eng verwandt ist, ist die Interpretation der M&A-Beratung als **Kontraktgut**. Der Begriff des Kontraktgutes wird dabei aus der Neuen Institutionenökonomie abgeleitet, in der zwischen „exchanges" und „contracts" unterschieden wird. Kontrakte begründen ein Versprechen auf zukünftige Leistung (vgl. Kaas 1992, 885). Die betreffenden Leistungen werden als Kontraktgüter bezeichnet, weil der zugrunde liegende Vertrag zu einer relevanten Produkteigenschaft wird (vgl. Schade/Schott 1993a, 19). Kontraktgüter sind Leistungen, die individuell für den Auftraggeber erbracht werden (Auftragseinzelfertigung) (vgl. Kaas 1992, 884). Damit eine Leistung als Kontraktgut klassifiziert werden kann, müssen weiterhin die Eigenschaften der Komplexität und Hochwertigkeit vorliegen. Nur bei komplexen Leistungen entstehen die für Kontraktgüter typischen Informations- und Unsicherheitsprobleme und nur bei entsprechender Hochwertigkeit sind die Konsequenzen dieser Probleme so gravierend, dass eine eigenständige Beschäftigung mit dieser Art von Leistungen gerechtfertigt ist (vgl. Schade/Schott 1993b, 492). Die Interpretation der M&A-Beratung als Kontraktgut ist geeignet, mit Hilfe der Neuen Institutionenökonomie zu erläutern, welche Schwierigkeiten, Informationsasymmetrien und Agency-Konflikte zwischen dem Auftraggeber und dem Dienstleister auftreten können und welche Auswirkungen auf die Auswahl von Dienstleistern sich daraus ergeben. Im Folgenden sollen die aus den genannten Ansätzen ableitbaren Merkmale von M&A-Dienstleistungen noch einmal in systematisierter Form erläutert werden.

2.5 Konstitutive Merkmale von M&A-Dienstleistungen

2.5.1 Immaterialität zum Zeitpunkt des Kaufs

2.5.1.1 Versprechen auf zukünftige Leistung

Die Arbeit legt den Fokus der Betrachtung auf den Zeitpunkt vor dem Kauf und somit vor die Erstellung der Dienstleistung. Dass die Leistung sich zu diesem Zeitpunkt durch Immaterialität auszeichnet, ist allgemein anerkannt. Diese Perspektive wird insbesondere im potenzialorientierten Ansatz eingenommen, der besagt, dass Dienstleistungen zunächst nur Leistungsversprechen darstellen (vgl. Lorenz-Meyer 2004, 26). Zum Zeitpunkt der Beschaffung existiert die Beratungsleistung noch nicht, vielmehr wird ein Leistungsversprechen durch den Nachfrager gekauft, das erst im eigentlichen Beratungsprojekt realisiert wird (vgl. Jeschke 2004b, 86).

M&A-Beratungsleistungen unterscheiden sich von Sachgütern also dadurch, dass sie vom Nachfrager nicht physisch wahrgenommen werden können. Es existiert zum Zeitpunkt des Kaufs kein Transferobjekt, über dessen Austausch verhandelt werden kann (vgl. Haller 1995, 51). Anstelle eines Güteraustausches werden Verträge über die Erbringung zukünftiger Leistungen geschlossen (vgl. Schade/Schott 1993a, 17). Im Rahmen der Verhandlungen müssen Informationen und Prognosen ausgetauscht und bewertet, Erwartungen und Forderungen formuliert und Versprechen und Garantien in Verträgen festgelegt werden (vgl. Kaas 1992, 884). Die Problematik, dass kein vom Nachfrager zu prüfendes Objekt existiert, wird unter dem Begriff der Informationsarmut zusammengefasst (vgl. Bieberstein 1998, 54; Kißling 1999, 42).

2.5.1.2 Synchronität von Produktion und Konsum

Die Erstellung von M&A-Beratungsleistungen erfordert den gleichzeitigen Kontakt zwischen Anbietern und Nachfragern, was unter dem Begriff der Synchronität von Leistungserstellung und -inanspruchnahme zusammengefasst wird (vgl. Kißling 1999, 11). Produktion und Konsum sind untrennbar miteinander verbunden, da die Erstellung von Beratungsleistungen eine Interaktion zwischen Anbieter und Nachfrager erforderlich macht (vgl. Corcoran/McLean 1998, 39). Die Synchronität von Produktion und Konsum begründet, warum zum Zeitpunkt des Kaufs noch kein Gut vorliegen kann. Das hat zum einen technisch-organisatorische Gründe. Die Erstellung und der Konsum der Leistung fallen zeitlich zusammen. Der Anbieter muss jedoch sicherstellen, dass er seine Leistung an den Kunden absetzen kann und eine Gegenleistung erhalten wird, bevor der Kunde die Leistung konsumiert. Deshalb fällt der Verkauf dieser Leistung vor die gleichzeitige Erstellung und den Konsum der Leistung (vgl. Kaas 1992, 885).

Ein zweiter Grund ist ökonomischer Natur und liegt darin, dass die Leistungen nach ihrer Art oder Menge so sehr auf die speziellen Bedürfnisse eines Kunden zugeschnitten werden müssen, dass sie nicht oder nur mit großen Preisabschlägen anderweitig abgesetzt werden können (siehe dazu auch Abschnitt 2.5.2). Die Leistungen sind so sehr auf die speziellen Bedürfnisse des Kunden zugeschnitten, dass das Absatzrisiko für den Anbieter prohibitiv hoch ist und die Leistung deshalb vor ihrer Erbringung verkauft werden muss (vgl. Kaas 1992, 885), wie Abbildung 5 zeigt.

Abb. 5: Zeitliche Struktur von Produktion, Absatz und Konsum im Vergleich

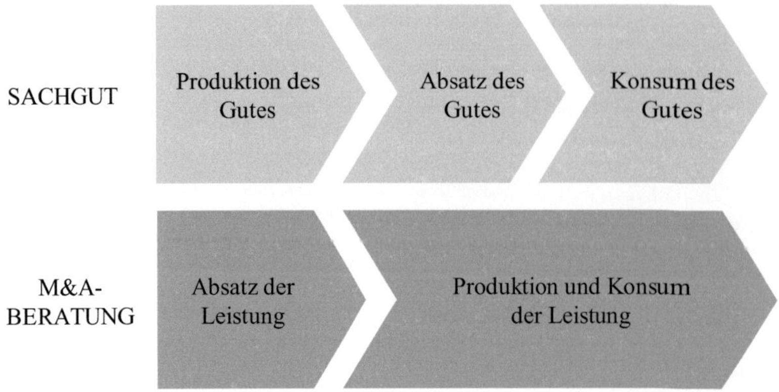

Quelle: Eigene Darstellung

Die Notwendigkeit des synchronen Kontaktes hat außerdem eine Standortproblematik zur Folge (vgl. Kißling 1999, 12). Weil Erstellung und Inanspruchnahme der Leistung synchron erfolgen, ergibt sich eine Standortgebundenheit und Nichttransportfähigkeit von Dienstleistungen. Ist neben dem zeitlich synchronen Kontakt zwischen dem Anbieter und dem externen Faktor auch eine räumliche Synchronität wesentlich, ergibt sich die Notwendigkeit, dass der Anbieterstandort in der Nähe des Nachfragers angesiedelt ist. Die räumliche Nähe des Anbieters wird in solchen Fällen ein wichtiges Kriterium der Anbieterauswahl (vgl. Kißling 1999, 51). Aus der Simultaneität von Produktion und Verbrauch ergibt sich auch eine fehlende Lagerfähigkeit (vgl. Kohr 2000, 19). Dienstleistungen können nicht auf Vorrat hergestellt und für die Nachfrage vorgehalten werden (vgl. Corcoran/McLean 1998, 39).

Geht man davon aus, dass bei M&A-Dienstleistungen hauptsächlich Informationen in die Leistungserstellung einfließen, ist die räumliche Nähe nicht zwingende Voraussetzung für die Erstellung von M&A-Dienstleistungen. Das setzt allerdings voraus, dass die notwendigen Informationen kodifizierbar und transferierbar sind.

2.5.1.3 Erfahrungs- und Vertrauenseigenschaften

In der Informationsökonomie hat sich die Unterscheidung von Leistungseigenschaften nach der Schwierigkeit der Qualitätsbeurteilung durchgesetzt (vgl. Tolle 1994, 927). Leistungseigenschaften lassen sich nach der Art und dem Ausmaß ihrer Überprüfbarkeit klassifizieren (vgl. Schade/Schott 1993a, 17). Sie können Such-, Erfahrungs- oder Vertrauenseigenschaften sein (vgl. Weiber/Adler 1995a, 54). Die Unterscheidung von Such- und Erfahrungseigenschaften geht auf Nelson (1970, 1974) zurück. Nelson hält fest, dass Konsumenten zur Beurteilung jedes Gutes grundsätzlich die Suche oder die Erfahrung nutzen können, sich also vorher über das Produkt informieren können und so seine Qualität bestimmen oder aber das Produkt kaufen und nutzen und so seine Qualität erfahren können (vgl. Nelson 1970, 327). Darby und Karni (vgl. 1973) erweiterten die Unterscheidung um die Kategorie der Vertrauenseigenschaften.

Die drei Arten von Eigenschaften beschreiben den Zeitpunkt, an dem Nachfrager die Qualität des Produkts korrekt einschätzen können (vgl. Ford/Smith/Swasy 1988, 239). Sucheigenschaften sind Eigenschaften, deren Vorhandensein oder Ausprägung durch eine Inspektion vor dem Kauf problemlos festgestellt werden können. Eine Erfahrungseigenschaft liegt vor, wenn ein Qualitätsmerkmal erst nach dem Gebrauch oder Verbrauch eines Produktes beurteilt werden kann. Eine Vertrauenseigenschaft kann auch nach dem Kauf des Produktes nicht oder nur zu prohibitiv hohen Kosten überprüft werden (vgl. Kaas/Busch 1996, 243-244). Das ist insbesondere dann der Fall, wenn der Nachfrager nicht genug Expertise besitzt, um die Qualität der Leistung, z.B. im Fall von komplexen medizinischen Behandlungen, sicher beurteilen zu können (vgl. Ford/Smith/ Swasy 1988, 239). Die Typologie bei Nelson bezieht sich zunächst auf Güter, später auf Gütereigenschaften. Damit wird der Tatsache Rechnung getragen, dass die meisten Güter durch alle Eigenschaften der Typologie gekennzeichnet sind. Es finden sich also kaum reine Erfahrungs- oder Vertrauensgüter, aber durchaus Produkte, bei denen Erfahrungs- oder Vertrauenseigenschaften überwiegen (vgl. Kaas/Busch 1996, 244). Professionelle Dienstleistungen und insbesondere Beratungsleistungen haben einen großen Anteil von Erfahrungs- und Vertrauenseigenschaften, weil ihre Qualität vor der

Inanspruchnahme kaum und auch danach nur sehr schwer zu beurteilen ist (vgl. Sharp 1995, 7; Jeschke 2004a, 165).

Bei der M&A-Beratung kann eine Dominanz der Erfahrungs- und Vertrauenseigenschaften über die Sucheigenschaften angenommen werden. Der Nachfrager ist vor dem Kauf kaum in der Lage, Qualitätsmerkmale der Leistung zu beurteilen, weswegen M&A-Dienstleistungen kaum Sucheigenschaften aufweisen. Nach dem Abschluss der Transaktion ist der Nachfrager besser in der Lage, ein Urteil über die Qualität der erbrachten Leistung zu fällen. Aber auch nach Inanspruchnahme der Leistung existiert beim Nachfrager eine Unsicherheit hinsichtlich einzelner Eigenschaften. Eine Reihe von Tätigkeiten innerhalb der M&A-Beratung können durch den Nachfrager auch nach der Durchführung nicht verlässlich überprüft werden (vgl. Rützel/Jürgens 1999, 521), weil eine ungleiche Verteilung von Informationen zwischen M&A-Beratern und Unternehmen besteht (vgl. Kosnik/Shapiro 1997, 13). Daraus ergibt sich das Vorhandensein von Vertrauenseigenschaften.

2.5.2 Integration des externen Faktors

2.5.2.1 Individuelle Erstellung der Leistung

Meffert (vgl. 1997, 27) stellt fest, dass interne und externe Faktoren im Rahmen des Erstellungsprozesses von Dienstleistungen kombiniert werden. Dienstleistungen werden an externen Faktoren erbracht, d.h. direkt an Nachfragern oder an von Nachfragern zur Verfügung gestellten Objekten (vgl. Meffert/Bruhn 2000, 30). Ein externer Faktor ist als Produktionsfaktor aufzufassen, der sich nicht in der Verfügungsgewalt des Dienstleistungsanbieters befindet. Bei externen Faktoren kann es sich z.B. um Mitarbeiter, Objekte, Rechte, Nominalgüter oder Informationen des Nachfragerunternehmens handeln (vgl. Kleinaltenkamp 1992, 809).

Wissensintensive, professionelle Dienstleistungen sind komplex und sehr stark auf die Kundenbedürfnisse ausgerichtet (vgl. Bettencourt et al. 2002, 101). Beratungsleistungen als besondere Form der Dienstleistungen werden auftragsindividuell erstellt, d.h. es handelt sich um unternehmensbezogene Dienstleistungen, die spezifisch auf den Auftraggeber zugeschnitten sind (vgl. Jeschke 2004a, 160). Der M&A-Prozess kann, auch wenn einzelne Module von den Beratern weitgehend standardisiert angeboten werden, nicht als standardisiertes Produkt aufgefasst werden, da bei der Bearbeitung des Auftrags die Umstände der M&A-Transaktion (Unternehmenssituation beider Unternehmen, Branchensituation) individuell berücksichtigt werden müssen (vgl. Hedtstück/Strick 2006, 64; Maehrle/Friedrich 2007, 10). Die zu erbringende Konzeptionsleistung ist in hohem Maße auftragsbezogen und an die Vorgaben eines unternehmensintern ausgearbeiteten Briefings gebunden. Die Leistung wird sich von Inanspruchnahme zu Inanspruchnahme unterscheiden, da eine Dienstleistung nie identisch erbracht werden kann (vgl. Corcoran/McLean 1998, 39). Man spricht hierbei vom sog. Singularitätscharakter von Beratungsleistungen.

2.5.2.2 Koproduktion

Die Integration eines externen Faktors bedeutet zudem die direkte oder indirekte Mitwirkung des Nachfragers am Prozess der Leistungserstellung (vgl. Haller 1995, 51). Insbesondere bei professionellen Dienstleistungen ist die Teilnahme des Nachfragers an der Leistungserstellung sehr umfangreich. Der Kunde muss zahlreiche Informationen zur Verfügung stellen, was dazu führt, dass er großen Einfluss auf das Leistungsergebnis hat (vgl. O'Farrell/Moffat 1991, 206; Jaakkola 2007, 96). Die Mitwirkung von Kunden an der betrieblichen Wertschöpfung wird unter dem Begriff der Integrativität zusammengefasst. Daneben haben andere Begriffe wie „Prosuming", „Customer Participation", „Client Participation" oder „Customer Integration" Verbreitung gefunden (vgl. Kleinaltenkamp 2005, 55-56). Da der Kunde eine wichtige Rolle bei der Leistungserstellung des Anbieters spielt, kann auch von „joint production" oder „client coproduction" gesprochen werden (vgl. Karantinou/Hogg 2001, 265; White/Johnson 1998, 77). Beratungsleistungen gelten im Vergleich zu anderen Dienstleistungen als hochgradig integrativ, was bedeutet, dass sie eine besonders intensive Integration des externen Faktors in die Leistungserstellung verlangen und vom Anbieter nicht autonom erbracht werden können (vgl. Kleinaltenkamp 1992, 810). Die Kunden müssen in der Erstellung der Dienstleistung verschiedene Rollen als Koproduzenten einnehmen (vgl. Bettencourt et al. 2002, 101).

Bei der M&A-Beratung werden vom Nachfrager Informationen eingebracht, die zwar keine Produktionsfaktoren im eigentlichen Sinne sind, aber als externe Information bezeichnet werden können, da sie für die Leistungserstellung unerlässlich sind (vgl. Kaas 1992, 885). M&A-Beratungsleistungen sind durch eine intensive Interaktion zwischen Berater und nachfragendem Unternehmen in Form von persönlichen Kontakten, Kommunikation und Wissensaustausch gekennzeichnet. Der Beratungsnachfrager muss dem Dienstleister die Ausgangslage und das zu bearbeitende Problem darstellen sowie seine Zielvorstellungen mitteilen. Der M&A-Berater muss in ständiger Abstimmung mit dem Kunden Lösungsvorschläge erarbeiten und bestimmte Aktivitäten für den Kunden durchführen. Das hat zur Folge, dass die persönlichen Eigenschaften von Anbieter und Nachfrager den Ablauf der Transaktion beeinflussen. Das Wissen und die Kreativität individueller Mitarbeiter der Anbieterorganisation werden nachgefragt, wodurch diese wesentlich zur Qualitätswahrnehmung der Leistung beitragen (vgl. Karantinou/Hogg 2001, 265). Die Erstellung der Leistung ist ohne die Spezifizierung durch den Kunden hinsichtlich der gewünschten Eigenschaften nicht möglich oder nicht sinnvoll (vgl. Kaas 1992, 884). Die Kunden verfügen über implizites und explizites Wissen sowie Wissen über ihre Zielsetzungen im Dienstleistungsprojekt. Nur wenn diese Informationen auch dem Dienstleistungsanbieter zugänglich gemacht werden, kann er eine optimale Lösung finden (vgl. Bettencourt et al. 2002, 101). Der Kunde wird zum Koproduzenten der Leistung, der in engem Kontakt und einem besonderen Vertrauensverhältnis mit dem Anbieter steht (vgl. Kohr 2000, 20-21).

2.5.3 Komplexität der Leistung

Es wurde gezeigt, dass M&A-Beratungsleistungen in ihren wesentlichen Merkmalen mit anderen Dienstleistungen und vor allem anderen professionellen Dienstleistungen übereinstimmen. Was sie allerdings von diesen unterscheidet, ist das Ausmaß ihrer Komplexität und ihr Wert. Diese beiden Eigenschaften sollen im aktuellen und folgenden Abschnitt näher betrachtet werden, da eine Wirkung dieser Eigenschaften auf die Beschaffung anzunehmen ist.

Die Komplexität einer Aufgabe wird als multidimensionales Konstrukt verstanden (vgl. Campbell 1991, 18). Es gibt drei verschiedene Betrachtungsweisen des Phänomens Komplexität. Komplexität kann aufgefasst werden als psychologische Erfahrung, als Interaktion zwischen Aufgabe und persönlichen Eigenschaften oder als Funktion objektiver Aufgabenmerkmale (vgl. Campbell 1988, 40).

Wird Komplexität anhand der psychologischen Erfahrung von Personen bestimmt, geht es ausschließlich um die subjektive Wahrnehmung von Komplexität, die sich in psychologischen Reaktionen, z.B. dem Empfinden von Angst, ausdrückt. Einige Autoren versuchen dagegen, die Komplexität lediglich als Funktion objektiver Charakteristika einer Aufgabe zu bestimmen (vgl. z.B. Schroder/Driver/Streufert 1967; Payne 1976; Steinmann 1976). Komplexität hängt dann z.B. von der Anzahl möglicher Lösungswege oder der Transparenz von Mittel-Zweck-Beziehungen ab (vgl. Campbell 1988, 42).

Einen Mittelweg stellt der Ansatz dar, Komplexität anhand der Interaktion zwischen Aufgabe und persönlichen Eigenschaften zu bestimmen. Dabei werden sowohl Eigenschaften der Aufgabe als auch der Person berücksichtigt. Komplexität wird dann als Funktion der Charakteristika des Individuums betrachtet (vgl. z.B. Shaw 1976; Hammond 1986). Solche Charakteristika können z.B. die Vertrautheit mit dem Problem, das Interesse am Problem oder die Aufmerksamkeitsspanne sein (vgl. Campbell 1988, 41).

Um zu zeigen, dass es sich bei M&A-Dienstleistungen um komplexe Leistungen handelt, sollen die persönlichen Eigenschaften der Nachfrager vernachlässigt werden. Es ist offensichtlich, dass die wahrgenommene Komplexität mit zunehmender Erfahrung oder besseren kognitiven Fähigkeiten sinkt. Da sich die Nachfrager von M&A-Dienstleistungen aber hinsichtlich dieser persönlichen Eigenschaften und Fähigkeiten deutlich unterscheiden und somit die Ableitung einer allgemein gültigen Einschätzung unmöglich ist, sollen die persönlichen Eigenschaften nicht weiter betrachtet werden. Stattdessen soll auf die objektiven Eigenschaften der Leistung als Quelle für Komplexität eingegangen werden.

Wenn es mehrere Lösungswege für eine Aufgabe gibt, erhöht das die zu verarbeitende Informationsmenge. Das gilt allerdings nur unter der Annahme, dass nur einer der Lösungswege tatsächlich zum gewünschten Ergebnis führt. Führen alle Wege zum gewünschten Ergebnis, so reduziert sich die Komplexität.

Die Komplexität steigt, wenn die verschiedenen Wege unterschiedlich effizient sind und gegen ein Effizienzkriterium abgewogen werden müssen (vgl. Campbell 1988, 43). Wird mit einer Aufgabe das Erreichen mehrerer Ziele angestrebt, erhöht das ebenfalls die Komplexität, da sich die zu verarbeitende Informationsmenge vergrößert. Korrelieren die gewünschten Ergebnisse allerdings positiv, so verringert sich die Komplexität. Stehen Lösungswege im Konflikt miteinander, behindert also die Erreichung eines Ziels die Erreichung eines anderen Ziels, erhöht das die Komplexität der Aufgabe. Ist der Zusammenhang zwischen einem Lösungsweg und einem gewünschten Ergebnis unbekannt oder unsicher, führt das ebenfalls zu höherer Komplexität (vgl. Campbell 1988, 44-45). Bei M&A-Transaktionen handelt es sich um wirtschaftliche Transaktionen, die von großer Unsicherheit hinsichtlich der Abwicklung und der Ergebnisse für die beteiligten Unternehmen gekennzeichnet sind. Die Misserfolgsquote von M&A ist hoch (vgl. Lucks/Meckl 2002, 10). Die Komplexität der Transaktion überträgt sich auf die mit der Transaktion verbundenen Dienstleistungen. Es handelt sich bei der Beratung von M&A-Transaktionen um schlecht strukturierte Probleme. Das bedeutet, dass die Lösung von vielen Faktoren beeinflusst wird und eine Dominanz des Produktionsfaktors Mensch zu beobachten ist (vgl. Kaas 1992, 887). Da M&A-Dienstleistungen wie bereits erläutert nur wenig standardisiert werden können, liegt in den meisten Fällen kein eindeutiger Lösungsweg vor. Weiterhin ist oftmals unklar, ob ein bestimmter Lösungsweg zum gewünschten Ergebnis führt. Es ist davon auszugehen, dass die angestrebten Ziele nicht immer positiv korrelieren, z.B. wenn ein Käuferunternehmen das Ziel verfolgt, ein attraktives Target zu einem besonders günstigen Preis zu kaufen. Die Beratungsleistung ist weiterhin von komplexen Interaktionen und Beziehungen gekennzeichnet, was sich in Wertkonflikten, Informationsasymmetrien, Wahrnehmungs- und Erwartungsunterschieden zwischen Anbieter und Nachfrager sowie unterschiedlichen Zielsetzungen ausdrückt (vgl. Karantinou/Hogg 2001, 266).

2.5.4 Hochwertigkeit der Leistung

Der Wert der nachgefragten Leistung macht sich an ihrem Preis fest, also den finanziellen Ressourcen, die Nachfrager von M&A-Dienstleistungen investieren müssen. M&A-Beratungsleistungen sind verhältnismäßig teure professionelle Dienstleistungen.

Bei M&A-Beratung wird das Honorar häufig am Wert der betreuten Transaktion bemessen, indem ein Prozentsatz des Transaktionswertes als Gebühr erhoben wird. Eine bekannte Möglichkeit der Berechnung ist die sog. „Lehmann-Formel“, die sich in den USA durchgesetzt hat. Sie orientiert sich bei der Berechnung der Gebühren am Kaufpreis. Dabei werden 5% für die erste Million US$ Transaktionswert, 4% für die zweite Million, 3% für die dritte Million, 2% für die vierte Million und dann 1% für jeden höheren Kaufpreis fällig (vgl. Merz 1994, 89). Für große Transaktionen nutzen viele amerikanische Investmentbanken die Honorarstruktur von Morgan Stanley. Sie beinhaltet ein Honorar von 1% für eine Transaktion mit einem Wert von 100 Mio. US$, 0,5% für eine 500 Mio. US$ Transaktion, 0,4% für eine 1 Mrd. US$ Transaktion und 0,23% für eine 4 Mrd. US$ Transaktion (vgl. Kosnik/Shapiro 1997, 11). Es ist ersichtlich, dass auf diese Weise sehr hohe Honorare bei M&A-Transaktionen zustande kommen. Im deutschen Markt liegen die Honorare normalerweise zwischen 0,5% und 10% des Transaktionsvolumens in Abhängigkeit von der Größe der Transaktion (vgl.

Dufey/Hommel 2000, 973). Die nachfolgende Tabelle gibt einen Überblick über die Gebühren, die Investmentbanken im Jahr 2007 erhielten.

Tabelle 3: Gebühren der weltweit vollendeten M&A-Transaktionen 2007

M&A-Berater	**Zuzurechnende Beratungsgebühren (in Mio. US$)**	**Anzahl der Transaktionen**
Goldman Sachs & Co	3.147,0	421
Morgan Stanley	2.574,3	392
Citi	1.961,3	460
JP Morgan	1.952,0	363
UBS	1.920,2	391
Credit Suisse	1.586,8	345
Merrill Lynch	1.538,8	286
Lehman Brothers	1.298,1	243
Deutsche Bank AG	1.072,3	232
Rothschild	924,7	330
Gesamte Branche	**44.022,5**	**28.737**

Quelle: Thomson Financial/Freeman & Co.

Die Auflistung zeigt, dass in der gesamten Branche eine durchschnittliche Gebühr pro Transaktion von 1,53 Mio. US$ gezahlt wurde. Betrachtet man nur die in der Tabelle aufgeführten Top 10 M&A-Berater, so ergibt sich eine durchschnittliche Transaktionsgebühr in Höhe von 5,19 Mio. US$. Auch wenn sich diese Zahlen nur auf das oberste Marktsegment des M&A-Beratungsmarktes beziehen, zeigen sie doch, dass M&A-Beratung für den Nachfrager mit beträchtlichen Kosten verbunden sein kann. Gestützt wird diese Aussage auch durch die Betrachtung der Zahlen für den Midmarket, der sich auf kleinere Transaktionen beschränkt. Betrachtet man nur die Transaktionen, die einen Wert von bis zu 50 Mio. US$ haben, so ergibt sich folgendes Bild:

Tabelle 4: Gebühren der weltweit angekündigten M&A-Transaktionen 2007*

* bis 50 Mio. US$ Transaktionsvolumen

M&A-Berater	Zuzurechnende Beratungsgebühren (in Mio. US$)	Anzahl der Transaktionen
Rothschild	127,9	157
Goldman Sachs & Co	118,2	74
Houlihan Lokey Howard & Zukin	114,2	90
Lazard	101,1	109
Jefferies & Co Inc.	92,9	79
UBS	82,6	101
JP Morgan	80,9	105
IMAP	73,7	192
Citi	61,6	176
Credit Suisse	61,3	91
Morgan Stanley	60,9	92
M&A International	45,6	121
Deutsche Bank AG	39,3	71
Lehman Brothers	37,2	49
Deloitte & Touche	36,1	231
Global M&A	35,0	83
RBC Capital Markets	33,9	63
ABN AMRO	32,2	80
Lincoln International	30,8	63
Thomas Weisel Partners LLC	28,7	5
Gesamte Branche	**6.104,4**	**37.021**

Quelle: Thomson Financial/Freeman & Co.

Für den gesamten Marktbereich bis 50 Mio. US$ ergibt sich eine durchschnittliche Beratungsgebühr je M&A-Transaktion von 164.890 US$. Bei den Top 20 der Beratungsunternehmen, wie hier in der Tabelle aufgeführt, kostet die Beratung einer M&A-Transaktion durchschnittlich 636.860 US$. In Anbetracht der Größe der betrachteten Transaktionen und somit der Größe der nachfragenden Unternehmen sind das ebenfalls beträchtliche Honorare.

Die Hochwertigkeit der Leistung wird zusätzlich unterstrichen durch die Tatsache, dass M&A-Transaktionen mit weitreichenden Konsequenzen für die beteiligten Unternehmen verbunden sind. Insofern kann sich eine falsche Beschaffungsentscheidung nicht nur in der Fehlinvestition der Beratungsgebühr finanziell niederschlagen, sondern im schlimmsten Fall auch auf den unternehmerischen Erfolg in der Zukunft wirken (vgl. Abschnitt 1.1). Die M&A-Beratung ist eine, im Vergleich zu vielen anderen von Unternehmen beschafften Dienstleistungen, sehr hochwertige Leistung, die eine beträchtliche Investition für das nachfragende Unternehmen darstellt.

2.6 Wirkung der Charakteristika auf das Beschaffungsrisiko

2.6.1 Der Begriff des Beschaffungsrisikos

Wie in den vorherigen Abschnitten dargestellt, sind M&A-Beratungsleistungen von einigen spezifischen Charakteristika geprägt. Diese Charakteristika sind:

- Immaterialität zum Zeitpunkt des Kaufs
- Integration eines externen Faktors
- Komplexität und Hochwertigkeit der Dienstleistung.

Diese Charakteristika wirken sich auf das wahrgenommene Risiko des Nachfragers bei der Beschaffung von M&A-Dienstleistungen aus. Zunächst muss jedoch geklärt werden, was unter dem Begriff des Beschaffungsrisikos verstanden werden kann, bevor die Wirkungen der Charakteristika auf die Beschaffung von M&A-Beratungsleistungen betrachtet werden.

Das Phänomen des Beschaffungsrisikos wurde in der Literatur ausführlich beleuchtet und gilt als ein wesentlicher Einflussfaktor auf das Beschaffungsverhalten (vgl. Bettman 1973, 184; Cunningham/Gerlach/Harper 2004, 23). So postuliert Mitchell, dass das wahrgenommene Risiko geeigneter als der Nutzen ist, das Konsumentenverhalten zu erklären, weil Konsumenten häufig eher motiviert sind, Fehler zu vermeiden als ihren Nutzen zu maximieren (vgl. 1999, 163).

Eine erste Definition, die den Begriff des Risikos in Zusammenhang mit der Nachfrageentscheidung brachte, ist die von Bauer: „Consumer behavior involves risk in the sense that any action of a consumer will produce consequences which he cannot anticipate with anything approximating certainty, and some of which at least are likely to be unpleasant“ (Bauer 1967, 24). Bereits in dieser ersten Definition zeichnet sich die Zweidimensionalität des Risiko-Konstruktes ab, da Bauer die Komponenten der „consequences“ und der „certainty“ nutzt. Auch Cunningham definiert Risiko über die zwei Komponenten Unsicherheit und Konsequenzen (vgl. Cunningham 1967, 83). “A purchase decision involves risk when the consequences connected with the decision are uncertain and some results are more desirable than others” (Cunningham/Gerlach/ Harper 2004, 23). Seither hat sich das Verständnis des Risikos als Kombination möglicher negativer Konsequenzen und der Unsicherheit über ihren Eintritt weitgehend durchgesetzt (vgl. Ling/Fang 2006, 1208; Schuler 2004, 53; Kaas 1990, 542), wie auch die Definition von Yeung und Morris (2006, 295) zeigt: “Risk perception can be defined as the individual judgement of the likelihood that a consequent loss could occur and the seriousness of its likely consequences”. Die Elemente des Beschaffungsrisikos sollen im Folgenden einzeln betrachtet werden.

Die **Unsicherheit** des Nachfragers bezieht sich darauf, dass er nicht sicher weiß, welche Konsequenzen sich aus der Wahl eines bestimmten Leistungsanbieters ergeben werden (vgl. Schuler 2004, 54). Unsicherheit bezeichnet den wahrgenommenen Mangel an relevanten Informationen zur Durchführung der Auswahlentscheidung (vgl. Kohr 2000, 77). Unsicherheit ist ein Zustand, in dem keine sicheren Informationen über einen Tatbestand vorliegen (vgl. Case 2007, 338).

Das Element der **Konsequenzen** beschreibt die Frage, welchen Effekt die Wahl eines Anbieters auf die Wohlfahrt des Nachfragers haben wird (vgl. Schuler 2004, 53). Die Beschaffungsentscheidung ist mit möglichen nachteiligen Ergebnissen verbunden, die vor ihrem Eintreten abgeschätzt werden können (vgl. Gemünden 1985, 27). Einige Autoren haben eine weitere Unterteilung des Risikokonstruktes vorgeschlagen, die wie folgt aussieht:

- Performance Risk: Das Risiko, dass das Dienstleistungsergebnis hinter den Erwartungen zurück bleibt.
- Physical Risk: Das Risiko, dass die Gesundheit oder die Erscheinung des Nachfragers Schaden nehmen.
- Financial Risk: Das Risiko, keinen angemessenen Gegenwert für sein Geld zu erhalten und somit Geld zu verlieren.
- Social Risk: Das Risiko, soziales Ansehen zu verlieren, wenn eine falsche Beschaffungsentscheidung getroffen wird.
- Psychological Risk: Das Risiko, mit sich selbst unzufrieden zu sein, wenn eine falsche Beschaffungsentscheidung getroffen wird.

- Time Risk: Das Risiko, viel Zeit bei der Beschaffung oder im Falle nicht erwarteter Ergebnisse aufwenden zu müssen.

(vgl. Mitchell/Moutinho/Lewis 2003, 3).

In ihrer Studie zur organisationalen Beschaffung professioneller Dienstleistungen finden Mitchell, Moutinho und Lewis (vgl. 2003, 11) heraus, dass das finanzielle Risiko den größten Beitrag zum insgesamt wahrgenommenen Risiko leistet. An zweiter Stelle kommt das Zeitrisiko. Von untergeordneter Bedeutung ist erwartungsgemäß das psychosoziale Risiko, das kaum zur gesamtheitlichen Risikowahrnehmung bei der Beschaffung professioneller Dienstleistungen beiträgt (vgl. Mitchell/Moutinho/Lewis 2003, 12).

Ob eine Betrachtung der verschiedenen Risikodimensionen für professionelle Dienstleistungen relevant ist und Erkenntnisgewinne bringen kann, ist ungeklärt. So kann argumentiert werden, dass das Performance Risk das generelle Risiko bezeichnet, da die anderen Risikoarten nur auftreten sollten, wenn das Leistungsergebnis nicht den Erwartungen entspricht. In empirischen Studien zeigt das Performance Risk regelmäßig die höchsten Korrelationen mit dem generell wahrgenommenen Risiko. Außerdem ist in der Anwendung auf M&A-Dienstleistungen nicht jede Kategorie gleich relevant. Ein physikalisches Risiko kann für diese Art von Dienstleistungen weitgehend ausgeschlossen werden. Auch fällt die Abgrenzung des sozialen vom psychologischen Risikos in der Praxis sehr schwer (vgl. Mitchell/Moutinho/Lewis 2003, 3-4). Im Unterschied zur Nachfrage von Konsumenten ergibt sich für die organisationale Nachfrage eine weitere Risikoart, die als professionelles Risiko bezeichnet werden kann: „Recent work has suggested that organisational buyers perceived not only personal and organisational risks, but also professional risks which are associated with their role as a professional within an organisation" (Mitchell 1999, 175).

Es stellt sich die Frage, in welchem Verhältnis die beiden Elemente des Risikokonstruktes zueinander stehen. Allgemein geht man davon aus, dass das wahrgenommene Risiko umso größer ist, je größer die Unsicherheit hinsichtlich der Leistungsqualität ist und je größer die befürchteten Konsequenzen sind, sollte die Leistungsqualität nicht den Erwartungen entsprechen. Das lässt vermuten, dass die beiden Komponenten Unsicherheit und Konsequenzen multiplikativ verknüpft sind, weil die Abwesenheit eines Elements dazu führen würde, dass kein wahrgenommenes Risiko vorliegt (vgl. Schuler 2004, 54).

Es ist wichtig festzuhalten, dass für die Betrachtung von Beschaffungsrisiken das vom Nachfrager wahrgenommene und nicht das objektive, tatsächlich mit der Beschaffungsentscheidung verbundene Risiko relevant ist (vgl. Mitchell 1999, 164; Schuler 2004, 52; Cunningham/Gerlach/Harper 2004, 23). Das wahrgenommene Risiko ist ein Zustand, der subjektiv und sowohl zeit- als auch situationsabhängig ist (vgl. Grønhaug 1972, 247), es „...ist das von den Konsumenten subjektiv erlebte Risiko, daß ein gekauftes Produkt ihre Erwartungen enttäuscht" (Kaas 1990, 542).

Man geht davon aus, dass das Beschaffungsrisiko nur dann eine Wirkung auf das Verhalten des Nachfragers hat, wenn es ein von ihm toleriertes Ausmaß überschreitet. Ist das wahrgenommene Beschaffungsrisiko zu gering, wird ein Nachfrager keine Risikoreduzierungsmaßnahmen ergreifen oder sonstige Reaktionen zeigen (vgl. Cunningham/Gerlach/Harper 2004, 23).

Es wird allgemein angenommen, dass das Beschaffungsrisiko für Dienstleistungen größer als für Produkte ist (vgl. Cunningham/Gerlach/Harper 2004, 24). Die Qualität von Dienstleistungen ist für die Nachfrager schwieriger einzuschätzen als die Qualität von Produkten (vgl. Parasuraman/Zeithaml/Berry 1985, 42). Das gilt insbesondere für professionelle Dienstleistungen. Es gibt umfangreiche a priori Belege dafür, dass die Beschaffung von professionellen Business-to-Business-Dienstleistungen durch ein hohes Risiko gekennzeichnet ist. Sie sind mit vergleichsweise höheren Kosten und Zeitaufwand der Beschaffung verbunden, weisen viele Vertrauenseigenschaften auf und können in ihren Auswirkungen nicht nur den einzelnen Nachfrager sondern auch andere Personen im Unternehmen treffen. Die Nachfrage ist hochgradig sichtbar und führt zu nicht vorhersehbaren Ergebnissen, was das wahrgenommene Risiko noch erhöht (vgl. Mitchell/Moutinho/Lewis 2003, 1-3).

Im Folgenden soll erarbeitet werden, wie die in den vorherigen Abschnitten abgeleiteten Charakteristika der M&A-Beratungsleistungen auf die Unsicherheitskomponente und die Konsequenzkomponente des wahrgenommenen Beschaffungsrisikos wirken.

2.6.2 Wirkung der Immaterialität der Leistung

Die Immaterialität der Leistung zum Zeitpunkt des Kaufs und die damit verbundene Informationsarmut führen dazu, dass beim Kauf von M&A-Leistungen größere Kaufunsicherheit vorliegt als bei Sachgütern (vgl. Enke/Greschuchna 2005, 1). Die fehlende physische Wahrnehmbarkeit des Absatzobjektes behindert die Qualitätsbeurteilung durch den Nachfrager. Er hat nur begrenzte Möglichkeiten, vor der Inanspruchnahme der Leistung deren Qualität zu bewerten. Im Gegensatz zu Sachgütern kann der Nachfrager M&A-Beratungsleistungen vor dem Kauf nicht in Augenschein nehmen, kontrollieren oder testen. Außerdem kann das Leistungsangebot von Dienstleistungen schlechter mit Wettbewerbsangeboten verglichen werden (vgl. Meffert/Bruhn 2000, 30), da „...materielle Bezugspunkte einer objektiven Qualitätsmessung sowohl in Bezug auf die Beraterauswahl, den Beratungsprozess als auch auf das Beratungsergebnis häufig nicht oder nur schwer zu bestimmen sind" (Jeschke 2004a, 165). Beim Kauf von Dienstleistungen wird deshalb ein tendenziell höheres Risiko wahrgenommen als beim Kauf von Sachgütern, das seinen Ausdruck in einer schwierigen Bedarfs- und Leistungsidentifikation findet (vgl. z.B. Guseman 1981, 200-202; Zeithaml 1981, 188; Murray/Schlacter 1990, 59; Murray 1991; Jeschke 2004a, 165).

Es ergeben sich zwei Typen von Unsicherheit aus der Tatsache, dass Anbieter und Nachfrager über eine Leistung verhandeln müssen, die noch nicht existiert. Zum einen besteht eine sog. exogene Unsicherheit, die in der unvollkommenen Information der Beteiligten über die Zustände der Welt begründet liegt. Unerwartete Entwicklungen der Rahmenbedingungen können Einfluss auf die Leistungserstellung und das Leistungsergebnis haben und dazu führen, dass erwartete Inputs, Kosten oder Ergebnisse nicht realisiert werden (vgl. Kaas 1992, 886). Da zunächst nur Leistungsversprechen vorliegen, hat der Verkäufer nach Vertragsabschluss noch erheblichen Einfluss auf die tatsächlichen Eigenschaften und Qualität der erbrachten Leistung (vgl. Schade/Schott 1993a, 17). Dies impliziert, dass der Kunde dem vorab gegebenen Leistungsversprechen des Anbieters vertrauen muss (vgl. Bieberstein 1998, 53).

Weiterhin besteht eine so genannte endogene Unsicherheit, die auf die asymmetrische Informationsverteilung zwischen Anbieter und Nachfrager zurückzuführen ist. Die Kooperation zwischen einem Anbieter und einem Nachfrager weist bei M&A-Dienstleistungen die Merkmale einer Prinzipal-Agenten-Beziehung auf. Es ist eine Form der Zusammenarbeit, die von unvollkommener Information und unvollkommener Moral gekennzeichnet ist. Der Prinzipal, also der Nachfrager der Leistung, geht ein Verhaltensrisiko ein. Der Agent, also der Anbieter der Leistung, ist aufgrund seines Informationsvorsprunges in der Lage sich opportunistisch zu verhalten (vgl. Kaas 1992, 889). Jeder der Partner hat also einen Informationsvorsprung hinsichtlich seines eigenen Inputs. Insbesondere kann der Anbieter besser als der Nachfrager seine eigene Qualifikation und seine Leistungsbereitschaft einschätzen (vgl. Kaas 1992, 886).

Aber auch der Anbieter hat bei der Koproduktion von Leistungen das Problem, dass Verhaltensunsicherheiten in Bezug auf den Nachfrager bestehen. Es liegt im Verhältnis von Dienstleistungsanbieter und Dienstleistungsnachfrager also eine bilaterale Prinzipal-Agenten-Situation vor (vgl. Kleinaltenkamp 1992, 815). Aufgrund der Immaterialität der Leistung zum Zeitpunkt des Kaufes ist der Anbieter gezwungen, dem Nachfrager seine Leistungsfähigkeit zu verdeutlichen, indem er nicht-ergebnisbezogene Leistungsmerkmale kommuniziert (vgl. Kleinaltenkamp 1992, 811). Die Qualitätsverdeutlichung kann nicht anhand der konkreten, in der Beschaffungssituation noch nicht vorhandenen Leistung erfolgen, sondern muss ersatzweise auf die Leistungsfähigkeit des Anbieterunternehmens bezogen sein (vgl. Kleinaltenkamp 1992, 811-812).

Die Immaterialität der M&A-Dienstleistungen wirkt auf die Unsicherheitskomponente des Risikos. Sie erhöht die Qualitätsunsicherheit des Nachfragers und vergrößert somit auch das wahrgenommene Beschaffungsrisiko.

2.6.3 Wirkung der Integration des externen Faktors

Die Integration eines externen Faktors schafft eine Integrationsunsicherheit beim Nachfrager. Dieser ist kaum in der Lage zu beurteilen, inwieweit der Anbieter fähig ist, seine Produktionsfaktoren mit dem externen Faktor zu integrieren (vgl. Kißling 1999, 48). Der Nachfrager weiß nicht, wie der Anbieter die von ihm zur Verfügung gestellten externen Faktoren, insbesondere Informationen, verarbeiten wird und welche Ergebnisqualität sich daraus ergeben wird. Die Unsicherheit ist umso höher, je integrativer die Erstellung der betreffenden Dienstleistung ist (vgl. Kleinaltenkamp 1992, 811). Die Spezifikation der gewünschten Leistung durch den Nachfrager ist ein wichtiges Element der Koproduktion. Sind die Angaben darüber, was vom Anbieter erwartet wird, vage oder nicht korrekt, kann der Anbieter keine befriedigende Leistungserstellung gewährleisten (vgl. Mitchell 1994, 323). Der Nachfrager professioneller Dienstleistungen ist persönlich involviert in die Beauftragung und die Durchführung eines Projektes, was zumeist persönliche Kontakte und Anwesenheit zur Folge hat. Dies führt typischerweise dazu, dass das Involvement des Nachfragers in die Beschaffungsentscheidung relativ hoch ist und deshalb auch das wahrgenommene Risiko steigt (vgl. Mitchell 1994, 318).

Für den Anbieter entsteht das Problem, dass er aufgrund der individuellen Erstellung der Leistung eine spezifische Investition tätigt. Dabei handelt es sich um eine Investition, die in jeder anderen Verwendung der Ressourcen geringere oder keine Erträge zur Folge hätte. Aus diesem Grund ist es notwendig, diese Leistungen vor ihrer

Erstellung an einen Nachfrager zu verkaufen, um der Gefahr zu entgehen, nach der Erstellung vom Nachfrager ausgebeutet zu werden (vgl. Kaas 1992, 886).

Der Beratungsanbieter kann nicht unabhängig vom Nachfrager über den zeitlichen, räumlichen und inhaltlichen Einsatz von Mitarbeitern des Nachfragers bestimmen. Da er für die Leistungserstellung jedoch auf die Kooperation des Nachfragerunternehmens angewiesen ist, entsteht eine Unsicherheit darüber, welche Dienstleistungsqualität erzielt werden kann (vgl. Jeschke 2004a, 165). Da der Nachfrager im Rahmen der Koproduktion Einfluss auf das Leistungsergebnis nehmen kann, entstehen Unsicherheiten beim Dienstleistungsanbieter hinsichtlich der Steuerung und Kontrolle der Dienstleistungserstellung (vgl. Kleinaltenkamp 1992, 810-811).

Die Integration eines externen Faktors wirkt sowohl auf die Unsicherheitskomponente als auch auf die Konsequenz-Komponente des wahrgenommenen Risikos. Die Unsicherheit des Nachfragers wird erhöht, da er schlecht beurteilen kann, wie gut die Integrationsfähigkeit des Anbieters ist. Außerdem entsteht für ihn aus der Tatsache, dass er an der Leistungserstellung mitwirkt, das Problem der Erfolgszurechnung. Der Erfolg oder Misserfolg eines M&A-Beratungsprojektes kann nicht eindeutig dem Anbieter allein zugerechnet werden, was die Qualitätsbeurteilung erschwert. Die Integration des externen Faktors wirkt sich auch auf die potenziellen Konsequenzen der Durchführung eines M&A-Beratungsprojektes aus, da das Unternehmen dem M&A-Berater umfangreiche unternehmensinterne Informationen zur Leistungserstellung zur Verfügung stellt. Da es sich bei den Beratungsgegenständen zumeist um wichtige Aspekte der Unternehmenstätigkeit handelt und oft Vertraulichkeit erforderlich ist, erhöht sich die Risikowahrnehmung im Unternehmen (vgl. Mitchell 1994, 319). Werden diese Informationen nicht vertraulich behandelt, kann das schwerwiegende Folgen für den wirtschaftlichen Erfolg und das Überleben des nachfragenden Unternehmens haben. Insofern steigert die Integration dieser Informationen in den Leistungserstellungsprozess die potenziellen negativen Konsequenzen für das nachfragende Unternehmen und damit das wahrgenommene Risiko der Beschaffung eines M&A-Beraters.

2.6.4 Wirkung der Komplexität der Leistung

Der Grad der Komplexität steht in einem positiven Zusammenhang mit der Unsicherheit (vgl. Kaas 1992, 887). Die Strukturiertheit der Aufgabe beeinflusst die Länge der Verhandlungen hinsichtlich des Beratungsauftrages, den Regelungsgrad der abgeschlossenen Verträge und die Risikoverteilung innerhalb der Geschäftsbeziehung. Je größer das Ausmaß neuer und unbekannter Fragestellungen innerhalb der Aufgabe, umso länger werden die dazugehörigen Verhandlungen dauern, da das erhöhte wahrgenommene Risiko reduziert werden soll (vgl. Schade/Schott 1993b, 498). Die Komplexität der angebotenen Dienstleistungen erschwert eine Qualitätseinschätzung durch den Nachfrager. Für das nachfragende Unternehmen ist es umso schwieriger, die Qualität ex ante und ex post zu beurteilen, je mehr Beurteilungsaspekte zu berücksichtigen sind. Bei M&A-Dienstleistungen handelt es sich, wie bereits erläutert, um vergleichsweise komplexe Dienstleistungen, die sich aus einer Vielzahl verschiedener Einzeltätigkeiten zusammensetzen und die umfangreiche fachliche und methodische Kenntnisse voraussetzen. Die Komplexität der M&A-Beratungsleistungen erhöht somit die Unsicherheitskomponente des Risikos und in Folge auch das wahrgenommene Beschaffungsrisiko.

2.6.5 Wirkung der Hochwertigkeit der Leistung

Die Hochwertigkeit einer Leistung wirkt indirekt über die Konsequenz-Komponente auf das wahrgenommene Beschaffungsrisiko. Die Hochwertigkeit steht in einem positiven Zusammenhang mit dem Risiko. Die Konsequenz-Komponente ist dann besonders ausgeprägt, wenn der Wert der zu beschaffenden Leistung hoch ist und wenn die Folgen der Beschaffungsentscheidung einen hohen Grad von Irreversibilität aufweisen. Darüber hinaus muss die Bedingung erfüllt sein, dass eine große Varianz möglicher Ergebnisse gegeben ist (vgl. Schuler 2004, 56). Nur wenn verschiedene Entscheidungen auch verschiedene Wirkungen auf die Wohlfahrt des Nachfragers zeigen, entsteht über die Konsequenz-Komponente die Wahrnehmung von Risiko. Ist unabhängig davon, wie der Nachfrager sich entscheidet, mit dem gleichen (guten oder schlechten) Ergebnis zu rechnen, dann liegt in der Entscheidung kein Risiko.

Wie bereits in Abschnitt 2.5.4 gezeigt, bedeutet die Beauftragung von M&A-Beratern für ein Unternehmen eine erhebliche Investition. Der in Betracht kommende Wert ist im Verhältnis zur Vermögensposition hoch. Hochwertigkeit ist ein relativer Begriff, denn er hängt immer vom Wohlstand der betreffenden Person ab. Bei M&A-Transaktionen hängt das Honorar von der Größe und Komplexität der Transaktion ab. Man kann also davon ausgehen, dass diese Leistung i.d.R. für kleinere Unternehmen weniger und für größere Unternehmen mehr kostet, die Leistung aber im Vergleich zur Vermögensposition immer als relativ teuer angesehen wird. Deswegen läuft der Nachfrager von

M&A-Dienstleistungen Gefahr, einen für ihn hohen Verlust zu erleiden, wenn die Leistung nicht den Erwartungen entspricht.

Die Wohlfahrt des Unternehmens ist zudem dadurch bedroht, dass die Wahl eines falschen Beraters zum Scheitern oder zu einem suboptimalen Verlauf und Ergebnis des M&A-Prozesses führen kann. Diese sehr weitreichenden Konsequenzen einer Fehlentscheidung müssen bei der Nachfrage nach M&A-Beratung ebenfalls berücksichtigt werden.

Auch die Irreversibilität der Entscheidung ist bei der Beauftragung eines M&A-Beraters sehr ausgeprägt, was allerdings nur zum Teil auf die Hochwertigkeit zurückzuführen ist. Es dürfte sich für das Unternehmen eher schwierig gestalten, eine mit einem Berater begonnene Transaktion abzubrechen und das Mandat neu zu vergeben. Das hat verschiedene Gründe. Da M&A-Beratungsleistungen überwiegend Erfahrungs- und Vertrauenseigenschaften aufweisen, bedarf es zunächst einer gewissen Zeit, bis der Nachfrager die Leistung des Anbieters einschätzen kann. Hierbei entstehen zumeist bereits Kosten, die für das Unternehmen im Falle eines Wechsels verloren sind. Da M&A-Transaktionen häufig unter einem gewissen Zeitdruck durchgeführt werden, bleibt oft keine Zeit, die Transaktion mit einem anderen Berater noch einmal zu beginnen. Hinzu kommt das Problem, dass ein Rückzug aus bereits begonnenen Verhandlungen mit potenziellen Transaktionspartnern nicht ohne weiteres möglich ist. Nicht zuletzt ist es auch eine Frage der Außenwirkung, denn ein nachträglicher Beraterwechsel kann negative Folgen für die Reputation des nachfragenden Unternehmens haben. Es lässt sich festhalten, dass die spezifischen Eigenschaften der M&A-Beratungsleistungen das wahrgenommene Risiko ihrer Beschaffung im Vergleich zur Beschaffung von Produkten und anderen Dienstleistungen erhöhen. Unternehmen, die M&A-Dienstleistungen nachfragen, sollten also eine besonders hohe Risikowahrnehmung haben, was sich auch auf ihr Beschaffungsverhalten auswirken sollte.

Die nachfolgende Abbildung zeigt noch einmal die Wirkungen der einzelnen identifizierten Charakteristika auf die Risikokomponenten.

Abb. 6: Wirkung der Leistungscharakteristika auf das M&A-Beschaffungsrisiko

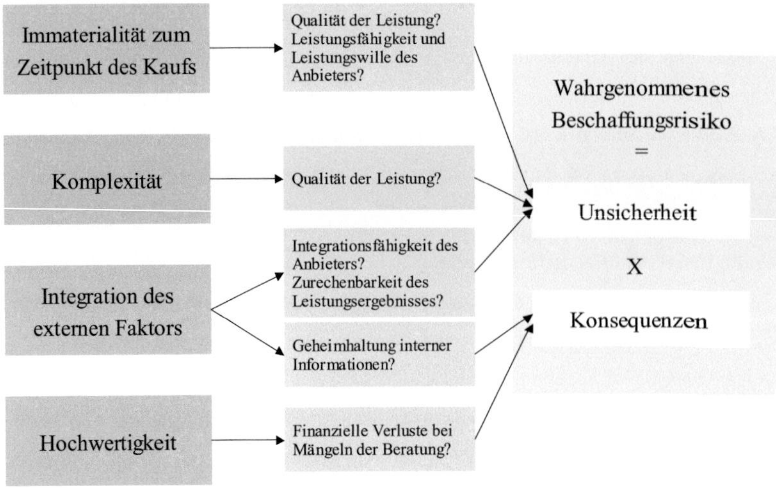

Quelle: eigene Darstellung

3 Charakterisierung der Anbieter von M&A-Dienstleistungen

3.1 Arten von M&A-Dienstleistern

3.1.1 Überblick

Am Markt für M&A-Beratungsleistungen gibt es verschiedene Arten von Akteuren, die sich in ihren angebotenen Leistungen zum Teil ergänzen und zum Teil auch konkurrieren (vgl. Achleitner 2002, 155). Es können M&A-Dienstleister im engeren Sinn und M&A-Dienstleister im weiteren Sinn unterschieden werden.

M&A-Dienstleister im engeren Sinn betreiben die M&A-Beratung als ein wesentliches Geschäft und sind in die zentralen mit der M&A-Transaktion verbundenen Aufgabenstellungen involviert. Ihre Tätigkeit ergibt sich originär aus der Abwicklung einer M&A-Transaktion. Zu den M&A-Dienstleistern im engeren Sinn zählen Investmentbanken, die M&A-Abteilungen der Universalbanken, M&A-Boutiquen und Unternehmensmakler.

M&A-Dienstleister im weiteren Sinn bieten hingegen allgemeine Dienstleistungen, die auf den M&A-Fall angewendet werden können. Die von ihnen angebotenen Leistungen stehen aber oft nicht in einem originären Zusammenhang mit der M&A-Transaktion. Vielfach ergänzen ihre Dienstleistungen die der Banken oder M&A-Boutiquen. Zu den M&A-Dienstleistern im weiteren Sinn gehören Wirtschaftsprüfer, Steuerberater, Rechtsanwälte und Unternehmensberater. Im Mittelstand haben Wirtschaftsprüfer, Rechtsanwälte und Steuerberater ein besonderes Vertrauensverhältnis mit ihren Kunden, das sie als Ansprechpartner für die Begleitung einer M&A-Transaktion prädestiniert. Sie wickeln die Transaktion in vielen Fällen ohne Hinzuziehung weiterer Berater ab, wobei die Aktivitäten der Vorfeldphase und der Integrationsphase nur Randaktivitäten des Tagesgeschäftes darstellen (vgl. Müller-Stewens/Spickers/Deiss 1999, 58).

Wirtschaftsprüfer, Steuerberater und Rechtsanwälte werden als Kammerberufe zusammengefasst. Sie stellen die traditionellen Berater des Mittelstandes dar und kommen damit auch für die Beratung von M&A-Transaktionen von mittelständischen Unternehmen in Betracht. Allerdings geht diese Tätigkeit häufig nicht über die reine M&A-bezogene Fachberatung hinaus. Das liegt vor allem daran, dass die Überschreitung eines gewissen Beratungsumfangs auch die Kapazitäten der genannten Anbieter übersteigen würde. In vielen Fällen werden diese Anbieter von anderen M&A-Beratern hinzugezogen, um einzelne steuerliche oder bilanzielle Aspekte der Transaktion zu bearbeiten. So werden für die Bewertung eines Kaufobjektes häufig die Leistungen eines Wirtschaftsprüfers in Anspruch genommen. Rechtsanwälte, Steuerberater und Wirtschaftsprüfer können also in zwei verschiedenen Funktionen tätig werden. Zum einen können sie als eigenständige Anbieter von M&A-Beratung auftreten, zum anderen können sie von anderen M&A-Beratern als Fachberater mandatiert werden. Die großen Wirtschaftsprüfungsgesellschaften sind allerdings häufig als eigenständige M&A-Berater aktiv (vgl. Schmitz 1993, 121-123). Die genannten Berufsgruppen haben strenge Ausbildungs- und Zulassungsregeln, so dass bei ihnen im Gegensatz zu der Anbietergruppe der Unternehmensberater eine Mindestqualität vorausgesetzt werden kann (vgl. Schmitz 1993, 124).

In den folgenden Abschnitten sollen das Tätigkeitsfeld und die Besonderheiten der jeweiligen M&A-Dienstleister näher betrachtet werden, wobei zunächst auf die Dienstleister im engeren Sinn und dann die auf Dienstleister im weiteren Sinn eingegangen wird.

3.1.2 M&A-Dienstleister im engeren Sinn

3.1.2.1 Investmentbanken

Zu den Schwerpunkten der Tätigkeit von Investmentbanken gehören die Beratung von M&A, das Emissionsgeschäft, das Investment Management und der Wertpapierhandel (vgl. Reicheneder 1992, 13). Das Angebot von M&A-Dienstleistungen ist für Investmentbanken ein wichtiges Geschäftsfeld, wobei sich ihr Einsatz vorrangig auf die Begleitung der M&A-Transaktion bis zum Vertragsabschluss (Closing) fokussiert. Eine Beratung für spätere Restrukturierungen und Post-Merger-Integrationsmaßnahmen bieten sie normalerweise nicht an (vgl. Wirtz 2003, 101). Investmentbanken sind vordergründig in die technische Abwicklung des Transaktionsprozesses involviert. Sie führen typischerweise die Due Diligence durch und erstellen Verkaufsmemoranden. Aufgrund ihrer besonderen Kompetenz arbeiten sie auch an der Finanzierungsstruktur der Transaktion, an der Bewertung der Verkaufs- oder Kaufobjekte und strukturieren und steuern den M&A-Prozess (vgl. Hawranek 2004, 79).

Es haben sich unterschiedliche Typen von Investmentbanken herausgebildet, die anhand der Breite ihrer Geschäftstätigkeiten, ihrer geographischen Präsenz, ihrer Größe und ihrer Reputation unterschieden werden können. In Bezug auf die Breite des Leistungsangebots können Investmentbanken einen sog. Full Line Service anbieten, der alle denkbaren Investmentbanking-Tätigkeiten umfasst oder sich als spezialisierte Häuser auf einen Teilbereich beschränken. Nach der geographischen Präsenz unterscheidet man globale, nationale oder regionale Investmentbanken. Die Größe einer Investmentbank lässt sich anhand des Volumens der abgeschlossenen Geschäfte, der Anzahl der Mitarbeiter, des Bilanzvolumens, der Höhe des Eigenkapitals oder der Börsenkapitalisierung bestimmen (vgl. Achleitner 2002, 14). Die M&A-Berater der großen Investmentbanken beschränken ihre Aktivitäten auf Deals mit einem Mindestvolumen von ca. 40-50 Mio. Euro (vgl. Dufey/Hommel 2000, 967). Investmentbanken können nach ihrer Größe in Bulge Bracket, Major Bracket und Submajor Bracket unterschieden werden. Darüber hinaus existieren spezialisierte Häuser, die sich nur auf ein Tätigkeitsfeld konzentrieren. Die folgende Abbildung gibt einen Überblick über die verschiedenen Investmentbank-Typen.

Tabelle 5: Investmentbanken nach Größenklassen und Spezialisierung

				Spezialisierte Häuser		
	Bulge Bracket	Major Bracket	Submajor Bracket	Boutique	Wirehouse	Research Firms
Breite der Geschäfts-aktivitäten	Volles Spektrum	Nicht alle Tätigkeiten	Fokussier-ung	M&A, Corporate und Structured Finance	Broker-Tätigkeit	Be-schaffung, Auswertung von In-formationen
Geo-graphische Präsenz	Global	Global oder national	National oder regional	National oder regional	Regional	Global oder national
Gesamt-größe	Groß	Groß bist mittel	Mittel bis klein	Klein	Mittel	Mittel bis klein
Reputation	Aus-gezeichnet	Sehr gut	Gut	Aus-gezeichnet bis gut	Von unter-geordneter Bedeutung	Sehr gut
Kunden-gruppe	Volles Spektrum	Volles Spektrum	Fokussier-ung	Industrie-unternehmen	Retail-Kunden	Spezialisiert auf individuelle Zielgruppen

Quelle: Achleitner 2002, 15

Die Bulge-Bracket-Firmen gelten als die führenden Häuser im Investmentbanking. Major-Bracket-Firmen sind in ihrem Leistungsangebot und ihrer geographischen Präsenz eingeschränkt. Die Submajor-Bracket-Firmen haben sich auf ein bestimmtes Leistungsangebot oder lokale Präsenz spezialisiert (vgl. Achleitner 2002, 16).

Die Eintrittsbarrieren für Investmentbanken sind aufgrund gesetzlicher Beschränkungen sehr hoch, was dazu führt, dass die Seriosität der Anbieter und ein Mindestqualitätsstandard vorausgesetzt werden kann. Im Vergleich zu Universalbanken weisen Investmentbanken eine größere Unabhängigkeit auf, da sich keine Interessenkonflikte mit anderen Geschäftsbereichen der Bank ergeben (vgl. Schmitz 1993, 118). Allerdings sind Interessenkonflikte auch bei Investmentbanken nicht gänzlich ausgeschlossen. Sie können im Bereich des Wertpapiergeschäftes auftreten, wenn Arbitrageabteilungen der Investmentbank versuchen mögliche Übernahmekandidaten zu identifizieren und an den mit der Übernahme einhergehenden Kursgewinnen teilzuhaben. Durch sog. „Chinese Walls" zwischen den Abteilungen soll verhindert werden, dass Insiderwissen weitergegeben wird (vgl. Schmitz 1993, 119). Investmentbanken zeichnen sich in der Mehrzahl durch eine umfassende Marktkenntnis, zahlreiche Kontakte und umfangreiche Erfahrungen im M&A-Geschäft aus und verfügen über die für eine Beratung notwendigen personellen Ressourcen. Aufgrund ihrer häufig internationalen Ausrichtung gelten sie insbesondere bei der Beratung internationaler M&A-Transaktionen als Experten. Investmentbanken haben aufgrund der erfolgsabhängigen Honorargestaltung eine große „Deal"-Orientierung. Das kann dazu führen, dass die Investmentbank auf die Umsetzung auch unvorteilhafter M&A-Transaktionen drängt. Die Honorare für Investmentbanken fallen häufig so hoch aus, dass nur größere Unternehmen als Kunden für M&A-Beratungsleistungen in Frage kommen (vgl. Schmitz 1993, 119-120).

3.1.2.2 Universalbanken

Universalbanken (oder auch Geschäftsbanken) bieten eine umfassende Bandbreite von Finanzdienstleistungen und erfüllen für ihre Kunden sowohl eine Finanzierungs- als auch eine Beratungsfunktion. Universalbanken verfügen über ein Leistungsangebot, das über die M&A-Beratung hinausgeht und auch Felder wie das Finanzierungs-, das Wertpapier- und das Vermögensberatungsgeschäft umfasst. Auf diese Weise entstehen Synergieeffekte, die von den Universalbanken bei der Beratung von M&A-Transaktionen genutzt werden können (vgl. Hawranek 2004, 80). Universalbanken haben eine besondere Stellung im M&A-Geschäft, weil sie häufig auch die Finanzierung der entsprechenden M&A-Transaktion bereitstellen (vgl. Merz 1994, 109). Dabei hat sich das Konzept der „Hausbank" etabliert, nach dem ein Kunde von einer Bank alle benötigten Finanzdienstleistungen empfängt und ein entsprechend enges Verhältnis zu dieser aufbaut. Dies geht teilweise soweit, dass die Bank erhebliche Eigenkapitalbeteiligungen am Kundenunternehmen hält (vgl. Achleitner 2002, 5).

Leistungen, die in den Bereich des Investment Banking fallen, wurden von den Universalbanken als Bestandteil ihrer gesamten Leistungspalette angeboten, ohne jedoch größere Bedeutung zu haben. Seit Beginn der 1990er Jahre änderte sich diese Situation und die Universalbanken fokussierten stärker auf ihr Investment Banking-Geschäft. Das hat seine Ursache vor allem in der sinkenden Attraktivität des Kreditgeschäfts für die Banken, die ihre sinkenden Erträge in diesem Bereich durch Investment Banking-Aktivitäten auszugleichen suchten. Durch den Aufkauf von einzelnen Investmentbanken und den Ausbau von Corporate-Finance-Abteilungen schaffte man eine deutlichere organisatorische Trennung zwischen den Geschäftsbereichen und demonstrierte seine Kompetenzen im Investment Banking (vgl. Achleitner 2002, 6). Universalbanken sind in Deutschland stark vertreten und haben sich inzwischen auch als Anbieter von umfassenden M&A-Dienstleistungen etabliert. Von Vorteil für die Universalbanken ist ihre Kundenkenntnis, die sie sich in anderen Geschäftsbereichen aufbauen konnten, der schnelle Informationsfluss, ihre internationalen Beziehungen und ihr breites Leistungsspektrum (vgl. Wirtz 2003, 101). Die M&A-Abteilungen der Geschäftsbanken konzentrieren sich auf M&A-Transaktionen, die am Kundenprofil der Geschäftsbank orientiert sind. Auf diese Weise unterstützt die M&A-Abteilung die Firmenkundenabteilung (vgl. Dufey/Hommel 2000, 967).

3.1.2.3 M&A-Boutiquen

M&A-Boutiquen sind vorwiegend auf mittelständische Unternehmen spezialisiert, die kleinere Transaktionen abwickeln und die von größeren M&A-Beratern geforderten Honorare nicht aufbringen können oder wollen. Mittelständische Unternehmen schätzen die persönliche Betreuung und die Unabhängigkeit dieser Dienstleister (vgl. Dufey/Hommel 2000, 967). Das Aufgabenfeld von M&A-Boutiquen unterscheidet sich kaum von dem der Investmentbanken, allerdings betreuen M&A-Boutiquen aufgrund ihrer geringen Größe zumeist nur kleinere Transaktionen. Auch können sie im Gegensatz zu Universalbanken keine Finanzierung der Transaktion anbieten, sondern erarbeiten lediglich eine Finanzierungsstruktur, die dann von anderen Anbietern umgesetzt werden muss (vgl. Hawranek 2004, 80). Einen großen Teil der im Mittelstand anfallenden M&A-Transaktionen sind Transaktionen im Zusammenhang mit der Unternehmensnachfolge. Das macht es für die auf diesen Bereich spezialisierten Boutiquen notwendig, sich ein breites Kompetenzspektrum und Branchenerfahrungen anzueignen (vgl. Deibert 2003, 6). Für die Beratung und Abwicklung von Transaktionen in diesem Sektor ist ein besonderes Fach- und Branchenwissen erforderlich. Das Marktsegment hat niedrige Eintrittsbarrieren, da keine große Eigenkapitalunterlegung notwendig ist (vgl. Achleitner 2002, 16). Die Anzahl der auf den Mittelstand spezialisierten M&A-Berater ist im deutschen Markt überschaubar (vgl. Deibert 2003, 6). Grundsätzlich sind die Übergänge zwischen Unternehmensmaklern, M&A-Boutiquen und Investmentbanken fließend, so dass nicht immer eindeutig definiert werden kann, welcher Gruppe ein Anbieter zuzurechnen ist.

3.1.2.4 Unternehmensmakler

Unternehmensmakler unterstützen Unternehmen bei der Kontaktanbahnung und Zusammenführung von Kaufs- und Verkaufsinteressenten (vgl. Deiß 1997a, 498). Sie sind Intermediäre am M&A-Markt, die Angebot und Nachfrage zusammenführen und vermittelnd tätig werden (vgl. Wirtz 2003, 105). Der Unternehmensmakler erfüllt im Wesentlichen vier Funktionen für seine Kunden. Er hat die Aufgabe, den Markt zu erschließen, indem er den Kontakt zwischen potenziellen Käufern und Verkäufern herstellt. Er selektiert für seinen Kunden die geeigneten Angebote aus der Vielzahl der Angebote. Dabei verarbeitet er die zahlreichen Marktinformationen und entlastet so seinen Kunden. Gleichzeitig erfüllt er eine Servicefunktion, da er Datenbanken und persönliche Kontakte nutzt und die wichtigsten Unterlagen für die M&A-Transaktion zusammenstellt. Schließlich erfüllt er auch eine Beratungsfunktion, da er seinen Kunden Hinweise zu Akquisitionskriterien und dem Vorgehen im Rahmen der M&A-Transaktion gibt (vgl. Merz 1994, 94).

Der Unternehmensmakler ist als Vermittler für beide Seiten einer M&A-Transaktion tätig. Um seine Objekte vermitteln zu können, erstellt der Unternehmensmakler Kurzportraits der Unternehmen und stellt diese den Interessenten zur Verfügung. Die Vermittlungsprovision kann situationsabhängig nur von einer oder von beiden Seiten bezahlt werden (vgl. Achleitner 2002, 158).

Da der Makler eine reine Vermittlertätigkeit ausübt, sollte er eine weitgehend neutrale Position einnehmen. Diese neutrale Position befähigt ihn, an dem Ausgleich der beteiligten Parteien und an der Versachlichung der Atmosphäre zu arbeiten. Weil er jedoch z.T. von beiden Seiten entlohnt wird, kann es zu Interessenkonflikten kommen.

Die Auswahl eines Unternehmensmaklers gestaltet sich für ein Unternehmen eher schwierig, da es für diese Tätigkeit keine Eintrittsbarrieren in Form von Befähigungsnachweisen oder Anfangsinvestitionen gibt. Die Qualität der am Markt angebotenen Leistungen lassen sich daher nur sehr schwer einschätzen. Nachteilig erweist es sich auch, wenn der Unternehmensmakler sich ausschließlich mit der Vermittlung beschäftigt und dadurch andere für die Transaktion wichtige Tätigkeiten nicht berücksichtigt. Ein Makler bahnt Kontakte zu passenden Unternehmen aus seinem Vermittlungsportfolio an, ohne zu prüfen, ob diese Unternehmen zur Unternehmensstrategie passen oder ob es noch andere, besser geeignete Transaktionspartner gibt. Dieser Interessenkonflikt wird noch verstärkt durch die Tatsache, dass das Honorar des Maklers erfolgsabhängig gezahlt wird (vgl. Schmitz 1993, 110-112). Bei den Unternehmensmaklern ist eine zunehmende Tendenz zum Angebot von Leistungen für den gesamten M&A-Prozess feststellbar, der Schwerpunkt ihrer Tätigkeit bleibt aber die Vermittlung von Kauf- oder Verkaufsinteressenten (vgl. Hawranek 2004, 81). Die nachfolgende Tabelle zeigt, wie sich ein Unternehmensmakler von anderen M&A-Beratern im engeren Sinn unterscheidet.

Tabelle 6: Unterschiede zwischen M&A-Berater und Unternehmensmakler

Kriterien	M&A-Berater	Makler
Berufsbezeichnung	Mittler und Professional	Unternehmenshändler, Mittler, Berater
Anzahl	Kleiner Kreis hochqualifizierter Professionals	Viele kleine Maklerbüros, nur wenige große Unternehmen
Ansprache der Targets	Sequentiell nur ein passendes Unternehmen bzw. mehrere (Auktionsverfahren)	i.d.R. viele Targets angesprochen
Mandatsdauer	i.d.R. 6-9 Monate bis mehrere Jahre	i.d.R. 1-6 Monate, selten länger als ein Jahr
Vergütung	Honorar, nur vom Auftraggeber, aufwandsabhängige und erfolgsabhängige Bezahlung	Von Käufer und Verkäufer, meist nur erfolgsabhängige Bezahlung, selten aufwandsabhängige Bezahlung
Interesse	Finanzielle Kongruenz der Ziele mit Auftraggeber	Differenziert nach Käufer und Verkäufer

Quelle: in Anlehnung an Merz 1994, 99

3.1.3 M&A-Dienstleister im weiteren Sinn

3.1.3.1 Wirtschaftsprüfer

Die hauptsächliche Tätigkeit der Wirtschaftsprüfer in der M&A-Beratung ist die Aufbereitung des internen Rechnungswesens zu einem aussagekräftigen externen Rechnungswesen. Außerdem führen die Wirtschaftsprüfer die notwendige Financial Due Diligence durch und erstellen Gutachten über den Wert des Kauf- oder Verkaufsobjektes (vgl. Müller-Stewens/Spickers/Deiss 1999, 56). Ursprünglich war es die wesentliche Aufgabe der Wirtschaftsprüfer, bei M&A-Transaktionen die finanziellen Verhältnisse des Transaktionsobjektes zu prüfen und eine Unternehmensbewertung abzugeben. Sie nehmen außerdem die vertraglich oder rechtlich vorgesehenen Prüfungen vor (vgl. Achleitner 2002, 157). Sie stellen den Data Room zusammen und erstellen den Due Diligence Report. Inzwischen bieten jedoch einige Wirtschaftsprüfungsgesellschaften Dienstleistungen auch in den der Transaktion vor- und nachgelagerten Phasen an (vgl. Wirtz 2003, 102-103). Das Angebot einer kompletten M&A-Beratung bieten jedoch nur die großen Wirtschaftsprüfungsgesellschaften, wobei sie ihre Mandate zumeist aus dem Prüfungsgeschäft ableiteten (vgl. Dufey/Hommel 2000, 967). Traditionell konnten Wirtschaftsprüfungsgesellschaften so einen großen Teil ihrer Mandate generieren (vgl. Müller-Stewens/Spickers/Deiss 1999, 49). Nach der Verabschiedung des Sarbanes-Oxley-Act, der eine Trennung von Prüfungsgeschäft und Beratungsgeschäft zur Folge hatte, müssen Wirtschaftsprüfer ihr Geschäftsmodell neu definieren und Beratungskunden unabhängig von ihrer Prüfungstätigkeit gewinnen. Dabei zielen sie im M&A-Beratungsbereich vor allem auf Transaktionen ab, die von klassischen Investmentbanken nicht betreut werden. Häufig sind derartige Transaktionen nicht groß genug, um für Investmentbanken interessant zu sein. Wirtschaftsprüfer können in Transaktionen, die keine Finanzierung enthalten, häufig einen umfassenderen Service bieten, da Due Diligence oder Steueranalysen nicht an weitere Berater vergeben werden müssen. Es kann sich allerdings nachteilig auswirken, dass Wirtschaftsprüfer nicht in andere Aktivitäten, wie z.B. die Begleitung von Börsengängen eingebunden sind und deshalb eine geringere Sensibilität für die Reaktionen der Kapitalmärkte auf die Transaktion haben (vgl. Hahn 2004, 22-23). In einer von Oleownik und Bußmann (vgl. 2002, 246) durchgeführten Studie zeigt sich die sehr große Bedeutung von Wirtschaftsprüfern bei M&A-Transaktionen. 92% der NEMAX-Unternehmen und 80% der DAX-Unternehmen geben an, dass sie Wirtschaftsprüfer bei Akquisitionen zu Rate ziehen.

3.1.3.2 *Steuerberater*

Steuerberater übernehmen die steuerliche Strukturierung und Planung der Transaktion (vgl. Müller-Stewens/Spickers/Deiss 1999, 57). Sie führen eine Tax Due Diligence durch, die das Ziel hat, steuerlich begründete finanzielle Risiken in Zusammenhang mit der M&A-Transaktion zu identifizieren und wirksame Gegenmaßnahmen vorzuschlagen (vgl. Hawranek 2004, 82). Die originäre Aufgabe der Steuerberater bei M&A-Transaktionen ist es, die relevanten steuerlichen Details zu prüfen und zu optimieren. Steuerberater sorgen insbesondere für die steuerlich optimale Gestaltung des Kaufvertrages (vgl. Wirtz 2003, 103). In Deutschland kann die Bearbeitung steuerlicher Fragen aufgrund gesetzlicher Vorschriften nur von Steuerberatern wahrgenommen werden. Die Aufgabenbereiche der Steuerberatung und der Wirtschaftsprüfung vermischen sich zunehmend, da immer mehr große kombinierte Wirtschaftsprüfungs- und Steuerberatungsgesellschaften entstanden sind. Diese sind auch zunehmend dazu übergegangen, ihr Beratungsangebot auf andere Bereiche des M&A-Prozesses auszudehnen. Insbesondere der Markt für mittelgroße M&A-Transaktionen ist für diese Anbieter ein Spezialisierungsgebiet (vgl. Achleitner 2002, 157).

3.1.3.3 *Rechtsanwälte*

Rechtsanwälte übernehmen die Beurteilung der juristischen Konsequenzen der Transaktion. Sie prüfen die Rechtsverhältnisse des Akquisitionsobjektes, entwerfen die Vertragswerke und andere Vereinbarungen und holen behördliche Bewilligungen ein. Sie informieren ihre Mandanten über die Rechtsfolgen ihrer Entscheidungen (vgl. Schmitz 1993, 125-126). Dazu führen sie eine Legal Due Diligence durch und formulieren den Letter of Intent sowie die Geheimhaltungsverpflichtungen. Während der Vertragsverhandlungen werden sie beratend tätig und übernehmen schließlich auch die Ausarbeitung des Vertrages. Über die reine Beratung bei den Vertrags-verhandlungen hinaus können sie auch die Rolle des Moderators zwischen den Parteien übernehmen. Weiterhin gehört die Vorbereitung der notariellen Beurkundung und Anpassungen der Verträge in der Integrationsphase zu ihren Aufgaben (vgl. Müller-Stewens/Spickers/Deiss 1999, 57). Die Beratung der Rechtsanwälte bei M&A-Transaktionen ist darauf gerichtet, dass die vielfältigen börsen-, gesellschafts- und kartellrechtlichen Vorschriften eingehalten werden und dass alle vertraglichen Unterlagen korrekt und im Sinne des Auftraggebers ausgearbeitet werden (vgl. Achleitner 2002, 157).

Die Bedeutung von Rechtsanwälten als Berater von M&A-Transaktionen nimmt deutlich zu, wobei sie jedoch keine betriebswirtschaftliche Beratung anbieten (vgl. Wirtz 2003, 104). Die immer wichtigere Rolle von Rechtsanwälten bei M&A-Transaktionen ist auf die gestiegene Komplexität (z.B. neue Formen wie Austausch von Beteiligungspapieren, Fusionen und Joint Ventures) und zunehmende Regulierung von solchen Transaktionen zurückzuführen (vgl. Deiß 1997a, 497). Die intensivere börsenrechtliche Regelung und die Regelungen des Wertpapierübernahmegesetzes unterwerfen die Unternehmen zahlreichen Kommunikations- und Offenlegungspflichten, deren Nichteinhaltung zu erheblichen juristischen Problemen führen kann. Dies kann durch die Einschaltung von Rechtsanwälten vermieden werden, die auch die Koordination unterschiedlicher regulativer Vorschriften übernehmen. Die Bedeutung der rechtlichen Dokumentation der Transaktion hat ebenfalls stark zugenommen (vgl. Müller-Stewens/Spickers/Deiss 1999, 57-58). Allerdings ist die Nutzungsintensität externer Rechtsberatung noch relativ gering. Nur 20% der DAX-Unternehmen geben an, einen externen Rechtsanwalt für M&A-Transaktionen heranzuziehen. Das ist vermutlich darauf zurückzuführen, dass diese Unternehmen ausreichende interne Kapazitäten für die Klärung rechtlicher Fragestellungen besitzen. Im Neuen Markt lassen sich 41% der Unternehmen durch einen externen Rechtsanwalt beraten (vgl. Oleownik/Bußmann 2002, 246).

3.1.3.4 Unternehmensberater

Obwohl Unternehmensberater in allen Phasen des M&A-Prozesses zum Einsatz kommen können, übernehmen sie aufgrund ihrer Ausrichtung besonders häufig Aufgaben in der Strategieentwicklung, bei den Unternehmensanalysen und in der Integrationsgestaltung (vgl. Hawranek 2004, 80-81). Unternehmensberater werden deshalb vor allem in der Vorfeld- und Integrationsphase eingesetzt (vgl. Wirtz 2003, 104-105). Die Kernkompetenz der Unternehmensberater im M&A-Prozess ist in Fragen der Strategieanalyse und -gestaltung zu sehen. Sie erstellen betriebswirtschaftliche Anforderungskataloge an potenzielle Transaktionsobjekte und führen teilweise auch das Screening der Kandidaten durch (vgl. Achleitner 2002, 158). Unternehmensberater verfügen über Industrieerfahrung und Beratungskenntnisse, die für die Strategieformulierung hilfreich sind. Größere Beratungsgesellschaften verfügen zudem über ein Netzwerk von Kooperationspartnern im In- und Ausland, welches die Suche nach geeigneten Transaktionsunternehmen begünstigt. Eine besondere Rolle spielen Unternehmensberater in der Integrationsphase auch deshalb, weil diese Phase von anderen Anbietern wie Investmentbanken oder Universalbanken nur ungenügend abgedeckt wird (vgl. Schmitz 1993, 114-115).

Die vollständige Beratung über den gesamten M&A-Prozess wird hingegen seltener angeboten und dann zumeist mit Hilfe von weiteren externen Experten realisiert (vgl. Wirtz 2003, 104-105). Allerdings gibt es inzwischen ein paar Beratungsgesellschaften, die auf das Angebot einer Full-Service-Beratung eingestellt sind. Sie verfügen über das Know-how und die personellen Kapazitäten, um eine Transaktion, die sich aus laufenden Strategieprojekten ergibt, vollständig abzuwickeln. Lediglich für steuerliche und juristische Fragen greifen diese Unternehmensberatungen auf externe Experten zurück. Trotzdem bleibt die M&A-Beratung für die meisten Unternehmensberatungen noch ein Randgeschäft, das häufig als Folgegeschäft aus dem Kerngeschäft abgeleitet wird (vgl. Müller-Stewens/Spickers/Deiss 1999, 58-59). Unternehmensberatungen orientieren sich bei der Beratung von M&A an dem Profil der Kundenunternehmen aus der sonstigen Beratung, da sie die Beratung von M&A hauptsächlich als Vervollständigung ihres Beratungsangebots verstehen (vgl. Dufey/Hommel 2000, 967).

Da Unternehmensberater die durchgeführten Transaktionen nicht finanzieren, ist die Wahrscheinlichkeit von Interessenkonflikten deutlich geringer als bei anderen Anbietern. Die Analysen erfolgen unabhängig und unvoreingenommen. Die Entlohnung der Unternehmensberater erfolgt nur zu einem Teil erfolgsabhängig, so dass sie keinen negativen Anreiz haben die Transaktion durchzuführen, nur um ihr Honorar abzusichern (vgl. Schmitz 1993, 115). Nachteilig erweisen sich auch hier die geringen Markteintrittsbarrieren, die nicht unwesentliche Qualitätsunterschiede zwischen den Beratern bedingen. Somit ergeben sich Probleme bei der Auswahl eines geeigneten Beraters, die durch den Rückgriff auf Reputation und Größe des Beratungsunternehmens aber teilweise gemindert werden. Allerdings ergibt sich hier das Problem, dass die Honorare renommierter Beratungsunternehmen die Ressourcen kleiner und mittelständischer Unternehmen häufig übersteigen (vgl. Schmitz 1993, 116).

3.2 Marktbezogenes Verhalten der M&A-Dienstleister

3.2.1 M&A-Prozess aus Sicht der M&A-Dienstleister

Aus der Sicht des M&A-Beraters unterteilt sich ein M&A-Projekt in zwei Phasen: die Origination- und die Execution-Phase (vgl. Deiß 1997a, 491), wie in Abbildung 7 ersichtlich wird.

Abb. 7: Die Phasen einer M&A-Transaktion aus Beratersicht

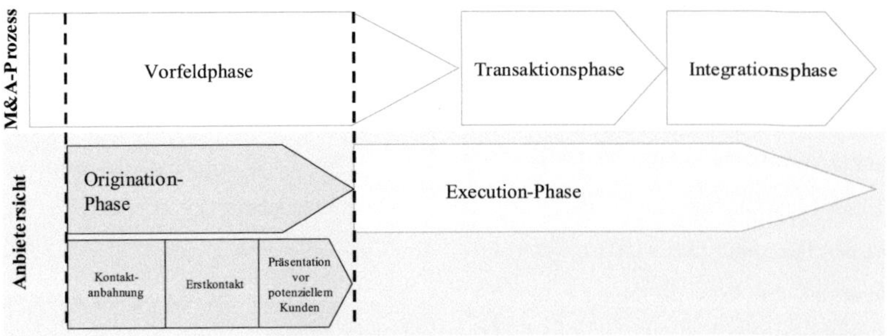

Quelle: in Anlehnung an Achleitner 2002, 160-162

Die Origination-Phase ist die Phase im M&A-Prozess, in der der Berater ein Mandat gewinnt. Sie unterteilt sich in die Abschnitte der Kontaktanbahnung, des Erstkontaktes und der Präsentation vor dem Kunden. Alle diese Abschnitte können entfallen, wenn es sich nicht um die proaktive Akquise eines Auftrags durch den Berater handelt, sondern das Unternehmen einen einzelnen Berater direkt beauftragt (vgl. Achleitner 2002, 160-161).

Die Präsentation als letzte Phase der Mandatsakquise kann als Einzelpräsentation oder als Wettbewerbspräsentation (pitch oder beauty contest) erfolgen. Der Beauty Contest bezeichnet eine Firmenpräsentation, in der mehrere M&A-Berater einen Vorschlag zu einer vom Unternehmen vorgeschlagenen M&A-Transaktion unterbreiten. Dabei stellen sie ihre Vorstellungen zu den Themenbereichen Projektplan, Transaktionspartner, Spezifizierung des Projektteams und Honorar vor (vgl. Dufey/Hommel 2000, 972). Das Unternehmen entscheidet bei einer Einzelpräsentation, ob es die Transaktion durchführen will und bei einer Wettbewerbspräsentation, welchen Anbieter es auswählt (vgl. Achleitner 2002, 162). Für M&A-Beratung stellt die Wettbewerbspräsentationen eine wichtige Informationsquelle dar. Derartige Beauty Contests nehmen deshalb in ihrer Bedeutung immer mehr zu (vgl. Hedtstück/Strick 2006, 64).

Inhaltlich entwickeln sich die Präsentationen von der reinen Unternehmenspräsentation zur Präsentation der spezifischen Branchenkenntnisse und erster Lösungsansätze. Auf diese Weise versucht der M&A-Berater sein Qualifizierung für das Projekt zu verdeutlichen, häufig auch durch die Nennung von Referenztransaktionen (track record) und der Position in den League Tables (vgl. Müller-Stewens/Spickers/Deiss 1999, 51).

Zwischen der Origination- und Executionphase erfolgen das schriftliche Angebot des M&A-Beraters und der Vertragsabschluss. Im Vertrag werden die Laufzeit, die zu erbringende Leistung, die Honorarhöhe und der Honorarzeitpunkt festgelegt. Die Execution-Phase beginnt, wenn ein M&A-Berater für ein bestimmtes Projekt mandatiert ist (vgl. Müller-Stewens/Spickers/Deiss 1999, 38-39).

3.2.2 Marketing- und Akquiseaktivitäten der M&A-Dienstleister

Die Kontaktanbahnung durch das Kundenunternehmen wird als „Warm Call“ bezeichnet und bedeutet, dass der Berater eine passive, reaktive Rolle einnimmt und nur auf Anfrage tätig wird (vgl. Müller-Stewens/Spickers/Deiss 1999, 37). Verfolgt der M&A-Berater hingegen eine proaktive Vertriebspolitik, bezeichnet man dies als „Cold Call“, wobei der Berater unaufgefordert seine Leistung anbietet. Um dem Kundenunternehmen einen Eindruck von seiner Leistung und Qualifikation zu vermitteln, präsentiert der M&A-Berater sich und sein Konzept in der schon erwähnten Wettbewerbspräsentation (vgl. Müller-Stewens/Spickers/Deiss 1999, 37). Bei der Mandatsgewinnung kann es sich entweder um die Gewinnung eines neuen, bisher nicht betreuten Kunden handeln oder aber sie zielt auf die Akquise eines Folgemandates nach einem bereits getätigten Beratungsauftrag (vgl. Achleitner 2002, 160). Gerade Investmentbanken verfolgen häufiger als andere Anbieter eine proaktive Strategie und präsentieren dazu oft selbst entwickelte M&A-Ideen (Deal Drafting). Sie versuchen auf diese Weise, Beratungsbedarf beim Unternehmen zu schaffen und ihre überlegene Kompetenz zu demonstrieren. Verfolgt der M&A-Berater hingegen eine Key Account Strategie, so tritt er in einen langfristigen Dialog mit dem Unternehmen und versucht das Unternehmen gut genug kennenzulernen, um Hinweise auf strategische Optionen geben zu können und eine Vertrauensbasis aufzubauen (vgl. Achleitner 2002, 162). Die proaktive Akquise von Mandaten ist für den Anbieter nicht unproblematisch, da er bei der Entwicklung von Vorschlägen und Konzepten in Vorleistung gehen muss, ohne dass sicher wäre, dass er tatsächlich einen Auftrag erhält (vgl. Achleitner 2002, 162). Zudem wird die Fähigkeit eines Externen, geeignete Strategien zu entwickeln, von einigen Unternehmen kritisch hinterfragt (vgl. Hedtstück/Strick 2006, 64).

Dass die aktive Akquise von Mandaten immer noch von geringerer Bedeutung als die aktive Mandatierung durch Unternehmen ist, zeigt die Studie von Hohnhaus, die ergab, dass 70% der Unternehmen aus eigener Initiative ein Beratungsverhältnis eingehen. Diese Unternehmen fragen die M&A-Beratungsleistung also gezielt nach (vgl. Hohnhaus 2004, 98). Es kommt jedoch auch durchaus zur proaktiven Kundenakquise durch M&A-Berater, die gerade bei großen Unternehmen aus eigener Initiative den Kontakt herstellen (vgl. o.V. (b) 2005, 13).

Der Beratungsanbieter als vermarktendes Unternehmen versucht, Einfluss auf die Auswahlentscheidung zu nehmen (vgl. Kohr 2000, 121). Ziel der kommunikationspolitischen Maßnahmen ist es, das Leistungsspektrum des Anbieters bekannt zu machen und eine positive Reputation aufzubauen. Kommunikationspolitische Maßnahmen sollten aufgrund der besonderen Eigenschaften von Beratungsleistungen (vgl. Abschnitt 2.5) darauf ausgerichtet sein, die Kompetenz, Qualität und Verlässlichkeit eines Beratungsanbieters zu verdeutlichen. Dafür müssen Qualitätssurrogate genutzt werden, also z.B. kompetente Mitarbeiter, nachgewiesene Branchenerfahrung oder Referenzen. Für die Gewinnung von Beratungsmandaten ist zudem das Netzwerk von Geschäftsfreundschaften besonders wichtig. Über dieses Netzwerk kann es zu Empfehlungen an Dritte kommen und das Beratungsunternehmen kann Informationen über potenzielle Auftraggeber erhalten (vgl. Jeschke 2004a, 165-167).

Die Marketing-Elemente, die von M&A-Beratungsunternehmen allgemein genutzt werden, können unterschieden werden in:

- Direktmarketing: Direct Mailing und Telemarketing
- Event-based Marketing: Reden, Präsentationen, Konferenzen, Seminare, Workshops zu M&A-Fachthemen für gegenwärtige und potenzielle Kunden
- Publication-based Marketing: Veröffentlichungen in Fachmagazinen, Zeitschriften, Büchern, Herausgabe von Studien, Schaltung von Anzeigen, insbesondere in Form von Tombstones (erfolgreich abgeschlossene Transaktionen), Herausgabe von Broschüren
- Online Marketing: Gestaltung der eigenen Website, Mailing Lists, Chats, Online-Broschüren

(vgl. Deiß 1997a, 491-492; Achleitner 2002, 161; Armbrüster/Barchewitz 2004, E4).

In einer empirischen Studie stellten Armbrüster und Barchewitz (vgl. 2004, E5) fest, dass financial consultants in der Mehrzahl kaum Gebrauch von den genannten Marketingmaßnahmen machen, mit Ausnahme von wenigen Online-Marketing-Maßnahmen. Sie werden von den Autoren deshalb als Marketing-Verweigerer charakterisiert. Das entspricht der verbreiteten Ansicht, dass das Marketing von Beratungsleistungen noch immer von untergeordneter Bedeutung ist (vgl. Kohr 2000, 122).

Es ist jedoch nicht nur so, dass die Beratungsanbieter um Mandanten werben. Sie stellen häufig auch eine Reihe von Bedingungen für die Annahme eines M&A-Mandats. Die wichtigsten Kriterien sind das Mindesttransaktionsvolumen, die Wahrscheinlichkeit des erfolgreichen Abschlusses, das Nicht-Vorhandensein von Interessenkonflikten, die Honorargestaltung, die Seriosität des Kunden, das Vorhandensein von Branchen Know-how und die exklusive Beauftragung durch den Kunden. Das Mindesttransaktionsvolumen ist ein Kriterium, weil die Kostenstrukturen und die angestrebte Positionierung der Beratungsunternehmen es notwendig machen können, dass die Transaktion eine gewisse Größe übersteigt. Oftmals spielt hier auch die Kalkulation der Opportunitätskosten eine Rolle, denn der Berater wird sich für die Bearbeitung der Transaktion mit dem größten Volumen und damit auch dem höchsten potenziellen Honorar entscheiden.

Ähnlich gelagert ist das Kriterium der Wahrscheinlichkeit des erfolgreichen Transaktionsabschlusses. Die erfolgsabhängige Entlohnung macht meist einen wesentlichen Teil des Honorars aus, weswegen gescheiterte Transaktionen für den M&A-Berater mit deutlichen finanziellen Einbußen verbunden sind. Gerade für mittelständische Berater ist die Gestaltung der Honorarstruktur wichtig. Sie stellen als Bedingung häufig die Vereinbarung einer aufwandsabhängigen Entlohnung, um im Falle des Nicht-Zustandekommens der Transaktion wenigstens ihre Kosten decken zu können. Auch die Kriterien der Branchenkenntnisse und der Exklusivität der Mandatierung finden sich eher im mittelständischen Beratungsbereich. Aufgrund der begrenzten personellen Kapazitäten ist es für den M&A-Berater entscheidend, bereits über Branchenkenntnisse zu verfügen, da der Aufbau solcher Kenntnisse seine Ressourcen übersteigen würde. Außerdem zeigen mittelständische Anbieter eine Tendenz zur Vermeidung von komplexen M&A-Beratungs-Konsortien mit mehreren Beteiligten. Interessenkonflikte können insbesondere bei Rechtsanwälten, Unternehmensberatern, Steuerberatern und Wirtschaftsprüfern aber auch bei Universalbanken auftreten, wenn der erfolgreiche Abschluss der Transaktion Nachteile für andere Geschäftsbereiche (z.B. Verlust des Prüfungskunden bei erfolgreichem Verkauf) bedeutet (vgl. Müller-Stewens/Spickers/Deiss 1999, 52-53). Das Kriterium der Seriosität des Kunden spielt vor allem für Investmentbanken eine Rolle, die im Rahmen des Track Record Building darauf bedacht sind, ihre Reputation zu erhalten und attraktive Referenztransaktionen durchzuführen (vgl. Müller-Stewens/Spickers/Deiss 1999, 54). Unternehmen, die im DAX gelistet sind, haben Vorteile bei der Abwicklung von M&A-Transaktionen. Sie verfügen über ein besseres Image, sind finanzierungsstärker und werden als ernstzunehmende potenzielle Transaktionspartner wahrgenommen. Dadurch erhalten sie auch von den M&A-Anbietern erhöhte Aufmerksamkeit, die mehr Ressourcen und Zeit aufwenden, um Mandate von diesen Unternehmen zu generieren und abzuwickeln (vgl. o.V. (b) 2005, 13).

3.3 Charakterisierung des M&A-Beratungsmarktes

3.3.1 Historische Entwicklung des M&A-Beratungsmarktes

Käufer und Verkäufer von Unternehmen haben schon immer Beratung bei M&A-Transaktionen in Anspruch genommen. Allerdings hat sich diese Dienstleistung erst in jüngerer Zeit zu einem professionellen Angebot entwickelt. Die M&A-Beratungsform als eigenständige Dienstleistung entstand in den USA nach dem Zweiten Weltkrieg und etablierte sich in den 1970er Jahren von einem Nebengeschäft zu einem Kerngeschäft der Investmentbanken (vgl. Müller-Stewens/Spickers/Deiss 1999, 26). Diese im Vergleich zu Europa frühzeitige Fokussierung und Spezialisierung ist unter anderem auf das Trennbankensystem zurückzuführen. Während es in Kontinentaleuropa das System der Universalbanken gab, herrschte im angloamerikanischen Markt ein Trennbankensystem mit Investment Banks und Commercial Banks vor (vgl. Achleitner 2002, 5). Am Ende der 1990er Jahre zeichnete sich die zunehmende Aufweichung dieser regulativen Beschränkungen ab und die Tätigkeiten der Commercial und der Investmentbanken näherten sich an. Schließlich kam es im Jahr 1999 zur Abschaffung der Trennung im Rahmen des Financial Modernization Act (vgl. Achleitner 2002, 7-8).

In Deutschland etablierte sich die M&A-Beratung erst verhältnismäßig spät. In den 1950er Jahren wurden die ersten Maklerunternehmen gegründet und in den 1970er Jahren nahmen die ersten Investmentbanken die M&A-Beratung auf. Verstärkt wurde der Trend in den 1980er Jahren, als die Großbanken ihr Firmenkundengeschäft um

M&A-Abteilungen erweiterten. Zu diesem Zeitpunkt begannen auch einzelne M&A-Professionals ihre eigenen Beratungsfirmen (Boutiquen) zu gründen (vgl. Müller-Stewens/Spickers/Deiss 1999, 26). Der deutsche M&A-Markt verzeichnete seit den 1980er Jahren ein starkes Wachstum sowohl in Bezug auf die Zahl der Transaktionen als auch auf das gesamte Transaktionsvolumen. Verschiedene Faktoren trugen zu diesem starken Wachstum bei. Begünstigt wurde der deutsche Markt zum einen durch die politischen Entwicklungen im Land wie die Wiedervereinigung im Jahr 1990 und die einhergehenden Privatisierungen der staatlichen DDR-Betriebe durch die Treuhand, zum anderen durch die Liberalisierung einzelner Märkte (Telekommunikation, Energie) und die damit verbundenen Privatisierungen des Bundes, der Länder und der Kommunen (vgl. Dufey/Hommel 2000, 964). Zusätzlich hatte die Entwicklung des europäischen Binnenmarktes und die durch die Konvergenzkriterien des Maastrichter Vertrages notwendige Konsolidierung der Staatsfinanzen eine wachstumsfördernde Wirkung.

Für die Entwicklung des Marktes war auch die zunehmende Zahl internationaler M&A-Transaktionen von großer Bedeutung (vgl. Dufey/Hommel 2000, 965). Seit den 1980er Jahren hat sich die M&A-Beratung als wichtiges Geschäftsfeld für Investmentbanken etabliert. Das starke Wachstum des Marktes für Unternehmensübernahmen Anfang der 1990er Jahre bot angelsächsischen Investmentbanken gute Marktchancen und eine Gelegenheit zum Markteintritt (vgl. Jacob/Klein 1996, 39). Die M&A-Beratungsaktivitäten erreichten in den 1990er Jahren ihren Höhepunkt, der auch dadurch gekennzeichnet war, dass ausländische Investmentbanken dazu übergingen, eine lokale Präsenz am deutschen Markt aufzubauen, indem sie Niederlassungen gründeten, ein deutsches Institut übernahmen oder die Geschäfte im deutschen Markt von einem ausländischen Standort aus (häufig London) abwickelten (vgl. Schmitz 1993, 117). Darüber hinaus nahmen eine Reihe von Wirtschaftsprüfungsgesellschaften und Unternehmensberatungen die M&A-Beratung in ihr Angebotsportfolio auf (vgl. Müller-Stewens/Spickers/Deiss 1999, 27), was die Wettbewerbsintensität weiter verstärkte (vgl. Achleitner 2002, 77).

Die europäischen Universalbanken und auch US-amerikanische Commercial Banks versuchten in zunehmendem Maße, sich im Bereich des Investmentbanking und der M&A-Beratung zu positionieren, um eine profitable Alternative zu den klassischen Bank- und Filialtätigkeiten zu erschließen (vgl. Achleitner 2002, 84).

Nach Schätzungen umfasste der M&A-Beratungsmarkt in Deutschland im Jahr 1999 rund 300 Unternehmen, wobei anzumerken ist, dass eine exakte quantitative Bestimmung aufgrund vieler nicht bekennender Berater unmöglich ist (vgl. Müller-Stewens/Spickers/Deiss 1999, 27). Die nachfolgende Tabelle gibt einen Überblick über die führenden M&A-Berater am deutschen Markt im Jahr 2007.

Tabelle 7: Top 5 deutsche M&A-Berater 2007

Rang	Berater	Transaktionswert in Mio. US$
1	Deutsche Bank	73,469.1
2	Goldman Sachs	69,053.8
3	Morgan Stanley	67,888.4
4	UBS	51,935.0
5	Citi	42,374.8
	Gesamte Branche	**235,302.1**

Quelle: Thomson Financial

3.3.2 Struktur des M&A-Beratungsmarktes

Struktur und Eigenschaften von Märkten können sehr unterschiedlich sein. Sie unterscheiden sich in Zahl und Art der Anbieter und Nachfrager sowie in der Verteilung der Marktanteile (vgl. Schade/Schott 1993b, 497).

Ein wesentliches Strukturmerkmal von Märkten sind strategische Gruppen. Strategische Gruppen innerhalb von Branchen bilden sich aus Unternehmen, die ein ähnliches strategisches Marktverhalten zeigen (vgl. Porter 1979, 215). Für die Betrachtung der Branchenstruktur der M&A-Dienstleister ist es deshalb interessant, strategische Gruppen zu unterscheiden. Der Markt kann in drei strategische Gruppen eingeteilt werden. Diese Unterscheidung erfolgt nach den Kriterien „Transaktionsvolumen“ und „Transaktionskomplexität“ (vgl. Müller-Stewens/Spickers/Deiss 1999, 65).

Die erste strategische Gruppe setzt sich aus den kleinen Anbietern zusammen, die kleine, wenige komplexe Transaktionen begleiten. Die zweite strategische Gruppe betreut Transaktionen mittlerer Größe und Komplexität. Die dritte strategische Gruppe hat sich als Anbieter für besonders große und komplexe Transaktionen positioniert.

Tabelle 8: Merkmale der strategischen Gruppen des M&A-Beratungsmarktes

Strategische Gruppe	Transaktions-komplexität	Transaktions-volumen in Mio. €	Positionierte M&A-Dienstleister
1	niedrig	weniger als 8	Makler, One-Man-Shows, kleine M&A-Boutiquen, selbständige Rechtsanwälte, Steuerberater, Wirtschaftsprüfer
2	mittel	zwischen 8 und 50	M&A-Boutiquen, M&A-Abteilungen der Privat- und Geschäftsbanken, Unternehmensberatungs- und Wirtschaftsprüfungsgesellschaften
3	hoch	mehr als 50	Investmentbanken, z.T. M&A-Abteilungen der Privat- und Geschäftsbanken

Quelle: in Anlehnung an Müller-Stewens/Spickers/Deiss 1999, 67

Die Grenzen der verschiedenen Gruppen sind durchlässig und es kann passieren, dass ein Anbieter eine Transaktion betreut, die nach dieser Klassifizierung einer anderen strategischen Gruppe zuzurechnen wäre.

Abb. 8: Strategische Gruppen innerhalb der M&A-Berater im engeren Sinn

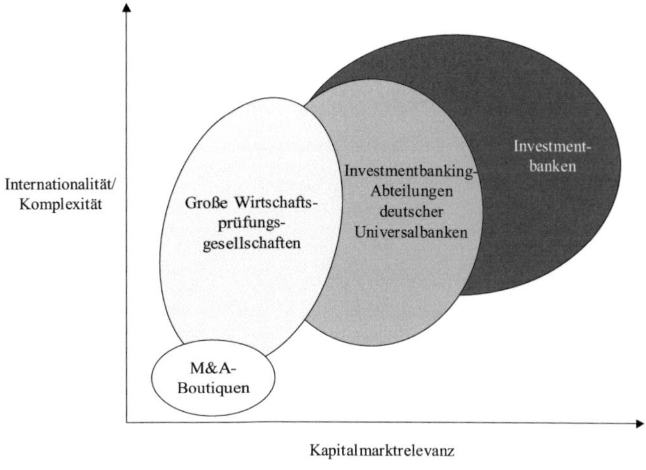

Quelle: Achleitner 2002, 159

Für die Struktur der Branche ist es entscheidend, welche Eintritts- bzw. Mobilitätsbarrieren existieren, die neue Wettbewerber am Eintritt oder bestehende Wettbewerber am Wechsel zwischen den strategischen Gruppen hindern. Die nachfolgende Tabelle gibt eine Übersicht über die wesentlichen Markteintrittsbarrieren im M&A-Beratungsmarkt allgemein. Viele dieser Markteintrittsbarrieren sind auch Grenzen der Mobilität zwischen den verschiedenen strategischen Gruppen (vgl. Müller-Stewens/Spickers/Deiss 1999, 67-68).

Tabelle 9: Potenzielle Markteintrittsbarrieren im M&A-Beratungsmarkt

Marktbezogene Aspekte	Rahmenbedingungen der Wertschöpfung in der Branche	Strukturmerkmale des einzelnen Unternehmens
- Umfang der angebotenen Beratungsleistungen - Marktsegmentierung - Reputation der Unternehmen - Grad internationaler Präsenz	- Betriebsgrößenersparnisse - Kapitalbedarf - Transaktionserfahrung	- Grad der vertikalen Integration - Organisationsstrukturen - Anzahl Beschäftigter - Beziehungsnetzwerk - Know-how der Mitarbeiter

Quelle: Müller-Stewens/Spickers/Deiss 1999, 68

Bei der Betrachtung der Wettbewerbsintensität der Branche lässt sich feststellen, dass innerhalb der dritten strategischen Gruppe die höchste Rivalität zwischen den Anbietern zu beobachten ist. Aufgrund der veröffentlichten League-Tables ist die Transparenz in diesem Segment besonders groß. Es ist das Ziel aller Anbieter in diesem Segment, die großen, publizitätswirksamen Transaktionen zu beraten. Neben dem Wettbewerb bezüglich der Positionierung am Markt kommt es auch noch zur Konkurrenz auf dem Personalmarkt, da die Mitarbeiter die wichtigste Ressource der M&A-Dienstleister darstellen (vgl. Müller-Stewens/Spickers/Deiss 1999, 76).

Die Marktkonzentration im Investmentbanking hat in den vergangenen Jahrzehnten stetig zugenommen. Diese Konsolidierung wurde in den 1990er Jahren noch beschleunigt, weil Investmentbanken versuchten, durch starkes Eigenwachstum oder durch Zukäufe und Fusionen ihr Gesamtvolumen zu steigern (vgl. Achleitner 2002, 73-74). Eine Reihe von Gründen spricht für eine derartige Konsolidierung. Die hohen Fixkosten, die sich aus der Informationsbeschaffung und der Eigenkapitalunterlegung der Geschäfte ergeben, können auf eine breitere Geschäftsbasis aufgeteilt werden. Außerdem nimmt mit der Größe der Investmentbank auch deren Präsenz und Bekanntheit am Markt zu, was Vorteile in der Mandatsgewinnung bedeutet. Die vergrößerte Kapitalbasis ermöglicht es, größere Geschäfte abzuwickeln und die Dienstleistungspalette zu verbreitern (vgl. Achleitner 2002, 74). Ein Indiz für die gestiegene Wettbewerbsintensität in der dritten strategischen Gruppe ist die sinkende Profitabilität des M&A-Geschäfts. Die Profitabilität des Investment Banking nimmt seit den 1980er Jahren stark ab. Lag der durchschnittliche Return on Equity der größeren amerikanischen Investmentbanken zwischen 1980-1984 noch bei etwa 48%, lag er in der ersten Hälfte der 1990er Jahre nur noch bei etwa 18% (vgl. Löwe 1997, 133).

Die Rivalität innerhalb der strategischen Gruppen 1 und 2 fällt deutlich geringer aus. Das liegt zum einen an der meist eher reaktiven Akquisition von Aufträgen, bei der sich eine Konkurrenz gar nicht manifestiert und zum anderen an der fehlenden Transparenz innerhalb dieser Märkte (vgl. Müller-Stewens/Spickers/Deiss 1999, 77).

Die Konkurrenz zwischen den verschiedenen strategischen Gruppen fällt aufgrund der schon beschriebenen Mobilitätsbarrieren relativ gering aus. Am stärksten ist sie für die zweite und dritte strategische Gruppe ausgeprägt. Das ist darauf zurückzuführen, dass die Zahl der sehr großen M&A-Transaktionen in Deutschland gering ist und die Investmentbanken für eine Kapazitätsauslastung auch Mandate der zweiten strategischen Gruppe annehmen (vgl. Müller-Stewens/Spickers/Deiss 1999, 78-79).

Tabelle 10: Kern- und Randgeschäfte von M&A-Beratern

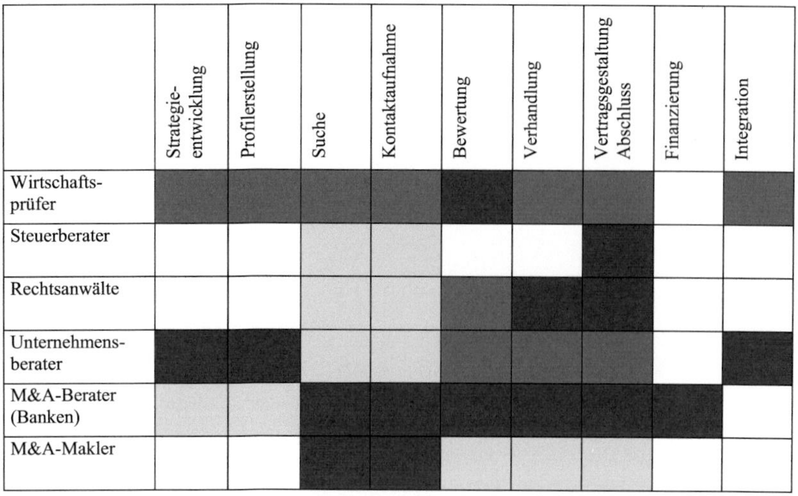

Quelle: in Anlehnung an Müller-Stewens/Spickers/Deiss 1999, 56

Die dunkelgrauen Bereiche zeigen das Kerngeschäft der jeweiligen Beraterarten. Die hellgrauen Bereiche bezeichnen die Randgeschäfte der M&A-Berater. Die mittelgrauen Bereiche verdeutlichen, wo Expansionsbestrebungen der Anbieter zu beobachten sind und wohin das Angebot ausgedehnt wird bzw. werden soll. Es zeigen sich zahlreiche Expansionsbestrebungen, die darauf schließen lassen, dass das Leistungsangebot einzelner Beraterarten immer breiter wird. Das intensiviert den Wettbewerb, da nun für eine Vielzahl von Aktivitäten nicht mehr nur die Konkurrenz innerhalb einer Anbietergruppe relevant ist, sondern auch die Konkurrenz zwischen verschiedenen Anbietergruppen berücksichtigt werden muss.

3.3.3 Weitere Merkmale des M&A-Beratungsmarktes

Wichtige marktstrukturelle Rahmenbedingungen sind Präsenz, Bekanntheit und Identifizierbarkeit der Akteure. Diese Faktoren können unter dem Begriff des Personalisierungsgrades eines Marktes zusammengefasst werden. Ein personalisierter Markt ist das Gegenteil von einem anonymen Markt mit häufig wechselnden Akteuren. In einem personalisierten Markt sind die Akteure bekannt und entsprechend ist die Reputation eines Akteurs hier stärker gefährdet als auf einem anonymen Markt (vgl. Schade/Schott 1993b, 497).

In der ersten und zum Teil auch in der zweiten strategischen Gruppe liegt nur eine geringe Personalisierung des Marktes vor. Das begründet sich in der großen Zahl der im Markt agierenden Anbieter und ihrer Heterogenität, die einen Vergleich und einen Überblick über den gesamten Markt erschweren. In der dritten strategischen Gruppe ist die Personalisierung hingegen deutlich stärker ausgeprägt, weil es weniger Marktteilnehmer gibt und die Transparenz des Marktes größer ist. Größere Unternehmen mit zahlreichen M&A-Transaktionen sind sehr gut über die im Markt tätigen Anbieter und ihre Leistungen informiert, so dass die Transparenz im Markt zunimmt (vgl. Müller-Stewens/Spickers/Deiss 1999, 74).

Die Intensität des Wettbewerbs hängt von der Struktur und Dynamik des Angebots und der Nachfrage ab. Sie ist in der zeitlichen Betrachtung zyklischen Schwankungen unterworfen. Auf Wachstumsphasen mit abnehmendem Konkurrenzdruck folgen regelmäßig Abschwungphasen, die durch höheren Wettbewerbsdruck gekennzeichnet sind (vgl. Achleitner 2002, 82). Die Nachfragestruktur im Geschäftsfeld M&A hängt stark von der Konjunktur- und Börsenentwicklung ab. Steigende Kapazitätsauslastung und positive Zukunftsaussichten begünstigen die Übernahme- und Fusionsaktivitäten, weil Unternehmen versuchen, auf diese Weise ihre Position am Markt zu stärken. Davon unabhängig können sich auch branchenspezifische Trends, z.B. die Privatisierungen im Telekommunikationssektor, förderlich auswirken (vgl. Achleitner 2002, 83).

Als Erfolgsfaktoren des M&A-Beratungsmarktes lassen sich folgende Aspekte ableiten:

- Erfahrungen und Expertise, insbesondere mit internationalen Transaktionen,
- Flexibilität in Bezug auf die Angebotskapazitäten,
- Anwesenheit auf den internationalen Finanzmärkten und Kapitalmarktorientierung und
- Gestaltung der Vertriebsbeziehungen und Kundenbindungsfähigkeit.

(vgl. Dufey/Hommel 2000, 967-968; Achleitner 2002, 83-85).

Der Einfluss der Kunden ist ein nicht zu unterschätzender Faktor im M&A-Beratungsmarkt. Mit zunehmender Reife des Marktes nehmen die Ansprüche der Kunden an die Gestaltung und Durchführung von Transaktionen zu. Nach Expertenmeinung ist zu beobachten, dass die Zusammenarbeit von Unternehmen und M&A-Beratern zunehmend professioneller und zielgerichteter wird. Die Unternehmen sind kritischer gegenüber den von Beratern entwickelten Konzepten und erwarten eine schnellere Leistungserstellung, was den Zeitdruck für die M&A-Berater innerhalb der Transaktion erhöht (vgl. Müller-Stewens/Spickers/Deiss 1999, 71). Immer mehr Unternehmen bauen eigene M&A-Abteilungen auf (vgl. o.V. (b) 2005, 13; Klinck 2005, A2). Gerade bei den großen Unternehmen verfügen die meisten über interne M&A-Spezialisten (vgl. Beck/Vera 2002, 7). Das interne Management der M&A-Aktivitäten in den Unternehmen wird von M&A-Beratern zunehmend als Konkurrenz zu ihrem Leistungsangebot wahrgenommen (vgl. Müller-Stewens/Spickers/Deiss 1999, 72). Gleichzeitig steigt der Druck auf die Margen mit der Positionsstärke der Kunden. Die Kundengruppe öffentlicher Organisationen, multinationaler Unternehmen und institutioneller Investoren intensiviert durch ihre erhebliche Nachfragemacht den Wettbewerb zwischen den Investmentbanken (vgl. Achleitner 2002, 85). Allerdings ist nicht davon auszugehen, dass es zu einer vollständigen Substituierung der externen Beratungsleistung durch interne M&A-Abteilungen kommen wird (vgl. Müller-Stewens/Spickers/Deiss 1999, 73). Vielmehr sind diese Abteilungen Schnittstellen in das Unternehmen für die Berater, mit denen sie professionell und effizient zusammenarbeiten können. Auch auf diesem Wege lassen sich Kosteneinsparungen durch die Gründung eigener M&A-Abteilungen realisieren. Die Investmentbank behält den Überblick über die Transaktion und die zu koordinierenden Akteure und hat mit der M&A-Abteilung einen erfahrenen Ansprechpartner im Unternehmen (vgl. o.V. (b) 2005, 13).

Als Fazit bleibt festzuhalten, dass die Marktstruktur Konsequenzen für die Beschaffung von M&A-Beratungsleistungen hat. Es zeigt sich, dass die Wettbewerbsintensität auf dem gesamten Markt zugenommen hat. Das erklärt sich zum einen durch den Eintritt neuer Wettbewerber, zum anderen durch die Professionalisierung der Nachfrage, insbesondere den Aufbau interner M&A-Kompetenzen und M&A-Kapazitäten. Es konnte festgestellt werden, dass der M&A-Beratungsmarkt kein homogener Markt ist, sondern in drei strategische Gruppen unterteilt werden kann. Die dritte strategische Gruppe der Investmentbanken ist gekennzeichnet durch eine weitgehende Transparenz hinsichtlich der Anbieter, die sich aus der Vielzahl von Publikationen und Rankings über diesen Markt ergibt. Die Folge ist eine sehr hohe Wettbewerbsintensität. Es ist für den einzelnen Anbieter schwierig, sich in diesem Markt zu differenzieren. Für die nachfragenden Unternehmen ergibt sich das Problem, in einer überschaubaren Gruppe relativ gleichartiger Anbieter einen geeigneten Anbieter zu identifizieren. In der ersten und zweiten strategischen Gruppe liegt dagegen eine geringe Personalisierung vor. Es gibt eine Vielzahl von Anbietern, die sich hinsichtlich ihrer fachlichen Fokussierung z.T. deutlich unterscheiden. Da es insbesondere für den Markt der Unternehmensberatung und M&A-Beratung keine formellen Eintrittsbarrieren gibt (im Gegensatz zu Steuerberatern, Wirtschaftsprüfern und Anwälten), besteht zudem eine Qualitätsunsicherheit. Dieser Bereich des M&A-Beratungsmarktes ist für die nachfragenden Unternehmen sehr unübersichtlich, was die Identifizierung eines geeigneten Anbieters erschwert. Der Trend der Ausweitung der Angebotspalette verschiedener Berater erschwert zudem die Entscheidung für eine bestimmte Beratergruppe. Der Markt ist dementsprechend komplex und bietet eine Vielzahl von Alternativen. Unter diesen Bedingungen ist die Auswahl eines M&A-Beraters ein komplexes Problem. Es zeigt sich, dass die Beschaffenheit des M&A-Beratungsmarktes zur Schwierigkeit der Beschaffungsentscheidung für M&A-Dienstleistungen beiträgt und die Unsicherheit der Nachfrager und somit ihr wahrgenommenes Beschaffungsrisiko erhöht.

4 Charakterisierung der Nachfrager nach M&A-Dienstleistungen

4.1 Besonderheiten der organisationalen Nachfrage

Nachfrage ergibt sich aus Bedürfnissen. Ein Bedürfnis kann als Mangelempfindung definiert werden, die mit dem Wunsch einhergeht, diesen Mangel zu beheben. Wird das Bedürfnis durch Kaufkraft unterstützt, entsteht ein Bedarf oder eine Nachfrage (vgl. Jung 2006, 2). Die sich aus dem Bedarf ergebende Aktivität der Deckung des Mangels kann dann als Beschaffung bezeichnet werden. Der Begriff des Nachfragers weist dementsprechend verschiedene Facetten auf:

- Vorhandensein eines Bedürfnisses, das durch die Inanspruchnahme einer bestimmten Leistung befriedigt werden kann;
- Verfügung über Kaufkraft, also das Vorhandensein notwendiger Ressourcen und die Bereitschaft, diese Ressourcen einzusetzen;
- Ausübung der Nachfrage, indem die Beschaffungsentscheidung getroffen wird;
- Nutzung der beschafften Leistung zur Bedürfnisbefriedigung.

Im Idealfall vereint ein einzelner Nachfrager alle diese Facetten in sich. Er verspürt ein Bedürfnis, entscheidet sich für eine Leistung, kauft, bezahlt und nutzt diese Leistung. Es kann jedoch vorkommen, dass die verschiedenen Nachfragefacetten nicht in einer Person vereint sind, was insbesondere bei der Beschaffung durch Unternehmen und Organisationen der Fall ist. Untersucht man die verschiedenen oben genannten Facetten ergibt sich für die Nachfrage nach M&A-Dienstleistungen folgendes Bild:

- Vorhandensein eines Bedürfnisses: Die Notwendigkeit der M&A-Beratung ergibt sich aus der unternehmensspezifischen Situation.
- Verfügung über Kaufkraft: Die M&A-Beratung wird mit Ressourcen des Unternehmens bezahlt.
- Ausübung der Nachfrage: Die Beschaffungsentscheidung wird von mehreren Mitarbeitern des Unternehmens getroffen.
- Nutzung der beschafften Leistung: Die Mitarbeiter im Unternehmen nutzen die Leistung, allerdings in Hinblick auf die Befriedigung des organisationalen Bedürfnisses.

Als Nachfrager ist also das System „Unternehmen" zu definieren, man spricht in diesem Zusammenhang von organisationaler Nachfrage. Das Adjektiv „organisational" zeigt an, dass es sich um die Beschaffungsentscheidungen in jeglichen Institutionen handelt, unabhängig davon, ob das gewerbliche Organisationen, d.h. Unternehmen, oder nicht-gewerbliche private oder öffentliche Organisationen sind (vgl. Webster 1991, 9-10).

Kohr charakterisiert Beratungsleistungen deshalb als investive Dienstleistungen (vgl. 2000, 18). Organisationale Nachfrage wird häufig mit dem Begriff der Beschaffung gleichgesetzt, der üblicherweise Kaufsituationen von Unternehmen oder Organisationen bezeichnet (vgl. Kißling 1999, 19). Dabei sind klassische Definitionen des Beschaffungsbegriffes ungeeignet für die Anwendung auf M&A-Dienstleistungen, wie die nachfolgenden Definitionen zeigen. Beschaffung bezeichnet nach Tempelmeier „…alle jene Maßnahmen eines Unternehmens, die die Versorgung der Unternehmensprozesse mit nicht selbst erstellten Inputfaktoren zum Ziel haben“ (1993, Sp. 312-313). Laut Jung (2006, 314) versteht man unter Beschaffung „...alle Aktivitäten für die kostengünstigste und sichere Versorgung eines Unternehmens mit den benötigten Produktionsfaktoren“. Eichler (2003, 1) interpretiert die Beschaffung als „...input-bestimmende Funktion im Wertschöpfungsprozess [...], die der Produktion voransteht“.

Derartige Definitionen sind für M&A-Dienstleistungen insofern nicht zutreffend, dass keine Versorgung der Unternehmensprozesse im klassischen Sinn angestrebt wird und es sich bei der Dienstleistung nicht um einen Inputfaktor handelt, also einen Faktor, der in den Wertschöpfungsprozess des Unternehmens eingeht. Vielmehr sollte ein weiter gefasster Beschaffungsbegriff gewählt werden. Wöhe (1990, 508) unternimmt einen Schritt in Richtung einer allgemein gültigen Definition von Beschaffung, wenn er festhält: „Als Beschaffung bezeichnet man alle Tätigkeiten des Betriebes, die die Gewinnung der Mittel zum Ziele haben, deren sich der Betrieb zur Realisierung seiner gesetzten Zwecke bedient“. In diesem Verständnis kann organisationale Nachfrage definiert werden als „…alle im Rahmen des Kaufentscheidungsprozesses von Gütern und Dienstleistungen anfallenden Informations- und Entschlußaktivitäten in gewerblichen und anderen Organisationen“ (Bauer 1994, 837).

Das organisationale Beschaffungsverhalten unterscheidet sich in einigen wichtigen Punkten von dem der Konsumenten. Die organisationale Nachfrage findet im Rahmen einer formalen Organisation statt, die von Budget-, Kosten- und Gewinnerwägungen bestimmt ist (vgl. Webster/Wind 1972, 12). Silk und Kalwani führen eine weitere Eigenheit der organisationalen Beschaffung an: „...conceptualizations of organizational buying behavior routinely emphasize joint decision making and the attendant notion of a ‚buying center' as being the relevant unit of analysis“ (1982, 165). Die organisationale

Beschaffung stellt einen Prozess dar, an dem eine Vielzahl von Personen beteiligt ist. Bei diesem Prozess kommt es zu komplexen Interaktionen zwischen den beteiligten Personen, den individuellen und organisationalen Zielen (vgl. Webster/Wind 1996, 52). Der Begriff des Buying Center wurde geprägt, um die Gesamtheit der Personen zu bezeichnen, die den Beschaffungsprozess formal oder informal beeinflussen (vgl. Kißling 1999, 30). Das Buying Center ist eine problembezogene Gruppe von Personen, die direkt oder indirekt am Beschaffungsprozess teilnehmen (vgl. Engelhardt/Günter 1981, 40). Verschiedene Studien konnten zeigen, dass Buying Center für Dienstleistungen in Unternehmen kleiner sind als die für Produkte (vgl. Mitchell/Moutinho/Lewis 2003, 9). Für den Fall der Beschaffung von professionellen Dienstleistungen konnte von mehreren Studien festgestellt werden, dass die Buying Center mit durchschnittlich drei Personen vergleichsweise klein sind. Der Grund dafür könnte sein, dass es im Unternehmen nur wenige Personen gibt, die Erfahrungen mit der Beschaffung von professionellen Dienstleistungen haben (vgl. Mitchell 1994, 331). Die organisationale Nachfrage ist durch aktives Informationsverhalten und vielfältige Interaktionen zwischen Anbietern und Nachfragern gekennzeichnet (vgl. Backhaus 1999, 57).

Organisationale Nachfrager kaufen Produkte oder Leistungen, um organisationale Ziele zu erreichen (vgl. Jaakkola 2007, 95). Die organisationale Nachfrage wird neben den organisationalen Zielen jedoch auch von den individuellen Zielen des Nachfragers beeinflusst. Der Beschaffungsprozess von Beratungsleistungen kann „...durch eine Diversität von Einzelpersonen, Gruppen oder Unternehmensbereichen bestimmt sein, die im Rahmen ihres Entscheidens und Handelns sowohl eigene als auch unternehmerische Zielstellungen verfolgen können“ (Jeschke 2004b, 163). In Buying Centern werden den Mitgliedern unterschiedliche Kompetenzen und Verantwortlichkeiten zugewiesen. Die Gruppenentscheidung im Buying Center ist Ergebnis der individuellen Präferenzen der Mitglieder und des Einflusses, den einzelne Mitglieder über andere Mitglieder haben. Grundlage für einen solchen Einfluss auf andere Buying Center-Mitglieder können Erfahrungen, Expertise und Wissen des betreffenden Mitglieds sein (vgl. Jaakkola 2007, 96). Auch die hierarchische Position oder der Status können ausschlaggebend für die Einflussnahme im Buying Center sein. Schließlich können auch die Überzeugungskraft oder die Kontrollmöglichkeiten (z.B. über Ressourcen) eines Mitglieds bestimmen, inwieweit es Einfluss auf andere Mitglieder nimmt (vgl. Jaakkola 2007, 97).

Professionalität wird häufig als weiterer Unterscheidungsfaktor zwischen der Nachfrage von Organisationen und der von Konsumenten angeführt. Diese Sichtweise geht davon aus, dass organisationale Nachfrager über Expertise hinsichtlich der nachgefragten Leistung und des Beschaffungsprozesses verfügen. Diese Professionalität wird auch dadurch unterstützt, dass es in Organisationen häufig detaillierte, schriftlich festgehaltene Vorgaben für die Gestaltung des Beschaffungsprozesses gibt (vgl. Jaakkola 2007, 99). Allerdings sollte das nur für Beschaffungsprozesse gelten, die regelmäßig und routinehaft im Unternehmen auftreten, was für die Nachfrage nach M&A-Dienstleistungen häufig nicht der Fall sein dürfte.

Aus dieser angenommenen Professionalität der organisationalen Beschaffung wird oft geschlossen, dass die organisationale Nachfrage immer nach logischen und rationalen Gesichtspunkten abläuft. Die Rationalität der Beschaffungsentscheidung ist jedoch nur bedingt geeignet, die organisationale Beschaffung von der Konsumentennachfrage abzugrenzen. Die Professionalität und das Vorhandensein von Regeln allein können auch in Organisationen nicht sicher stellen, dass Entscheidungen immer rational getroffen werden. Vielmehr werden auch in Organisationen die Entscheidungen von Individuen getroffen, die anfällig für ein nicht-rationales Vorgehen sind. In der organisationalen Beschaffung finden sich aber verstärkt Regularien, die verhindern sollen, dass es zu nicht-rationalen Entscheidungen kommt. Neben Vorgaben zum Ablauf des Beschaffungsprozesses existieren auch Dokumentationsanforderungen, die eine Kontrolle des Beschaffungsprozesses ermöglichen. Insofern lassen sich organisationale Beschaffung und Konsumentennachfrage dahingehend abgrenzen, dass Rationalität zwar nicht notwendigerweise bei der organisationalen Beschaffung vorherrscht, jedoch als normative Vorgabe für die organisationale Beschaffung eine wesentlich größere Rolle spielt als für die Konsumentennachfrage (vgl. Jaakkola 2007, 100). Auf diese Problematik wird im Kapitel 5 noch näher eingegangen.

Zusammenfassend lassen sich die folgenden Besonderheiten der organisationalen Nachfrage festhalten:

- Es handelt sich um die Nachfrage von Unternehmen oder anderen Organisationen.
- Die Beschaffungsentscheidungen sind Kollektiventscheidungen, werden also gemeinsam von Personen verschiedener Funktionsbereiche oder Hierarchieebenen im sog. Buying Center getroffen.

- Es existiert häufig ein formalisierter Beschaffungsprozess, es gibt also fixierte Regelungen über Art und Anzahl einzuholender Angebote, einzelne Entscheidungskriterien und an der Entscheidung zu beteiligende Personen.
- Der Beschaffungsprozess ist komplex und zeitintensiv.
- Es werden Anreiz- und Sanktionsmechanismen für die am Beschaffungsprozess beteiligten Personen eingesetzt.
- Industrielle Märkte sind keine klassischen Massenmärkte aufgrund der häufig geringeren Zahl an nachfragenden Organisationen im Vergleich zu Konsumentenmärkten, so dass auch direkte Marktkontakte üblich sind.

(vgl. Kißling 1999, 23; Schuler 2004, 29-30).

Diese Besonderheiten müssen bei der Analyse des Beschaffungsprozesses berücksichtigt werden. Darüber hinaus ist es wichtig, die Perspektive des Unternehmens als Ganzes und die Perspektive der einzelnen, in die Beschaffung involvierten Mitarbeiter des Unternehmens zu integrieren. Da die organisationale Beschaffung von organisationalen und individuellen Zielen beeinflusst wird, erscheint es deshalb notwendig, die relevanten Beschaffungsziele genauer zu betrachten. Die Beschaffungsziele können dafür in individuelle und organisationale Ziele unterschieden werden. Es ist jedoch davon auszugehen, dass diese Unterscheidung nicht überschneidungsfrei sein wird. Deshalb soll eine überschneidungsfreie Unterscheidung gewählt werden, die die Beschaffungsziele in Nachfrageziele und Prozessziele unterteilt. Erstere beziehen sich auf das Ergebnis des Beschaffungsprozesses und zeigen auf, welche Ziele mit der Nachfrage nach M&A-Beratungsleistungen verfolgt werden. Sie bezeichnen also die Gründe für die Nutzung externer M&A-Beratung. Sie werden im nachfolgenden Abschnitt 4.3 betrachtet werden. Die Prozessziele beziehen sich hingegen auf den Beschaffungsprozess an sich und zeigen auf, welche Ansprüche die Nachfrager an seinen Ablauf, seine Länge, Dauer und andere Aspekte haben. Die Prozessziele werden in Abschnitt 4.4. analysiert. Zunächst ist jedoch zu klären, wer die konkreten Entscheidungsträger im Unternehmen sind.

4.2 Träger der Beschaffung von M&A-Dienstleistungen im Unternehmen

Um festzustellen, wer für den Einkauf von M&A-Beratungsleistungen im Unternehmen verantwortlich ist, soll zunächst analysiert werden, wo die Beschaffungsaktivitäten im Unternehmen lokalisiert sind.

Die Versorgung von Unternehmen mit notwendigen Gütern oder Dienstleistungen wird normalerweise in einer speziellen Unterstützungsfunktion organisiert, die als Einkauf,

Beschaffung, Materialwirtschaft oder Logistik bezeichnet wird (vgl. Jung 2006, 313). Die in der Beschaffung tätigen Organisationsmitglieder sind typischerweise nicht die Nutzer der beschafften Güter und Dienstleistungen. Aus diesem Grund sind sie bei der Beschaffung von komplexen Leistungen auf die Unterstützung der Nutzer angewiesen, da nur diese über notwendige Spezifikationen der zu beschaffenden Leistungen informiert sind.

Eine Studie von Smeltzer und Ogden zeigt, dass sich bei der Beschaffung von Dienstleistungen im Unternehmen eine Sondersituation ergibt. Beim Einkauf von Dienstleistungen besteht eine Neigung des Top-Managements im Unternehmen, den Funktionsbereich Einkauf zu umgehen und die Beschaffung selbst vorzunehmen. Die betreffenden Manager als Nutzer der zu beschaffenden Leistungen sehen sich oftmals als Experten für die Beschaffung entsprechender Dienstleistungen und erwarten deshalb, in den Beschaffungsprozess involviert zu sein (vgl. Smeltzer/Ogden 2002, 58). Die Studie von Smeltzer und Ogden findet Hinweise darauf, dass vor allem bei professionellen Dienstleistungen wie Unternehmensberatung oder Werbung die Beschaffung häufig nicht über den Einkauf abgewickelt wird, obwohl das diejenigen Dienstleistungen im Unternehmen sind, bei denen typischerweise die größten Kosten anfallen (vgl. Smeltzer/Ogden 2002, 67).

So lässt sich für Unternehmensberatungsleistungen feststellen, dass die Grundsatzentscheidung über ihre Inanspruchnahme durch die Mitglieder der Unternehmensleitung getroffen wird (vgl. Fritz/Effenberger 1998, 108). „While purchasers acknowledge that the purchasing department is capable of adding value to more traditional types of purchase decisions, consulting services as a purchase category has not typically been considered to be within the realm of the purchasing department's acquisition capabilities" (Schiele 2005, 15). Das zeigt auch eine empirische Studie von Speckbacher, Wratschko und Wolfbauer (vgl. 2004) über die Beschaffung von Managementberatung, die die folgenden Beteiligungsstrukturen an der Beschaffungsentscheidung offen legt.

Tabelle 11: Beteiligte am Beschaffungsprozess für Beratungsleistungen

	Beteiligt am Entscheidungsprozess (Häufigkeit der Nennung)	Beteiligt an Endentscheidung (Häufigkeit der Nennung)	Beteiligt an Entscheidungsprozess und Endentscheidung (Häufigkeit der Nennung)
Bereichsleiter	41%		
Schlüsselmitarbeiter	36%		
Fachvorstand	32%	8%	20%
Vorstand		20%	27%
Vorstandsvorsitzender / Geschäftsführer		22%	51%

Quelle: Speckbacher et al. 2004, 13

Daraus kann man auch für M&A-Dienstleistungen schließen, dass die Nutzer der Dienstleistung, in diesem Fall die in den M&A-Prozess involvierten Entscheidungsträger, über die Beschaffung entscheiden. Die unternehmensinternen Beteiligten an einer M&A-Transaktion sind zum einen die Eigentümer des Unternehmens und zum anderen das Management des Unternehmens. Obwohl die Eigentümer sehr großen Einfluss auf Entscheidungen im Zusammenhang mit M&A-Transaktionen ausüben können, ist es das oberste Management in Form des Vorstands oder der Geschäftsführung, das durchgängig in die Abwicklung und Entscheidungsfindung bei M&A involviert ist (vgl. Hohnhaus 2004, 25-26).

Die Beteiligung verschiedener Personengruppen zeigt sich, wenn man die Projektorganisation der M&A-Transaktion betrachtet. Nachfolgende Grafik verdeutlicht, wie eine idealtypische Gestaltung der Beteiligtenstruktur aussehen kann.

Abb. 9: Beispiel für die Projektorganisation eines Zusammenschlussprojektes

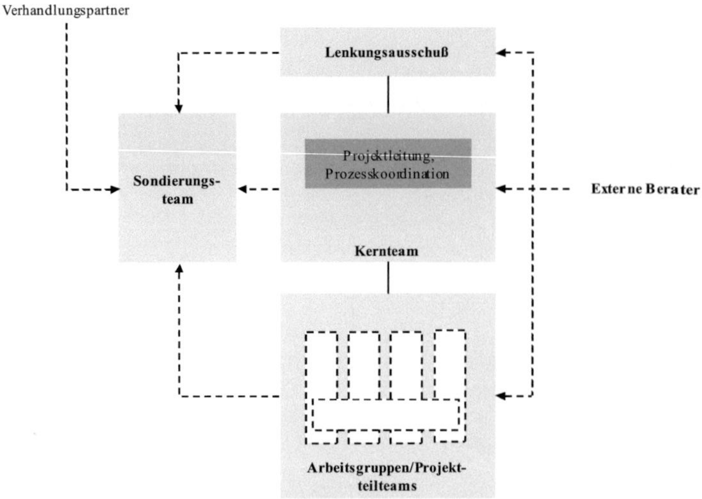

Quelle: Bausch 2003, 65

Im Lenkungsausschuss finden sich Mitglieder des Top-Managements, da der Lenkungsausschuss endgültige Entscheidungsrechte bezüglich des Projektes besitzt. Im Kernteam sollten Mitarbeiter von M&A-Abteilungen oder anderen Abteilungen zur Unternehmensentwicklung, soweit im Unternehmen vorhanden, beteiligt sein. Außerdem können zum Kernteam Mitarbeiter betroffener Geschäftsbereiche sowie Mitarbeiter der Finanzabteilung und der Rechtsabteilung gehören. In die Projektteilteams werden Mitarbeiter integriert, die für spezielle Einzelaufgaben im Rahmen des M&A-Prozesses zuständig sind und sich durch spezielle Fähigkeiten auszeichnen (vgl. Meckl 2006, 418-419).

Es zeigt sich, dass die externen Berater mit dem Lenkungsausschuss, dem Kernteam und den Arbeitsgruppen zusammenarbeiten. Die Nachfrager nach M&A-Dienstleistungen im engeren Sinne sind also jene Personen oder Personengruppen im Unternehmen, die mit der Durchführung der M&A-Transaktion beauftragt oder in ihre Durchführung involviert sind. Das sind die Mitglieder der Entscheidungszentren eines Unternehmens, zu denen Mitglieder der Unternehmensleitung, der Bereichsleitungen oder auch Aufsichtsratsmitglieder gehören. Weiterhin können Mitarbeiter geschäftsnaher operativer Einheiten in die M&A-Transaktion einbezogen werden. Das können beispielsweise Mitarbeiter aus relevanten Funktionalbereichen oder der betroffenen strategischen Geschäftseinheit sein, in der die Transaktion durchgeführt werden soll. Darüber hinaus kann es eigenständige M&A- und Kooperationsabteilungen auf Unternehmens- oder Bereichsebene geben, die für die Durchführung von M&A-Transaktionen zuständig sind und insofern auch die Beschaffung von M&A-Dienstleistungen durchführen. Schließlich können Mitarbeiter aus M&A- und kooperationsnahen Fachabteilungen Verantwortung für die Umsetzung von M&A-Transaktionen übernehmen. Diese Mitarbeiter stammen typischerweise aus Bereichen wie der Unternehmensentwicklung, Wettbewerbsanalyse, Controlling- oder Finanzabteilung. Auch Mitarbeiter aus Steuer- und Rechtsabteilung oder dem Personalbereich sind hier zu nennen. Außerdem gehören dazu Mitarbeiter aus Zentralabteilungen für Unternehmenskommunikation, der Immobilienverwaltung, Umwelt- und Patentreferaten oder Abteilungen, die Verantwortung für Vertriebsrechte und Markennamen tragen (vgl. Bausch 2003, 56).

Man sieht, dass das Buying Center für M&A-Dienstleistungen im Unternehmen fachlich relativ stark diversifiziert sein kann, hierarchisch jedoch vorrangig auf die oberen Management-Ebenen beschränkt sein dürfte. Es ist anzunehmen, dass das Buying Center deshalb nur eine relativ geringe Zahl von Mitgliedern hat. Die Macht, die Beschaffungsentscheidung zu treffen oder zumindest zu beeinflussen, basiert entweder auf der hierarchischen Position des Unternehmensmitglieds oder auf seinem Status als Experte. Der Expertenstatus kann sich dabei aus einer Kompetenz für M&A-Transaktionen ergeben oder aus anderweitigen, transaktionsspezifischen Kenntnissen erwachsen. Obwohl nicht von einem fest installierten Buying Center auszugehen ist, kann angenommen werden, dass häufig die gleichen Personen (z.B. aus der Unternehmensleitung oder aus der M&A-Abteilung) Mitglieder des Buying Centers sind.

4.3 Nachfrageziele der Beschaffung von M&A-Beratungsleistungen

4.3.1 Theoretische Befunde zu M&A-Nachfragezielen

Das Beschaffungsverhalten ist als Problemlösungsverhalten aufzufassen, bei dem Nachfrageziele und Leistungscharakteristika identifiziert und abgeglichen werden, um zu einer Entscheidung zu gelangen. Beschaffungsverhalten ist also zielorientiert, da der

Nachfrager in seiner Entscheidung seine Ziele berücksichtigt (vgl. Grønhaug 1972, 246).

Unter Nachfragezielen sollen in dieser Arbeit Motive oder Gründe der Inanspruchnahme von M&A-Beratungsleistungen verstanden werden. Die Betrachtung der Nachfrageziele ist notwendig, da sich aus ihnen Konsequenzen für den Beschaffungsprozess und die Beschaffungsentscheidung ergeben. Welcher Anbieter am besten geeignet erscheint, hängt davon ab, weshalb externe Beratung überhaupt in Anspruch genommen wird. Der empirische Zusammenhang zwischen den Motiven der Beraternutzung und der Auswahl von Beratern konnte von Pálffy von Erdöd (vgl. 1984, 144) nachgewiesen werden.

In der Literatur findet sich nur eine begrenzte Zahl von Überblicken über die Motive der Inanspruchnahme von externer Beratung bei M&A. Dabei wird vorrangig auf die vom Berater auszufüllenden Rollen oder zu erfüllenden Funktionen abgestellt. Die Arbeiten der verschiedenen Autoren unterscheiden sich hinsichtlich ihrer Systematisierung und dem Detaillierungsgrad ihrer Untergliederung, es existieren aber zahlreiche Überschneidungen bei den identifizierten Motiven, wie die nachfolgende Tabelle zeigt.

Tabelle 12: Motive der Inanspruchnahme von M&A-Beratern

Autor(en)	Motive der Inanspruchnahme oder Funktionen der Berater
Müller-Stewens/Spickers/Deiss 1999, 44-45	- Sparringspartner - Identifizierungsfunktion - Mittlerfunktion - Kompensation von Know-how-Lücken - Optimierung der Prozesse - Personelle Engpässe - Objektivierungsfunktion - Sicherheitsfunktion
Achleitner 2002, 154	- Sparringspartner- und Objektivierungsfunktion - Identifizierungsfunktion - Einbringen spezieller Fachkompetenzen - Optimierung der Prozesssteuerung - Ausgleich personeller Kapazitätsengpässe beim Klienten - Blitzableiterfunktion

Autor(en)	Motive der Inanspruchnahme oder Funktionen der Berater
Wirtz 2003, 99; Achleitner/Wecker/Wirtz 2004a, 1382	- Verkürzung der Prozesslaufzeit durch optimierte Aufgabenverteilung und Schnittstellensteuerung - Vermeidung strategischer, steuerlicher, rechtlicher oder finanzieller Nachteile durch gezielten Einsatz von Sachkompetenz und Spezialisten-Know-how - Erhöhung von Markttransparenz und Time to Market durch schnelle, detaillierte, zuverlässige und zielgruppengerecht aufbereitete Informationsbeschaffung - Objektivierung und kritische Überprüfung interner Ideen und Sichtweisen - Flexibler Ausgleich personeller Kapazitätsengpässe - „Blitzableiterfunktion“ bei Vertretung durch Berater in kritischen Verhandlungsphasen

Merz (vgl. 1994, 56) entwickelt ein umfassendes Rollenbild von M&A-Beratern, nach dem der M&A-Berater eine Vielzahl verschiedener Rollen im Rahmen der Transaktion einnehmen kann, wobei durchaus mehrere Rollen parallel ausgefüllt werden. Zu den von ihm genannten Rollen gehören z.B. die Rolle als Analyst, Planer, Berater, Mittler, Akquisiteur, Initiator, Moderator, Koordinator, Diskussionsleiter, Informationsmultiplikator, Psychologe, Motivator, Kontrolleur oder Coach. Im Falle einer aussichtslosen Transaktionsabsicht kann und sollte er auch die Rolle eines „Verhinderers“ einnehmen (vgl. Merz 1994, 56).

Weihe und Elschen (vgl. 2004) betonen im Zusammenhang mit M&A-Transaktionen besonders die Aufgabe der Lösung von Konflikten, die durch den Berater übernommen werden sollte. Durch die Einbeziehung eines M&A-Beraters setzt das Unternehmen ein Signal, dass es ernsthafte Transaktionsabsichten verfolgt. Weiterhin soll der M&A-Berater dafür Sorge tragen, dass die Transaktion transparent, professionell und unter Einhaltung des Zeitplans abgewickelt wird. Schließlich ist der M&A-Berater auch verantwortlich für die Steuerung des Managements, der Gesellschafter und anderer Berater wie Rechtsanwälten und Steuerberatern. In der Verhandlungsphase einer Verkaufstransaktion ist eine wichtige Aufgabe des M&A-Beraters die Schaffung von Wettbewerb unter den verschiedenen Bietern, um so einen möglichst hohen Verkaufspreis erzielen zu können. Durch eine kreative und vermittelnde Verhandlungsführung und ein effizientes Zeit- und Ressourcenmanagement kann der M&A-Berater einen deutlichen Wertbeitrag leisten (vgl. Maehrle/Friedrich 2007, 10). M&A-Berater können aufgrund ihrer sehr guten Fähigkeiten zur Verarbeitung von Kapitalmarktinformationen die Suchkosten für Käufer- und Verkäuferunternehmen senken. Sie tragen zu einer Reduktion der Informationsasymmetrien zwischen Käufer- und Verkäuferunternehmen bei. Durch die Anwendung ihrer umfassenden technischen und finanziellen Kenntnisse erhöhen sie die Effizienz und Effektivität von M&A-Verhandlungen (vgl. Kesner/Shapiro/Sharma 1994, 704).

4.3.2 Empirische Befunde zu M&A-Nachfragezielen

Nachdem gezeigt wurde, welche theoretischen Erkenntnisse zu den Gründen der Inanspruchnahme externer Beratung vorliegen, soll im Folgenden ein Überblick über die empirischen Ergebnisse zu dieser Fragestellung gegeben werden und anschließend eine eigene Systematisierung zu den Gründen vorgeschlagen werden. Zu den Motiven des Einsatzes von M&A-Beratern existiert nur eine empirische Studie von Hohnhaus (vgl. 2004). Darüber hinaus wurden die Motive der Inanspruchnahme von Beratung und professionellen Dienstleistungen in weiteren Studien untersucht. Die nachfolgende Tabelle gibt einen Überblick über alle relevanten Studien, die im Rahmen dieser Arbeit ausgewertet wurden.

Tabelle 13: Studien zu Gründen der Inanspruchnahme externer Beratung

Autor	Jahr	Land	Art der Leistung
Mugler/Lampe	1987	Deutschland	Unternehmensberatung
Steyrer	1989	Österreich	Unternehmensberatung
Meffert	1990	Deutschland	Unternehmensberatung
Fritz/Effenberger	1998	Deutschland	Unternehmensberatung
Lachnit/Müller	1993	Deutschland	Unternehmensberatung
Clark/Mabey	1994	GB	Personalberatung
CSS-Studie (vgl. Bierach 1996)	1995	12 europ. Länder	Unternehmensberatung
Sommerlatte	2000	Deutschland	Unternehmensberatung
Brüggemeier et.al.	2003	Deutschland	Unternehmensberatung
Güttel/Wagner	2004	Österreich	Unternehmensberatung
Speckbacher/Wratschko/ Wolfbauer	2004	Österreich	Unternehmensberatung
Hohnhaus	2004	Deutschland	M&A-Beratung
Kovar/Mauldin	2007	USA	Professionelle DL

Die Studien untersuchen die Bedeutung einzelner Motive für die nachfragenden Unternehmen. Dabei werden verschiedene Gründe für die Nutzung von Beratern vorgegeben und ihre Wichtigkeit für die Nutzung von Beratung abgefragt. Die Ergebnisse werden entweder in Form von Mittelwerten oder in Prozent der Häufigkeit der Nennung aggregiert. Eine theoretische Fundierung der relevanten Motive erfolgt vor der Durchführung der Studie nicht oder ist zumindest aus den Publikationen nicht ablesbar. Die Autoren haben ein zum Teil sehr unterschiedliches Verständnis der Gründe für die Inanspruchnahme von externer Beratung. So fragen einige Autoren Gründe ab, die eher anlassbezogen sind (vgl. Steyrer 1989; Meffert 1990; Lachnit/Müller 1993). Unter diese anlassbezogenen Gründe fallen Aussagen wie:

- Verschlechterung der Unternehmensergebnisse
- Sorge um den Unternehmensbestand
- Unternehmenskrise
- Umorganisation.

Bei Hohnhaus (vgl. 2004, 96) werden die Gründe teilweise direkt mit einer Tätigkeit des Beraters in Verbindung gebracht. Unter diese aufgabenbezogenen Gründe fallen Aussagen wie:

- Prüfung der Transaktionswahrscheinlichkeit im Vorfeld
- Abgabe des M&A-Prozess-Controllings an den Berater
- Übernahme der Moderation zwischen Käufer und Verkäufer
- Koordination anderer externer Berater und interner Projektmitarbeiter.

Die überwiegende Zahl der Gründe ist so formuliert, dass sie auf die vorhandenen Fähigkeiten der Beratungsunternehmen oder die fehlenden Fähigkeiten des nachfragenden Unternehmens abstellen. Es werden also defizitbezogene Gründe für die Inanspruchnahme von Beratung untersucht. Typische Formulierungen dazu sind:

- Transfer von Wissen und Erfahrung
- Verbesserung der Prozessqualität
- Vermeidung von Fehlern
- Ausnutzen der Infrastruktur/Netzwerk des Beraters
- Fehlendes Know-how
- Kapazitätsengpässe.

Die Studien unterscheiden sich hinsichtlich der Art und Anzahl der untersuchten Motive deutlich, so liegt die Anzahl der abgefragten Gründe zwischen 6 und 23. Die zahlenmäßigen Unterschiede bringen auch Unterschiede im Detaillierungsgrad der abgefragten Gründe mit sich. Allerdings treten bestimmte abgefragte Motive in ähnlichen Formulierungen immer wieder auf, so dass sich diese in Oberkategorien zusammenfassen lassen. Die Oberkategorien sollen so gestaltet sein, dass sie die Mehrzahl der genannten Gründe erfassen und möglichst überschneidungsfrei zusammenfassen. Im folgenden Abschnitt werden derartige Kategorien aus der vorhandenen Literatur abgeleitet und die in den empirischen Studien abgefragten Gründe werden ihnen zugeordnet.

4.3.3 Systematisierung der M&A-Nachfrageziele

Unter Rückgriff auf die gewonnenen theoretischen und empirischen Erkenntnisse sollen nun die Nachfrageziele für M&A-Dienstleistungen systematisiert und gezeigt werden, wie die identifizierten Nachfrageziele in den empirischen Studien (vgl. Tabelle 13) operationalisiert werden. Ausgangspunkt für die Inanspruchnahme von Beratung ist im Allgemeinen die Wahrnehmung eines Problems im Unternehmen (vgl. Kohr 2000, 65). Zur Lösung des Problems werden externe Berater hinzugezogen. Das kann geschehen, weil die eigenen Problemlösungskapazitäten im Unternehmen nicht ausreichend sind (vgl. Kohr 2000, 66). Dies ist auch die Sichtweise von Jeschke, der die Nachfrage nach Beratungsleistungen vor allem auf einen Mangel an qualifizierten personellen Ressourcen zurückführt (vgl. Jeschke 2004b, 160-161). Der Ausgleich dieses Mangels ist das erste Motiv der Inanspruchnahme externer Beratung. Wenn die personellen Ressourcen eines Unternehmens nicht ausreichen, um ein bestimmtes Projekt in angemessener Qualität und Zeit bearbeiten zu können, muss der Berater für die Zeitdauer der Transaktion die benötigten personellen Kapazitäten zur Verfügung stellen (vgl. Müller-Stewens/ Spickers/Deiss 1999, 45; Achleitner 2002, 154). Beratung dient dann dazu, die interne Arbeitsmenge zu reduzieren, indem externe Kapazitäten hinzugezogen werden (vgl. Roodhooft/Van den Abbeele 2006, 493). Das soll als **quantitativer Kapazitätsausgleich** bezeichnet werden.

Tabelle 14: Operationalisierung des quantitativen Kapazitätsausgleichs

Quantitativer Kapazitätsausgleich	
- Zeitliche Überlastung der Mitarbeiter - Nutzung extern vorhandener Kapazität - Fehlende personelle oder sonstige Ressourcen - Unzureichende eigene zeitliche Ressourcen	- Kapazitätsengpässe - When the personnel/HR department is too busy - Personalmangel - Temporärer Kapazitätsengpass

Quelle: eigene Darstellung unter Verwendung der in Tabelle 13 genannten Studien

Mangelnde Kapazitäten können auch vorliegen, weil im Unternehmen nicht genügend Expertenwissen verfügbar ist (vgl. Kohr 2000, 66). M&A-Berater verfügen über umfangreiche Transaktionserfahrungen und Fachkenntnisse und werden engagiert, um entsprechende Know-how-Lücken beim Mandanten zu kompensieren. Eine M&A-Transaktion umfasst eine Vielzahl komplexer unternehmerischer Entscheidungen, die Unternehmen häufig nicht ohne eine kompetente Beratung treffen können. Das Einbringen spezieller Fachkompetenzen ist dann ein Motiv für die Inanspruchnahme externer Dienstleister (vgl. Achleitner 2002, 154). Das soll als **qualitativer Kapazitätsausgleich** bezeichnet werden.

Tabelle 15: Operationalisierung des qualitativen Kapazitätsausgleichs

Qualitativer Kapazitätsausgleich	
- Fehlendes internes Know-how - Neuartiges Problem (noch keine Lösungen) - Unzureichende eigene fachliche oder technische Ressourcen - Unzureichende Methodenkompetenz - Fehlendes Orientierungs- und Handlungswissen - Fehlendes Know-how - Mangel an internem Know-how in einer bestimmten Frage - Fehlende Prozessexpertise	- Fehlende Methodenkenntnisse Neuartige Probleme im Unternehmen - Fehlendes Know-how - Fehlendes internes Know-how - Spezialproblem, das nur von einem Externen gelöst werden kann - Interne Lösung bereits ohne Ergebnis versucht - Fehlende Fähigkeiten der Mitarbeiter - Informationsmangel - Neuartigkeit des Problems - Fehlende Kenntnisse im Humanbereich

Quelle: eigene Darstellung unter Verwendung der in Tabelle 13 genannten Studien

Neben dem reinen Ausgleich von Kompetenz- oder Personaldefiziten des Unternehmens spielen auch die Aspekte des Erfahrungstransfers eine Rolle. Da der Berater oft bereits ähnliche Problemstellungen in anderen Unternehmen bearbeitet hat, kann das Unternehmen von diesen Erfahrungseffekten profitieren. Der Berater bringt im besten Fall umfangreiche Kontakte, eine ganzheitliche Sichtweise und die Fähigkeit mit, das kreative Potenzial des Unternehmens zu mobilisieren (vgl. Sommerlatte 2000, 74). Alle diese Aspekte können dazu führen, dass das Projekt effektiver bearbeitet wird als es das Unternehmen allein vermocht hätte. Im Falle von M&A-Transaktionen ist es beispielsweise denkbar, dass M&A-Berater hinzugezogen werden, um den Verkaufspreis eines Unternehmens für den Verkäufer (Käufer) zu maximieren (minimieren) (vgl. Dufey/Hommel 2000, 967). M&A-Berater werden auch eingeschaltet, damit sie die Identifizierung potenzieller Akquisitonsobjekte oder potenzieller Käufer übernehmen (Identifizierungsfunktion). Hintergrund ist die Annahme, dass M&A-Berater aufgrund ihrer intensiven Marktkenntnisse und einer Vielzahl von Kontakten hierfür besonders geeignet sind. Oftmals übernehmen sie auch die Ansprache der potenziellen Transaktionspartner (Mittlerfunktion) und reduzieren so die Gefahr von Indiskretionen. Bei internationalen Transaktionen fungiert der M&A-Berater als Mittler zur Überwindung sprachlicher und kultureller Barrieren (vgl. Müller-Stewens/ Spickers/Deiss 1999, 44). Der M&A-Berater wird also mit dem Ziel engagiert, die Qualität des Ergebnisses des M&A-Prozesses zu verbessern. Der M&A-Berater soll eine **Effektivitätssteigerung** der Projektabwicklung bewirken.

Tabelle 16: Operationalisierung der Effektivitätssteigerung

Effektivitätssteigerung	
- Transfer von Wissen und Erfahrung	- Wissenstransfer
- Verbesserung der Prozessqualität	- Sichtweise von Experten
- Vermeidung von Fehlern	- Informationsgewinnung
- Ausnutzen der Infrastruktur/Netzwerk des Beraters	- Profitieren von den Erfahrungen anderer Unternehmen
- Sparringspartner zur Entscheidungsvorbereitung	- Qualifikationsmotiv
	- Innovationsmotiv
- Zugriff auf aktuelle Informationen des Beraters	- Aufdeckung von bisher unbekannten Schwachstellen
- Verbesserung Bewertungs-Know-how	- Entwicklung neuer Einsichten
- Aufdeckung von Schwachstellen	- Entscheidungsunterstützung
- Analyse der aktuellen Situation	- Aufdeckung nicht bekannter Schwachstellen
- Vermittlung neuer Managementmethoden	
- Profiberatung zur Lösung schwer strukturierbarer Probleme	- Fachliches Know-how
	- Neue Ideen und Innovationen
- Branchenerfahrung	

Quelle: eigene Darstellung unter Verwendung der in Tabelle 13 genannten Studien

In der Transaktionsabwicklung kann die Einschaltung eines M&A-Beraters zu einer Optimierung der Prozesse führen. Die Durchlaufzeit kann verkürzt und die Aufgabenverteilung optimal geregelt werden (vgl. Müller-Stewens/Spickers/Deiss 1999, 45). M&A-Berater sollen verhindern, dass es zu unnötigen Verzögerungen bei der Transaktionsabwicklung kommt (vgl. Dufey/Hommel 2000, 967). Sie steuern den Transaktionsprozess und optimieren die Schnittstellen zwischen den am Prozess beteiligten Personengruppen. Auf diese Weise können sie die Prozessabwicklung beschleunigen und effizienter machen (vgl. Achleitner 2002, 154). Dies wird als Motiv der **Effizienzsteigerung** bezeichnet.

Tabelle 17: Operationalisierung der Effizienzsteigerung

Effizienzsteigerung	
- Beschleunigung „interner" Entscheidungsprozesse - Beschleunigung der Vermittlung zwischen Käufer und Verkäufer - Druckmittel zur Verbesserung interner Abläufe - Schnellere Umsetzung	- Prozessmoderator/-koordinator - Koordination anderer externer Berater und interner Projektmitarbeiter - Abgabe des M&A-Prozess-Controllings an den Berater - When speed is a priority

Quelle: eigene Darstellung unter Verwendung der in Tabelle 13 genannten Studien

Ein weiteres häufig in der Literatur anzutreffendes Motiv ist die Neutralität bzw. externe Sicht des Unternehmensberaters (vgl. Kohr 2000, 66). Das Unternehmen schaltet externe Berater ein, um eine unabhängige und objektive Sichtweise auf ein Problem zu erhalten (vgl. Mitchell 1994, 317). Das Unternehmen nutzt den Berater als Sparringspartner (vgl. Achleitner 2002, 154). In dieser Funktion liefert der Berater dem Unternehmen Impulse und Ideen für Transaktionskonzepte und überprüft als unabhängiger Dritter die Transaktionsvorstellungen des Unternehmens kritisch. Der Berater kann als Moderator der Verhandlungen ausgleichend tätig werden und so zu einer Einigung beitragen (vgl. Müller-Stewens/Spickers/Deiss 1999, 44-45). Dies stellt das Motiv der **Objektivierung** dar.

Tabelle 18: Operationalisierung der Objektivierung

Objektivierung	
- Einbringen von Neutralität durch den Berater - Vermittlung einer externen Sichtweise - Neutralität der Berater - Erschließung anderer Sichtweisen - Objektivität - Neutraler Blick von außen - Betriebsblindheit	- Where there is advantage in an outside opinion - Neutrale Beurteilung von Entscheidungen - Objektivere Analysen durch einen Externen - Angst vor der eigenen Betriebsblindheit

Quelle: eigene Darstellung unter Verwendung der in Tabelle 13 genannten Studien

Der Berater kann auch eine „Alibi"-Funktion erfüllen, indem er durch seine Beratungsempfehlung dafür sorgt, dass bestimmte Entscheidungen im Unternehmen durchgesetzt werden können (vgl. Kohr 2000, 66). Berater sollen häufig Entscheidungen des Unternehmens absichern oder legitimieren: „Umstrittene und umkämpfte Managementpositionen werden nicht nur über die formale Autorität durchgesetzt, sondern auch zunehmend durch explizite Bezugnahme auf die Kompetenz und Unabhängigkeit externer Beratungsunternehmen legitimiert" (Jeschke 2004b, 166). Die Reputation eines Beraters kann dazu beitragen, dass eine M&A-Transaktion am Markt positiv wahrgenommen wird. So glauben viele Unternehmen, dass das positive Image eines Beraters ihr eigenes Image verbessern kann (vgl. Sharp 1995, 10). Der Berater nutzt seine Verhandlungserfahrung und sein Verhandlungsgeschick zum Nutzen seines Mandanten und organisiert die Kommunikation mit den von der Transaktion betroffenen Interessengruppen wie Mitarbeitern oder Kunden (vgl. Müller-Stewens/-Spickers/Deiss 1999, 45). Auf diese Weise wird die Entscheidungsdurchsetzung durch den Berater unterstützt. Die Beratung durch einen erfahrenen M&A-Berater kann Vorteile bei der Argumentation der Transaktion gegenüber dem Kapitalmarkt erzeugen (vgl. o.V. (b) 2005, 13). Auch die Absicherung und Rechtfertigung gegenüber Kontrollgremien des Unternehmens wird durch die Einschaltung eines M&A-Beraters erleichtert (vgl. Weihe 2003, 66). Das wird unter dem Begriff der **Legitimierung** zusammengefasst.

Tabelle 19: Operationalisierung der Legitimierung

Legitimierung	
- Gütesiegel (durch die Hinzuziehung eines Beraters) - Entemotionalisierung („bad guy") in Verhandlungen - Aufwertung des Projektes durch den Berater - Legitimation nach außen mit Veränderungsabsichten - Legitimation nach außen ohne Veränderungsabsichten - Bessere Durchsetzbarkeit gegenüber Politik	- Bessere interne Durchsetzbarkeit - Überwindung von (internen) Konflikten - Durchsetzung und Akzeptanz - Widerstände gegen interne Konzepte - Versuch seitens der Geschäftsführung, die Verantwortung nach außen abzuschieben - Aussagen eines Externen haben mehr Gewicht - Widerstand gegen Veränderungen

Quelle: eigene Darstellung unter Verwendung der in Tabelle 13 aufgeführten Studien

Die Inanspruchnahme von Beratern kann sich auch aus der speziellen Unternehmenssituation ergeben. So kann es sein, dass bestimmte Fähigkeiten nur zeitlich begrenzt oder selten benötigt werden und das Unternehmen diese deshalb extern nachfragt. Es könnten auch unternehmenspolitische Gründe ausschlaggebend sein, die z.B. vorliegen, wenn die Muttergesellschaft eine Einbeziehung von M&A-Beratern generell vorschreibt. Außerdem ist es denkbar, dass es gesetzliche Regelungen gibt, die die Nutzung von externen Beratungsleistungen erforderlich machen. So bieten M&A-Berater für die beauftragenden Unternehmen zum Teil einen Schutz gegen Haftungsrisiken (vgl. Dufey/Hommel 2000, 967). Insbesondere in den USA spielt das aufgrund der dort herrschenden hohen haftungsrechtlichen Ansprüche eine wichtige Rolle (vgl. Achleitner 2002, 152). So ist es im angelsächsischen Raum nicht unüblich, dass bei M&A-Transaktionen zwei verschiedene Berater hinzugezogen werden, um den Aktionären zu zeigen, dass man sich professioneller Beratung bedient (vgl. Rohleder 1999, 73).

4.4 Prozessziele der Beschaffung von M&A-Beratungsleistungen

4.4.1 Überblick

Ein Entscheider kann nicht nur Zufriedenheit mit dem Ergebnis seiner Wahl empfinden, er kann auch hinsichtlich des Auswahlprozesses zufrieden oder unzufrieden sein. Dabei ist die Zufriedenheit mit dem Auswahlprozess ein von der Zufriedenheit mit dem Auswahlergebnis separates Konstrukt (vgl. Creyer/Kozup 2003, 45). Für die Einschätzung der eigenen Zufriedenheit ist ein Vergleich zwischen erwünschten und tatsächlichen Zuständen wichtig (vgl. Myers 1991). Ein Nachfrager hat nicht nur eine Vorstellung vom gewünschten Prozessergebnis, sondern auch davon, wie ein Beschaffungsprozess gestaltet sein sollte. Diese Vorstellung drückt sich in Beschaffungsprozesszielen aus. Ein Nachfrager kann bezogen auf den Beschaffungsprozess ganz unterschiedliche Ziele verfolgen: die Auswahl schnell zu treffen, die Auswahl mit wenig Aufwand zu treffen, negative Emotionen zu vermeiden oder kognitive Dissonanzen zu verringern. Eine wichtige Rolle spielen auch die zur Entscheidungsfindung genutzten Auswahlkriterien. Nachfrager verfügen nur über begrenzte Kapazitäten der Informationsverarbeitung und fragen oft nicht die Leistung nach, die den höchsten Nutzen hätte. Die Ergebnisse seiner Auswahl werden vom Nachfrager nicht nur nach dem sich ergebenden Nutzen bewertet, sondern auch danach, ob die Entscheidung anderen gegenüber gerechtfertigt werden kann oder eine positive Selbstpräsentation ermöglicht (vgl. Van Osselaer et al. 2005, 337). Die Beschaffungsprozessziele bilden ein Zielsystem und es ist davon auszugehen, dass ein Nachfrager mehrere Ziele gleichzeitig verfolgt, die für ihn aber von unterschiedlich großer Bedeutung sind. Um eine Strukturierung der oben genannten Beschaffungsprozessziele zu erreichen, ist eine Unterteilung in aufgabenbezogene und nachfragerbezogene Ziele sinnvoll. Die aufgabenbezogenen Ziele stehen in konkretem Bezug zu der Aufgabe, eine Beschaffungsentscheidung zu fällen. Sie haben einen direkten Einfluss auf die Beschaffenheit des Prozessergebnisses. Die nachfragerbezogenen Ziele bezeichnen die gewünschten emotionalen Zustände des Nachfragers während und nach dem Beschaffungsprozess.

4.4.2 Aufgabenbezogene Prozessziele

Das wohl wichtigste Auswahlprozessziel ist das Bestreben, die Fehlerfreiheit (Accuracy) der Entscheidung zu maximieren (vgl. Bettman/Luce/Payne 1998, 188). Fehlerfreiheit wird definiert als die Eigenschaft, die eine Entscheidung beschreibt, bei der aus allen verfügbaren diejenige Alternative gewählt wird, die von keiner anderen Alternative dominiert wird (vgl. Grether/Wilde 1983, 123). "For all choices we use dominance as the criteria. Thus if there is a single dominant item in a set we shall treat choices of that element as correct and choices of other elements (or indifference) as being incorrect. If there are several undominated elements available, choice of any one of them will be treated as correct." (Grether/Wilde 1983, 123). Die absolute Richtigkeit einer Entscheidung wird also daran gemessen, ob die gewählte Alternative paretooptimal ist. Alternativ kann die absolute Fehlerfreiheit anhand der Wahl der nutzenmaximierenden Alternative bestimmt werden. Eine Entscheidung ist dann richtig, wenn die Alternative gewählt wird, die mit dem höchsten Nutzenwert für den Entscheider verbunden ist. Das setzt allerdings voraus, dass die Nutzenfunktion eines Entscheiders bekannt ist (vgl. Grether/Wilde 1983, 123).

Die relative Fehlerfreiheit einer Entscheidung kann durch folgende Formel bestimmt werden:

$$\text{Fehlerfreiheit} = (\text{Nutzen}_{\text{gewählte Alternative}} - \text{Nutzen}_{\text{beliebige Wahl}}) / (\text{Nutzen}_{\text{Optimale Wahl}} - \text{Nutzen}_{\text{beliebige Wahl}}).$$

Die Fehlerfreiheit wird hier bestimmt, indem man feststellt wieviel näher als eine beliebige die gewählte Alternative zur optimalen Alternative ist. Dabei gilt als optimale Alternative diejenige, die den höchsten vorhergesagten Nutzen aufweist, wie bereits oben ausgeführt (vgl. Klein/Yadav 1989, 414).

Neben das Ziel, eine richtige Nachfragentscheidung zu treffen, tritt aber noch ein weiterer Aspekt, der zu berücksichtigen ist. Nachfrageentscheidungen sind für den Nachfrager mit Aufwand verbunden. Das kann zum einen der kognitive Aufwand sein, der sich aus der Verarbeitung der Informationen zu den Alternativen ergibt. Zum anderen kann es auch ein finanzieller Aufwand sein, da die Informationsbeschaffung und -verarbeitung mit Kosten für das Unternehmen verbunden ist. Neben den Kosten, die sich direkt aus der Beschaffung von Informationen ergeben, müssen die Kosten berücksichtigt werden, die aus der Bindung von Personalkapazitäten für diese Aufgaben entstehen. Schließlich entsteht auch zeitlicher Aufwand, da eine Auswahlentscheidung für M&A-Dienstleister keine punktuelle Entscheidung ist, sondern einen Auswahlprozess darstellt. Ein weiteres Beschaffungsprozessziel ist es deshalb, die Zeit und den mit der Auswahlentscheidung verbundenen Aufwand zu minimieren. Bettman, Luce und Payne (1998) konnten zeigen, dass dieses Ziel Einfluss auf das Ergebnis des Entscheidungsprozesses hat. Der kognitive Aufwand einer Entscheidung steht in direktem Zusammenhang mit ihrer Schwierigkeit. Nachfrageentscheidungen unterscheiden sich hinsichtlich ihrer Schwierigkeit, wobei die Ursachen dafür verschieden sein können (vgl. Luce et al. 2001, 3). Die kognitive Schwierigkeit einer Entscheidung ergibt sich aus dem Verständnis und der Verarbeitung von für die Entscheidung relevanten Informationen. Wesentliche Einflussfaktoren auf die kognitive Schwierigkeit sind

- die Aufgabenkomplexität,
- die Menge der zu verarbeitenden Informationen,
- der Zeitdruck,
- die Präsentation der Informationen,
- die Vollständigkeit der Informationen,
- Konflikte zwischen den Attributen der Alternativen,
- Korrelationen zwischen den Attributen der Alternativen,
- Nichtvergleichbarkeit von Alternativen
- und die Ähnlichkeit der Alternativen.

(vgl. Luce et al. 2001, 4; Bettman/Luce/Payne 1998, 199).

In empirischen Studien wird der mit einer Entscheidung verbundene Aufwand (Anstrengung) durch die für eine Entscheidung benötigte Zeit gemessen. Die Annahme ist dabei, dass eine längere Entscheidungsdauer einen höheren Aufwand bedeutet (vgl. Klein/Yadav 1989, 414). Wie stark der mit einer Entscheidung verbundene Aufwand wahrgenommen wird, ist interindividuell verschieden und hängt davon ab, welche Fähigkeiten der jeweilige Entscheider besitzt. So können die mit einem Entscheidungsverfahren verbundenen Berechnungen für einen Entscheider einfach sein, während sie für einen anderen Entscheider einen prohibitiv hohen Aufwand darstellen. Die zugrunde liegenden Fähigkeiten wirken sich dann auf die Wahl von Entscheidungsstrategien aus, da der Nachfrager bestrebt ist, seinen Aufwand auf einem für ihn akzeptablen Niveau zu halten (vgl. Bettman/Johnson/Payne 1990, 135).

4.4.3 Nachfragerbezogene Prozessziele

4.4.3.1 Bewältigung von Trade-offs

Entscheidungen sind regelmäßig mit Trade-offs verbunden, was bedeutet, dass Kompromisse bei der Erreichung verschiedener Ziele eingegangen werden müssen. Um Trade-offs eingehen zu können, muss der Nachfrager klare Vorstellungen über seine Präferenzen und Prioritäten haben. Er muss wissen, wie viel ihm eine bestimmte Ausprägung eines Attributes der Leistung relativ zu anderen Attributen wert ist (vgl. Luce/Bettman/Payne 2001, 4-5). Es kommt zu einem Auswahlkonflikt, in dem der Nachfrager bestimmte Ziele nicht verwirklichen kann, also einen Verlust hinnehmen muss, um andere Ziele verwirklichen zu können. Dabei entstehen beim Nachfrager negative Emotionen. Das Ausmaß der negativen Emotionen hängt davon ab, welchen Wert die Alternativen haben, welche Attribute von Trade-offs betroffen sind und wie hoch der notwendige Trade-off ist (vgl. Bettman/Luce/Payne 1998, 196-197). Emotionen sind auf ein Objekt gerichtete innere Zustände, die eine Evaluierung der Situation enthalten und aus denen sich Handlungsdispositionen ergeben. Emotionen dienen der Beurteilung, ob eine Situation angenehm oder unangenehm ist und versetzen den Akteur in Handlungsbereitschaft. Emotionen haben im Gegensatz zu Reflexionen wahrnehmbare physische Entsprechungen und führen häufig zu einer sichtbaren körperlichen Reaktion (vgl. Schnabel 2005, 283). Sie können definiert werden als „communications to oneself and others that signal events relevant to one's important needs or goals“ (Luce/Bettman/Payne 2001, 11). Emotionen unterscheiden sich von anderen affektiven Zuständen, da sie eine stärkere Zielbezogenheit und Zielrelevanz haben, gleichzeitig ist für ihr Zustandekommen jedoch kaum eine kognitive Auseinandersetzung notwendig (vgl. Luce/Bettman/Payne 2001, 14). Die folgende Abbildung zeigt schematisch, wie die emotionale Schwierigkeit einer Entscheidung, die sich aus einem Trade-off ergibt, vom Nachfrager eingeschätzt wird.

Abb. 10: Bewertung der emotionalen Schwierigkeit einer Entscheidung

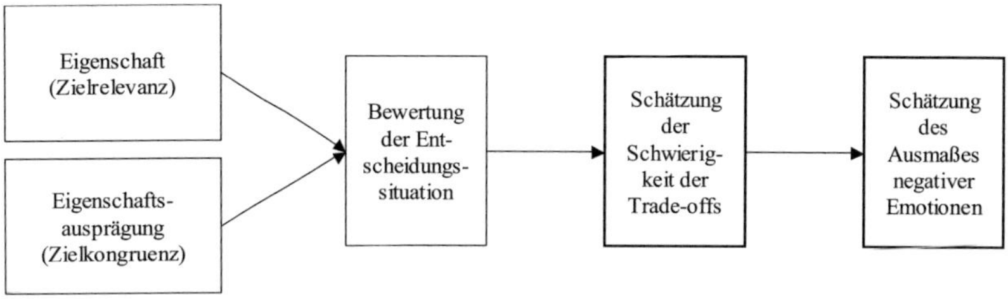

Quelle: eigene Darstellung in Anlehnung an Luce/Bettman/Payne 2001, 22

Der Faktor „Eigenschaft" zeigt an, dass unterschiedliche Attribute einer Leistung existieren, die für den Nachfrager unterschiedlich wichtig sein können und unterschiedlich viel Potenzial für die Entstehung negativer Emotionen im Rahmen der Entscheidung besitzen. Es geht um die Frage, ob eine bestimmte Eigenschaft einer Alternative für die Zielerreichung relevant ist oder nicht (Zielrelevanz). Es ist davon auszugehen, dass nur diejenigen Eigenschaften in die Bewertung einbezogen werden, die Einfluss auf die Zielerreichung haben. Der Faktor „Eigenschaftsausprägung" bezeichnet die Ausprägung bestimmter Attribute von Leistungen, wobei insbesondere die Konfliktträchtigkeit verschiedener Ausprägungen und die Abgrenzung zwischen positiven und negativen Ausprägungen interessant sind. In der Bewertung der Entscheidungssituation werden sowohl die vorhandenen Eigenschaften als auch ihre Ausprägungen berücksichtigt, um zu einer Einschätzung zu gelangen, inwieweit die Zielerreichung in der gegebenen Entscheidungssituation durch die Ausprägungen der Alternativen gefährdet ist (vgl. Luce/Bettman/Payne 2001, 27-28).

Bezogen auf den Beschaffungsprozess wird der Nachfrager bemüht sein, negative Emotionen im Zusammenhang mit seiner Entscheidung zu vermeiden oder zu minimieren. Da Trade-offs eine Ursache für negative Emotionen sein können, wird der Nachfrager das Ziel verfolgen, möglichst wenige Trade-offs einzugehen.

4.4.3.2 Vermeidung von Regret

Die Motivationstheorien der Entscheidung betrachten, wie die Motivation von Personen ihre Einstellung gegenüber Risiken bei der Entscheidungsfindung beeinflusst. Diese Theorien gehen davon aus, dass Menschen die zukünftigen emotionalen Konsequenzen einer Entscheidung wie z.B. Erfolgs- oder Misserfolgsgefühle, Bedauern, Enttäuschung oder Befriedigung berücksichtigen (vgl. Larrick 1993, 443-444). Neben den direkten

Konsequenzen einer Entscheidung spielen auch Wirkungen der Entscheidung auf den Selbstwert und die Reputation eine Rolle und führen dazu, dass in Entscheidungssituationen negative Emotionen entstehen können (vgl. Luce/Bettman/ Payne 2001, 18). Hierbei ist die Sorge des Entscheiders um sein Selbst- und Fremdbild die wesentliche Emotion und die Entscheidungssituation stellt in diesem Sinne eine Bedrohung für den Entscheider dar (vgl. Luce/Bettman/Payne 2001, 19).

Wenn die Ergebnisse einer Entscheidung bekannt sind, kann ein Entscheider das Ergebnis einer von ihm getroffenen Entscheidung mit den Ergebnissen anderer möglicher Entscheidungen vergleichen. Ist das erzielte Ergebnis schlechter als es bei anderen Entscheidungen gewesen wäre, empfindet der Entscheider ein gewisses Maß an Bedauern, den sog. „Regret" (vgl. Larrick 1993, 445). Nachdem eine Entscheidung getroffen wurde, entsteht ein Unbehagen darüber, eine andere Alternative verworfen zu haben (vgl. Festinger 1978, 43). Dieses Bedauern nach der Entscheidung wird vom Entscheider bereits vor der Entscheidungsfindung berücksichtigt, indem er vorhersieht, wie viel Bedauern jede Entscheidung mit sich bringen könnte, und indem er versucht, die Entscheidung zu treffen, die voraussichtlich mit dem geringsten Bedauern verbunden ist (vgl. Larrick 1993, 445).

Bell (vgl. 1983, 1165) erweitert diese Sichtweise, indem er den Aspekt des Feedbacks über die Ergebnisse berücksichtigt. Das Vorhandensein oder Fehlen von Informationen über die Ergebnisse alternativer Entscheidungen bestimmt im Wesentlichen, ob und wie viel Bedauern durch den Entscheider empfunden wird. Erwartet der Entscheider konkrete Informationen darüber, was passiert wäre, wenn er eine andere Entscheidung getroffen hätte, so entsteht ein größeres Potenzial für Bedauern. Dieses führt auch dazu, dass die Personen hinsichtlich der Richtigkeit ihrer Entscheidung eine geringere Sicherheit empfinden (vgl. Larrick 1993, 446). Entscheider neigen darüber hinaus zu größerem Bedauern, wenn sie bei ihrer Entscheidung von der Norm abgewichen sind, also eine Alternative oder Vorgehensweise gewählt haben, die nicht dem Standard entspricht. Was dabei aus Sicht des Entscheiders als Standard definiert wird, hängt vom Status Quo und den üblichen Gepflogenheiten ab (vgl. Simonson 1992, 106). Eine Reihe von Studien hat sich mit dieser Problematik auseinandergesetzt. Das potenziell größere Bedauern bei einem Alternativenwechsel begründen Kahnemann und Miller (vgl. 1986, 136) damit, dass das Ergebnis der Entscheidung beim Status Quo zu bleiben besser vorstellbar ist als das Ergebnis eines Alternativenwechsels. Ein negatives Ergebnis wird stärker wahrgenommen, wenn die Handlung oder Entscheidung nicht routinemäßig geschah (vgl. Kahnemann/Miller 1986, 145). Es existieren jedoch auch Studien, die den Effekt eines Alternativenwechsels auf das Bedauern relativieren. So argumentieren z.B. Inman und Zeelenberg (vgl. 2002, 124), dass das Bedauern bei einem begründeten Wechsel (z.B. aufgrund negativer Erfahrungen) geringer ausfallen kann als beim Beibehalten des Status Quo. Sie fanden heraus, dass der Status Quo-Effekt verschwindet, wenn eine Wechselentscheidung als begründet wahrgenommen wird. Das Bedauern fällt in diesem Fall für das Beibehalten der Status Quo-Alternative größer aus als für den Wechsel.

Weiterhin sind verschiedene Personen unterschiedlich anfällig dafür, ein bestimmtes Ausmaß an Bedauern zu empfinden. Menschen wollen sich ein positives Selbstbild erhalten. Bedauern schädigt das Selbstbild, weil es sie ihre eigene Kompetenz und ihr Urteilsvermögen anzweifeln lässt. Wie anfällig das Selbstbild eines Menschen für solche Zweifel ist, hängt wiederum davon ab, wie groß sein Selbstwertgefühl ist. Entscheider mit geringem Selbstwertgefühl haben eine größere Wahrscheinlichkeit Bedauern zu empfinden als Entscheider mit großem Selbstwertgefühl, die ihr Selbstbild durch verschiedene Strategien bewahren können (vgl. Larrick 1993, 446). Die Vermeidung von Regret kann als ein wichtiges Auswahlprozessziel definiert werden.

4.4.3.3 Rechtfertigung der Entscheidung

Der im vorangegangenen Abschnitt beschriebene Aspekt des Selbstwertschutzes ist auch Gegenstand von Arbeiten, die sich mit kognitiven Dissonanzen auseinander setzen und zu dem Ergebnis kommen, dass Entscheider dazu neigen, ihre Entscheidungen im Nachgang zu rationalisieren, also rationale Begründungen für ihre Entscheidungen zu konstruieren (vgl. Simonson 1989). Nachfrager sind häufig unsicher, welche Trade-offs zwischen den Attributen unterschiedlicher Alternativen bestehen und welche Attribute wichtiger für die Auswahl sind als andere. Aus diesem Grund konstruieren sie häufig Begründungen für ihre Auswahlentscheidungen. Diese Begründungen sollen zum einen ihr Vertrauen in die Richtigkeit ihrer Entscheidung erhöhen und zum anderen die Argumentation gegenüber anderen erleichtern. Aus diesem Grund ist ein wichtiges, mit dem Beschaffungsprozess verbundenes Ziel die Rechtfertigung der Auswahl (vgl. Bettman/Luce/Payne 1998, 206).

Besteht die Notwendigkeit seine Entscheidungen gegenüber Dritten zu begründen, dann erscheint es rational, die Alternative zu wählen, deren Begründung am leichtesten fällt (vgl. Simonson 1989, 159). Dies ist insbesondere der Fall, wenn ein Nachfrager einer anderen Person gegenüber verantwortlich ist (vgl. Simonson 1989, 159). Dieses Ziel sollte eine besondere Bedeutung bei der Auswahl von M&A-Dienstleistern haben. Das lässt sich damit begründen, dass es sich bei der Entscheidung über die Inanspruchnahme von M&A-Beratungsleistungen um eine organisationale Beschaffungsentscheidung handelt, die durch hohe Komplexität gekennzeichnet ist. Der Entscheider bzw. die Gruppe von Entscheidern ist in formale Strukturen der Organisation eingebunden. Organisationale Einflüsse bewirken, dass sich eine Person in einer organisationalen Kaufsituation anders verhält als in einer individuellen Kaufsituation. Die Zielvorgaben der Organisation dienen als moderierende Variablen, während finanzielle, technische und personelle Ressourcen Beschränkungen der Kaufentscheidung darstellen (vgl. Webster/Wind 1996, 55). Einkäufer werden von den anderen Organisationsmitgliedern dahingehend beurteilt, ob sie gute Nachfrageentscheidungen getroffen haben. Da Einkäufer Sicherheits- und Anerkennungsbedürfnisse innerhalb der Organisation haben, werden sie bei anstehenden Entscheidungen deren Auswirkungen auf ihre Position und Anerkennung im Unternehmen beachten (vgl. Mitchell 1995, 120). Insofern wird die Rechtfertigung ihrer Entscheidung gegenüber anderen Organisationsmitgliedern eine wichtige Rolle spielen.

Für M&A-Dienstleistungen konnte festgestellt werden, dass die Beschaffungsentscheidung häufig auf den höchsten Hierarchieebenen des Unternehmens getroffen wird. Deshalb ist es für derartige Entscheidungen häufig nicht notwendig, sich einem Vorgesetzten gegenüber zu rechtfertigen. Die Rechtfertigung gegenüber Dritten bezieht sich deshalb weniger auf andere Organisationsmitglieder, allerdings müssen ggf. andere Interessengruppen wie Eigentümer, Aktionäre oder die Kapitalmärkte berücksichtigt werden, die Interesse an der Abwicklung der M&A-Transaktion haben.

Insgesamt ist festzustellen, dass das Nachfragerverhalten von verschiedenen in diesem Kapitel vorgestellten Aspekten beeinflusst sein sollte. Da wären als erstes die Nachfragereigenschaften zu nennen. Auf die Betrachtung des einzelnen Nachfragers an sich wurde dabei verzichtet, da hierzu keine allgemeingültigen Aussagen abgeleitet werden können. Vielmehr setzt die Charakterisierung der Nachfrager an der Betrachtung des Buying Centers an, welches sich bei M&A-Dienstleistungen durch eine relativ geringe Größe und eine geringe hierarchische Diversität auszeichnet, während es fachlich durchaus heterogen sein kann. Zweitens wird das Nachfragerverhalten durch die verschiedenen Beschaffungsziele beeinflusst, die sich weiter in Nachfrage- und Auswahlprozessziele unterteilen lassen. Die Nachfrageziele stehen in Zusammenhang mit den Gründen für die Inanspruchnahme von externen M&A-Beratern. Die Auswahlprozessziele beziehen sich auf die Effektivität der Entscheidungsfindung und auf die verbundenen emotionalen Konsequenzen für den Nachfrager.

5 Gestaltung des Beschaffungsprozesses von M&A-Dienstleistungen

5.1 Strukturelle Gestaltung

5.1.1 Beschaffung als Prozess

Die zweite Analyseebene dieser Arbeit ist die Prozess-Ebene, die in diesem Kapitel mit dem Ziel betrachtet werden soll, der Verhaltens-Ebene als dritter Analyseebene eine Strukturierung zugrunde legen zu können.

Diese Arbeit basiert auf der Auffassung, dass die Beschaffung nicht als einfache, punktuelle Aktivität sondern vielmehr als Prozess zu verstehen ist. Unter einem Prozess soll „...eine inhaltlich abgeschlossene, zeitliche und sachlogische Abfolge von Aktivitäten, die zur Erreichung eines für das Unternehmen relevanten Ziels notwendig sind" verstanden werden (Lucks/Meckl 2002, 51). Die Sichtweise der Beschaffung als Prozess wird in den verschiedenen Forschungsrichtungen zum Konsumentenverhalten und zur organisationalen Beschaffung geteilt.

Für das Kaufverhalten eines Individuums wird festgehalten, dass es „...nicht als ein homogener Vorgang, sondern als eine Folge von Einzeltätigkeiten..." aufzufassen ist (Böcker/Helm 2003, 145). Für die organisationale Beschaffung betonen Webster und Wind (vgl. 1996, 52), dass es sich um einen Prozess und keinen einmaligen Kaufakt handelt. Auch Sonderbereiche wie die Forschung zur Nachfrage nach professionellen Dienstleistungen oder nach Unternehmensberatung teilen diese Sichtweise. Trotz der gemeinsamen Prozessperspektive werden die Erkenntnisse zum Konsumentenverhalten der Komplexität des organisationalen Beschaffungsverhaltens nicht gerecht (vgl. Kohr 2000, 50). Der Beschaffungsprozess für professionelle Dienstleistungen unterscheidet sich in einigen Aspekten von dem, der für das Kaufverhalten von Konsumenten bestimmt wurde. Der Beschaffungsprozess des Unternehmens hat mehr Phasen und beinhaltet mehr Einzelentscheidungen. Die Notwendigkeit, mehr Entscheidungen innerhalb des Prozesses zu treffen, führt wiederum dazu, dass er als risikoreicher wahrgenommen wird (vgl. Mitchell 1994, 316).

Der Beschaffungsprozess besteht aus verschiedenen Arten von Aktivitäten, die hinsichtlich ihrer Gleichartigkeit und Unterschiedlichkeit unterteilt werden können. Ähnliche Aktivitäten bilden eine Phase und werden auf diese Weise von anderen Aktivitäten abgegrenzt. Die verschiedenen Phasen können also anhand der jeweiligen

Problemstellungen und Verhaltensweisen der beteiligten Personen voneinander unterschieden werden (vgl. Kißling 1999, 31). Dabei sind verschiedene Phasenschemata denkbar, in denen die Phasen sachlogisch, zeitlich und/oder entscheidungslogisch voneinander abgegrenzt werden (vgl. Kohr 2000, 23). Die Beschaffung ist dementsprechend ein phasendifferenzierter Entscheidungsprozess (vgl. Backhaus 1999, 61). Ein wesentliches Merkmal der Prozess-Sicht ist es, dass der Phasenablauf systematisch erfolgt und eine idealtypische Reihenfolge der Aktivitäten bestimmt wird. Diese Annahme ist zugleich ein wesentlicher Kritikpunkt an den Phasenmodellen.

Die Vorstellung, dass Beschaffungsprozesse sequentiell in einzelnen Prozessstufen ablaufen, wird immer wieder als realitätsfern kritisiert. Empirische Studien ergaben, dass Beschaffungsprozesse in der Realität nicht in der unterstellten Weise zergliedert werden. So kann es passieren, dass einige Prozessstufen übersprungen werden, simultan bearbeitet werden oder dass es iterative Schleifen innerhalb des Prozesses gibt (vgl. Kißling 1999, 31). Aus diesem Grund sollte bei der Betrachtung der Beschaffung als Prozess immer berücksichtigt werden, dass die Chronologie des Beratungsprozesses von Mehrphasigkeit, Überlappung und Iterationen gekennzeichnet ist, so dass der dargestellte Beratungsprozess nur den sachlogischen Aufbau, nicht jedoch den tatsächlichen zeitlichen Ablauf beschreibt (vgl. Sommerlatte 2000, 132). In der Realität ist der Beschaffungsprozess, vor allem bei kleinen und mittleren Unternehmen, häufig nicht so stark formalisiert wie in den theoretischen Modellen angenommen (vgl. Gallouj 1997, 48).

Trotz des genannten Defizits haben die Phasenansätze einen entscheidenden Beitrag zur Analyse des organisationalen Kaufverhaltens geleistet, indem sie eine idealtypische Verdeutlichung und Strukturierung der Beschaffungsaktivitäten ermöglichen. Auf diese Weise haben sie entscheidend zum Verständnis der zeitlichen Erstreckung und dynamischen Natur des Beschaffungsprozesses beigetragen (vgl. Kißling 1999, 32).

Problematisch ist die Tatsache, dass die verschiedenen Forschungsrichtungen keine Einigkeit hinsichtlich der Phasenabgrenzung, der Phasenanzahl und des Detaillierungsgrades erzielen. Es existiert eine Vielzahl unterschiedlicher Ansätze, die von einfachen Drei-Phasen-Modellen bis zu komplexen Zwölf-Phasen-Modellen reichen (vgl. Kißling 1999, 31). Zur Verdeutlichung dieser Problematik, werden in der nachfolgenden Abbildung exemplarisch einige Beschaffungsprozesse aus den verschiedenen Forschungsbereichen vorgestellt. Die Auswahl der Autoren erhebt keinen Anspruch auf Vollständigkeit, für alle der genannten Forschungsbereiche lassen sich noch viele weitere Phasenschemata finden.

Abb. 11: Phasenschemata des Beschaffungsprozesses

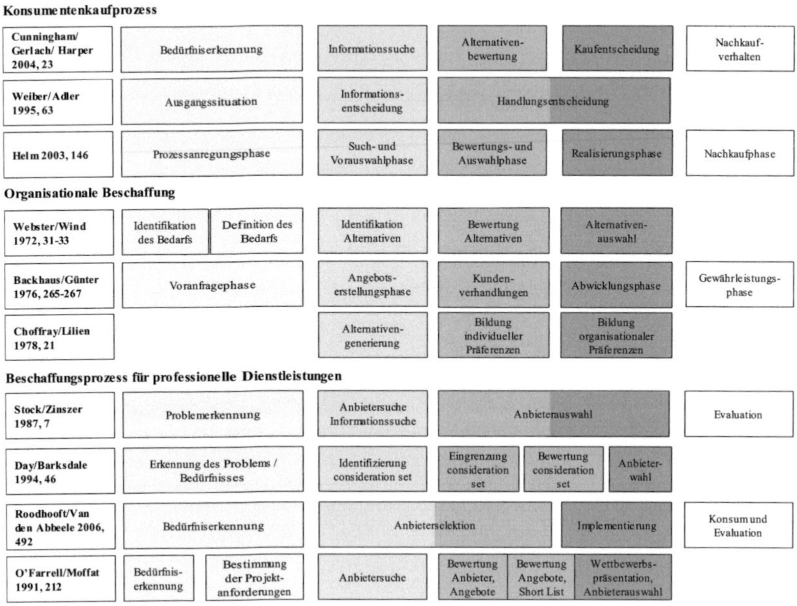

Quelle: eigene Darstellung

Es ist leicht ersichtlich, dass die Unterschiede in den in der Literatur vorhandenen Phasenansätzen im Wesentlichen dadurch zustande kommen, dass die Autoren die zentralen Aktivitäten stärker oder weniger stark aufgliedern und unterschiedliche Begrifflichkeiten verwenden. Es ist zu erkennen, dass sich der Prozess i.d.R. auf 4 Phasen aufteilen lässt, die in der Abbildung durch die verschiedenen Grauschattierungen gekennzeichnet sind. Man kann sehen, dass der Ausgangspunkt die **Problemdefinition** ist. Die Phase der Problemdefinition als erste Phase des Beschaffungsprozesses wird von verschiedenen Autoren mit unterschiedlichen Bezeichnungen versehen, unter anderem Bedürfniserkennung, Ausgangssituation, Initiierungsphase, Problemstellungsphase, Problemerkennung oder Anregungsphase (vgl. Cunningham/Gerlach/Harper 2004, 23; Weiber/Adler 1995b, 63; Jeschke 2004b, 91; Day/Barksdale 1994, 46; Mugler/Lampe 1987, 481).

An die Problemdefinition schließt sich eine **Suchphase** an, in der Informationen über die potenziellen Alternativen generiert werden. Auch hier verwenden die Autoren verschiedene Bezeichnungen wie Anbietersuche, Identifikation von Alternativen, Informationssuche oder Alternativengenerierung (vgl. O'Farrell/Moffat 1991, 212; Webster/Wind 1972, 31-33; Cunningham/Gerlach/Harper 2004, 23; Choffray/Lilien 1978, 21). Es folgt die **Auswahl**, die zumeist noch weiter unterteilt wird und eine Vorauswahl bzw. Bewertung und die endgültige Entscheidung (Endauswahl) umfasst. Die Abbildung zeigt auch, dass unterschiedliche Vorstellungen davon existieren, wie weit sich der Beschaffungsprozess erstreckt. So endet er bei vielen Autoren mit der Entscheidung, während andere auch den Kauf (bei Dienstleistungen auch als **Durchführung** aufzufassen) und das Nachkaufverhalten, das typischerweise die **Evaluation** der Leistung umfasst, integrieren. Die inhaltlichen Beschreibungen der Aktivitäten in den jeweiligen Phasen weisen über die verschiedenen Autoren hinweg deutliche Übereinstimmungen auf. Im nachfolgenden Abschnitt soll anhand der identifizierten Prozessphasen ein idealtypischer Beschaffungsprozess für M&A-Dienstleistungen abgeleitet werden.

5.1.2 Struktur des M&A-Beschaffungsprozesses

5.1.2.1 Problemdefinition

Der M&A-Beschaffungsprozess entspricht weitgehend dem aus Abb. 10 identifizierten Prozess, der sich aus den Stufen der Problemdefinition, Suchphase, Auswahlphase, Durchführung und Evaluation zusammensetzt. Der M&A-Beschaffungsprozess weicht insofern ab, dass die in der Phase der Problemdefinition angesiedelte Entscheidung für externe Beratung als separate Prozessstufe behandelt wird. Der für die vorliegende Arbeit definierte M&A-Beschaffungsprozess ist der folgenden Abbildung zu entnehmen.

Abb. 12: Überblick über den Beschaffungsprozess von M&A-Dienstleistungen

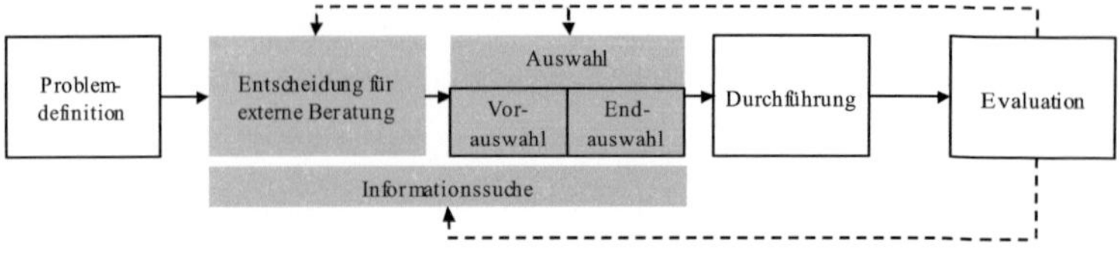

Quelle: eigene Darstellung

Die grau hinterlegten Kästchen der Abbildung zeigen die Prozessschritte, die den Beschaffungsprozess i. e. S. ausmachen. Die weißen Kästchen zeigen Aktivitäten, die mittelbar auf den Beschaffungsprozess wirken. Gegenstand dieses Abschnitts ist die Betrachtung der Phase der Problemdefinition.

Der Prozess beginnt mit der Identifizierung eines Problems im Unternehmen, das durch die Beschaffung gelöst werden könnte (vgl. Stock/Zinszer 1987, 7). Es wird der Bedarf identifiziert und in einem zweiten Schritt wird dieser Bedarf genauer bestimmt, indem das Unternehmen Zielvorgaben für die Ausgestaltung des Kaufobjektes ableitet (vgl. Webster/Wind 1972, 31-32). Neben der Problembeschreibung wird auch ein gewünschter Soll-Zustand durch die Beschaffung der Leistung bestimmt und auf diese Weise die Nachfrageziele für die Leistung konkretisiert (vgl. Jeschke 2004b, 165).

In dem besonderen Fall der Beschaffung von Beratungsleistungen ist der Ausgangspunkt ein Problem des Unternehmens, das ohne Hilfe nicht oder nur schlecht lösbar ist (vgl. König/Volmer 1996, 46) und welches zunächst identifiziert und strukturiert werden muss (vgl. Sommerlatte 2000, 133). Bei der Beschaffung von M&A-Leistungen liegt eine Unternehmenssituation vor, bei der eine M&A-Transaktion durchgeführt werden soll. Auslöser dafür kann z.B. ein attraktives Unternehmensangebot am Markt oder eine strategische Neuausrichtung, die den Verkauf eines Unternehmensteils notwendig macht, sein. Auch die Unternehmensnachfolge oder die Verteidigung gegen einen feindlichen Übernahmeversuch können Anlässe für die Initiierung einer M&A-Transaktion sein. Es ist nicht einfach, die Notwendigkeit, eine M&A-Transaktion durchzuführen, zweifelsfrei zu identifizieren. Die Problemerkennung ist für Nachfrager professioneller Dienstleistungen eine komplexe und anspruchsvolle Aufgabe. Problemstellungen, die die Inanspruchnahme professioneller Dienstleistungen nach sich ziehen, können eine Reihe verschiedener Ursachen und potenzieller Lösungen haben. Die Erkennung eines bestehenden Problems ist für das Unternehmen deshalb mit einer gewissen Ambiguität verbunden, was dazu führen kann, dass Probleme erst dann als solche erkannt werden, wenn sie schon relativ schwerwiegend sind und eine entsprechend hohe Risikowahrnehmung zur Folge haben. Da die Nachfrage nach professionellen Dienstleistungen vergleichsweise hohe Kosten in den Unternehmen verursacht, gibt es oft Widerstände, externe Dienstleister zu nutzen, die erst dann aufgegeben werden, wenn alle internen Lösungsversuche gescheitert sind (vgl. Mitchell 1994, 318). Die Phase der Problemdefinition hat Konsequenzen für den weiteren Verlauf der Beschaffung und Inanspruchnahme der Leistung und sollte deshalb bei der Betrachtung des Beschaffungsprozesses nicht unberücksichtigt bleiben (vgl. Jeschke 2004b, 91).

5.1.2.2 Entscheidung für externe Beratung

Anschließend muss das Unternehmen überlegen, ob es das identifizierte Problem intern lösen will oder ob externe Beratung dafür hinzugezogen werden soll. Das ist die Entscheidungsphase über Eigenerstellung oder Fremdbezug einer Problemlösung (vgl. Mugler/Lampe 1987, 482), auch „make-or-buy"-Entscheidung genannt (vgl. O'Farrell/ Moffat 1991, 209). Es wird die Grundsatzentscheidung über die Durchführung eines Beratungsprojektes getroffen. Dabei spielen Gründe und Ziele der Beratung eine besondere Rolle (vgl. Fritz/Effenberger 1998, 107). Dieser Teilschritt ist sehr wichtig, denn die hier getroffenen Überlegungen wirken sich auf den gesamten weiteren Beschaffungsprozess aus. Entscheidet sich ein Unternehmen an dieser Stelle gegen den Fremdbezug, ist der Beschaffungsprozess an dieser Stelle beendet. Wenn die Entscheidung für den externen Bezug einer Problemlösung gefallen ist, muss das Unternehmen spezifizieren, wie die Dienstleistung beschaffen sein muss, um das Problem zu lösen (vgl. O'Farrell/Moffat 1991, 209).

Diese Entscheidung ist als eigenständige Phase im M&A-Beschaffungsprozess konzipiert, um ihrer Bedeutung für den weiteren Verlauf des Prozesses Rechnung zu tragen. An dieser Stelle kann es zum ersten Mal zur Informationssuche kommen, wenn das Unternehmen Hintergrundinformationen über den Markt und das zu lösende Problem beschafft. Fällt die Entscheidung für externe Beratung, folgt eine intensive Informationssuche, die zum Ziel hat, potenzielle Beratungsanbieter zu identifizieren und Informationen über deren Leistungsfähigkeit zu gewinnen.

5.1.2.3 Informationssuche

Die Phase der Informationssuche wird nicht bei allen Autoren als separate Phase betrachtet, ist aber implizit in allen Analysen des Beschaffungsprozesses enthalten.

Zunächst trifft der Nachfrager eine Auswahl geeigneter Strategien zur Unsicherheitsreduktion, wobei er die Kosten des Einsatzes verschiedener Strategien mit dem Nutzen der erwarteten Unsicherheitsreduktion abwägt. Wird ein ökonomisches Entscheidungskalkül unterstellt, wählt der Nachfrager diejenigen Strategien, die den höchsten Nettonutzen bei der Unsicherheitsreduktion erzielen (vgl. Weiber/Adler 1995b, 63). Die Beschaffung von Informationen erscheint häufig als geeignetes Mittel, die Unsicherheit zu reduzieren.

In der Informationssuchphase werden die Handlungsalternativen bestimmt, was bedeutet, dass mögliche Anbieter identifiziert werden (vgl. Jeschke 2004b, 165). Während der Informationssuche informiert sich der Konsument über die ihm zur Verfügung stehenden alternativen Angebote (vgl. Cunningham/Gerlach/Harper 2004, 23). Er sucht nach Leistungen, die zur Befriedigung des bestehenden Bedürfnisses geeignet sind (vgl. Böcker/Helm 2003, 146). Die Anbietersuche ist mit Transaktionskosten für das Unternehmen verbunden, weshalb Nachfrager in der Regel nur eine begrenzte Anzahl potenzieller Anbieter berücksichtigen, über die Informationen gesucht werden (vgl. O'Farrell/Moffat 1991, 209; Stock/Zinszer 1987, 7). Die Phase der Informationssuche erstreckt sich parallel zu den Phasen der Entscheidung für externe Beratung und der Auswahlphase, um deutlich zu machen, dass die Informationssuche ein wichtiger Prozessschritt ist, der den jeweiligen Phasen vorgelagert sein kann, der aber auch immer wieder parallel zu ihnen ablaufen kann. Die Vor- und Endauswahlphase können von Informationssuchphasen unterbrochen sein, wenn die Nachfrager feststellen, dass weitere Informationen benötigt werden. Diese Tatsache wird durch die parallele Darstellung abgebildet.

Die Informationssuche wird als wesentliche Aktivität im Rahmen des organisationalen Beschaffungsprozesses angesehen (vgl. Bunn/Clopton 1993, 457) und es konnte für Dienstleistungen empirisch bestätigt werden, dass der Beschaffungsentscheidung zunächst eine Informationssuche vorausgeht (vgl. Murray 1991, 12).

5.1.2.4 Auswahlphase

In der Auswahlphase erfolgt die Alternativenbewertung, in der der Konsument die Beschaffenheit der Alternativen einschätzt und eine Präferenz bildet (vgl. Cunningham/ Gerlach/Harper 2004, 23). Anhand relevanter Merkmale werden die verbliebenen Alternativen bewertet und diejenige ausgewählt, die die beste Bedürfnisbefriedigung erwarten lässt (vgl. Böcker/Helm 2003, 146). Die Auswahlphase setzt voraus, dass das Unternehmen genügend Informationen über verschiedene Anbieter besitzt, um diese anhand festgelegter Kriterien zu beurteilen (vgl. Roodhooft/Van den Abbeele 2006, 493). In der Literatur zur Beschaffung von Unternehmen wird die Auswahlphase zumeist als mehrstufige Phase aufgefasst, die sich aus einer Vor- und einer Endauswahl zusammensetzt.

Die **Vorauswahlphase** bezeichnet den Schritt, in dem die Gruppe potenzieller Anbieter reduziert wird, um die Auswahl zu erleichtern. Alle potenziellen Alternativen, die im Rahmen der Informationssuche identifiziert wurden, werden unter Berücksichtigung der Umweltrestriktionen und der Anforderungen der Organisation auf die realisierbaren Alternativen reduziert (vgl. Backhaus 1999, 124). Der Nachfrager kürzt die Liste der potenziellen Anbieter, indem er Selektionskriterien anwendet und einzelne Anbieter eliminiert (vgl. Day/Barksdale 1994, 46).

In der **Endauswahlphase** findet typischerweise noch einmal eine Informationssuche statt, die insbesondere genutzt wird, um die Mitarbeiter des Anbieterunternehmens persönlich kennenzulernen und/oder sich einen Eindruck von der spezifischen Herangehensweise des Anbieters an das Beratungsproblem zu verschaffen. In der Phase der Endauswahl werden die verbliebenen Anbieter zur Abgabe eines schriftlichen Angebots aufgefordert. Alternativ können die Anbieter zu einem Vorgespräch oder ggf. zu einer Präsentation eingeladen werden. Der Nachfrager gewinnt einen Eindruck von den Beratern und bewertet deren Vorschläge. Anhand dieses Angebots wird eine weitere Auswahl vorgenommen. Nach den Vertragsverhandlungen kommt es zur Entscheidung für einen Beratungsanbieter und zum Abschluss des Beratervertrags (vgl. Kohr 2000, 85-86).

Für M&A-Beratungsleistungen erfolgt die Endauswahl häufig in Form einer Wettbewerbspräsentation. Mit der vertraglich abgesicherten Auftragserteilung ist die Auswahlphase abgeschlossen (vgl. Sommerlatte 2000, 138). Es müssen dann die Grundlagen für die Dienstleistungserstellung geschaffen werden, indem eine regelmäßige Kommunikation zwischen Nachfrager und Anbieter etabliert wird.

5.1.2.5 Durchführung und Evaluation

Die Nachkaufphase beinhaltet den Ver- oder Gebrauch der erworbenen Leistung in Verbindung mit einer Nachkaufanalyse (vgl. Böcker/Helm 2003, 146) und soll nicht mehr als Bestandteil der Beschaffung im engeren Sinn aufgefasst werden. Die Prozessschritte sind nicht zentraler Bestandteil der Betrachtung, allerdings sollen sie mit aufgeführt werden, um einen Eindruck vom chronologischen Ablauf zu geben. Sie sind auch insofern von Bedeutung, als sie auf den Beschaffungsprozess im engeren Sinn wirken. Die Evaluation als Folge der Durchführung sollte ebenfalls berücksichtigt werden. Obwohl die Auswahl und die Evaluation in der Literatur häufig getrennt voneinander betrachtet werden, sind sie doch nicht unabhängig voneinander (vgl. Gallouj

1997, 42). Die Evaluation vorangegangener Beratungsprojekte kann sich in einem aktuellen Projekt auf die Entscheidung für externe Beratung, auf die Informationssuche und vor allem auf die Auswahl auswirken, was in der Abbildung durch die gestrichelten Pfeile deutlich gemacht wird. So kann das Unternehmen z.B. bei der Evaluation eines Projektes zu dem Schluss kommen, dass es auch ohne die Hilfe von Beratern zu einem geeigneten Lösungsvorschlag hätte gelangen können. In diesem Fall wäre es denkbar, dass bei einem zukünftigen Projekt eine Entscheidung gegen externe Beratung getroffen wird. In der Evaluationsphase kann das Unternehmen einschätzen, ob die an den Anbieter gestellten Erwartungen erfüllt wurden. Die Bildung von Erwartungen hängt eng mit der Nutzung verschiedener Informationsquellen über den Anbieter zusammen. Deshalb wird das Unternehmen im Zusammenhang mit der Evaluation auch eine Bewertung der Verlässlichkeit und Aussagekraft der genutzten Informationsquellen vornehmen. Je nach dem Ergebnis der Bewertung wird dann bei zukünftigen Transaktionen auf die genutzten Informationsquellen zurückgegriffen oder es werden andere genutzt. Die Evaluation wirkt auch auf die Auswahl, weil z.B. die Relevanz bestimmter Auswahlkriterien nach der Durchführung des Projektes vom Unternehmen beurteilt werden kann. Diese Evaluation wirkt dann auf das Entscheidungsverhalten in zukünftigen Projekten.

5.1.3 Einordnung in den M&A-Prozess

Der Beschaffungsprozess von M&A-Dienstleistungen ist in den gesamten Prozess der Abwicklung der M&A-Transaktion integriert. Er ist somit ein Teilprozess innerhalb des Gesamtprozesses.

Wie schon in 2.3 gezeigt, werden Akquisitionsprojekte aus chronologischer Sicht in die Phasen Vorfeld, Transaktion und Integration unterteilt (vgl. Meckl 2006, 408). Der Beschaffungsprozess für M&A-Dienstleistungen ist im zeitlichen Verlauf normalerweise in die frühe Vorfeldphase einzuordnen. Diese Zuordnung lässt sich jedoch nicht immer eindeutig treffen. So kann es für bestimmte Beratungsleistungen vorkommen, dass sie erst zu einem späteren Zeitpunkt im M&A-Prozess nachgefragt werden. Das ist z.B. denkbar für rechtliche Beratung, die eventuell erst vor der Verhandlung der Verträge oder vor der Vertragsgestaltung nachgefragt wird oder auch für klassische Unternehmensberatungsleistungen, die erst in der Integrationsphase beschafft werden. Der Fokus dieser Arbeit liegt jedoch auf den Beratungsleistungen, die von M&A-Beratern im engeren Sinn erbracht werden und sich über den größten Teil des M&A-Prozesses

erstrecken. Deshalb ergibt sich typischerweise die Situation, dass die Nachfrage nach M&A-Dienstleistungen in die frühe Vorfeldphase fällt.

Neben einer rein chronologischen Perspektive kann der M&A-Prozess auch nach inhaltlichen Gesichtspunkten in einzelne Prozesse aufgegliedert werden. Die Aktivitäten werden anhand der Gleichartigkeit der zu erfüllenden Aufgaben zu einem Teilprozess aggregiert. Wenn man eine Hierarchisierung der Teilprozesse nach ihrer Relevanz und Komplexität vornimmt, können Kernprozesse und Unterstützungsprozesse differenziert werden, wobei sich Kernprozesse durch eine hohe Komplexität und Relevanz auszeichnen, während Unterstützungsprozesse eher geringere Ausprägungen dieser Merkmale zeigen (vgl. Lucks/Meckl 2002, 55). Der Teilprozess der Beschaffung von M&A-Dienstleistungen lässt sich dann entweder den M&A-Kernprozessen oder den M&A-Unterstützungsprozessen zuordnen. Zu den Kernprozessen würde z.B. die Strategieplanung der M&A-Transaktion gehören, und unter die Unterstützungsprozesse würde z.B. das Controlling fallen (vgl. Meckl 2006, 409).

Unter inhaltlichen Gesichtspunkten ist der Beschaffungsprozess für M&A-Dienstleistungen den Unterstützungsprozessen zuzurechnen. Diese Zuordnung ergibt sich aus der Tatsache, dass seine Relevanz und Komplexität im Vergleich zu Prozessen wie der Strategieplanung oder der Personalveränderung geringer erscheinen. Der Beschaffungsprozess ist ein Hilfsprozess, der nicht notwendigerweise für jede M&A-Transaktion relevant ist. Für M&A-Transaktionen, die ohne Unterstützung von M&A-Beratern durchgeführt werden, erscheint der Beschaffungsprozess stark verkürzt und unvollendet, da er bereits in der Phase der Entscheidung für interne Erstellung abgebrochen wird. Der M&A-Beschaffungsprozess unterscheidet sich von den von Lucks und Meckl (vgl. 2002, 59) definierten Unterstützungsprozessen dadurch, dass er sich nicht über den gesamten M&A-Prozess erstreckt. Sein Ende liegt vor dem Ende des gesamten M&A-Prozesses und sein Anfang muss nicht mit dessen Anfangspunkt übereinstimmen. Die nachfolgende Abbildung zeigt, wie der M&A-Beschaffungsprozess in den gesamten M&A-Prozess eingebettet ist.

Abb. 13: Einordnung des M&A-Beschaffungsprozesses in den M&A-Prozess

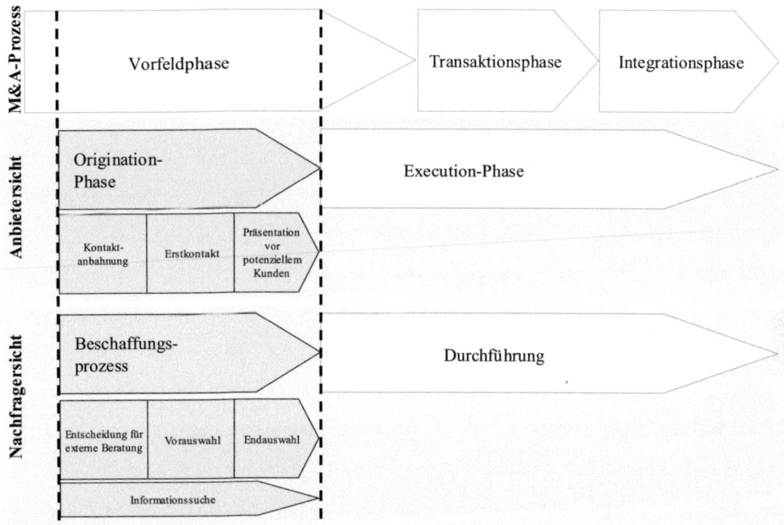

Quelle: Eigene Darstellung

Der Beschaffungsprozess bildet die Sicht des Nachfragers ab. Aus Gründen der Vollständigkeit und zum besseren Verständnis der Perspektiven aller Beteiligten am Beschaffungsprozess wurde auch die Anbietersicht (vgl. dazu auch Abschnitt 3.2.1) in die Abbildung integriert.

5.1.4 Formen des Beschaffungsprozesses

Bisher wurde implizit unterstellt, dass ein idealtypischer Beschaffungsprozess bei M&A-Dienstleistungen abläuft, bei dem aus einer beliebigen Zahl von möglichen Anbietern ein Anbieter gewählt wird. Wenn man die Nachfrage nach M&A-Dienstleistungen genauer betrachtet, muss man allerdings drei verschiedene Formen des Nachfrageprozesses berücksichtigen. Der Auswahlprozess kann ohne Wettbewerb, mit beschränktem Wettbewerb oder mit offenem Wettbewerb durchgeführt werden. Welche Form der Beraterauswahl ein Unternehmen verfolgt, hängt unter anderem davon ab, wie schnell die Transaktion abgewickelt werden soll und ob sie geheim gehalten werden soll. Ein umfangreicher Suchprozess mit einem Beauty Contest führt zu erheblichen Verzögerungen und macht auch die Geheimhaltung einer Transaktion schwierig bis unmöglich (vgl. Achleitner 2002, 161), weshalb es für die Nachfrage nach M&A-Be-

ratungsleistungen durchaus sinnvoll erscheinen kann, auf einen Wettbewerbsprozess zu verzichten.

Ein **Beschaffungsprozess ohne Wettbewerb** liegt vor, wenn das nachfragende Unternehmen nur ein Angebot einholt. Das ist zumeist dann der Fall, wenn der Anbieter in Form von Deal Drafting an das Unternehmen herantritt und sich das Unternehmen für die Durchführung der vorgeschlagenen Transaktion mit dem Anbieter entscheidet. In diesem Fall werden keine alternativen Anbieter in Betracht gezogen. Denkbar ist auch, dass das Unternehmen aufgrund positiver früherer Erfahrungen mit dem Anbieter oder bestehender Beziehungen (Relationship Banking) diesen wieder direkt anspricht und beauftragt, ohne konkurrierende Angebote einzuholen. Das Relationship Banking ist auch als „Hausbank-Modell" bekannt und beinhaltet eine sehr enge Beziehung des Kunden zu seiner favorisierten Bank, mit der die wichtigsten Transaktionen durchgeführt werden (vgl. Achleitner 2002, 89). Im Rahmen der langjährigen Geschäftsbeziehung verringert sich durch das gegenseitige Vertrauen und die gegenseitige Abhängigkeit die Wahrscheinlichkeit unloyalen Verhaltens. Durch ihre guten Kenntnisse der internen Strukturen des Kunden kann die Investmentbank individuelle Lösungen und Verbesserungsvorschläge unterbreiten. Einzelne Tätigkeiten können quersubventioniert werden, so dass auch einzelne nicht kostendeckende Projekte bearbeitet werden, wenn sie lukrative Folgeaufträge versprechen. Die Existenz von „Hausbank-Beziehungen" kann zum einen historisch bedingt sein, weil in der Phase festgelegter Kommissionen kein Preiswettbewerb zwischen den Investmentbanken möglich war und deshalb kein Bankwechsel stattfand. Zum anderen ergibt sich die Tendenz zum Relationship Banking aus der Unfähigkeit des Kunden, die Qualität der Transaktionsberatung ex ante zu beurteilen. Bei der Auswahl eines Vertragspartners ist der Nachfrager auf eine persönliche Einschätzung angewiesen, die aus langfristigen und persönlichen Beziehungen leichter abgeleitet werden können (vgl. Achleitner 2002, 90).

Ein **Beschaffungsprozess mit beschränktem Wettbewerb** liegt vor, wenn das nachfragende Unternehmen über eine festgelegte Gruppe potenzieller Anbieter (Shortlist) verfügt, aus denen es im Bedarfsfall auswählt. Der Auswahlprozess beschränkt sich dann von vornherein auf die vorgegebenen Anbieter. Für die Beschaffung von Unternehmen spielen solche Shortlists oder auch Approved Supplier Lists eine große Rolle und werden nicht nur auf Produktlieferanten sondern auch auf Dienstleistungsanbieter angewendet (vgl. Mitchell 1994, 322). Bei der Auswahl von M&A-Beratern haben viele Unternehmen ein festes Portfolio von Anbietern, das sie vor der Beauftragung prüfen

(Core Group Banking). Dieses Portfolio orientiert sich vor allem an der Kompetenz und Branchenkenntnis der Anbieter. Mit Hilfe der Shortlist hat das Unternehmen die Möglichkeit, mit einer überschaubaren Gruppe von passenden Anbietern in einem andauernden Dialog zu bleiben. Das bietet den Vorteil, dass ein Vertrauensverhältnis entstehen kann und die Beraterseite schon vor einer konkreten Transaktion mit dem Kundenunternehmen vertraut ist. Das ist aber nicht mit dem „Hausbank-System" gleichzusetzen, das die quasi-automatische Beauftragung immer des gleichen Anbieters bedeutet und welches nach Expertenmeinung die Ausnahme bildet. „Wir suchen uns für jede Transaktion die aus unserer Sicht geeignete und beste Bank aus" (o.V. (b) 2005, 13).

Gerade in Großunternehmen, die häufig M&A-Transaktionen mit externen Beratern durchführen, gibt es zumeist eine feststehende Gruppe von Beratern, die für eine Zusammenarbeit in Frage kommen, aus der das Unternehmen auswählt. Für andere Anbieter ist es in diesem Fall sehr schwierig, einen Beratungsauftrag zu gewinnen, da sie schon in der Vorauswahl nicht berücksichtigt werden. Meist werden die Beratungsaufträge relativ gleichmäßig auf die verschiedenen in der Shortlist enthaltenen Berater verteilt, so dass ein formaler Auswahlprozess nicht mehr stattfindet (vgl. Achleitner 2002, 161). Im beschränkten Wettbewerb entstehen Vorteile hinsichtlich der Qualität und der Kosten der Beratungsleistung. Außerdem besteht eine relativ enge Beziehung zu den einzelnen Banken der Kerngruppe, so dass die Zusammenarbeit nicht zu stark anonymisiert wird. Die Größe der Kerngruppe hängt vom Beratungs- und Transaktionsbedarf ab. Entscheidend ist auch, welche Zeitressourcen der Kunde für die Auswahl eines Anbieters für einzelne Transaktionen hat. Je größer die Kerngruppe ausfällt, um so länger dauert der entsprechende Auswahlprozess. Typischerweise gehören einer Kerngruppe vier bis sechs Investmentbanken an. Häufig werden nur die größten Anbieter in eine Kerngruppe gerechnet, weil sie in der Lage sind, alle Transaktionsformen durchzuführen. Das gibt einen Anreiz für die Konsolidierung des Marktes, da es für kleinere Anbieter schwierig ist, Teil einer Kerngruppe zu werden (vgl. Achleitner 2002, 90-91).

Offener Wettbewerb bedeutet, dass am Anfang des Auswahlprozesses alle Anbieter am Markt als potenzielle Anbieter betrachtet werden und keine explizite Vorauswahl in Form einer Approved Supplier List existiert. Gerade bei großen Transaktionen wird zumeist eine transaktionsspezifische Auswahl des Beraterteams vorgenommen, was bedeutet, dass zumindest in diesem Segment die Berater immer wieder neu ausgewählt werden, so dass Anbieter, die schon einmal eine Transaktion des Unternehmens begleitet haben, nur bedingt Vorteile haben (vgl. Achleitner 2002, 160). Dieses sog. Transactional Banking ist dadurch gekennzeichnet, dass keine feste Geschäftsbeziehung besteht. Der Kunde kündigt die durchzuführende Aufgabe an und die Investmentbanken erhalten die Möglichkeit, in einem sog. Beauty Contest ihre Transaktionsvorschläge vorzustellen. Der Kunde entscheidet sich dann für den aus seiner Perspektive qualifiziertesten Bewerber (vgl. Achleitner 2002, 91). Ein wettbewerbsorientierter Auswahlprozess ist grundsätzlich empfehlenswert und selbst wenn bereits Geschäftsbeziehungen mit M&A-Beratern bestehen, werden sich diese dem Wettbewerbsprozess nicht verweigern, wenn er transparent und stringent abläuft (vgl. Hülsmann 2005, 20). Generell ist eine Tendenz zu stärker wettbewerbsorientierter Vergabe von M&A-Mandaten zu beobachten. „Die Unternehmen spielen die Finanzprofis jetzt verstärkt gegeneinander aus, lassen sich die Ideen und Konzepte von mehreren Wettbewerbern präsentieren, bevor sie den Zuschlag für die Mandate erteilen" (o.V. (a) 2005, 72)

Das wird auch von Schuler (vgl. 2004, 230) bestätigt, die in einer empirischen Studie zur Nachfrage von Dienstleistungen von Investmentbanken herausfand, dass die Mehrzahl der Beschaffungsprozesse (57%) kompetitiver Natur sind und die Beurteilung mehrerer konkurrierender Anbieter umfasst. Die genaue Verteilung der Auswahlprozeduren zeigt die nachfolgende Abbildung.

Abb. 14: Häufigkeiten verschiedener Auswahlprozeduren

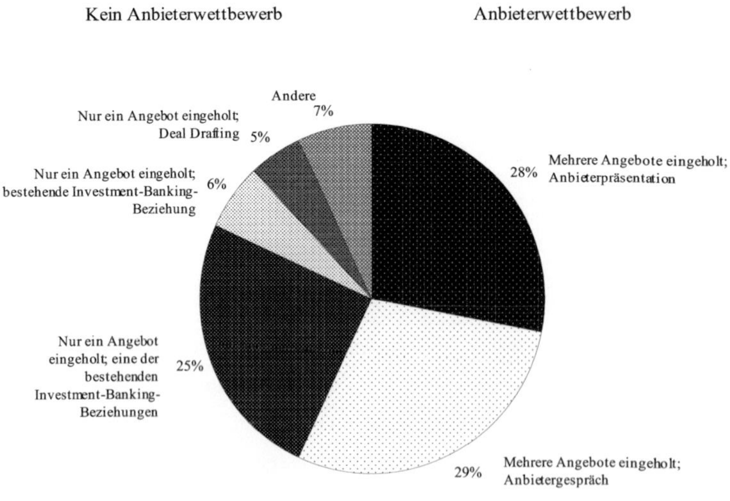

Quelle: Schuler 2004, 230

In den Beschaffungsprozessen, die einen Anbieterwettbewerb umfassten, wurden durchschnittlich 5 Anbieter in Betracht gezogen, von denen dann wiederum durchschnittlich 3,5 Anbieter zu einer Präsentation eingeladen wurden (vgl. Schuler 2004, 231). Die im definierten M&A-Beschaffungsprozess getroffene Unterscheidung in Vorauswahl und Endauswahl hat in erster Linie für Beschaffungsprozesse Relevanz, die durch Wettbewerb gekennzeichnet sind. Das Vorliegen von Wettbewerb soll deshalb für den weiteren Verlauf der Arbeit als idealtypisches Charakteristikum eines M&A-Beschaffungsprozesses angenommen werden, soweit an den betreffenden Stellen nicht explizit etwas anderes bestimmt wird.

Nachdem der strukturelle Aufbau des Beschaffungsprozesses in seiner idealtypischen Form abgeleitet und deutlich gemacht wurde, welche Handlungen in den einzelnen Phasen ablaufen, ist noch die Frage zu klären, welche inhaltlichen Anforderungen, neben den strukturellen, an einen Beschaffungsprozess für M&A-Dienstleistungen zu stellen sind.

5.2 Inhaltliche Gestaltung

5.2.1 Rationalität des Beschaffungsverhaltens

Ziel der vorliegenden Arbeit ist es, aus der Analyse des Beschaffungsprozesses für M&A-Dienstleistungen Erkenntnisse zu gewinnen, wie es zu bestimmten Verhaltensweisen im Beschaffungsprozess kommen kann. Daraus sollen Empfehlungen abgeleitet werden, wie ein Beschaffungsprozess für M&A-Dienstleistungen gestaltet sein sollte. Der Beschaffungsprozess ist als Entscheidungsprozess aufzufassen, bei dem es darum geht, aus der Menge der verfügbaren Anbieter einen zu wählen. Alle im Beschaffungsprozess zu beobachtenden Handlungen dienen der Vorbereitung und der Realisierung dieser Entscheidung. Handlungsempfehlungen sind darauf gerichtet, das Verhalten zu verbessern. Um eine Verbesserung erreichen zu können, ist es notwendig, dass eine Vorstellung von einem Optimum existiert, das die Richtung der Verhaltensänderung vorgibt.

In betriebswirtschaftlichen Arbeiten ist die Erreichung dieses Optimums an rationales Verhalten gebunden. Hinsichtlich des Rationalitätsbegriffs gibt es in der wirtschaftswissenschaftlichen Literatur keine Einigkeit, da verschiedene Rationalitätskonzepte diskutiert werden. Grundsätzlich ist es aber so, dass das ökonomische Verhaltensmodell rationales Verhalten als Entscheidungsprozess auffasst, in dem unter Berücksichtigung der Präferenzen des Akteurs (Zweck) und der objektiv vorliegenden Restriktionen (Mittel) eine Handlungsalternative gewählt wird (vgl. Eichenberger 1992, 7). Diese Vorstellung von Rationalität ist nicht neu und wurde bereits von Gutenberg (1929, 30) postuliert: „Es ist nun aber für alles menschliche Schaffen und Handeln charakteristisch, daß es sich in der Zweck-Mittel-Relation vollzieht.[...] An sich liegt nun das Denken in der Zweck-Mittel-Relation allem menschlichen Entschlüssefassen oder ‚vernünftigen' Handeln zu Grunde, und zwar nicht nur im wirtschaftlichen Leben, sondern im menschlichen Leben überhaupt. ‚Unvernünftig handeln' heißt, die Mittel nicht richtig auf den Zweck, dessen Erreichung sie dienen sollen, abgestimmt haben".

Das allgemeine ökonomische Prinzip folgt dem allgemeinen Rationalprinzip und besagt, dass Entscheidungen immer so getroffen werden, dass das Verhältnis zwischen dem Ergebnis intendierter Bedürfnisbefriedigung und dem Einsatz knapper Mittel optimal ausfällt (vgl. Zelewski 1994, 15). Dass Menschen versuchen, ihre Ziele unter den gegebenen Bedingungen bestmöglich zu erreichen, ist eine Grundannahme der Wirtschaftswissenschaft. Solches Verhalten wird als „rational" aufgefasst und findet in der Erwartungsnutzenmaximierung seinen Ausdruck (vgl. Eichenberger 1992, 5). „Wie Menschen handeln, hängt somit nur von ihrer Nutzenfunktion und den objektiven Restriktionen ab. ‚Irrelevante' Grössen wie die Art der Darstellung einer Entscheidungssituation sollten ihr Verhalten nicht systematisch beeinflussen" (Eichenberger 1992, 8).

Die Orientierung am erwarteten Nutzen von Alternativen ist wesentlicher Bestandteil der klassischen Entscheidungstheorie. Man geht davon aus, dass es einen erwarteten Nutzen E(U) gibt, der sich aus einem Spiel mit den Auszahlungen x und y ergibt. Die Auszahlungen x und y treten dabei mit einer Wahrscheinlichkeit p und q auf, die sich zu 1 addieren. Der erwartete Nutzen einer Entscheidung ergibt sich als

$$E(U) = p\,u(x) + q\,u(y)$$

Es werden verschiedene Annahmen getroffen: die Beurteilung ist eine reine Funktion der Nutzen und Wahrscheinlichkeiten, die Auszahlungen sind unabhängig von den Wahrscheinlichkeiten, es gibt keine Inkonsistenz oder Fehler in der Anwendung der Regel. Es ist die Alternative zu wählen, die den höchsten erwarteten Nutzen E(U) aufweist. Der Nutzen der Auszahlungen wird in die gegenwärtige Vermögensposition integriert und die Entscheidung wird nicht anhand potenzieller Gewinne oder Verluste gefällt sondern nur anhand der sich ergebenden neuen *asset position* (vgl. Einhorn/Hogarth 1981, 75). Die Theorie wurde als präskriptive oder normative Theorie vorgeschlagen, zahlreiche Autoren nutzten sie jedoch, um tatsächliches Entscheidungsverhalten zu beschreiben oder vorherzusagen. Das führte dazu, dass starke Diskrepanzen zwischen dem in der Theorie postulierten Verhalten und dem tatsächlich beobachteten Verhalten auftraten (vgl. Einhorn/Hogarth 1981, 75). Die klassische Entscheidungstheorie (expected utility theory) wurde deshalb von einer Vielzahl von Autoren kritisiert (vgl. z.B. Mintzberg 1973; Kahnemann/Tversky 1979; Hershey/Schoemaker 1980; Bamberg/Trost 1996).

Es wurde wiederholt darauf hingewiesen, dass Menschen nicht in der Lage sind, ihren Nutzen konsistent zu maximieren, weil sie nicht über ausreichende Fähigkeiten der Informationsverarbeitung verfügen oder ihnen nur unzureichende Informationen über Wahrscheinlichkeiten und Handlungsalternativen vorliegen (vgl. Eichenberger 1992, 1).

Das Postulat von rationalem Verhalten als Ideal des menschlichen Verhaltens und die Definition aller Abweichungen als Fehler hat immer wieder Kritik hervorgerufen. Dabei wird argumentiert, dass die Definition von Optimalität auf Entscheidungen abzielt, die unter der Annahme des Vorliegens bestimmter Rahmenbedingungen ein explizites Kriterium maximieren oder minimieren. Bei den genannten Rahmenbedingungen handelt es sich zumeist um begrenzte Ressourcen. Die Kritik läuft darauf hinaus, dass Optimalität im Sinne dieser Definition immer von den Rahmenbedingungen abhängig ist und nicht absolut formuliert werden kann. Optimale Modelle haben also immer nur eine bedingte Gültigkeit. Werden sie als Grundlage für die Bestimmung von „Fehlern“ des menschlichen Entscheidungsverhaltens herangezogen, stellt sich die Frage, ob es nicht auch diese Limitationen der Modelle sind, die zu Abweichungen führen (vgl. Einhorn/Hogarth 1981, 55).

Schnabel unterstützt diese Kritik, indem sie zeigt, dass rationales Vorgehen allein nicht hinreichend ist, um zu gleichen Entscheidungen zu gelangen. Abweichungen können auch dann entstehen, wenn die Akteure rational handeln. Sie führt dazu aus: „Akteure entscheiden dann rational, wenn sie aus einem Set möglicher Handlungen diejenige auswählen *wollen*, deren Resultat sie für das Beste halten (Wunschkomponente) und gleichzeitig davon *überzeugt* sind, dass diese Handlung auch tatsächlich zum bestmöglichen Ergebnis für sie führen wird (Überzeugungskomponente)...“ [Hervorhebungen wie im Original] (Schnabel 2005, 280). Während die Wunschkomponente motivierend auf das Verhalten wirkt, begründet die Überzeugungskomponente die Handlungen des Akteurs. Die Ziele und Überzeugungen von Akteuren unterscheiden sich interindividuell und situationsbedingt. Menschen können dementsprechend ein unterschiedliches Verständnis einer Situation zeigen, welches sie zu unterschiedlichen Wahlhandlungen veranlasst, obwohl alle das gleiche Ausmaß an Rationalität zeigen (vgl. Schnabel 2005, 281).

Ein rationaler Beschaffungsprozess sollte sich gemäß Definition an einem Vergleich der Kosten und des Nutzens der zu treffenden Auswahl eines Anbieters orientieren und zu gegebenen Kosten den größtmöglichen Nutzen erzielen oder bei vorgegebenem Nutzen die geringsten Kosten verursachen.

Der Nutzenbegriff bezieht sich auf den Nutzen, der sich aus der Wahl der besten Alternative ergibt, und den Nutzen, der sich aus einer suboptimalen Alternative ergibt. Die Anwendung einer Entscheidungsstrategie ist mit Kosten verbunden (vgl. Schnabel 2005, 288). Diese ergeben sich daraus, dass Zeit, Anstrengung und manchmal auch Geld aufgewendet werden müssen. Es wird angenommen, dass der Entscheider eine Vorstellung davon hat, welche Kosten durch verschiedene Entscheidungsstrategien entstehen (vgl. Christensen-Szalanski 1978, 308). Entscheider des westlichen Kulturkreises gehen davon aus, dass eine gründliche und systematische Herangehensweise an eine Entscheidung die Wahrscheinlichkeit erhöht, dass eine richtige Entscheidung getroffen wird, dass also die optimale Alternative gewählt wird. Sie haben also eine ungefähre Vorstellung davon, wie wahrscheinlich eine Entscheidungsstrategie zu einer richtigen Entscheidung führt (vgl. Christensen-Szalanski 1978, 308). Es kann ein subjektiver Nutzen einer Entscheidungsstrategie bestimmt werden:

$$U = P_c U_c + (1-P_c) U_i = P_c(U_c - U_i) + U_i$$

Dabei steht P für die Wahrscheinlichkeit, dass eine korrekte Entscheidung getroffen wird. U_c steht für den Nutzen, den eine korrekte Entscheidung mit sich bringt, während U_i den Nutzen einer inkorrekten Entscheidung abbildet (vgl. Christensen-Szalanski 1978, 308). Sowohl der Nutzen als auch die Kosten steigen an, wenn komplexere Entscheidungsstrategien genutzt werden. Die Kostenkurve ist dabei progressiv ansteigend, da davon auszugehen ist, dass ab einem bestimmten Punkt die Kosten für jede weitere Steigerung der Fehlerfreiheit überproportional ansteigen. Die Nutzenkurve wird hingegen als linear angenommen. Der Entscheider sollte die Entscheidungsstrategie wählen, bei der der Abstand zwischen der Kostenkurve und der Nutzenkurve am größten ist. Diese Entscheidungsstrategie ergibt das beste Verhältnis von Kosten K und Nutzen N für den Entscheider (vgl. Christensen-Szalanski 1978, 309). Hier liegt also das Optimum aus K* und N*. Alle Entscheidungsstrategien, die unterhalb des Schnittpunkts der Kosten- mit der Nutzenkurve liegen, sind darüber hinaus als rational anzusehen, da der Nutzen die Kosten überwiegt. Die Abbildung 15 verdeutlicht das oben beschriebene Kalkül.

Dass dieser Auswahlmechanismus für eine Entscheidungsstrategie auch in der Realität relevant ist, konnte durch eine empirische Studie gezeigt werden. Die Ergebnisse waren konsistent mit den Vorhersagen des Selektionsmechanismus. So führt ein steigender Nutzen einer korrekten Entscheidung dazu, dass Entscheider mehr Zeit brauchen und ein größeres Vertrauen in ihre Entscheidung haben. Das kann damit begründet werden, dass sie ein komplexeres Entscheidungsverfahren anwenden, was eine höhere Wahrscheinlichkeit für eine korrekte Lösung mit sich bringt (vgl. Christensen-Szalanski 1978, 321).

Abb. 15: Kosten-Nutzen-Kalkül der Entscheidungsfindung

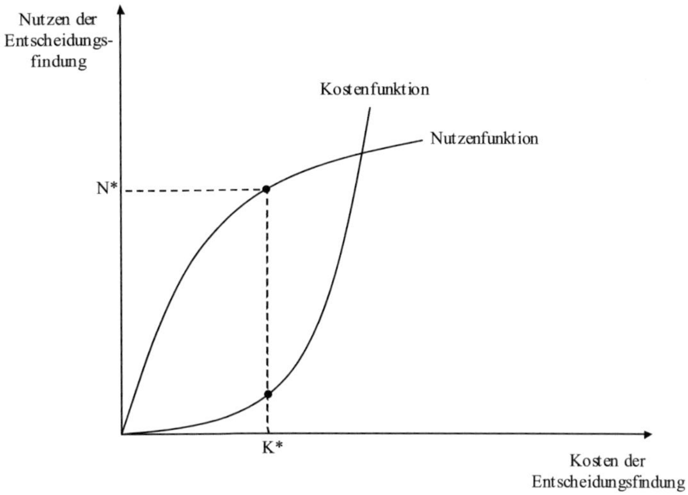

Quelle: in Anlehnung an Christensen-Szalanski 1978, 309

Es ist anzumerken, dass in der Praxis nicht davon ausgegangen werden kann, dass konkrete Berechnungen von Kosten und Nutzen gemacht werden. Vielmehr werden Entscheider intuitiv das oben erläuterte Kalkül zugrunde legen und auf diese Weise eine

Entscheidungsstrategie auswählen. Der große Vorteil des Modells ist jedoch, dass es zeigt, dass es rational sein kann, ein Entscheidungsverfahren zu wählen, das in der konkreten Entscheidungssituation nicht die beste Alternative wählt (vgl. Christensen-Szalanski 1978, 322).

Aus der Beobachtung von Entscheidungsträgern lässt sich ableiten, dass die Mehrzahl einzelner Entscheidungen nur Bestandteil eines größeren Rahmenkonzeptes sind, das darauf gerichtet ist, einen wünschenswerten Zustand zu erreichen (vgl. Beach/Mitchell 1990, 3). Jede einzelne Entscheidung stellt nur einen Schritt in Richtung dieses wünschenswerten Zustandes dar. Das Entscheidungskalkül ist in diesem Zusammenhang nicht einfach der maximale Nutzen (payoff) der einzelnen Entscheidung, sondern der Beitrag der Entscheidung zur Erreichung der postulierten Ziele. Man muss also zwei Ebenen der Entscheidungsfindung unterscheiden: die Ebene der konkreten Entscheidung als Wahl einer Alternative und die Ebene der Entscheidung darüber, wie man zu der Entscheidung auf der zweiten Ebene gelangt.

Abb. 16: Ebenen der Entscheidungsfindung

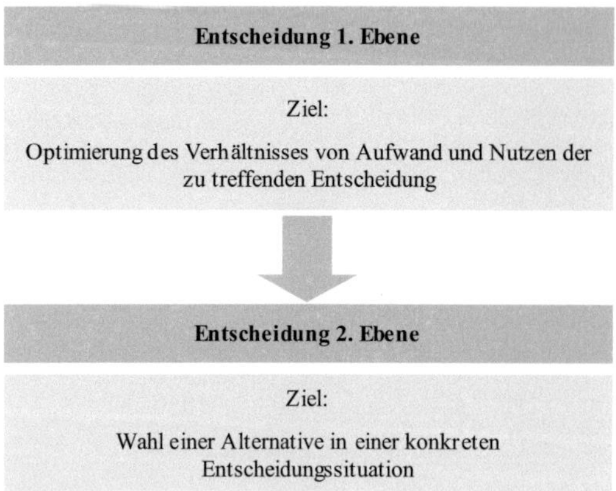

Quelle: eigene Darstellung

Die Frage, ob sich ein Entscheidungsträger rational verhält, sollte gemäß der aufgezeigten Sichtweise nicht anhand der von ihm getroffenen Entscheidung auf der 2. Ebene, also in der konkreten Entscheidungssituation, beurteilt werden. Vielmehr sollte die Rationalität an der Entscheidung der 1. Ebene festgemacht werden. Eine Entscheidung ist nicht notwendigerweise dann rational, wenn sie die beste verfügbare Alternative wählt. Sie kann vielmehr auch rational sein, wenn sie nicht die beste Alternative wählt, weil der Nutzen aus der Wahl der besten Alternative im Vergleich zu einer anderen den Aufwand der Entscheidungsfindung nicht rechtfertigt. In diesem Fall verhält sich der Entscheider rational, gerade weil er nicht die beste Alternative wählt. Wenn der Nutzen einer korrekten Entscheidung hoch ist, werden Entscheider größere Anstrengungen unternehmen, um eine solche zu treffen. Insofern gilt die in der Psychologie allgemein anerkannte Hypothese, dass Menschen kognitive Anstrengungen soweit wie möglich vermeiden und vor allem einfachen Heuristiken folgen, nur unter der Voraussetzung, dass der Nutzen einer korrekten Entscheidung nicht sehr hoch erscheint (vgl. Tetlock/Kim 1987, 706).

Voraussetzung für rationales Verhalten ist dabei, dass der Entscheider den mit seiner Entscheidung verbundenen Aufwand und den potenziellen Nutzen aus der Wahl der besten Alternative richtig einschätzt. Begeht er bei diesen Einschätzungen einen Fehler und wählt deshalb für die konkrete Entscheidungssituation die falsche Entscheidungsstrategie, dann handelt er irrational. An diesem Punkt sollten die Betrachtungen ansetzen, die darauf abzielen, das Beschaffungsverhalten von Nachfragern zu verbessern. Ziel sollte nicht sein, um jeden Preis den besten Anbieter zu bestimmen. Ziel sollte es vielmehr sein, den Beschaffungsprozess in Hinblick auf Kosten und potenziellen Nutzen zu verbessern. Die Entscheidungen auf der 2. Ebene sollten dahingehend untersucht werden, ob sie durch rationale Entscheidungen auf der 1. Ebene bedingt sind. Wird eine derartige Betrachtungsweise gewählt, können auch von den Vorgaben der klassischen Entscheidungstheorie abweichende Entscheidungsstrategien begründet werden.

Beach und Mitchell formulieren diesen Anspruch folgendermaßen: „...most decision makers do not possess strategies that look much like traditional theory's prescribed strategies [...] All those other strategies need investigation, but not for the purpose of mocking them or exposing their supposed irrationality [...] Rather, the purpose should be to understand the logic that underlies these strategies and the role that they play in a decision maker's attempts to cope with decision demands. If ways of improving the efficiency of these strategies become apparent, then, and only then, should prescriptions be offered." (Beach/Mitchell 1990, 37).

Der Nutzen einer richtigen Entscheidung bestimmt sich aus der Differenz zwischen dem Nutzen der besten Alternative und dem Nutzen einer beliebigen Alternative. Je größer die Unterschiede zwischen den Alternativen sind, umso größer ist der Nutzen, den ein Entscheider aus der richtigen Entscheidung zieht. Der Nutzen ist natürlich auch vom absoluten Wert und der Bedeutung der Alternativen abhängig. Je höher der absolute Wert, umso größer ist der Wert einer Differenz zwischen zwei Alternativen. Je bedeutsamer die Entscheidung, umso gravierender sind Abweichungen vom optimalen Ergebnis. Der Nutzen hängt also zum einen von der Beschaffenheit des Entscheidungsobjektes ab.

Zum anderen spielt die Beschaffenheit des Entscheidungssubjektes eine wichtige Rolle. Welche Bedeutung eine bestimmte Entscheidung hat, ist von Entscheider zu Entscheider individuell verschieden. Der Nutzen kann objektiv bestimmbar sein. Es können z.B. Kosten gespart werden, wenn ein Anbieter gewählt wird, der die Leistung für ein geringeres Honorar erbringt. Der Nutzen kann aber auch subjektiv sein. Wenn ein Nachfrager antizipiert, dass er die Entscheidung bereuen könnte, dann steigt für ihn der subjektive Nutzen einer richtigen Entscheidung, weil diese die Wahrscheinlichkeit negativer Emotionen reduziert. Ähnlich ist es, wenn er seine Entscheidung rechtfertigen muss. Auch das erhöht den von ihm empfundenen Nutzen einer richtigen oder guten Entscheidung, ohne dass der objektive Nutzen ansteigt.

Die im Zusammenhang mit einer Entscheidung entstehenden Kosten können ebenfalls in objektive und subjektive unterschieden werden. Die objektiven Kosten sind die finanziellen, zeitlichen und sonstigen Ressourcen, die ein Entscheider aufbringen muss, um seine Entscheidung zu treffen. Die subjektiven Kosten sind die Anstrengungen und Unannehmlichkeiten, die sich für den Entscheider aus der Entscheidungssituation ergeben. Sie bezeichnen zum einen die kognitiven Anstrengungen und andererseits die emotionalen Kosten. Verschiedene Faktoren wirken auf die Kosten der Entscheidungsfindung. Mit Blick auf das Beschaffungsobjekt gehören zu diesen Faktoren z.B. die Anzahl der wählbaren Alternativen oder die Komplexität der verfügbaren Alternativen (vgl. Kaas 1990, 543). Bezogen auf das Beschaffungssubjekt sind das z.B. die Informationsverarbeitungsfähigkeiten des Individuums oder sein Zugang zu verschiedenen Informationsquellen.

In Bezug auf das rationale Verhalten gibt es zwei Arten von Fehlern, die ein Entscheider machen kann. Der erste Fehler, der als α-Fehler bezeichnet werden soll, kommt zustande, wenn der Entscheider die Kosten der Entscheidungsfindung überschätzt und/oder den Nutzen einer richtigen Entscheidung unterschätzt. In diesem Fall wird er ein relativ einfaches Entscheidungsverfahren unter Verwendung von wenigen Informationen zur Anwendung bringen, wodurch sich die Wahrscheinlichkeit erhöht, dass er nicht die beste Alternative identifiziert. Der α-Fehler besagt also, dass zu relativ geringen Kosten die falsche Entscheidung getroffen wird.

Der zweite Fehler, der β-Fehler, entsteht, wenn der Entscheider die Kosten der Entscheidungsfindung unterschätzt und den Nutzen der Wahl der richtigen Alternative überschätzt. Er wird in diesem Fall eine sehr komplexe Entscheidungsstrategie wählen, mit der Folge, dass er zwar mit höherer Wahrscheinlichkeit die richtige Entscheidung trifft, das allerdings zu Kosten, die durch den Nutzen nicht aufgewogen werden können. Der β-Fehler besagt also, dass die richtige Entscheidung zu übermäßig hohen Kosten getroffen wird.

Abb. 17: Fehlerarten des rationalen Entscheidungsverhaltens

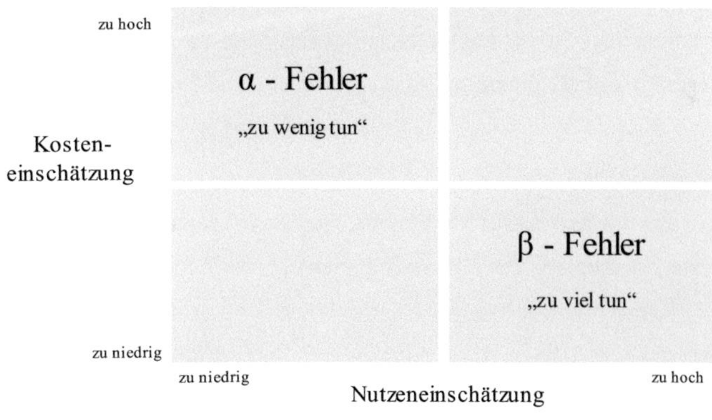

Quelle: eigene Darstellung

In dieser Sichtweise lässt sich auch ein wesentliches Problem der Ansätze der Rational Choice-Theorie lösen. Das Problem besteht darin, dass Emotionen als ein der Rationalität entgegengesetztes Konzept aufgefasst werden und insofern emotionale und rationale Handlungen unvereinbar sind (vgl. Schnabel 2005, 278-279). Emotionen sind jedoch geeignet, Zielzuständen einen Wert zuzuordnen. Das bedeutet, dass sie sowohl für die Nutzeneinschätzung als auch für die Kosteneinschätzung bei der Wahl einer Entscheidungsstrategie wichtig sind. Die Kosten sind eine Funktion der bei einer Entscheidung aufzugebenden Güter (vgl. Schnabel 2005, 289-290). Auf diese Weise können Emotionen in die Rationalitätsbetrachtung integriert werden. Es ist also festzuhalten, „...dass Emotionen benötigt werden, damit Akteure Alternativen bewerten und zwischen ihnen entscheiden können. Emotionen bewerten, motivieren und bringen Ziele in eine bestimmte Reihenfolge. Damit werden Akteure überhaupt erst handlungsfähig" (Schnabel 2005, 291).

Die bisherigen Betrachtungen beziehen sich nur auf den Rationalitätsbegriff des Individuums. Da es sich bei der Beschaffung von M&A-Dienstleistungen jedoch um ein organisationales Problem handelt, sollte auch die organisationale Perspektive Berücksichtigung finden. Dabei muss insbesondere das Verhältnis von individuellen und organisationalen Zielen betrachtet werden.

5.2.2 Individuelle vs. organisationale Rationalität

Bei der Beschaffungsentscheidung für M&A-Dienstleistungen handelt es sich um einen kollektiven Entscheidungsprozess, an dem mehrere Unternehmensmitglieder beteiligt sind. Nach Kirsch (vgl. 1998, 104) kann dann von einer Gruppenentscheidung gesprochen werden, wenn die Gruppenmitglieder intensivere und häufigere Interaktionen pflegen als mit Außenstehenden und wenn eine gemeinsame Aufgabe zu bewältigen ist. Dies trifft für das Buying Center für M&A-Beratung zu.

Die Überlegungen zur Rationalität von Entscheidungen im vorangegangenen Abschnitt führten zu einer Ausdehnung des Rationalitätsbegriffs in dem Sinne, dass für ein Individuum auch solche Entscheidungen noch als rational anzusehen sind, die nicht nur durch objektive sondern auch durch subjektive Kosten-Nutzen-Überlegungen beeinflusst werden.

Da die Auswahl von M&A-Beratern aber ein organisationales Problem ist, stellt sich die Frage, ob die Rationalität auf individueller Ebene mit der Rationalität auf organisationaler Ebene gleichgesetzt werden kann. Diese Frage kann beantwortet werden, indem die individuellen und die organisationalen Einschätzungen der Kosten und des Nutzens der Entscheidungsfindung verglichen werden. Dazu ist es notwendig, die Faktoren zu betrachten, die auf die Wahrnehmung von Kosten und Nutzen Einfluss haben, insbesondere die verfolgten Ziele.

Die objektiv entstehenden Kosten sind Kosten, die nicht das Unternehmensmitglied als solches zu tragen hat, sondern die dem Unternehmen als Ganzes entstehen. Die Zeit, die ein Arbeitnehmer aufwenden muss, um zu einer Entscheidung zu gelangen, ist Arbeitszeit, für die er vom Unternehmen entlohnt wird. Die Kosten, die aus dem Zugang zu bestimmten Informationsquellen entstehen, werden vom Unternehmen und nicht vom jeweiligen Mitarbeiter getragen. Der objektive Nutzen einer richtigen Entscheidung ist für das Unternehmen relevant. Wenn ein kostengünstigerer Anbieter gefunden wird, profitiert das Unternehmen davon. Wenn ein qualitativ besserer Berater beauftragt wird, hat das Unternehmen Vorteile. In der Betrachtung der objektiven Kosten und Nutzen stimmt der individuelle Entscheider mit der Perspektive des gesamten Unternehmens überein. Anders sieht das bei der Analyse der subjektiven Kosten und Nutzen aus. Der subjektive Nutzen der Entscheidungsfindung gilt nur für den einzelnen Mitarbeiter, für das Unternehmen als Institution erhöht sich der Nutzen nicht zwangsläufig. Wenn z.B. aufgrund von antizipiertem Regret das Individuum einen höheren Nutzen einer richtigen Entscheidung wahrnimmt, ändert das nichts an dem Ergebnis für das Unternehmen. Das Unternehmen kann einen derartigen emotionalen Nutzen nicht realisieren. Das Gleiche gilt für die subjektiven Kosten, die der einzelne Mitarbeiter trägt, die aber für das System Unternehmen nicht wirksam werden. Auf individueller Ebene handelt ein Mitarbeiter zwar rational, wenn er auch subjektive Kosten und Nutzen kalkuliert, aus organisationaler Sicht kann diese Berücksichtigung aber zu irrationalem Verhalten führen.

Es entstehen Zielkonflikte, welche Ausgangspunkt für das Entstehen suboptimaler Beschaffungsentscheidungen sind, da sie nicht-zielkonformes Verhalten und somit nichtrationales Verhalten zur Folge haben. Um Handlungsempfehlungen ableiten zu können, ist zu untersuchen, an welchen Stellen im Beschaffungsprozess die Verfolgung individueller Zielstellungen im Konflikt mit organisationalen Zielen steht. Es soll gezeigt werden, wo und warum individuelles Verhalten abweicht und wie derartigem „Fehlverhalten" vorgebeugt werden kann.

In den folgenden Abschnitten widmet sich die Arbeit den identifizierten Prozessphasen des Beschaffungsprozesses für M&A-Dienstleistungen. Diese werden in der Reihenfolge vorgestellt, in der sie im idealtypischen Prozess angeordnet sind (vgl. Abb. 11). Es muss noch einmal darauf hingewiesen werden, dass diese Darstellungsweise aus strukturellen Gründen gewählt wurde und dass ein derartiger Verlauf nicht der Realität entsprechen muss. Das gilt insbesondere für die Informationssuche, die als Vorbereitung der Auswahlphase präsentiert wird, obwohl anzunehmen ist, dass sie auch parallel zu den anderen Prozessphasen verlaufen kann.

Mit den folgenden Kapiteln tritt die Arbeit in die dritte Analyse-Ebene ein, die sich mit der Verhaltenskomponente des Beschaffungsprozesses beschäftigt. Die Verhaltens-Ebene nimmt Bezug auf die Objekte „Anbieter“ und „Nachfrager“ und zeigt, welche Verhaltensformen im Beschaffungsprozess auftreten können und warum. Die Betrachtung fokussiert auf das Nachfragerverhalten, denn dieses hat für den Beschaffungsprozess die größte Relevanz. Das Anbieterverhalten soll nur am Rande und in seinen konkreten Auswirkungen auf den Beschaffungsprozess Beachtung finden. Dieses Vorgehen ist nicht unproblematisch, da oft unterstellt wird, dass die Beschaffung als Interaktionsprozess zwischen Anbieter und Nachfrager wesentlich vom Anbieter beeinflusst wird (vgl. Kißling 1999, 76). Es lassen sich jedoch Argumente finden, um das gewählte Vorgehen zu begründen. Zum ersten ist die Ansicht verbreitet, dass die Anbieter professioneller Dienstleistungen noch immer verhältnismäßig wenig Einfluss auf die Nachfrager nehmen, da auf umfangreiche Marketingmaßnahmen verzichtet wird (vgl. Deiß 1997a, 492; Kohr 2000, 122). Das Nachfragerverhalten wird weniger vom Anbieter bestimmt als das z.B. in Konsumentenmärkten der Fall ist. Ein zweites Argument besteht darin, dass wenn wechselseitige Interaktionen unterstellt werden, das Anbieterverhalten immer indirekt im Nachfragerverhalten reflektiert wird. Die Arbeit integriert die Betrachtung von proaktiven Akquisemaßnahmen des Anbieters und zeigt die Auswirkungen auf den Nachfrager. Insofern wird das Anbieterverhalten indirekt berücksichtigt.

In den Kapiteln 7 und 8 werden das Informations- und das Entscheidungsverhalten thematisiert. Zunächst soll aber die Entscheidung für externe M&A-Beratung als erster Prozess-Schritt vorgestellt werden.

6 Entscheidung für externe M&A-Dienstleistungen

6.1 Die Entscheidung als Make-or-Buy-Problem

Ausgangspunkt für den Beschaffungsprozess von M&A-Dienstleistungen im engeren Sinn ist die Entscheidung des Unternehmens, einen externen Berater mit der Erbringung dieser Dienstleistungen zu beauftragen.

Eine große Anzahl von Unternehmen ist bereits in der Lage, eine M&A-Transaktion weitgehend selbständig abzuwickeln (vgl. Müller-Stewens/Spickers/Deiss 1999, 72). Insbesondere große Unternehmen bauen zunehmend eigene M&A-Kompetenzen auf und organisieren die Bearbeitung von M&A-Transaktionen in eigenen Abteilungen (vgl. Achleitner 2002, 155). Die interne Abwicklung von M&A-Transaktionen ohne externe Beratung macht nach Schätzungen ca. ein Drittel aller Transaktionen europäischer Großunternehmen aus. Verstärkt wird dieser Trend noch durch die zunehmende Konzentration auf Kerngeschäfte. Die Unternehmen haben in diesen Geschäften umfangreiche Branchen- und Länderkenntnisse und sind somit weniger auf externe M&A-Beratung angewiesen (vgl. Müller-Stewens/Spickers/Deiss 1999, 73). Das hat zur Folge, dass sich große Kunden in zunehmendem Maße von externen Beratern emanzipieren und die Erwartungen und Leistungsanforderungen an die M&A-Beratung gestiegen sind (vgl. Hedtstück/Strick 2006, 64). Teilweise gehen die Unternehmen auch dazu über, externe Dienstleister nur für einzelne Komponenten der M&A-Transaktion zu engagieren, so dass sich die Aufgabe des Dienstleisters oft auf die Ansprache- und Objektivierungsfunktion beschränkt (vgl. Müller-Stewens/Spickers/Deiss 1999, 74). Ein wesentliches Motiv dafür ist das Kostenmotiv. Gerade wenn es im Unternehmen einen kontinuierlichen Fluss von M&A-Transaktionen gibt, die für die Hinzunahme eines externen Beraters nicht groß oder interessant genug sind, lohnt sich der Aufbau einer eigenen Abteilung (vgl. o.V. (b) 2005, 13).

Man sieht also, dass viele Unternehmen theoretisch in der Lage wären, M&A-Transaktionen ohne die Hilfe externer Berater durchzuführen. Dennoch wird bei M&A häufig externe Beratung hinzugezogen (vgl. Beck/Vera 2002, 7). Es fällt auf, dass nicht vorrangig die Unternehmen auf Beratung verzichten, die eine selbständige Durchführung gewährleisten könnten. Besonders kleinere Unternehmen haben in Bezug auf die Abwicklung von M&A-Transaktionen oftmals einen erheblichen Professionalisierungsbedarf, da sie nicht über ausreichend interne Expertise verfügen.

So stellt eine M&A-Transaktion für ein Unternehmen des Mittelstands in den meisten Fällen einen einmaligen Vorgang dar oder zumindest einen Vorgang, der nicht Bestandteil des täglichen Geschäfts ist. Entsprechend liegen keine Kenntnisse über M&A und den Umgang mit M&A-Beratung vor. Häufig verzichten diese Unternehmen auf die Inanspruchnahme eines spezialisierten M&A-Dienstleisters und greifen auf ihren Rechtsanwalt, Steuerberater oder Wirtschaftsprüfer zurück, mit dem ein langjähriges Vertrauensverhältnis besteht (vgl. Müller-Stewens/Spickers/Deiss 1999, 75). Es sind also gerade die kleineren Unternehmen, die im Vergleich häufiger auf die Inanspruchnahme von externer M&A-Beratung verzichten. Besonders problematisch ist diese Tatsache, da die Existenz kleinerer Unternehmen durch fehlgeschlagene oder nicht erfolgreiche M&A-Transaktionen in stärkerem Maße bedroht ist als bei größeren Unternehmen (vgl. Oleownik/Bußmann 2002, 248).

Die Entscheidung zwischen Eigenerstellung oder Fremdbezug ist eng mit dem Begriff des Outsourcings verbunden. Outsourcing stellt dabei die Entscheidung für den Fremdbezug einer Leistung dar. Meckl (1999, 1) definiert Outsourcing als „... Auslagerung oder Fremdvergabe von im Unternehmen erbrachten ökonomischen Leistungen an unternehmensexterne Dritte auf der Grundlage von Marktbeziehungen“. Der Begriff des Outsourcings entstand aus der Zusammenfassung der Begriffe „Outside Resource Using“. Beim Outsourcing werden eine oder mehrere betriebliche Funktionen auf ein anderes Unternehmen übertragen (vgl. Scherm 1996, 47). M&A-Transaktionen sind allerdings nicht Bestandteil der regulären Geschäftstätigkeit des Unternehmens, weshalb der Aufbau vollständiger interner Kapazitäten zur Abwicklung von M&A-Transaktionen als unwirtschaftlich angesehen werden muss (vgl. Hohnhaus 2004, 118). Gleichzeitig erscheint eine komplette externe Erstellung im Sinne des Outsourcings nicht umsetzbar, da M&A-Transaktionen immer voraussetzen, dass Informationen und Erfahrungen von unternehmensinternen Mitarbeitern in den Prozess eingebracht werden. Zudem sind einzelne Aktivitäten innerhalb des M&A-Prozesses strategischer Natur und die Fähigkeit zu ihrer Durchführung sollte aus diesem Grund im Unternehmen verbleiben (vgl. Lucks/Meckl 2002, 268-269).

Bei der Entscheidung über die Inanspruchnahme von externer M&A-Beratung handelt es sich also um eine „Make or Buy“-Entscheidung, die jedoch nicht dem klassischen Entscheidungskalkül einer kompletten Fremdvergabe oder kompletten Eigenerstellung entspricht. Es stellt sich vielmehr die Frage, ob tendenziell die interne Erstellung oder der Bezug von externen Leistungen überwiegt. Darüber hinaus ist die Frage interessant, welche M&A-Teilprozesse selbst erstellt oder an externe Berater übergeben werden sollen (vgl. Hohnhaus 2004, 118). Damit vom Unternehmen M&A-Dienstleistungen externer Berater in Anspruch genommen werden können, müssen zwei Voraussetzungen erfüllt sein. Erstens müssen die betreffenden Leistungen auslagerungsfähig sein, zweitens muss die externe Erstellung dieser Leistungen vorteilhaft sein. Dass diese Überlegungen für den Beschaffungsprozess von M&A-Leistungen relevant sind, zeigt die Studie von Hohnhaus, die ergab, dass 70% der befragten Unternehmen die Prüfung der Outsourcingfähigkeit einzelner M&A-Aktivitäten im Vorfeld der Mandatierung eines Beraters als wichtig oder sehr wichtig ansehen (vgl. 2004, 94).

6.2 Entscheidungskriterien der Make-or-Buy Entscheidung

6.2.1 Überblick

„Die Entscheidung, Unternehmensberater zur Lösung betriebswirtschaftlicher Problemstellungen einzusetzen, ist als eine komplexe Entscheidungssituation mit weitreichenden Konsequenzen für die beratungsnachfragende Unternehmung charakterisierbar" (Jeschke 2004b, 159).

Es konnte empirisch gezeigt werden, dass ein Zusammenhang zwischen der Zufriedenheit mit einem Beratungsprojekt und der vorherigen Identifizierung des Beratungsbedarfs besteht (vgl. Roodhooft/Van den Abbeele 2006, 504). Die konkrete Problemerkenntnis des Unternehmens und die Festlegung von Nachfragezielen sind also wesentliche Erfolgsfaktoren für die Durchführung eines Beratungsprojektes. Dabei ist besonders relevant, warum ein Unternehmen die Leistung extern nachfragt und nicht intern erstellt (vgl. Roodhooft/Van den Abbeele 2006, 506). Dieser Frage soll im Folgenden nachgegangen werden.

Die mit dem Outsourcing verbundenen Ziele können in drei Zielkategorien unterschieden werden: Kostenreduzierung, Ertragssteigerung und Risikominimierung. Die Make-or-Buy-Entscheidung stellt sich als mehrdimensionales Entscheidungsproblem dar, denn die verschiedenen Ziele des Unternehmens, die Unternehmenssituation und die Charakteristika der auszulagernden Dienstleistung sind zu berücksichtigen. Die Make-or-Buy-Entscheidung erscheint schwierig, da sie mit einer Reihe von Unsicherheitsfaktoren verbunden ist. Das liegt daran, dass es nicht nur die beiden Extremformen der Eigenerstellung (Hierarchielösung) und Fremdbezug (Marktlösung) gibt, sondern viele Zwischenformen denkbar sind. Zudem weisen die Alternativen keine situationsunabhängigen Zielbeiträge auf, was bedeutet, dass sie nur schlecht vergleichbar sind. Schließlich ist die Zurechnung von Zielbeiträgen zur Wahl einer bestimmten Alternative sehr unsicher (vgl. Scherm 1996, 47).

Als Ergebnis der vorangegangenen Betrachtungen lässt sich festhalten, dass die Make-or-Buy-Entscheidung ein komplexes, mehrdimensionales Problem darstellt, das nur sinnvoll gelöst werden kann, wenn die Alternativenbewertung mehrdimensional, also unter Berücksichtigung und angemessener Gewichtung verschiedener Kostenkriterien und nicht-monetärer Kriterien vorgenommen wird (vgl. Scherm 1996, 53). Wenn über das Outsourcing einer Aktivität im Unternehmen entschieden werden soll, müssen verschiedene Kalküle berücksichtigt werden, die im Folgenden kurz vorgestellt werden.

6.2.2 Kosten

Als klassisches Motiv für das Outsourcing von Dienstleistungen identifiziert Meckl die Kostensenkung (vgl. 1999, 16). Weihe hält die Kosten für ein wichtiges Kriterium bei der Entscheidung über den Fremdbezug oder die Eigenerstellung von M&A-Dienstleistungen (vgl. 2003, 62). Die klassische Betrachtung ist also eine Kostenbetrachtung, wobei die Fremdbezugskosten mit den entscheidungsrelevanten Kosten der integrierten Funktion verglichen werden. Die Schwierigkeit dieser Betrachtung liegt in der Bestimmung der entscheidungsrelevanten Kosten der Eigenerstellung, die von der Fristigkeit der Auslagerung bestimmt wird. Bei kurzfristigen Projekten ist es ausreichend, die Grenzkosten zu berücksichtigen. Bei langfristigen Projekten sollten hingegen auch die langfristig variablen Kosten und eventuell notwendige Investitionen Beachtung finden (vgl. Scherm 1996, 50). Die Kosten der Auftragsabwicklung sind im Fall externer Berater variable Kosten, bei der internen Abwicklung entstehen dagegen vornehmlich fixe Kosten. Es stellt sich die Frage, wie häufig im Unternehmen M&A-Transaktionen abgewickelt werden, auf wie viele Transaktionen die fixen Kosten also umgelegt werden können. Das hat entscheidenden Einfluss auf die Kostengünstigkeit der zwei Varianten. Werden nur sehr selten Transaktionen abgewickelt, lohnt sich der Aufbau interner Kapazitäten aus Kostensicht nicht (vgl. Beck/Vera 2002, 10-11). Aus Kostensicht ist auch der zeitliche Aufwand der Transaktion relevant. Beim Unternehmensverkauf ist es z.B. notwendig, umfangreiche Kenntnisse über das Verkaufsobjekt zusammenzutragen. Hierbei haben interne Mitarbeiter einen Vorteil gegenüber Beratern, da sie das Unternehmen bereits hinreichend gut kennen sollten. Ein weiterer Kostenaspekt ist der Koordinationsaufwand, der sich für die Transaktion ergibt. Er ist für externe Berater höher als für interne M&A-Mitarbeiter. Aus Kostensicht dürften externe Berater also in der Regel teurer als interne Mitarbeiter sein, es sei denn, es werden nur sehr selten oder fast nie M&A-Transaktionen im Unternehmen durchgeführt (vgl. Beck/Vera 2002, 11).

Dass die Kosten jedoch nur ein Faktor von vielen bei der Entscheidung über die Inanspruchnahme externer Beratung sind, zeigt sich in einer Studie von Kovar und Mauldin (vgl. 2007, 35). Nur etwa 50% der befragten Unternehmen gaben an, dass Kosten für sie ein Entscheidungskriterium für die Eigenerstellung oder Fremdvergabe sind. Das liegt zum einen daran, dass bei den befragten Managern Uneinigkeit darüber besteht, ob die externe Erstellung einer Leistung teurer oder günstiger als die interne ist. Zum anderen liegt es daran, dass die Unternehmen andere, wichtigere Motive verfolgen, wenn sie sich für oder gegen externe Erstellung entscheiden.

Ein reiner Kostenvergleich vernachlässigt andere wichtige Aspekte der Entscheidung zwischen Eigenerstellung und Fremdbezug wie z.B. die Wirkung auf den Unternehmensertrag und das Risiko oder entstehende Kommunikations- und Koordinationskosten. Letztere werden unter dem Begriff der Transaktionskosten zusammengefasst und bilden ein wichtiges weiteres Kalkül.

6.2.3 Transaktionskosten

Die Transaktionskostentheorie betrachtet das Problem ökonomischer Organisation als Problem der Gestaltung von Transaktionen zwischen Akteuren. Transaktionen bezeichnen dabei die Übertragungen von Handlungs- und Verfügungsrechten, die vertraglich zu regulieren sind (vgl. Picot/Reichwald/Wigand 2003, 49). Das Konzept der Transaktionskosten trägt der Idee Rechnung, dass in Übertragungssituationen in ökonomischen Systemen Reibungsverluste entstehen (vgl. Williamson 1985, 19). Transaktionskosten entstehen, weil ökonomische Austausche in unvollkommenen Märkten mit Aktivitäten der Vertragsanbahnung, Vertragsverhandlung, Vertragsabsicherung und Vertragskontrolle einhergehen (vgl. Williamson 1985, 20-21). Verschiedene Dimensionen der Transaktion haben Einfluss darauf, wie hoch die Transaktionskosten ausfallen.

Als erstes ist die Spezifität (asset specifity) zu nennen. Spezifität entsteht, wenn dauerhafte Investitionen für die Durchführung bestimmter Transaktionen getätigt werden, die in einer anderen als der vorgesehenen Verwendung Verluste für den investierenden Transaktionspartner mit sich bringen. Spezifität führt dazu, dass ökonomische Transaktionen nicht einfach nur anonyme, augenblickliche Austausche sind (vgl. Williamson 1985, 55-56).

Eine zweite Dimension ist die Unsicherheit, die in Bezug auf die Umweltsituation, die auszutauschende Leistung und das Verhalten des Transaktionspartners besteht (vgl. Williamson 1985, 56-58). Eine weitere Dimension ist die Häufigkeit der Transaktion (vgl. Williamson 1985, 60). Schließlich können Transaktionen noch anhand ihrer strategischen Bedeutung charakterisiert werden. Diese vier Dimensionen haben Einfluss darauf, ob eine interne oder eine externe Erstellung aus Transaktionskostensicht günstiger erscheint (vgl. Scherm 1996, 51). Alle vier Dimensionen stehen in einem positiven Wirkungszusammenhang mit den Transaktionskosten. Je ausgeprägter diese vier Dimensionen in einer Make-or-Buy-Entscheidung sind, umso vorteilhafter erscheint es, die Leistung intern zu erstellen und auf diese Weise die Transaktionskosten zu minimieren (vgl. Lucks/Meckl 2002, 270).

Lucks und Meckl stellen ein Make-or-Buy-Portfolio anhand der Kriterien der Spezifität und der strategischen Bedeutung auf (vgl. 2002, 271-272). Sie unterscheiden vier Ausgangssituationen, die unterschiedliche Konsequenzen für die Make-or-Buy-Entscheidung haben.

Abb. 18: Make-or-Buy-Portfolio für M&A (Spezifität/Strategische Bedeutung)

Quelle: Lucks/Meckl 2002, 272

In den Situationen I und IV lassen sich eindeutige Handlungsempfehlungen ableiten. Wenn die Spezifität und die strategische Bedeutung der Leistungen gering sind, kann ihre Erstellung an Externe vergeben werden (I), sind diese beiden Dimensionen stark ausgeprägt, sollten sie hingegen im Unternehmen erstellt werden (IV). Das begründet sich damit, dass die Spezifität und die strategische Bedeutung Indikatoren dafür sind, ob eine Aktivität als Schlüsselfähigkeit eines Unternehmens aufzufassen ist, die sich langfristig auf den Erfolg auswirkt (vgl. Lucks/Meckl 270-272).

Für die Situationen II und III lassen sich hingegen keine eindeutigen Empfehlungen ableiten. Wenn die Spezifität hoch und die Bedeutung der Aktivität niedrig ist (II), so bedeutet das, dass eine kostengünstige Erstellung angestrebt wird. Aufgrund der hohen Spezifität ist jedoch nicht klar, ob Externe eine derartige kostengünstige Erstellung gewährleisten können und ob sich das Unternehmen nicht der Gefahr aussetzt, sich von Externen abhängig zu machen. Wenn die strategische Bedeutung hoch und die Spezifität niedrig ist (III), können externe Dienstleister Volumenvorteile generieren und die Leistungen deshalb kostengünstig anbieten, allerdings ist der Kontrollverlust des Unternehmens, der mit einer vollständigen Fremdvergabe einhergeht, kritisch zu sehen (vgl. Lucks/Meckl 2002, 272-273).

Die Anwendung des Spezifitätsbegriffs der Transaktionskostenökonomik auf M&A-Beratungsleistungen ist schwierig. Wichtig ist, dass für das Vorliegen von Spezifität dauerhafte Investitionen in die Leistungserstellung gemacht werden müssen. Das würde für den M&A-Fall bedeuten, dass z.B. das Beraterunternehmen in spezielle Software investiert, um eine Anbindung an die Management- und Informationssysteme des Kundenunternehmens zu gewährleisten. Umgekehrt ist natürlich auch denkbar, dass das nachfragende Unternehmen spezifische Investitionen tätigt, die es dann in eine Abhängigkeitssituation zu einem Anbieter bringen. In beiden Fällen sind die Transaktionskosten sehr hoch, da sich die Transaktionspartner gegen ein potenzielles opportunistisches Verhalten des Gegenübers absichern müssen. Es erscheint aber fraglich, ob das nachfragende Unternehmen tatsächlich dauerhafte Investitionen tätigt, oder ob es sich nicht vielmehr um einmalige Investitionen für die Erstellung von Beratungsleistungen handelt. Das Unternehmen tätigt Investitionen, weil es Zeit und andere Ressourcen aufwenden muss, um notwendige Informationen an den Berater weiterzugeben. Ein gewisser Grad an Spezifität liegt in diesem Sinne für fast alle M&A-Aktivitäten vor, denn sie sind zumeist unternehmensspezifisch. Eine echte Spezifität im Sinne der Entstehung echter Abhängigkeiten aufgrund von langfristigen Investitionen ergibt sich aber typischerweise nicht, da ein Anbieterwechsel grundsätzlich möglich ist und ein Nachfragerunternehmen bei Folgetransaktionen einen anderen Anbieter wählen kann. Insofern ist es schwierig zu bestimmen, wie stark die Spezifität bestimmter M&A-Aktivitäten ausgeprägt ist. Auch die Frage nach der strategischen Bedeutung einzelner Aktivitäten ist nicht immer eindeutig zu beantworten und hängt sehr stark davon ab, welche Rolle M&A-Prozesse im Unternehmen spielen (vgl. Lucks/Meckl 2002, 271).

Es erscheint sinnvoll, die Betrachtung noch um die beiden anderen Dimensionen der Unsicherheit und der Häufigkeit zu erweitern, die Einfluss auf die Höhe der Transaktionskosten haben. Die Häufigkeit des Bedarfs an M&A-Leistungen hängt davon ab, wie häufig das Unternehmen M&A-Transaktionen durchführt. In Bezug auf die Häufigkeit der Erstellung einer bestimmten Leistung, ist festzuhalten, dass die Kosten einer spezialisierten Koordinationsform für häufig wiederkehrende Transaktionen leichter amortisiert werden können (vgl. Williamson 1985, 60). Die Dimension der Unsicherheit bezieht sich neben einer allgemeinen Unsicherheit über Umweltzustände vor allem auf die Verhaltensunsicherheit, also die Unsicherheit darüber, ob sich der Transaktionspartner opportunistisch verhalten wird. Es wurde bereits gezeigt, dass die Unsicherheit bei der Nachfrage nach M&A-Dienstleistungen insgesamt relativ hoch ist (vgl. Abschnitt 2.6). Die Unsicherheit sollte für verschiedene M&A-Dienstleistungen unterschiedlich groß ausfallen, da das Ergebnis einzelner Aktivitäten stärker von Umfeldbedingungen bestimmt wird und weniger gut vom Nachfrager abgeschätzt werden kann als das anderer Aktivitäten. Es lässt sich daraus ein Make-or-Buy-Portfolio für M&A-Leistungen anhand der Kriterien der Unsicherheit und der Häufigkeit ableiten.

Abb. 19: Make-or-Buy-Portfolio für M&A (Unsicherheit/Häufigkeit)

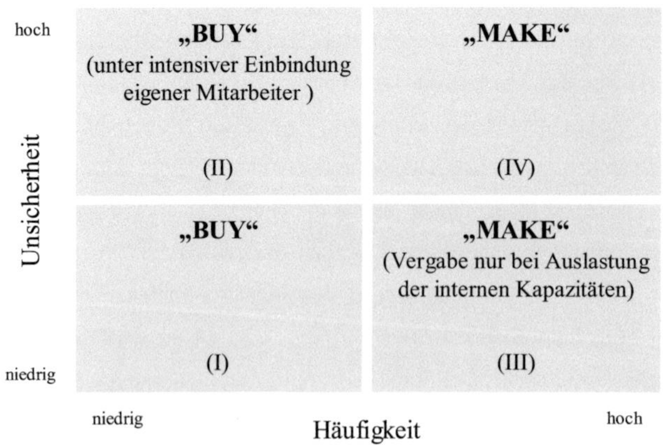

Quelle: eigene Darstellung

Werden die betreffenden Leistungen häufig benötigt und ist die Leistungsnachfrage mit einer hohen Unsicherheit verbunden (IV), sind die Transaktionskosten sehr hoch, da das Unternehmen zahlreiche Absicherungsmaßnahmen treffen muss, um sich vor Opportunismus zu schützen. Außerdem können die Kosten einer internen Abwicklung auf viele Transaktionen verteilt werden. Es erscheint günstiger, in diesem Fall interne Kapazitäten aufzubauen und die Leistungen intern zu erstellen. Im entgegengesetzten Fall geringer Unsicherheit und geringer Häufigkeit (I) sollte die Leistung extern bezogen werden, da sich die Einrichtung von Strukturen zur internen Abwicklung nicht lohnen würde und aufgrund der geringeren Unsicherheit auch die Transaktionskosten der externen Abwicklung niedrig sind. Für die Fälle II und III erscheint das Entscheidungskalkül etwas schwieriger. Im Fall III werden die Leistungen häufig benötigt und die Unsicherheit ist niedrig. Die externe Vergabe ist zwar unproblematisch, da keine umfangreichen Absicherungsmechanismen für die Unsicherheit notwendig werden, allerdings kann die Einrichtung einer internen Koordinationsstruktur leicht amortisiert werden, so dass derartige Leistungen tendenziell eher im Unternehmen verbleiben sollten. Eine externe Vergabe empfiehlt sich nur, wenn die internen Kapazitäten ausgelastet sind oder ein kostengünstiges Angebot die Mehrkosten der externen Abwicklung ausgleicht. Im Fall II lohnt sich der Aufbau einer internen Koordinationsstruktur nicht, weswegen die marktliche Koordination dieser Leistung empfehlenswert erscheint. Aufgrund der hohen Unsicherheit sollte sich das nachfragende Unternehmen aber in den Erstellungsprozess einbringen, um so eine stärkere Kontrolle über die Leistungserstellung zu haben.

Die Betrachtung der potenziell entstehenden Transaktionskosten bei Eigenerstellung oder Fremdbezug zeigt wichtige Aspekte der Entscheidung auf. Da Transaktionskosten aber nicht exakt quantifizierbar sind, können immer nur Tendenzaussagen und auf Plausibilität basierende Empfehlungen getroffen werden (vgl. Scherm 1996, 51). Problem dieser Analyse ist zudem die Frage, ob die betrachteten Dimensionen tatsächlich unabhängig voneinander sind. Die Unsicherheit eines Nachfragers sollte bei häufigerer Inanspruchnahme von M&A-Beratung sinken, so dass nicht zweifelsfrei von einer Unabhängigkeit der Dimensionen ausgegangen werden kann. Das Gleiche gilt für die strategische Bedeutung und die Spezifität. Es sollten gerade die Aktivitäten im M&A-Prozess, die das Unternehmen als strategisch bedeutsam ansieht, auch diejenigen sein, die am stärksten auf die Unternehmensgegebenheiten ausgerichtet sind und bei denen deswegen besondere spezifische Investitionen im Sinne der Informationsübermittlung notwendig werden.

Die Make-or-Buy-Entscheidung nur mit dem Transaktionskostenkalkül zu treffen erscheint insofern nicht angeraten, zumal bei dieser Betrachtung wichtige andere Kostenarten und andere Outsourcingziele keine Berücksichtigung finden (vgl. Scherm 1996, 52).

6.2.4 Qualitative Faktoren

Mit dem Outsourcing werden auch nicht-monetäre Ziele verfolgt, die im Folgenden betrachtet werden sollen. Diese Herangehensweise an das Entscheidungsproblem beinhaltet die Abwägung von Vor- und Nachteilen der jeweiligen Organisationsform der Transaktion. Zu den nicht-monetären Kriterien zählen

- die Flexibilität
- der Zugang zu spezifischem Know-how
- die Entwicklung eigenen Know-hows
- die Abhängigkeit vom Anbieter
- die Motivation der an der Transaktion Beteiligten
- die Ausstrahlungseffekte der Nutzung externer Beratung
- die Qualität der Abwicklung und des Ergebnisses
- die Abschlusswahrscheinlichkeit
  und die Zeitdauer der Transaktion

(vgl. Hawranek 2004, 86; Weihe 2003, 62; Meckl 1999, 16; Scherm 1996, 52-53). Hawranek betont, dass M&A-Berater vor allem bei Kapazitätsengpässen, mangelnder Erfahrung, fehlendem Spezialwissen sowie verstärkt bei internationalen Transaktionen in Anspruch genommen werden (vgl. Hawranek 2004, 86). Neben den Kosten ist also auch relevant, welchen Nutzen die externe Erstellung bestimmter Leistungen mit sich bringt. Das wird bestätigt durch die Studie von Roodhooft/Van den Abbeele (vgl. 2006, 508), die feststellen, dass die Mehrzahl der befragten Unternehmen neben der Kostenbetrachtung eine Nutzen-Analyse der externen Vergabe von Beratungsaufträgen durchführt. Der angestrebte Nutzen lässt sich aus den Nachfragezielen ablesen, die ein Nachfrager mit der Wahl einer Leistung verfolgt (vgl. Van Osselaer et al. 2005, 336). Bei der Entscheidung über die interne oder externe Erbringung der Leistung sollten also die der Transaktion zugrunde liegenden Ziele analysiert werden (vgl. Beck/Vera 2002, 7).

Die Vorteilhaftigkeit der internen oder externen Abwicklung eines M&A-Prozesses hängt von den Eigenschaften der Aufgabenträger im Prozess ab (vgl. Beck/Vera 2002, 9). Während sich die konkreten Ausprägungen dieser Faktoren nur im Einzelfall bestimmen lassen, können doch einige generelle Aussagen über die wahrscheinliche Ausprägung im Vergleich getroffen werden.

Hinsichtlich der Qualifikation der Unternehmensmitarbeiter im Vergleich zu den Beratern ist anzunehmen, dass M&A-Beratungsunternehmen stärker als Unternehmen in der Lage sein sollten, fachlich sehr gute Mitarbeiter anzuwerben. In Bezug auf die Motivation ist festzuhalten, dass Berater häufig in ihrem Gehalt eine vergleichsweise höhere erfolgsbezogene Komponente beziehen, was ihre Motivation im Vergleich zu Unternehmensmitarbeitern verstärken sollte. Die Flexibilität im Sinne der zeitnahen Verfügbarkeit sollte bei unternehmensinternen Mitarbeitern stärker ausgeprägt sein als bei externen Beratern. Die Beauftragung von Beratern führt zu einer zeitlichen Verzögerung des Projektstartes, die bei der internen Beauftragung nicht anfällt. Zudem ist davon auszugehen, dass externe Berater nicht jederzeit verfügbar sind, da sie für viele verschiedene Nachfrager arbeiten und bemüht sind, ihre Kapazitäten immer auszulasten (vgl. Beck/Vera 2002, 9).

Aus fachlicher Sicht bieten M&A-Berater hingegen größere Flexibilität, da das Unternehmen einen auf das vorliegende Problem spezialisierten Berater hinzuziehen kann, während ein interner Mitarbeiter sich Spezialkenntnisse zunächst aneignen müsste. Objektivität bedeutet, dass Entscheidungen unvoreingenommen und unabhängig von persönlichen Interessen getroffen werden. Es erscheint zunächst plausibel, dass der Berater aufgrund seiner Außensicht und geringeren Involviertheit in den Verkaufsprozess objektiver agiert als der interne Mitarbeiter. Allerdings kann es auch bei ihm zum Interessenkonflikt kommen, der eine objektive Entscheidungsfindung behindert. Das ist dann der Fall, wenn der Berater erkennt, dass die vom Verkäufer angestrebten Ziele in der Transaktion nicht erreichbar sind und der Verkauf deswegen unterbleiben sollte. Da seine Entlohnung in weiten Teilen erfolgsabhängig sein kann, ist es denkbar, dass er einen Unternehmensverkauf gegen sein besseres Wissen betreibt. Dieser Interessenkonflikt besteht für den internen M&A-Mitarbeiter in der Regel nicht (vgl. Beck/Vera 2002, 10).

Weitere Unternehmensziele können als Nebenbedingungen die Make-or-Buy-Entscheidung beeinflussen. Dazu kann zum einen der Wunsch zählen, die Transaktion zunächst geheim zu halten. Dafür muss im Falle des Unternehmensverkaufs die Anonymität der Ansprache potenzieller Käufer erreicht werden. Dies ist mit internen Mitarbeitern normalerweise nicht umzusetzen. Hier liegt ein wesentlicher Vorteil externer Berater, die mit anonymisierten Profilen an potenzielle Käuferunternehmen herantreten können. Eine weitere Nebenbedingung kann der Wunsch sein, ein Unternehmens- oder Managementverschulden weitgehend auszuschließen. Den Beratern kommt in diesem Fall auch eine Alibi-Funktion zu, indem sie Verantwortung für unangenehme, unpopuläre oder riskante Entscheidungen übernehmen. Diese Funktion kann von internen M&A-Mitarbeitern nicht übernommen werden, weshalb diese Nebenbedingung für den Einsatz von externen Beratern spricht (vgl. Beck/Vera 2002, 11).

6.3 Entscheidungsheuristik zur Nachfrage von M&A-Dienstleistungen

Nachdem im vorangegangenen Abschnitt analysiert wurde, welche Kriterien bei der Make-or-Buy-Entscheidung zu berücksichtigen sind, soll nun eine eigenständige Entscheidungsheuristik abgeleitet werden. Unter einer Heuristik versteht man eine Methode, die für sehr komplexe Entscheidungsprobleme möglichst gute Lösungen mit vertretbarem Aufwand finden soll. Es handelt sich um Regeln, die aufgrund von Plausibilitätsüberlegungen aufgestellt werden und zu Problemlösungen führen, für welche keine Optimalität gewährleistet werden kann (vgl. Voß/Fiedler/Greistorfer 2000, 554).

Es soll die Frage beantwortet werden, unter welchen Voraussetzungen tendenziell die Entscheidung für die Eigenerstellung (make) oder für den Fremdbezug durch M&A-Dienstleister (buy) als vorteilhaft anzusehen ist. Das Entscheidungskalkül orientiert sich dabei an den Nachfragezielen für M&A-Beratungsleistungen, die bereits in Abschnitt 4.3 beschrieben wurden. Außerdem wird die Annahme getroffen, dass M&A-Berater als Spezialisten für M&A in der Lage sind, qualitativ hochwertige und komplexe Lösungen für M&A-Transaktionen zu finden und den Transaktionsverlauf effizient zu steuern. Die Arbeit geht also davon aus, dass M&A-Berater einen Mehrwert im M&A-Prozess schaffen. Sie widerspricht damit Autoren, die Zweifel an der Sinnhaftigkeit des Einsatzes von Investmentbanken bei M&A äußern, weil diese nur einen geringen Erfolgsbeitrag leisten (vgl. z.B. Beitel 2004, 232-233; Lowinski/Schiereck/Thomas 2003, 18; Rau/Rodgers 2002, 16; Rau 2000, 315; Servaes/Zenner 1996, 812). Diese Autoren argumentieren, dass die empirischen Daten nicht darauf schließen lassen, dass der Einsatz von Investmentbanken zu höheren Aktionärsrenditen, niedrigeren Kaufpreisen, besserer mittelfristiger Akquisitionsperformance oder verringerter Umsetzungsdauer führt (vgl. Beitel 2004, 232). Diese Erkenntnisse sind problematisch, da sie die Inanspruchnahme von M&A-Beratung grundsätzlich in Frage stellen. Es muss einschränkend festgehalten werden, dass in diesen Faktoren vermutlich nicht die Gründe der Inanspruchnahme von

M&A-Beratern liegen und dass M&A-Berater vielmehr einen optimalen Transaktionsablauf sicherstellen und die Wahrscheinlichkeit des Transaktionsabschlusses erhöhen sollen (vgl. Beitel 2004, 234). Sonst wäre die Existenz eines Marktes für M&A-Beratungsleistungen und die zu beobachtende Zunahme der Beratungsaktivitäten in den vergangenen Jahrzehnten (vgl. Abschnitt 3.3.1) nicht zu erklären.

Ein wesentliches Kriterium für die Entscheidung, einen externen Dienstleister zu engagieren, ist die unternehmensinterne Ausstattung. Unternehmensinterne Ausstattung bezeichnet zum einen das Vorhandensein des für die Abwicklung der M&A-Transaktion notwendigen Wissens (M&A-Know-how) in der Unternehmung. Dieses Wissen hängt von den Erfahrungen ab, die das Unternehmen bereits machen konnte. Servaes und Zenner (vgl. 1996, 812) können zeigen, dass Unternehmen eher Investmentbanken nutzen, wenn sie geringere M&A-Erfahrung und somit weniger M&A-Know-how besitzen. Zum anderen ist damit die personelle Ausstattung gemeint, also das Vorhandensein personeller Kapazitäten zur Abwicklung der mit der M&A-Transaktion verbundenen Arbeiten.

Ist beides in hohem Maße vorhanden, ist das Unternehmen in der Lage auch ohne die Hilfe eines externen Beraters die M&A-Transaktion in vertretbarer Zeit und ausreichender Qualität abzuwickeln. In diesem Fall wäre zu empfehlen, auf den Einsatz von Beratern zu verzichten, da ihre Tätigkeit keinen erkennbaren Vorteil gegenüber der Eigenerstellung bietet. Ist im umgekehrten Fall beides nur in geringem Maße vorhanden, das Unternehmen also weder mit großem M&A-Know-how noch mit den notwendigen personellen Kapazitäten ausgestattet, empfiehlt es sich, externe Berater für die Abwicklung der M&A-Transaktion zu engagieren. Auf diese Weise werden die im Unternehmen vorhandenen Defizite kompensiert.

Verfügt das Unternehmen über umfangreiches M&A-Know-how, kann aber die notwendigen personellen Ressourcen nicht bereitstellen, sollte es externe Berater hinzuziehen (buy) und eng mit ihnen zusammenarbeiten. Auf diese Weise kann das personelle Defizit abgedeckt werden und das Unternehmen hat die Möglichkeit, sein M&A-Know-how in die Transaktion einzubringen (contribute) und die Qualität der M&A-Dienstleistungen zu überwachen. Ist das Unternehmen personell gut ausgestattet, verfügt aber nicht über das notwendige M&A-Know-how, ist ebenfalls das Engagement externer M&A-Berater empfehlenswert, damit eine qualitativ hochwertige Abwicklung des M&A-Projektes möglich wird und dem Unternehmen keine Nachteile entstehen.

Auch hier sollten die Mitarbeiter eng mit den externen M&A-Beratern zusammenarbeiten, mit dem Ziel vom Beratungsunternehmen zu lernen und das eigene M&A-Know-how zu erweitern. Auf diese Weise können Lerneffekte entstehen und das Unternehmen kann Erfahrungen machen, die hohe strategische Relevanz haben (vgl. Lucks/Meckl 2001, 269).

Abb. 20: Make-or-Buy-Kalkül nach der unternehmensinternen Ausstattung

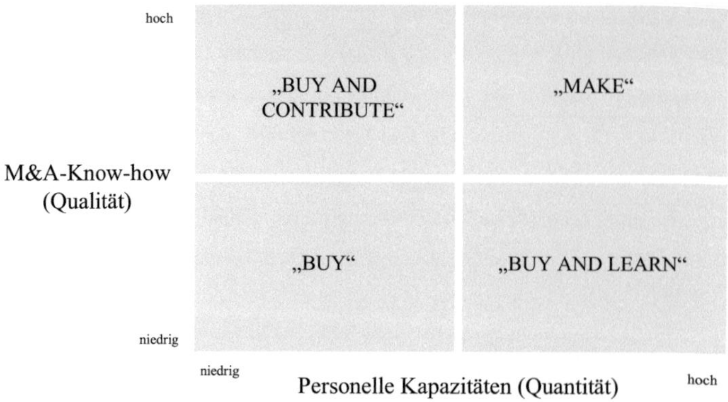

Quelle: eigene Darstellung

Ein weiteres wichtiges Kriterium bei der Frage, ob eine M&A-Transaktion mit oder ohne externe Berater abgewickelt wird, sind die Charakteristika der Transaktion. Eine relevante Dimension der Transaktion ist ihre Komplexität. M&A-Transaktionen können hinsichtlich ihrer Komplexität unterscheiden. So ist z.B. eine feindliche Übernahme komplexer als eine freundliche Übernahme (vgl. Hunter/Jagtiani 2000, 16) oder eine nationale M&A-Transaktion einfacher abzuwickeln als eine internationale. Verschiedene empirische Studien haben Belege dafür gefunden, dass bei komplexen Transaktionen häufiger M&A-Berater eingeschaltet werden als bei weniger komplexen Transaktionen (vgl. Servaes/Zenner 1996, 812; Kale/Kini/Ryan 1998, 37). Neben der Komplexität stellt sich die Frage, welche strategische Bedeutung die M&A-Transaktion für das Unternehmen besitzt. Je größer die strategische Bedeutung einer Transaktion ist, desto wichtiger erscheint die erfolgreiche Umsetzung des Transaktionsprozesses.

Abb. 21: Make-or-Buy-Kalkül nach den Merkmalen der Transaktion

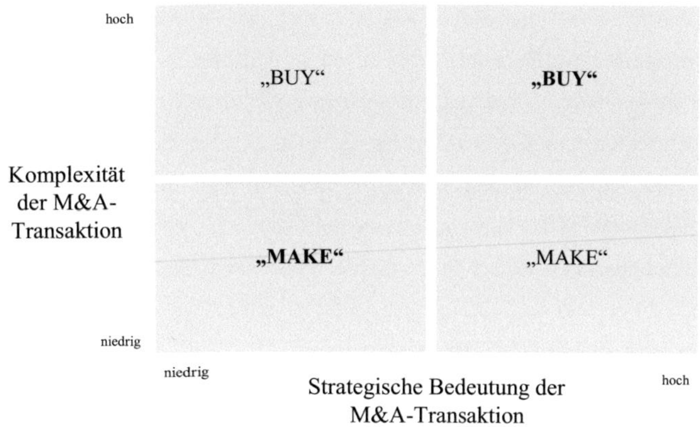

Quelle: eigene Darstellung

Ist die Transaktion sehr komplex und hat für die Strategie des Unternehmens eine sehr hohe Bedeutung, spricht das tendenziell für die Einschaltung von M&A-Beratern (buy), da diese die Komplexität für das Unternehmen reduzieren und durch ihre Beratung die Qualität der Abwicklung verbessern können. Ist die Transaktion hingegen weder komplex noch von großer strategischer Bedeutung, ist tendenziell die Hinzuziehung eines Beraters nicht notwendig, da der Prozessablauf für das Unternehmen beherrschbar sein dürfte und die Qualitätsansprüche und Unsicherheit hinsichtlich der Abwicklung auch durch eigene Erstellung abzudecken sind (make). Steht das Unternehmen vor der Durchführung einer komplexen aber strategisch nicht bedeutsamen Transaktion, ist die Tendenzempfehlung nicht eindeutig zu treffen. In diesem Fall sind sowohl die Einbeziehung als auch der Verzicht auf externe Berater denkbar. Die Empfehlung zum Rückgriff auf externe Beratung wird hier gegeben, weil die Einschaltung eines Beraters zu Effizienzvorteilen führen kann und interne Mitarbeiter frei für strategisch wichtigere Aufgaben bleiben. Handelt es sich hingegen um eine strategisch sehr bedeutsame aber nicht komplexe Transaktion, sollte das Unternehmen diese tendenziell eher selbst durchführen, da es auf diesem Wege eine bessere Kontrolle über die M&A-Transaktion behält.

Bei der Entscheidung über die Inanspruchnahme von externen M&A-Beratern ist ebenfalls relevant, welche Ziele das Unternehmen verfolgt.

Es ist zu vermuten, dass verschiedene Unternehmen unterschiedliche Vorstellungen über die durch die M&A-Transaktionsabwicklung entstehenden Kosten haben. Während stärker kostenorientierte Unternehmen das Ziel verfolgen werden, die M&A-Transaktion mit minimalen Kosten durchzuführen, ist es denkbar, dass für andere Unternehmen die Kosten der Abwicklung eine weniger wichtige Rolle spielen. Die Beauftragung von externen M&A-Beratern ist regelmäßig mit hohen Kosten verbunden und in der Regel teurer als die eigene Leistungserstellung (vgl. Beitel/Börner/Schiereck 2005, 283; Beck/Vera 2002, 11), so dass davon auszugehen ist, dass die Eigenerstellung das kostenminimierende Vorgehen ist (natürlich immer unter der Voraussetzung, dass die Kapazitätsausstattung des Unternehmens dies erlaubt). Für sehr kostenorientierte Unternehmen ist deshalb tendenziell ein Verzicht auf M&A-Berater empfehlenswert.

Außerdem kann angenommen werden, dass sich Unternehmen hinsichtlich ihrer zeitlichen Orientierung unterscheiden. So kann situationsbedingt die schnelle Abwicklung der Transaktion für einzelne Unternehmen eine höhere Priorität haben als für andere. Geht man davon aus, dass M&A-Berater eine Optimierung des Prozessablaufs und durch die Bereitstellung zusätzlicher personeller Kapazitäten eine Beschleunigung der Transaktionsdurchführung bewirken, erscheint die Inanspruchnahme externer Beratung empfehlenswert, wenn das Unternehmen eine ausgeprägte Zeitorientierung hat. Das gilt allerdings nur unter der Voraussetzung, dass die Beschaffung eines Beraters nicht mit großem zeitlichen Aufwand verbunden ist. Aus diesen Ausführungen lässt sich ableiten, dass Unternehmen mit hoher Zeitorientierung und niedriger Kostenorientierung tendenziell M&A-Berater in Anspruch nehmen sollten (buy). Ist das Unternehmen hingegen sehr kostenorientiert und die schnelle Abwicklung der Transaktion spielt keine große Rolle, erscheint die eigenständige Abwicklung der Transaktion (make) günstiger. Für den Fall einer hohen Kosten- und Zeitorientierung sollten M&A-Berater hinzugezogen werden, wobei sich ihr Einsatz auf wenige wesentliche Schritte konzentrieren sollte, die besonders zeitintensiv in der Abwicklung sind (selective buy). Auf diese Weise können die entstehenden Kosten kontrolliert werden. Für den Fall einer niedrigen Kosten- und Zeitorientierung sind beide Varianten der Durchführung denkbar. Das Unternehmen könnte versuchen, die Transaktion selbst durchzuführen, um auf diese Weise unter relativ geringem Zeitdruck M&A-Erfahrungen zu sammeln.

Abb. 22: Make-or-Buy-Kalkül nach Kosten-/Zeitorientierung des Unternehmens

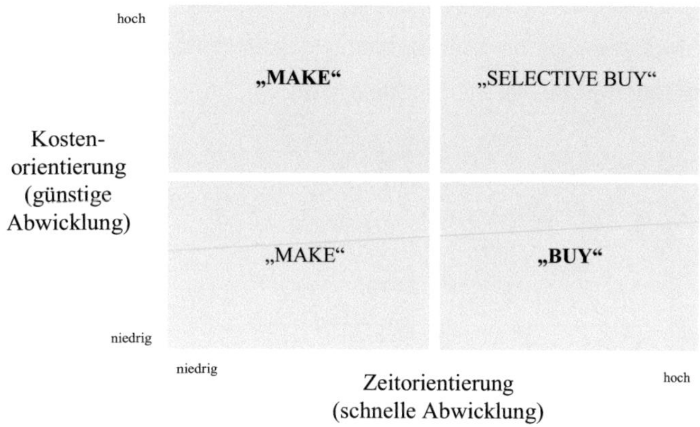

Quelle: eigene Darstellung

Ein weiteres Ziel des Unternehmens kann es sein, die M&A-Transaktion rechtlich abzusichern, z.B. um sich vor Ansprüchen von Anteilseignern zu schützen. Darüber hinaus kann das Unternehmen das Ziel verfolgen, die M&A-Transaktion nach innen und nach außen zu legitimieren. Da externe Berater in Unternehmen eine Sicherheitsfunktion und eine Legitimierungsfunktion erfüllen, ist die Inanspruchnahme tendenziell empfehlenswert, wenn das Unternehmen sowohl auf eine rechtliche Absicherung als auch auf eine legitimierende Kommunikation nach innen und außen großen Wert legt (buy). Voraussetzung dafür ist, dass M&A-Berater involviert werden, deren Reputation eine Legitimierung erlaubt.

Empirisch konnte nachgewiesen werden, dass z.B. Unternehmen bei denen ein hohes Interessenkonfliktpotenzial zwischen dem Management und Anteilseignern vorliegt, häufiger Investmentbanken mit hoher Reputation beauftragen (vgl. Beitel/Börner/ Schiereck 2005, 288). Bei der M&A-Beratung findet ein Reputationstransfer vom Beratungshaus auf das beratene Unternehmen statt (vgl. Müller-Stewens/Spickers/Deiss 1999, 71). Es ist zu vermuten, dass hier der Wunsch nach rechtlicher Absicherung und Legitimierung ursächlich ist. Spielen diese beiden Motive für das Unternehmen nur eine untergeordnete Rolle, so ist eher die Abwicklung der Transaktion ohne M&A-Berater naheliegend (make). Für Situationen, in denen vor allem die rechtliche Absicherung wichtig ist und die Legitimierung von untergeordneter Bedeutung, sollten M&A-Berater

gezielt nur für die Aktivitäten eingesetzt werden, die ein großes Potenzial für negative rechtliche Konsequenzen haben (selective buy). Ist die Legitimierung der Transaktion die hauptsächliche Zielsetzung, empfiehlt sich die Inanspruchnahme von Beratern in den „sichtbaren" und für die Legitimierung relevanten Phasen, z.B. in der Strategiekonzeption (selective buy).

Abb. 23: Make-or-Buy-Kalkül nach der Zielsetzung des Unternehmens

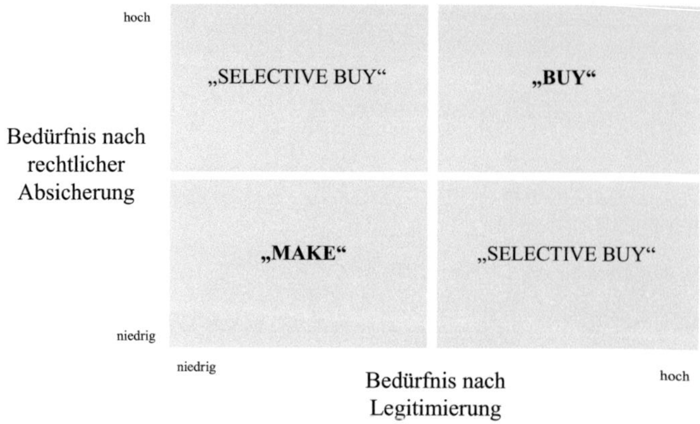

Quelle: eigene Darstellung

Es wurde gezeigt, dass die Entscheidung von einer Reihe von Variablen abhängt, die zur besseren Veranschaulichung in Matrizen abgebildet wurden. Dabei ist festzustellen, dass zwar von einer weitgehenden Unabhängigkeit der Dimensionen innerhalb der jeweiligen Matrix ausgegangen werden kann. Die einzelnen Dimensionen der Matrizen untereinander sind jedoch nicht vollständig unabhängig voneinander. So hängt z.B. die Einschätzung der Komplexität einer Transaktion auch davon ab, wie viel M&A-Know-how im Unternehmen vorhanden ist. Die Entscheidung zwischen Make und Buy kann deshalb nicht aufgrund einer einzelnen Matrix getroffen werden, sondern muss aus der Kombination der einzelnen Matrizen hergeleitet werden. Dabei handelt es sich lediglich um Tendenzaussagen, die eine Orientierung bei der Entscheidung über die Inanspruchnahme von M&A-Dienstleistungen geben sollen. Es wurde bereits gezeigt, dass eine Make oder Buy-Empfehlung nicht notwendigerweise auf alle im M&A-Prozess anfallenden Aktivitäten angewendet werden sollte. Vielmehr kann das Unternehmen den

Prozess in Teilschritte aufgliedern und die betrachteten Überlegungen auf die jeweiligen Teilschritte anwenden.

Nachdem in den vorangegangenen Betrachtungen nur die Frage nach dem Make-or-Buy gestellt wurde, soll nun auch ein Kalkül zur Entscheidung über den Umfang der Beraternutzung vorgestellt werden. In welchem Ausmaß Aktivitäten im M&A-Prozess von externen Dienstleistern erbracht werden sollen, kann anhand einer Nutzenfunktion des Beratereinsatzes analysiert werden, wie in der nachfolgenden Abbildung gezeigt.

Abb. 24: Bestimmung des optimalen Umfangs des Beratereinsatzes

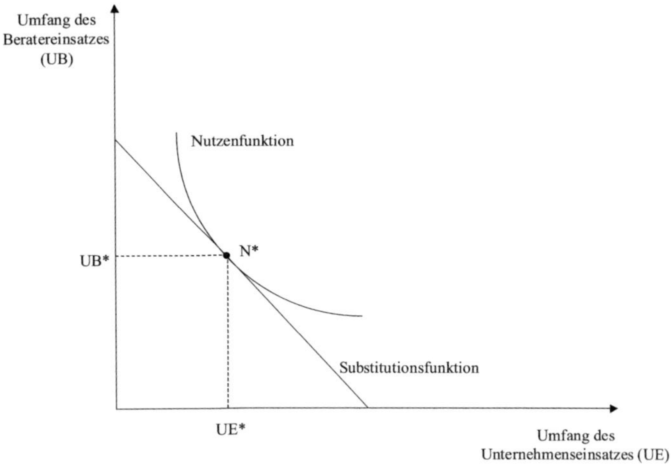

Quelle: Jeschke 2004b, 162

Die Nutzenfunktion zeigt alle Kombinationen aus Berater- und Unternehmenseinsatz, die geeignet sind, einen gleichen Nutzen für das Unternehmen zu erzielen. Die Nutzenfunktion zeichnet sich dadurch aus, dass bei umfangreichem Beratereinsatz nur ein geringer Unternehmenseinsatz notwendig ist und umgekehrt. Die Funktion erreicht die Achsen nicht, was bedeutet, dass eine Kombination, in der kein Beratereinsatz oder kein Unternehmenseinsatz erfolgt, nicht geeignet ist diesen Nutzen für das Unternehmen zu erzielen. Die Substitutionsfunktion zeigt die tatsächlich realisierbaren Kombinationen aus Berater- und Unternehmenseinsatz an. An ihr wird erkennbar, wie viele „Einheiten" Beratereinsatz man für wie viele „Einheiten" Unternehmenseinsatz erhält. Die Steigung der Substitutionskurve hängt von der relativen Günstigkeit des Unternehmens- im Verhältnis zum Beratereinsatz ab. Eine sehr steile Substitutionsfunktion zeigt an, dass der

Berater relativ teuer im Verhältnis zur internen Bearbeitung ist. Eine flache Substitutionsfunktion zeigt, dass der Berater relativ günstig ist. Ihre Schnittpunkte mit den Achsen zeigen an, bei welchem Umfang an Unternehmenseinsatz (Beratereinsatz) kein Beratereinsatz (Unternehmenseinsatz) mehr notwendig ist, ab wann also ein Projekt vollständig intern (extern) bearbeitet werden kann. Die optimale Kombination aus Unternehmens- und Beratereinsatz ergibt sich in N*, wo die Nutzenkurve die Substitutionsgerade tangiert. Alle anderen Kombinationen der Nutzenkurve, die für den Nachfrager mit dem gleichen Nutzen verbunden wären, lassen sich nicht realisieren, da sie oberhalb der Substitutionsgerade liegen. Nur Kombinationen links der Substitutionsgerade können verwirklicht werden, wobei sie aber keine optimalen Kombinationen darstellen.

Die Einschaltungsintensität von externen Beratern variiert für verschiedene Teilprozesse des M&A-Prozesses. Es zeigt sich, dass für Aktivitäten der Vorfeldphase häufiger ein externer M&A-Berater hinzugezogen wird als für Aktivitäten der Transaktions- und Integrationsphase. Das ist insofern nachvollziehbar, als es sich bei den Aktivitäten der letzten beiden Phasen zum Teil um unternehmensspezifische Aufgaben handelt, die ein Externer nur schlecht übernehmen kann. Zu diesen selten ausgelagerten Aufgaben gehören die Erstellung von Entscheidungsvorlagen für Gremien im Unternehmen, die Integrationsplanung, die kartellrechtliche Prüfung, die interne und externe Kommunikation und Information über die Transaktion, die interne Prozesskoordination, das Prozesscontrolling und die Durchführung der Integration. Am häufigsten werden hingegen die Identifikation geeigneter Kandidaten, die Erstellung notwendiger Prozessdokumente, die Due Diligence sowie die Entwicklung und Gestaltung der Transaktionsstruktur an externe Dienstleister vergeben (vgl. Hohnhaus 2004, 130).

Wenn die Entscheidung für die Nutzung externer M&A-Beratung gefallen ist, folgt die Informationssuchphase im Beschaffungsprozess, die im folgenden Kapitel dargestellt wird. Die Entscheidung für externe Beratung hat Einfluss auf die noch folgenden Prozessphasen der Informationsbeschaffung und Auswahl, denn mit der Beschaffung sind bestimmte Ziele und Erwartungen an den externen Dienstleister verbunden. Diese Erwartungen bestimmen, nach welchen Informationen über die potenziellen Anbieter gesucht wird und welche relative Bedeutung einzelne Auswahlkriterien für die spätere Entscheidung haben. Die Entscheidung für externe Beratung sollte sich an eine intensive Auseinandersetzung mit dem Beschaffungsproblem anschließen und während der Entscheidungsfindung sollte sich das Unternehmen bewusst darüber werden, was mit der Einschaltung von Beratern erreicht werden soll. Eine genaue Analyse der eigenen Zielsetzungen ist Voraussetzung dafür, dass ein gezielter Auswahlprozess in Gang gesetzt werden kann und dass die spätere Beraterauswahl nach relevanten Kriterien erfolgt.

7 Informationssuche bei der Beschaffung von M&A-Dienstleistungen

7.1 Definition und Elemente des Informationsverhaltens

Organisationale Kaufentscheidungen sind informationsgeleitete Entscheidungen (vgl. Kohr 2000, 96). Ein großer Teil der Forschung über das Informationsverhalten des Menschen ist verbunden mit der Forschung über das Entscheidungsverhalten. Entscheidungen zu treffen und Probleme zu lösen bedingt immer auch mit Informationen umzugehen (vgl. Case 2007, 85). Dies ist auch der Ansatzpunkt der vorliegenden Arbeit. Der Auswahlprozess besteht demzufolge aus zwei Verhaltenskomponenten: dem Informationsverhalten und dem Entscheidungsverhalten. Die Arbeit verfolgt hier also die Sichtweise des Auswahlprozesses im Sinne eines Informationsverarbeitungsansatzes, der auch die Betrachtung der der eigentlichen Entscheidung vorgelagerten Informationsaktivitäten einschließt (vgl. Cramme 2005, 61). Nachfrager müssen zunächst Informationen über die zur Verfügung stehenden alternativen Angebote beschaffen, bevor sie die Entscheidung über die Auswahl eines Angebotes treffen, indem sie Informationen verarbeiten (vgl. Cramme 2005, 39). Es erscheint deshalb lohnenswert und sinnvoll, sich mit dem menschlichen Informationsverhalten zu beschäftigen, um Erkenntnisse zum Beschaffungsprozess von M&A-Dienstleistungen zu erhalten.

Es existiert keine eigenständige, zentrale Theorie des Informationsverhaltens (vgl. Case 2007, 148). Die Disziplinen, die sich mit dem Informationsverhalten beschäftigten, waren zunächst vor allem die Soziologie, die Kommunikationswissenschaften und die Psychologie. Des Weiteren wurde das Informationsverhalten auch in der betriebswirtschaftlichen Forschung betrachtet. Interessant war diese Auseinandersetzung insbesondere für die Forschung zum Konsumentenverhalten. In der Konsumentenverhaltensforschung wird das Informationssuchverhalten schon seit den 1960er Jahren intensiv untersucht. Dabei wird zwischen interner und externer Suche unterschieden (vgl. Bauer/Sauer/Köhler 2003, 255), eine Unterscheidung, auf die im Abschnitt 7.3 über die Informationsquellen noch eingegangen wird. Aber auch andere Disziplinen wie die volkswirtschaftliche Forschung oder die Linguistik haben sich mit dem Informationsverhalten befasst, so dass Erkenntnisse hierzu aus einer Vielzahl von Forschungsrichtungen und Disziplinen ableitbar sind (vgl. Case 2007, 150).

Es wurde eine Vielzahl von Beiträgen und Studien zum Thema veröffentlicht. Case schätzt, dass seit den Anfängen der Forschung zu Beginn des 20. Jahrhunderts über

10.000 Veröffentlichungen zum Informationsverhalten erschienen sind (vgl. 2007, 243). Vor diesem Hintergrund ist es unmöglich und auch nicht Ziel dieser Arbeit, einen Überblick über die gesamte Literatur zu geben. Vielmehr soll sich die Analyse auf zentrale Arbeiten und solche Arbeiten beschränken, die sich mit der hier betrachteten Fragestellung des Informationsverhaltens in einer Kaufsituation beschäftigen.

Zunächst ist festzuhalten, was unter Informationen im Rahmen dieser Arbeit zu verstehen ist. Obwohl der Informationsbegriff nicht leicht zu fassen ist, wird in vielen Veröffentlichungen zum Informationsverhalten auf eine explizite Definition des Begriffs verzichtet und unterstellt, dass ein generelles Verständnis über die Natur von Informationen besteht. Für die vorliegende Arbeit soll auf die sehr weit gefasste Definition von Case (2007, 5) zurückgegriffen werden, die Folgendes umfasst: „Information can be any difference you perceive, in your environment or within yourself. It is any aspect that you notice in reality".

Informationsverhalten wiederum kann als „...das auf Information gerichtete Tun und Unterlassen von Menschen" definiert werden (Witte 1984, Sp. 1916). In dieser weiten Definition umfasst das Informationsverhalten intrapersonelle, interpersonelle und Mensch Maschine Interaktionen. Intrapersonelle Interaktionen sind mentale Informationsprozesse des Menschen, z.B. die Informationssuche im Gedächtnis. Interpersonelle Interaktionen bezeichnen Kommunikationsvorgänge zwischen Menschen, die auf die Informationsgewinnung oder -weitergabe gerichtet sind. Interaktionen zwischen Mensch und Maschine (z.B. Computer) können ebenfalls zum Informationsverhalten gezählt werden, wenn sie auf Gewinnung oder Verarbeitung von Informationen durch den Menschen gerichtet sind (vgl. Cramme 2005, 61).

Das Informationsverhalten setzt sich aus den Teilbereichen der Informationsgewinnung, des Informationstransfers und der Informationsverarbeitung zusammen (vgl. Cox 1967b, 604). Nach Case umfasst das Informationsverhalten die Informationssuche, die gesamte unbewusste und passive Informationsbeschaffung sowie bewusste Handlungen, die nicht der Informationssuche dienen, wie z.B. die Vermeidung von Informationen (vgl. 2007, 5). Er legt einen deutlichen Fokus auf die Informationssuche, was für die vorliegende Arbeit von großer Bedeutung ist, da die Informationssuche einen wesentlichen Bestandteil des Entscheidungsprozesses bildet (vgl. Barrick/Spilker 2003, 1). Außerdem ist für die Beschaffungsentscheidung der Prozess der entscheidungslogischen Informationsverarbeitung von großer Bedeutung. Durch die entscheidungslogische Verknüpfung der Entscheidungsprämissen wird eine Bewertung der verfügbaren Handlungsmöglichkeiten und eine Entscheidung möglich (vgl. Bamberg/ Coenenberg 2004, 2). Da der Informationstransfer im Beschaffungsprozess nur eine vergleichsweise geringe Bedeutung hat, soll dieser Aspekt nicht betrachtet werden. Folglich wird nur die grundlegende Unterscheidung in die für den Beschaffungsprozess wichtigen Aktivitäten der Informationsgewinnung sowie der Informationsverarbeitung vorgenommen (vgl. Cramme 2005, 62).

Die Informationsgewinnung kann sich aktiv oder passiv vollziehen. Allerdings geht man in der Regel davon aus, dass ihr eine aktive Informationssuche zugrunde liegt, die an eine externe Informationsquelle gerichtet ist (vgl. Cramme 2005, 67). Bezogen auf die Informationsgewinnung hält Cox fest: „...consumers will seek out sources, types, and amounts of information that seem most likely to satisfy their particular information needs" (1967b, 604). Hieraus lassen sich die wesentlichen Elemente der Informationsgewinnung ableiten: die Informationsquellen, die Informationsarten und die Menge der nachgefragten Informationen. Die Menge der nachgefragten Informationen ergibt sich aus dem Umfang der Informationssuche. Die grundlegende Struktur des Informationsverhaltens und seine Bezüge zum Entscheidungsverhalten sind in der folgenden Abbildung dargestellt.

Abb. 25: Struktur des Informationsverhaltens

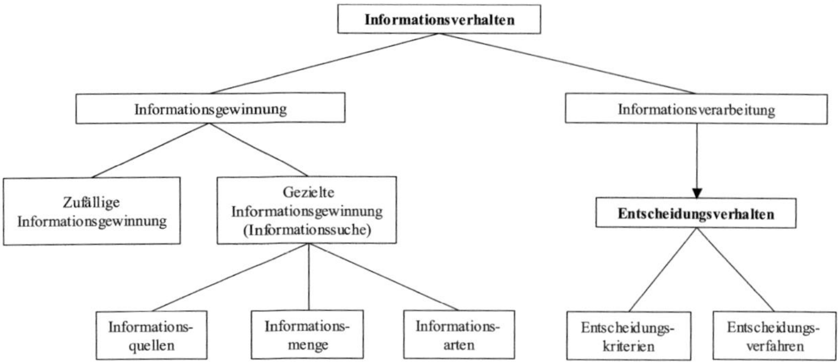

Quelle: in Anlehnung an Cramme 2005, 66; Cox 1967b, 604

Es ist davon auszugehen, dass Informations- und Entscheidungsverhalten in der Realität eng vernetzt und durch eine Reihe von Rückkopplungen gekennzeichnet sind, so dass das Informationsverhalten und das Entscheidungsverhalten fast parallel ablaufen. Das

Entscheidungsverhalten hat z.B. Einfluss darauf, welche Informationen der Nachfrager im Gedächtnis behält und wie er sie dort organisiert (attribut- oder alternativenbasiert). Gleichzeitig wirken sich die im Gedächtnis vorhandenen Informationen auf das angewendete Entscheidungsverfahren aus (vgl. Dawes/Dowling/Patterson 1993, 32). Für die Analyse des Auswahlprozesses ist es jedoch notwendig, diese beiden Aspekte weitgehend getrennt voneinander zu betrachten. Nur auf diese Weise können Einflussfaktoren auf die jeweiligen Verhaltensarten isoliert und Interdependenzen zwischen den Verhaltensarten identifiziert werden. Der Aspekt der Informationsverarbeitung soll entsprechend dem Verständnis dieser Arbeit im Kapitel zum Entscheidungsverhalten von Nachfragern betrachtet werden und in der folgenden Betrachtung ausgeklammert sein. Die Analyse bezieht sich in diesem Abschnitt nur auf die Informationsgewinnung und untersucht die Aspekte der Informationsarten, Informationsquellen und der Informationsmenge.

7.2 Arten von Informationen

Hinsichtlich der Arten von Informationen, die Nachfragern zur Verfügung stehen, muss zwischen intrinsischen und extrinsischen Informationen unterschieden werden. Intrinsische Informationen sind Indikatoren, die es dem Nachfrager erlauben, direkt auf die Qualität der Leistung zu schließen. Diese Informationen erschließen sich dem Nachfrager aus der Leistung an sich. Ob solche Qualitätsindikatoren vorhanden sind, hängt davon ab, inwieweit wichtige Leistungsmerkmale direkt beobachtbar sind und inwieweit der Nachfrager beurteilen kann, wie sich diese Leistungsmerkmale auf seine Wohlfahrt auswirken werden (vgl. Schuler 2004, 67).

Extrinsische Informationen sind all jene Informationen, über die indirekt auf die Qualität der Leistung geschlossen werden kann. Extrinsische Informationen lassen sich aus den extrinsischen Merkmalen von Leistungen generieren. Extrinsische Merkmale von Leistungen können z.B. der Preis, die Herkunft, der Markenname, ein Testurteil, das Werbevolumen des Anbieters, ein Zertifikat oder Garantien sein. Extrinsisch sind diese Merkmale deshalb, weil sie verändert werden können, ohne dass sich die Beschaffenheit der Leistung selbst verändert (vgl. Gierl/Stich 1999, 6).

Die extrinsischen Informationen lassen sich unterteilen in Indikatoren, Signale sowie Mechanismen der Selbstauswahl und Selbstbindung, wie die folgende Abbildung verdeutlicht.

Abb. 26: Überblick über die Informationsarten

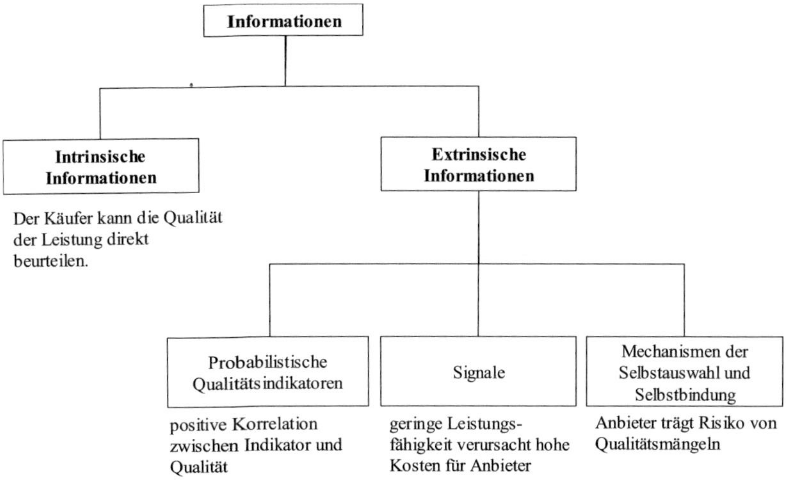

Quelle: in Anlehnung an Schuler 2004, 66

Probabilistische Qualitätsindikatoren weisen eine positive Korrelation mit der Qualität der Leistung auf. Sie können dazu beitragen, die Unsicherheit über die Leistungsfähigkeit des Anbieters abzubauen. Das nicht beobachtbare Merkmal der Leistung wird durch einen Indikator ersetzt, von dem auf die Ausprägung des Merkmals geschlossen werden kann (vgl. Schade/Schott 1993a, 20). Indikatoren sind nicht änderbare Charakteristika des Anbieters, aus denen auf Erfahrung oder Erfolg eines Anbieters geschlossen werden kann. Beispiele wären hier das Alter eines Unternehmens, sein Marktanteil oder die Einrichtung seiner Geschäftsräume (vgl. Schade/Schott 1993a, 20). Zu den Qualitätsindikatoren kann auch der Firmensitz des Anbieters zählen. Ist ein Beratungsunternehmen an einem prestigeträchtigen Ort in einem repräsentativen Gebäude angesiedelt, so kann das den Qualitätseindruck des Nachfragers verbessern (vgl. Gallouj 1997, 58). Auch auf andere Surrogate wie das Corporate Image, die Ausstattung und Atmosphäre des Büros oder das Mitarbeiterverhalten weichen Nachfrager in ihrer Anbieterbewertung aus, wenn sie die intrinsischen Merkmale nicht beurteilen können (vgl. Scott/van der Walt 1995, 28). Auf diese Problematik wird im Abschnitt 8.4 noch näher eingegangen.

Signale stellen Informationen dar, von denen auf das Verhalten des Signalsenders geschlossen werden kann (vgl. Milewicz/Herbig 1996, 3). Ein Signal ist eine einfach zu empfangende, extrinsische Information über ein Produkt oder eine Leistung, die jedoch keine verlässliche Information ist (vgl. Milewicz/Herbig 1996, 5). Von einem Signal spricht man, wenn die Signalisierungskosten und die Ausprägung des nicht beobachtbaren Merkmals negativ korrelieren, d.h. die Signalisierungskosten für einen Anbieter mit schlechter Leistungsfähigkeit entsprechend höher ausfallen als für einen Anbieter mit guter Leistungsfähigkeit (vgl. Spence 1973, 358). Die Aussendung entsprechender Informationen sollte weniger qualifizierten Anbietern nicht möglich sein. Signale machen die Überlegenheit des Angebots deutlich und wären für weniger qualifizierte Konkurrenten zu teuer. Dadurch sind sie ein besonders glaubhafter Beleg für die Ausprägungen der Leistung. Zu den Signalen zählen z.B. der Nachweis einer formalen Qualifikation oder die Zertifizierung (vgl. Kleinaltenkamp 1992, 817).

Ein Beispiel für Qualifikationen sind die wissenschaftlichen Abschlüsse der Mitarbeiter eines Unternehmens, die auf die Kompetenz der Mitarbeiter und somit auf die fachliche Qualität der Leistung schließen lassen (vgl. Schuler 2004, 67-68). Die Zertifizierung hat zum Ziel, Normen für den Markt zu etablieren und somit den unübersichtlichen Markt für Beratungsleistungen stärker zu strukturieren. Professionelle Organisationen wie Kammern und Verbände spielen für die Zertifizierung eine besondere Rolle. Während die Zertifizierung im Unternehmensberatungsmarkt oder im Wirtschaftsprüfungsmarkt, z.B. mit Qualitätsmanagement gemäß DIN EN ISO 9001:2000, eine gewisse Verbreitung gefunden hat und genutzt wird, um eine Reputation aufzubauen und das Kundenimage zu verbessern (vgl. Gallouj 1997, 54), spielt die Zertifizierung im Markt für M&A-Beratungsleistungen kaum eine Rolle. Erst seit kurzem werden auch im M&A-Bereich erste Bemühungen unternommen, ein Qualitätssiegel einzuführen (vgl. Gemar 2006, 6).

Der Anbieter könnte auch eine Probe der eigenen Qualifikationen geben. Das geschieht häufig in Form von Wettbewerbspräsentationen (vgl. Kaas 1992, 893), welche im M&A-Beratungsmarkt in Form von sog. Beauty Contests oder Pitches eine große Verbreitung finden. Das Risiko bleibt sowohl bei den Indikatoren als auch bei den Signalen beim Nachfrager, jedoch wird die Unsicherheitskomponente für den Nachfrager reduziert (vgl. Schuler 2004, 67-68).

Die dritte Form von extrinsischen Informationen sind die Mechanismen der Selbstbindung und Selbstauswahl. Diese Mechanismen ergeben sich aus dem Vertrag zwischen dem Anbieter und dem Nachfrager, der Grundlage für die Begrenzung des „moral hazard“ im Verhältnis von Nachfrager und Anbieter von professionellen Dienstleistungen ist. Moral hazard beschreibt die Gefahr, dass der Anbieter (Agent) sich bei der Leistungserstellung nicht im Sinne des Nachfragers (Prinzipal) verhält. Zur Eindämmung des moral hazard müssen Anreizsysteme etabliert werden. Ein wesentliches Mittel dazu ist der Vertrag zwischen den Parteien, denn durch den Vertrag ist dem Agenten die Möglichkeit gegeben, eine Selbstbindung einzugehen. Durch eine Selbstbindung verschafft der Anbieter dem Nachfrager ein einklagbares Recht, das oftmals Voraussetzung dafür ist, dass der Käufer überhaupt bereit ist, ein Geschäft mit dem Verkäufer abzuschließen (vgl. Schade/Schott 1993a, 21). Man spricht in diesem Zusammenhang auch von ergebnisbezogenen Selbstbindungen, die zustande kommen, wenn erfolgsabhängige Entlohnung, Konventionalstrafen oder Garantien zwischen Anbieter und Nachfrager vereinbart werden (vgl. Kaas 1992, 894).

Bei vertraglichen Garantien übernimmt der Anbieter die Verantwortung für den Fall, dass die Leistung nicht den vereinbarten Anforderungen entspricht. Auf diese Weise signalisiert er, dass er keine Intention hat, die Leistung ungenügend zu erbringen, da das zusätzliche Kosten für ihn bedeuten würde. Die Wirkung von Garantien hängt davon ab, wie glaubwürdig sie dem Nachfrager erscheinen (vgl. Gallouj 1997, 56). Die Selbstbindung stellt gleichzeitig auch eine Form von Signaling dar, weil sie für Anbieter, die ihre Leistungsfähigkeit nur vortäuschen, zu teuer wäre (vgl. Kaas 1992, 894). Nachteilig bei ergebnisbezogenen Selbstbindungen ist, dass der Anbieter mehr oder weniger weitgehend die Risiken des Leistungsergebnisses trägt (vgl. Kaas 1992, 893). Problematisch ist außerdem die Tatsache, dass ergebnisbezogene Selbstbindungen voraussetzen, dass die Leistungsergebnisse objektiv messbar sind und eindeutig den Leistungsbemühungen des Anbieters zugeordnet werden können. Diese Voraussetzung ist oft nicht erfüllt (vgl. Kaas 1992, 894; Gallouj 1997, 57).

Im Fall von M&A-Dienstleistungen erfolgt die Messung des Leistungsergebnisses häufig über den verhandelten Kauf- oder Verkaufspreis des Transaktionsobjektes. Da hier ein quantifizierbares Leistungsergebnis vorliegt, kann es als Grundlage einer erfolgsabhängigen Entlohnung dienen. Die in der M&A-Beratung enthaltenen qualitativen Leistungselemente entziehen sich allerdings einer Quantifizierung und können nicht Bestandteil der Selbstbindung sein. Aufgrund der bei professionellen Dienstleistungen vorliegenden Koproduktion durch Anbieter und Nachfrager stellt sich zudem die Frage nach der Zurechenbarkeit des Leistungsergebnisses. Das Leistungsergebnis wird sowohl vom Input des Anbieters als auch des Nachfragers bestimmt, so dass es schwierig ist, den jeweiligen Beitrag zum Leistungsergebnis sicher zu bestimmen.

Eine zweite Form der Selbstbindung ist das Eingehen von inputbezogenen Selbstbindungen. Dabei schränkt der Anbieter freiwillig seinen Handlungsspielraum bei der Bemessung des Inputs ein (vgl. Kaas 1992, 893). Bei M&A-Dienstleistungen könnte eine solche inputbezogene Selbstbindung z.B. die Garantie beinhalten, dass sich bestimmte Mitarbeiter des M&A-Beratungsunternehmens an der Leistungserstellung beteiligen oder dass eine bestimmte technische Ausstattung des Unternehmens (z.B. spezielle Datenbanken) genutzt wird. Gerade die Sicherstellung, dass bestimmte erfahrene und hochqualifizierte Mitarbeiter persönlich in die Bearbeitung der Transaktion involviert sind, ist für die Nachfrager von M&A-Beratung häufig sehr wichtig (vgl. Maehrle/Friedrich 2007, 11).

Der Mechanismus der Selbstauswahl ist der Selbstbindung sehr ähnlich und findet sich in Verträgen, in denen der Anbieter sich einer Bestrafung aussetzt, sollte die Qualität der Leistung nicht den Erwartungen entsprechen. Damit gibt der Anbieter ein Signal seiner Leistungsfähigkeit und -willigkeit. Der Verkäufer wählt z.B. selbst ein Entlohnungssystem aus und zeigt damit seine Risikoaversion und sein Qualifikationsniveau. Für einen Anbieter mit schlechter Leistungsfähigkeit ist ein leistungsabhängiges Entlohnungssystem mit einem hohen Risiko verbunden, weshalb nur ein besser qualifizierter Anbieter bereit sein wird, dieses zu akzeptieren (vgl. Schade/Schott 1993a, 20).

Eine Vielzahl von Informationen kann nicht eindeutig einer der vorgenannten Kategorien „probabilistische Qualitätsindikatoren", „Signalen" oder „Selbstbindung/ Selbstauswahl" zugeordnet werden, da sie oft mehrere der genannten Eigenschaften in sich vereinen. Während z.B. das Angebot einer erfolgsabhängigen Entlohnung durch den Anbieter als Selbstauswahl interpretiert werden kann, ist es auch ein Signal, da die Aussendung dieser Information für weniger leistungsfähige Anbieter zu teuer ist. Auch die Reputation kann als ein Mittel der Selbstauswahl betrachtet werden, sie ist aber zugleich ein probabilistischer Qualitätsindikator, da ein positiver Zusammenhang zwischen Qualität und Reputation unterstellt werden kann (vgl. Schuler 2004, 71).

Zusammenfassend ist festzustellen, dass Nachfrager verschiedene Arten von Informationen nachfragen können. Bei M&A-Dienstleistungen können diese Informationen aus der Leistung selbst oder dem Leistungsprozess nicht abgeleitet werden. Zum Zeitpunkt des Kaufs liegt keine Leistung vor, die der Nachfrager begutachten könnte, um intrinsische Informationen über die Qualität zu erhalten. Extrinsische Informationen helfen, einen Rückschluss auf die Wahrscheinlichkeit des Eintritts negativer Konsequenzen zu ziehen. Diese Surrogatinformationen beziehen sich in erster Linie auf Charakteristika des Anbieterunternehmens (vgl. Kleinaltenkamp 1992, 819). Deshalb wird bei der Beschaffung von M&A-Dienstleistungen auf extrinsische Informationen zurückgegriffen, die in Qualitätsindikatoren, Signale und Selbstbindungs- und Selbstauswahlmechanismen der Anbieter von M&A-Dienstleistungen unterteilt werden. Nachdem nun deutlich gemacht wurde, welche Arten von Informationen im Beschaffungsprozess relevant sind, soll im folgenden Abschnitt darauf eingegangen werden, aus welchen Quellen die entsprechenden Informationen beschafft werden können.

7.3 Informationsquellen und ihre Bedeutung

7.3.1 Systematisierung möglicher Informationsquellen

Informationsquellen bezeichnen Orte, an denen Informationen gefunden werden können (vgl. Cramme 2005, 72). Konsumenten beschaffen sich ihre Informationen aus einer Reihe verschiedener Quellen und verarbeiten sie auf eine sehr komplexe Weise (vgl. Murray 1991, 11). Verschiedene Informationsquellen werden kombiniert und bilden auf diese Weise ein Set von Informationsquellen, das je nach Beschaffungssituation variieren kann. Die Sets unterscheiden sich hinsichtlich ihrer Struktur, also der in ihnen enthaltenen Informationsquellen und der relativen Bedeutung der einzelnen Quellen (vgl. Bunn/Clopton 1993, 458). Die Suche nach externen Informationen ist eine bewusste und motivierte Handlung des Nachfragers. Mit Blick auf die Informationsquellen kann die Suche nach Informationen in die zwei Phasen der internen und externen Suche gegliedert werden.

Die interne Suche bezeichnet die Beschaffung von Informationen, die im Gedächtnis des Nachfragers vorhanden sind (vgl. Guo 2001, 506). Die im Gedächtnis zur Verfügung stehenden Informationen basieren auf bisherigen Erfahrungen mit der nachgefragten Leistung und deren Anbietern (vgl. Murray 1991, 11). Die externe Suche bezieht sich hingegen auf alle Informationsquellen außerhalb des Gedächtnisses (vgl. Guo 2001, 506).

Informationsquellen können außerdem dahingehend unterschieden werden, ob sie kommerzieller oder nicht-kommerzieller Natur sind. Diese Unterscheidung ist nicht immer ganz leicht zu treffen, aber ein wesentliches Kriterium ist die Frage, ob die Informationsquelle finanziell davon profitiert, Informationen über den Anbieter zu verbreiten (vgl. Moriarty/Spekman 1984, 138). Cox (vgl. 1967a, 605) schlägt eine ähnliche Systematisierung der Informationsquellen danach vor, wer die betreffende Informationsquelle kontrolliert. Unter „Marketer dominated communication channels" versteht er all jene Informationsquellen, die vom Anbieter kontrolliert und gestaltet werden. Unter „Consumer dominated channels of communication" fasst er alle Informationsquellen, die aus dem Umfeld des Nachfragers stammen, also vorwiegend Informationen der Mund-zu-Mund-Propaganda. Als dritte Form identifiziert er neutrale Informationsquellen, die weder unter der Kontrolle des Anbieters noch der des Nachfragers stehen. Das sind vor allem Veröffentlichungen wie beispielsweise Presseberichte und Warentests (vgl. Cox 1967b, 605). Mitchell unterscheidet ähnlich nach Käufer-dominierten Quellen und Verkäufer-dominierten Quellen (vgl. 1995, 124). Damit von einer kommerziellen Informationsquelle gesprochen werden kann, sollte die Informationsquelle unter der Kontrolle des Anbieters stehen und finanziell von der Verbreitung von Informationen profitieren. Steht eine Informationsquelle nicht unter der Kontrolle des Anbieters und hat keinen finanziellen Nutzen von der Informationsverbreitung, soll sie als nicht-kommerzielle Quelle aufgefasst werden.

Eine weitere Klassifikation unterscheidet nach persönlichen und unpersönlichen Quellen (vgl. Moriarty/Spekman 1984, 138; Murray 1991, 11). Zu den persönlichen Quellen zählen z.B. Kollegen, Geschäftsfreunde oder Branchenexperten. Unter die unpersönlichen Quellen fallen z.B. Medien, Broschüren oder Internetseiten (vgl. Dawes/ Dowling/Patterson 1993, 32).

Informationsquellen können also anhand von drei Dimensionen kategorisiert werden:

- Lokalisierung der Informationen: intern vs. extern
- Kontrolle der Informationen/Profit von Informationsweitergabe: kommerziell vs. nicht-kommerziell
- Übertragungsmedium der Informationen: Persönlich vs. unpersönlich

Führt man diese drei Dimensionen zusammen, ergibt sich eine Klassifikation der Informationsquellen wie nachfolgend dargestellt:

Abb. 27: Klassifikation von Informationsquellen

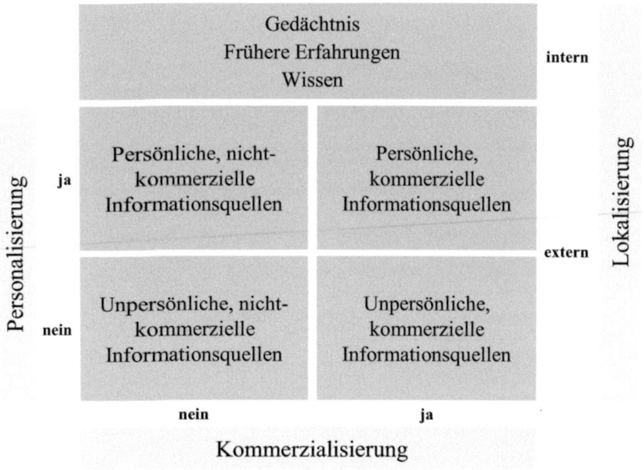

Quelle: eigene Darstellung

Dass für M&A-Dienstleistungen eine Vielzahl von Informationsquellen genutzt werden können, zeigte sich schon in Abschnitt 3.2.2, in dem die Marketingaktivitäten der M&A-Berater thematisiert wurden.

Um ein vollständiges Bild der für M&A-Dienstleistungen in Frage kommenden Informationsquellen zu erhalten, sollen Studien zur Beschaffung von professionellen Dienstleistungen ausgewertet werden. Zur Nachfrage nach M&A-Dienstleistungen existieren nur drei Studien, weshalb auch die Ergebnisse anderer Studien berücksichtigt werden, die sich mit ähnlichen Dienstleistungen auseinandersetzen. Dies geschieht unter der Annahme, dass die grundsätzliche Vergleichbarkeit der Charakteristika der Dienstleistungen dazu führt, dass auch die relevanten Informationsquellen vergleichbar sind. Die folgende Tabelle gibt einen Überblick über die Studien, die betrachtet wurden.

Tabelle 20: Studien zur Beschaffung professioneller Dienstleistungen

Autor	Jahr	Land	Art der Leistung
Gustafson/DiMarco	1973	USA	Unternehmensberatung
Haynes/Rothe	1974	USA	Marktforschung
George/Solomon	1980	USA	Rechnungslegung
Eichenseher/Shields	1983	USA	Wirtschaftsprüfung
Cagley/Roberts	1984	USA	Werbung
Stock/Zinszer	1987	USA	Logistik-Beratung
Steyrer	1989	Österreich	Unternehmensberatung
Meffert	1990	Deutschland	Unternehmensberatung
Carter/Dark	1992	USA	Investmentbanken
Dawes/Dowling/Patterson	1992	Australien	Management Consulting
Day/Barksdale	1992	USA	Architektur- und Ingenieurleistungen
Lachnit/Müller	1993	Deutschland	Unternehmensberatung
Clark/Mabey	1994	GB	Personalberatung
Scott/van der Walt	1995	Australien	Rechnungslegung
Beattie/Fearnley	1995	GB	Wirtschaftsprüfung
Kaas/Schade	1995	Deutschland	Unternehmensberatung
CSS-Studie (vgl. Bierach 1996)	1995	12 europ. Länder	Unternehmensberatung
Weekes/Scott/Tidwell	1996	Australien	Rechnungslegung
Boughton/Nowak/Washburn	1996	USA	Marktforschung
Murphy/Daley	1997	USA	Internationale Speditionsleistungen
Patterson/Spreng	1997	Australien	Management Consulting
Menon/McGinnis/Ackerman	1998	USA	Logistik-Dienstleistungen
Fritz/Effenberger	1998	Deutschland	Strategische Unternehmensberatung
Corcoran/McLean	1998	Australien, GB	Unternehmensberatung (Public Sector)
Kißling	1999	Deutschland	Marktforschung
Höck/Keuper	2001	Deutschland	Unternehmensberatung
Panayides/Cullinae	2002	Hong Kong	Ship Management
Cheung/ Kuen/Skitmore	2002	Hong Kong	Architekturleistungen
Sands/McPhail	2003	Australien	Wirtschaftsprüfung
Weihe	2003	Deutschland	M&A-Beratung
Schuler	2004	Europa	M&A-Beratung
Hohnhaus	2004	Deutschland	M&A-Beratung

Mit Ausnahme der Arbeiten von Stock und Zinszer (1987) und der von Weihe (2003) beschäftigen sich die Studien nicht explizit mit den Informationsquellen bei der Beschaffung von professionellen Dienstleistungen. Sie gehen vielmehr der Frage nach, anhand welcher Faktoren die Beschaffungsentscheidung für die betreffende Leistung getroffen wird. Es zeigt sich, dass die Trennung des Informations- und Entscheidungsverhaltens schwierig ist und von einigen Autoren nicht exakt vorgenommen wird. So finden sich unter den genannten Auswahlkriterien immer wieder solche, die im Sinne dieser Arbeit als Informationsquellen aufzufassen sind. Ein kurzes Beispiel soll diese Tatsache verdeutlichen. Ein in den Studien mehrfach genanntes Auswahlkriterium ist die Präsentation des Anbieters. Genau genommen ist die Präsentation für den Nachfrager aber nur eine Möglichkeit, Informationen über den Anbieter und die zu erwartenden Ausprägungen der Leistung zu erhalten. Die Auswahl wird nicht anhand der Präsentation selbst getroffen sondern anhand der Informationen, die eine solche Präsentation über die relevanten Leistungseigenschaften vermittelt. Dass die Abgrenzung theoretisch nicht sauber ist, zeigt sich auch darin, dass die Informationsquelle z.T. mit einer positiven Bewertung („good presentation", „gute Erfahrungen" etc.) versehen wird, damit sie als Auswahlkriterium aufgefasst werden kann. Es ist wichtig, eine begrifflich saubere Abgrenzung zwischen Informationsquellen und Auswahlkriterien zu treffen, weil es sonst zu Fehlinterpretationen der empirischen Ergebnisse kommen kann. Werden die beiden Begriffe vermischt, kann die Bedeutung einer Informationsquelle als Wichtigkeit eines Auswahlkriteriums missverstanden werden. In dieser Arbeit wurden deshalb die in den Studien genannten Informationsquellen isoliert und in der nachfolgenden Tabelle zusammengefasst.

Tabelle 21: Informationsquellen der Nachfrage nach professionellen Dienstleistungen

Informationsquelle	Operationalisierung
Empfehlungen allgemein	- Recommended by people in my firm - Recommended by other persons - Referenzen bzw. Empfehlungen - Referrals - Recommendations by third parties - Empfehlungen - Empfehlung innerhalb von Unternehmen - Personal recommendations - Recommendations of a member of the company who was a past employee of the CPA firm - Recommendation
Empfehlungen von anderen Dienstleistern	- Recommended by bank / solicitors - Other consultants' recommendations - Empfehlungen von Kreditinstituten - Recommendations of a CPA firm by third party referrals such as lawyers, bankers, etc. - Empfehlungen M&A-naher Dienstleister
Empfehlungen von Verbänden	- Empfehlungen anderer Unternehmen oder Verbände - Empfehlungen von Verbänden/Kammern - Empfehlung Verband/IHK
Empfehlungen von anderen Unternehmen/Kunden/ Geschäftsfreunden	- Referrals from satisfied clients - Satisfied clients' recommendation - Empfehlung durch Geschäftsfreunde - Empfehlung von anderen Unternehmen - Recommendations of other clients of the CPA firm - Empfehlungen anderer Unternehmen oder Verbände - Erfahrungen anderer Unternehmen - Rat von Kollegen - Empfehlungen von Bekannten/Freunden - Empfehlungen ehemaliger Mandanten

Informationsquelle	**Operationalisierung**
Persönlicher Kontakt	- Persönliche Kontakte - Personal friendship with members of the CPA firm - Personal contact (solicitation) - Know partners and staff - Persönlicher Kontakt mit Angestellten - Client knows specific consultant(s) - Persönliche Bekanntschaft - Persönliche Beziehungen von Vertretern des M&A-Beraters - Persönliche Beziehungen von Vertretern anderer Bereiche
Bestehende Geschäftsbeziehung/ bisherige Erfahrungen	- Persönliche Erfahrungen - Erfahrung aus der Vergangenheit - Working Relationships - Gute Erfahrungen - Zusammenarbeit - Client has experience with consulting firm - Prior use of consultant - Bereits schon frühere Beratungseinsätze im Unternehmen - Erfahrungen mit früheren Projekten - Erfahrungen mit früheren Projekten im Unternehmen - Folgeaufträge
Präsentation des Anbieters	- Präsentation - Pitchpräsentation - Präsentation des Konzeptes - Formal presentation - Schriftliches Exposé - Good presentation
Veröffentlichungen oder Vorträge der Anbieter	- Research sponsored by the CPA firm - Articles published by members of the CPA firm - Speeches made by members of the CPA firm - Attendance at professional seminars and conferences by members of the CPA firm
Werbung der Anbieter	- Werbung in Fach- und Tageszeitungen - Advertising - Advertising / promotion - Eigene Werbemaßnahmen

Quelle: Eigene Darstellung unter Nutzung der in Tabelle 20 genannten Studien

Die Vielzahl möglicher Informationsquellen kann der in Abbildung 26 dargestellten Klassifikation zugeordnet werden, wie die nachfolgende Tabelle zeigt.

Tabelle 22: Zuordnung von Informationsquellen zum Klassifikationsschema

<table>
<tr><th colspan="3">Interne Informationsquellen</th></tr>
<tr><td colspan="3">- Bestehende Geschäftsbeziehung/bisherige Erfahrungen mit Anbieter
- Persönliche Kontakte mit Anbieter</td></tr>
<tr><th colspan="3">Externe Informationsquellen</th></tr>
<tr><td></td><td>Persönlich</td><td>Unpersönlich</td></tr>
<tr><td>Kommerziell</td><td>- Formale Präsentation des Anbieters (Beauty Contest)
- Gespräch mit Berater
- Vom Berater durchgeführte Seminare oder Workshops</td><td>- Schriftliches Exposé
- Broschüren
- Branchenverzeichnisse
- Artikel des Beraters in Zeitschriften
- Werbung in Wirtschaftspresse</td></tr>
<tr><td>Nicht-kommerziell</td><td>- Gespräche mit Kollegen innerhalb des Unternehmens
- Gespräche mit Kollegen außerhalb des Unternehmens
- Empfehlung von anderem Berater
- Empfehlung von zufriedenem Kunden
- Empfehlung von Dritten</td><td>- Verbände, Kammern und andere Wirtschaftsorganisationen
- Artikel über Berater in Wirtschaftspresse</td></tr>
</table>

Quelle: in Anlehnung an Tabelle 21; Dawes/Dowling/Patterson 1993, 46; Bunn/Clopton 1993, 463

Im Nachfrageprozess wird ein Entscheider eher selten auf nur eine Art von Informationsquellen zurückgreifen. Vielmehr ist Komplementarität bei ihrer Nutzung zu beobachten (vgl. Cox 1967a, 612). Die Frage danach, welche Informationsquellen bei der Informationssuche vor der Beschaffungsentscheidung verwendet werden, ist deshalb von Interesse, weil angenommen werden muss, dass der Nachfrager nur einen kleinen Teil aller existierenden Informationen zur Absicherung seiner Entscheidung nutzt und somit die Wahl der genutzten Informationsquellen großen Einfluss auf die Entscheidung hat (vgl. Mourali/Laroche/Pons 2005, 308). Es sollen daher in den folgenden zwei Abschnitten die theoretischen und empirischen Erkenntnisse zur Bedeutung verschiedener Informationsquellen zusammengetragen werden.

7.3.2 Theoretische Befunde

Die Bedeutung der Informationsquellen im Rahmen der Informationssuche hängt von verschiedenen Faktoren ab. Einer dieser Faktoren ist die Bedarfsrelevanz bzw. Qualität der zur Verfügung gestellten Informationen. Die Qualität von Informationen bestimmt sich anhand ihrer Kosten, Zuverlässigkeit, Objektivität, Verfügbarkeit, Aktualität, Unabhängigkeit und Sicherheit (vgl. Cramme 2005, 74). Die Glaubwürdigkeit ist ein wichtiges Charakteristikum einer Informationsquelle (vgl. Wilson 1997, 561). Informationen stehen nicht kostenlos zur Verfügung, vielmehr ist ihre Beschaffung mit ökonomischen und sozialen Kosten verbunden (vgl. O'Reilly 1982, 756), die umso höher sind, je schwieriger der Zugang zu einer Informationsquelle ist. Die Qualität einer Informationsquelle drückt sich in ihrer Fähigkeit aus, die Unsicherheit des Nachfragers bezüglich der Beschaffungsentscheidung zu reduzieren und dabei keine unverhältnismäßigen Kosten zu verursachen.

Die Charakterisierung von Informationsquellen anhand ihrer Zugänglichkeit und ihrer Qualität ist zentral in der wissenschaftlichen Diskussion zur Verwendung verschiedener Informationsquellen. Dabei existieren unterschiedliche Meinungen dazu, welche relative Bedeutung die Zugänglichkeit oder die Qualität einer Informationsquelle für die Wahrscheinlichkeit ihrer Nutzung hat (vgl. Woudstra/van den Hoof 2007). Eine häufig getroffene Annahme ist die, dass die Zugänglichkeit einer Informationsquelle deutlicheren Einfluss auf die Wahl einer Informationsquelle nimmt als die Qualität der Informationsquelle (vgl. O'Reilly 1982, 757). Dies begründet Wilson (1997, 561) folgendermaßen: „The lack of an easily accessible source may inhibit information-seeking altogether, or may impose higher costs than the enquirer is prepared to pay". Die große Bedeutung der Zugänglichkeit einer Informationsquelle führt Case auf das Paradigma des „Satisficing" zurück. Das Paradigma besagt, dass Individuen sich für die Handlung entscheiden werden, die für sie mit möglichst geringen Anstrengungen verbunden ist (vgl. Case 2007, 151). Unter „Satisficing" versteht man die Tendenz menschlicher Entscheidungsträger, nicht nach optimalen sondern nur nach befriedigenden Lösungen zu suchen und ihre Bemühungen an der Stelle abzubrechen, an der eine befriedigende Entscheidung getroffen wurde (vgl. Case 2007, 336). Die leichte Zugänglichkeit einer Informationsquelle hat deshalb tendenziell einen größeren Einfluss auf die Häufigkeit ihrer Nutzung als die Qualität der zur Verfügung gestellten Informationen (vgl. Case 2007, 153).

Welche Arten von Informationsquellen genutzt werden, hängt auch davon ab, in welchem Stadium der Kaufentscheidung ein Nachfrager sich befindet (Cox 1967a, 612). Es konnte empirisch gezeigt werden, dass sich die Präferenz für bestimmte Informationsquellen im Laufe des Beschaffungsprozesses ändert. Unpersönliche Quellen haben eine vergleichsweise große Bedeutung in den frühen Phasen des Beschaffungsprozesses, während die Bedeutung persönlicher Quellen in späteren Phasen zunimmt (vgl. Bunn/Clopton 1993, 459; Brossard 1998, 45). Während die unpersönlichen Quellen dazu dienen, in Frage kommende Anbieter zu identifizieren, dienen die persönlichen Quellen dann zur Entscheidungsfindung bei der Anbieterauswahl (vgl. Stock/Zinszer 1987, 2). Anbieterkontrollierte Informationsquellen spielen in der frühen Phase des Beschaffungsprozesses eine große Rolle. Nicht-kommerzielle Quellen nehmen hingegen in den späten Phasen des Beschaffungsprozesses an Bedeutung zu, wenn der Nachfrager ein Informationsbedürfnis für glaubwürdige Informationen hat, die eine Bewertung der Leistung ermöglichen (vgl. Cox 1967a, 612).

Die relative Bedeutung von Informationsquellen wird darüber hinaus beeinflusst von der Art der nachgefragten Leistung, der Neuartigkeit der Beschaffungssituation, individuellen und organisationalen Unterschieden und dem mit dem Kauf verbundenen wahrgenommenen Risiko (vgl. Bunn/Clopton 1993, 459).

Die verschiedenen Arten von Informationsquellen können mit Blick auf die Kosten, die sie dem Entscheider verursachen und der Verringerung der Unsicherheit, die sie beim Entscheider bewirken, bewertet werden.

Nachfrager greifen dann auf Informationen aus ihrem Gedächtnis (**interne Quellen**) zurück, wenn diese Informationen besser zugänglich und aussagekräftiger sind als andere Informationsquellen (vgl. Dawes/Dowling/Patterson 1993, 32). Wenn ein Nachfrager bereits mit einem Anbieter zusammengearbeitet hat oder persönliche Kontakte zu ihm pflegt, sollten Informationen über diesen Anbieter aus seinem Gedächtnis verfügbar sein. Die Glaubwürdigkeit dieser Informationsquelle sollte besonders gut sein und die Informationen sollten insofern von hoher Qualität sein. Daraus lässt sich ableiten, dass vorhandene Erfahrungen und Wissen, die sich aus der vorherigen Zusammenarbeit oder persönlichen Kontakten ergeben, eine Informationsquelle darstellen, die sich durch geringe Kosten und gutes Vermögen der Unsicherheitsreduzierung auszeichnen. Nachteilig ist lediglich, dass Erfahrungen im Umgang mit oder bei der Nachfrage nach M&A-Beratern vorliegen müssen. Diese Informationsquelle steht demnach nicht allen Nachfragern zur Verfügung.

In der Literatur herrscht zur Bedeutung verschiedener Arten von externen Informationsquellen die Meinung vor, dass **persönliche, nicht-kommerzielle Quellen** für Nachfrager am wichtigsten sind (vgl. Mourali/Laroche/Pons 2005, 308). Entscheidungsträger verlassen sich auf Informationsquellen, die sich durch große Expertise und Glaubwürdigkeit und durch geringes oder nicht vorhandenes Interesse der Einflussnahme auszeichnen. Persönliche nicht-kommerzielle Informationsquellen erfüllen diese Kriterien besser als unpersönliche Informationsquellen und spielen deshalb eine besondere Rolle in den Beschaffungsprozessen (vgl. Stock/Zinszer 1987, 2). Persönliche Informationsquellen sind für professionelle Dienstleistungen besonders relevant, da auf die Nutzung von Werbung häufig noch immer verzichtet wird und Nachfrager deshalb auf unpersönliche Informationsquellen oft nicht zurückgreifen können (vgl. Dawes/Dowling/Patterson 1993, 34).

Besonders wichtig ist dabei der Informations- und Erfahrungsaustausch mit anderen Nachfragern (vgl. Mitchell 1995, 125). Inwieweit der Rat von Außenstehenden akzeptiert wird, hängt von dem Vertrauen ab, das die Nachfrager in den Ratgeber haben. Das Vertrauen wird dabei als zweidimensionales Konstrukt betrachtet. Zwei wesentliche Faktoren müssen erfüllt sein, damit ein Nachfrager Vertrauen empfinden kann. Der erste Faktor ist die wahrgenommene Expertise des Ratgebers. Der Nachfrager wird dem Ratgeber nur vertrauen, wenn er ihn in Bezug auf die Problemstellung für kompetent und erfahren hält (expertise-basiert). Der zweite Faktor ist das wahrgenommene Wohlwollen des Ratgebers gegenüber der ratsuchenden Person. Das Vertrauen gegenüber einem Ratgeber ist umso größer, je mehr davon auszugehen ist, dass der Ratgeber die Interessen der ratsuchenden Person verfolgt und ein gutes Ergebnis für diese erreichen will (wohlwollen-basiert) (vgl. White 2005, 141).

Welche Bedeutung die beiden Vertrauensarten in einer konkreten Entscheidungssituation haben, hängt von den Merkmalen der Situation ab. Es konnte empirisch gezeigt werden, dass bei Entscheidungen mit großem Risiko aber geringer emotionaler Schwierigkeit, das expertise-basierte Vertrauen eine größere Rolle spielt. Das bedeutet, dass Nachfrager in dieser Situation bevorzugt dem Rat von Personen folgen, die sie als hoch kompetent wahrnehmen. Bei emotional schwierigen Entscheidungen steigt hingegen die Bedeutung des wohlwollen-basierten Vertrauens (vgl. White 2005, 147).

Die immer wieder zu beobachtende Präferenz von Nachfragern, persönliche Informationsquellen zu nutzen, kann damit erklärt werden, dass diese häufig auch leicht zugänglich sind. Sie werden gewählt, um die Anstrengung des Informationsnachfragers zu reduzieren (vgl. Case 2007, 153). Aufgrund der höheren Glaubwürdigkeit nicht-kommerzieller Quellen kann die Unsicherheit des Entscheiders effektiver reduziert werden. Der Nachfrager erhält mit viel höherer Wahrscheinlichkeit Informationen über negative Ausprägungen der betreffenden Leistung als aus den anbieterkontrollierten Quellen. Allerdings ist es auch denkbar, dass der Entscheider Zweifel an der Kompetenz anderer Nachfrager hat, was der Reduzierung seines wahrgenommenen Risikos entgegenwirkt (vgl. Cox 1967a, 606). Bei persönlichen Quellen ergibt sich für den Nachfrager die Möglichkeit zur Klärung unklarer Sachverhalte durch Nachfragen und sofortiges Feedback. Auf diese Weise kann er sein Informationsbedürfnis schnell und effizient befriedigen (vgl. Mourali/Laroche/Pons 2005, 308). Persönliche Informationsquellen zeichnen sich dadurch aus, dass ihre Informationen problembezogener und zielgerichteter sind als die unpersönlicher Informationsquellen (vgl. Cramme 2005, 75). Gerade für Dienstleistungen, die durch die Dominanz von Erfahrungs- und Vertrauenseigenschaften gekennzeichnet sind, sind persönliche Informationsquellen deshalb effektiv (vgl. Murray 1991, 13).

Persönliche, kommerzielle Informationsquellen sind vor allem die Mitarbeiter des Anbieterunternehmens und ihr Auftreten bei Wettbewerbspräsentationen, Akquisegesprächen oder anderen Anbieterveranstaltungen. Obwohl diese Informationsquellen vom Anbieter gesteuert werden und insofern nicht uneingeschränkt glaubwürdig sind, bietet der persönliche Kontakt für den Nachfrager doch die Möglichkeit, sich einen persönlichen Eindruck von dem Leistungswillen und der Leistungsfähigkeit des Anbieters zu verschaffen und auf diese Weise seine Unsicherheit deutlich zu reduzieren. Dies gilt vor allem für Präsentationen oder Akquisegespräche, bei denen der Anbieter auf das konkret zu bearbeitende M&A-Projekt eingeht.

Für andere Veranstaltungen, wie z.B. Seminare oder Workshops, fällt die Unsicherheitsreduzierung geringer aus, da keine Informationen darüber gewonnen werden können, wie der Anbieter mit einem konkreten Projekt umgeht. Bezüglich der Kosten lässt sich festhalten, dass diese vergleichsweise hoch sind, da viel Zeit aufgewendet werden muss, um Informationen über einen einzelnen Anbieter zu erhalten und weil es sogar sein kann, dass der Anbieter für seine Veranstaltung eine Gegenleistung erwartet

Unpersönliche, nicht-kommerzielle Informationsquellen enthalten glaubwürdige Informationen über die Qualität einer Leistung, da auch sie Informationen über negative Ausprägungen der Leistung bieten und deshalb für Nachfrager mit hohem wahrgenommenen Risiko relevant sind (vgl. Cox 1967a, 607-608). Sie können das Risiko grundsätzlich reduzieren. Allerdings haben sie im Vergleich zu persönlichen Quellen den Nachteil, dass keine Klärung unklarer Sachverhalte und kein direktes Feedback möglich sind. Das mindert die Möglichkeit der Unsicherheitsreduzierung, weil der Nachfrager eventuell nicht alle für ihn relevanten Informationen erhält. Zu den M&A-spezifischen unpersönlichen, nicht-kommerziellen Quellen gehören die League Tables. Die Position einer Investmentbank innerhalb der League Tables bestimmt sich aus dem Volumen der abgeschlossenen Geschäfte, der Anzahl der durchgeführten Transaktionen und dem jeweiligen Marktanteil in dem Geschäftsbereich. League Tables werden als Marketinginstrumente eingesetzt, um dem Kunden die eigene Positionierung in einem bestimmten Geschäftsfeld zu demonstrieren (vgl. Achleitner 2002, 92). League Tables sind für die konkrete Auswahl von M&A-Beratern allerdings von eher nachrangiger Bedeutung (vgl. o.V. (b) 2005, 13). Die Kosten des Zugangs zu unpersönlichen, nicht-kommerziellen Informationsquellen, z.B. Veröffentlichungen in der Presse, Rankings etc. sind als gering einzustufen.

Unpersönliche, kommerzielle Informationsquellen sind mit geringen Kosten und niedrigem Aufwand der Informationsgewinnung verbunden. Allerdings ist die Glaubwürdigkeit derartiger Informationsquellen vergleichsweise gering, weshalb es dem Entscheider nicht gelingen wird, seine Unsicherheit unter Nutzung dieser Quellen signifikant zu reduzieren (vgl. Cox 1967a, 605). Diese Informationsquellen, zu denen z.B. der Internetauftritt oder Veröffentlichungen des Anbieters gehören, verursachen demnach nur geringe Kosten der Informationsbeschaffung, sind aber auch nur bedingt geeignet, die Unsicherheit des Nachfragers zu mindern.

Die Analyse zeigt, dass die verschiedenen Arten von Informationsquellen unterschiedlich gut geeignet sind, die Unsicherheit zu mindern und dass sie unterschiedlichen Kosten verursachen. Die gewonnenen Erkenntnisse zur relativen Vorteilhaftigkeit verschiedener Informationsquellen sind in der folgenden Abbildung noch einmal zusammengefasst, wobei zu beachten ist, dass die Position einzelner Quellen innerhalb der Matrix situationsbedingt abweichen kann.

Abb. 28: Bewertung verschiedener Informationsquellen

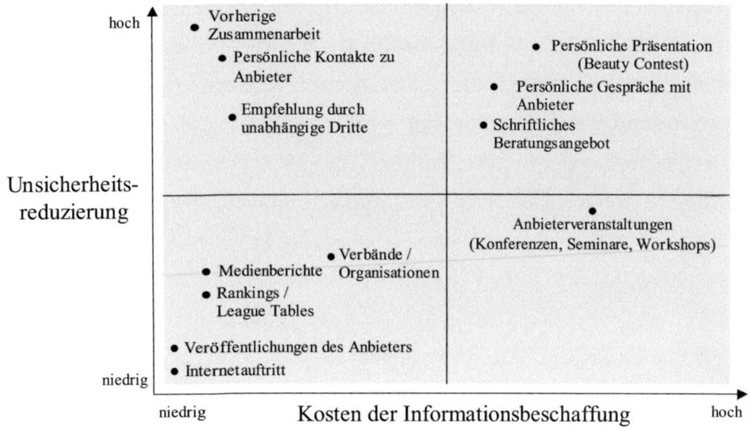

Quelle: eigene Darstellung

Nachdem nun theoretisch abgeleitet wurde, wie verschiedene Informationsquellen bewertet werden können, soll im folgenden Abschnitt untersucht werden, ob die unterschiedliche Bedeutung der Informationsquellen auch empirisch bestätigt werden kann.

7.3.3 Empirische Befunde

Liegen **interne Informationen** durch frühere Erfahrungen vor, so sind diese Informationsquellen für Nachfrager von Dienstleistungen besonders wichtig (vgl. Murray 1991, 14). Je größer die mit einer Beschaffungsentscheidung verbundene Unsicherheit ist, umso eher nutzt der Entscheider seine direkten Beobachtungen oder eigenen Erfahrungen als Informationsquelle. Murray konnte zeigen, dass ein höheres wahrgenommenes Beschaffungsrisiko bei Dienstleistungen dazu führt, dass bestimmte Arten von Informationsquellen (eigene Erfahrungen und persönliche Quellen) bevorzugt werden (vgl. Murray 1991, 20). Bei sehr großer Unsicherheit sind Nachfrager aber auch bereit, extern nach Informationen zu suchen (vgl. Murray 1991, 12).

Zur externen Informationsbeschaffung existieren zahlreiche empirisch fundierte Erkenntnisse. In den Studien wird meist die Bedeutung **persönlicher Informationsquellen** bei der Beschaffung von Unternehmen betont (vgl. Moriarty/Spekman 1984, 138; Mitchell 1994, 321).

Der Rückgriff auf persönliche Quellen der Informationen wird vor allem dann relevant, wenn unpersönliche Informationsquellen die Unsicherheit des Nachfragers nicht genügend reduzieren konnten (vgl. Murray 1991, 12). Die Charakteristika des Unternehmens üben Einfluss auf die Präferenz für bestimmte Informationsquellen aus. Kleine Unternehmen nutzen stärker persönliche nicht-kommerzielle Informationsquellen als große Unternehmen (vgl. Moriarty/Spekman 1984, 143). Auch die persönlichen Neigungen haben Einfluss auf die Wahl von Informationsquellen. Menschen, die eher beeinflussbar und empfänglich für persönliche Informationen sind, nutzen nach einer Studie von Mourali, Laroche und Pons auch eher persönliche Informationsquellen (vgl. 2005, 314). Die Autoren zeigen auch, dass die beim Nachfrager vorhandenen Produktkenntnisse Einfluss darauf haben, ob persönliche Informationsquellen bevorzugt werden oder nicht. Je mehr Produktkenntnisse vorhanden sind, umso weniger wahrscheinlich greift ein Nachfrager auf persönliche Quellen zurück (vgl. Mourali/Laroche/Pons 2005, 316).

Murray konnte in seiner Studie nachweisen, dass sich bei der Nachfrage nach Dienstleistungen die Entscheider eher auf persönliche Informationsquellen verlassen als auf unpersönliche (vgl. Murray 1991, 14). Dawes, Dowling und Patterson (vgl. 1993, 48) konnten diese Erkenntnisse für die Beschaffung professioneller Dienstleistungen bestätigen. Auch Scott und van der Walt (vgl. 1995, 37) kommen in ihrer Studie zur Beschaffung von Wirtschaftsprüfung zum Ergebnis, dass persönliche Quellen häufiger genutzt werden (von 60,3% der befragten Unternehmen) als unpersönliche Informationsquellen (39,7%).

Eine besonders große Rolle spielen die Empfehlungen unabhängiger Dritter, was in verschiedenen Arbeiten immer wieder betont wird (vgl. z.B. Effenberger/Fritz 1996, 13; Kaas/Schade 1995, 1075; Dawes/Dowling/Patterson 1992, 190; Meffert 1990, 188; Stock/Zinser 1987, 9).

Unpersönliche kommerzielle Quellen stehen hingegen seltener im Fokus der Untersuchungen, was unter anderem darin begründet liegt, dass Informationsquellen wie beispielsweise Werbung für industrielle Märkte traditionell eine geringere Bedeutung haben (vgl. Moriarty/Spekman 1984, 138).

Unpersönliche nicht-kommerzielle Quellen bieten den Vorteil, objektive und neutrale Informationen über Anbieter zu vermitteln. Sie werden deswegen auch im Fall von konfliktreichen Entscheidungen vermehrt genutzt. Obwohl unpersönliche nicht-kommerzielle Quellen sowohl in frühen als auch späteren Phasen des Beschaffungsprozesses eine Rolle spielen, haben sie für die endgültige Anbieterauswahl jedoch kaum Bedeutung (vgl. Moriarty/Spekman 1984, 144). Die Ergebnisse dreier Studien, die sich mit der Beschaffung von Beratungsleistungen auseinandergesetzt haben, sollen im Folgenden etwas detaillierter dargestellt werden.

Tabelle 23: Bedeutung von Informationsquellen für die Beratungsnachfrage

Informationsquelle	Anteil der Unternehmen, die Informationsquelle verwenden
Interne Informationsquellen	
Past Dealings with the consultant's firm	68%
Persönliche nicht-kommerzielle Informationsquellen	
Discussions with colleagues in your own company	71%
Discussions with colleagues outside your company	46%
Referral from a satisfied customer	21%
Referral from another consultant	7%
Persönliche kommerzielle Informationsquellen	
Written consulting proposal	69%
Formal Presentation	46%
Meetings at consultant's office	37%
Consultant giving a public speech, seminar and/or workshop	10%
Unpersönliche nicht-kommerzielle Informationsquellen	
Professional associations	11%
Articles about consultant in business press	6%
Unpersönliche kommerzielle Informationsquellen	
References supplied by consultant	33%
Consultant's brochures	22%
Articles by consultant in magazines and journals	8%
Trade directories	5%
Advertisements in the business press	3%

Quelle: Dawes/Dowling/Patterson 1993, 49

Die Ergebnisse von Dawes, Dowling und Patterson sind besonders interessant vor dem Hintergrund der Diskussion um die Zugänglichkeit und Qualität von Informationsquellen. Es ist festzustellen, dass annähernd gleich hohe Nutzungsraten bei unterschiedlichen Kategorien von Informationsquellen vorliegen. Innerhalb der jeweiligen Kategorien bestehen hingegen deutliche Unterschiede in der Nutzungsneigung der Nachfrager. Betrachtet man die Kategorien für sich, sieht man dass die sinkende Wahrscheinlichkeit der Nutzung mit einer sinkenden Zugänglichkeit einhergeht. So ist es z.B. für den Nachfrager wesentlich einfacher und mit geringeren Kosten verbunden, seine eigenen Kollegen zu befragen, als Mitarbeiter anderer Unternehmen zum Beschaffungsproblem zu konsultieren. Ein schriftliches Beratungsangebot ist für den Nachfrager leichter und kostengünstiger zu beschaffen als Informationen aus einer persönlichen Präsentation des Anbieters. Vom Anbieter zur Verfügung gestellte Informationen sind einfacher zugänglich als allgemeine Informationen in der Wirtschaftspresse. Die Ergebnisse bestätigen also tendenziell die Vermutung, dass die Zugänglichkeit von Informationsquellen großen Einfluss auf die Nutzungswahrscheinlichkeit hat. Die empirischen Ergebnisse bekräftigen außerdem die Erkenntnisse des vorangegangenen Abschnitts, in dem in Abb. 27 festgehalten wurde, wie die Kosten und die Unsicherheitsreduzierung bei verschiedenen Informationsquellen einzuschätzen ist. Es zeigt sich, dass die als besonders effektiv eingeschätzten Informationsquellen, nämlich die mit guter Unsicherheitsreduzierung und geringen Kosten, am häufigsten genutzt werden. Das betrifft Gespräche mit Kollegen als Empfehlungen unabhängiger Dritter (71%), das schriftliche Beratungsangebot (69%) und die eigenen Erfahrungen mit dem Anbieter (68%).

Weihe (vgl. 2003, 77) befragte M&A-Berater dazu, wie ihr Kontakt zu Auftraggebern von neuen M&A-Mandaten zustande kommt. Hohe Bedeutung haben Folgeaufträge, Empfehlungen ehemaliger Mandanten und die persönlichen Beziehungen von Vertretern des M&A-Beraters mit den Unternehmensvertretern. Von mittlerer Bedeutung sind die Empfehlungen M&A-naher Dienstleister, von Vertretern anderer Bereiche des Anbieterunternehmens (z.B. Aktienanalyse, Asset Management etc.) sowie die Direktansprache potenzieller Mandanten. In ihrer Bedeutung gering sind eigene Werbemaßnahmen oder M&A-Beratungsbedarf im eigenen Unternehmensverbund als Kontaktauslöser für die Akquirierung von M&A-Mandaten. Für League Tables ergab sich ein differenziertes Bild, insgesamt haben sie aber kaum Bedeutung für die Generierung von Kontakten zu potenziellen Kunden. Auch hier zeigt sich, dass den Informationsquellen die höchste Bedeutung zugesprochen wird, die bei geringen Kosten eine gute Unsicherheitsreduzierung bewirken. Die Studie ergab auch, dass bei etwa der Hälfte aller M&A-Aufträge vorher ein Beauty Contest durchgeführt wird. In diesem Zusammenhang gehen 63,6% der befragten M&A-Berater davon aus, dass die Bedeutung von Beauty Contests noch steigen wird (vgl. Weihe 2003, 80).

Schuler (vgl. 2004, 203) untersuchte die relative Bedeutung verschiedener Informationsquellen bei der Entscheidung für eine Investment Bank und fand heraus, dass eine bestehende Geschäftsbeziehung im Investment Banking die wichtigste Quelle für Informationen über einen Anbieter darstellt. Erfahrungen mit dem Anbieter aus der Durchführung einer früheren Transaktion stehen an zweiter Stelle, gefolgt von der Präsentation des Anbieters. Die geringste Bedeutung als Informationsquelle hat die bestehende Beziehung mit der Bank allgemein (commercial banking relationship). Diese Ergebnisse sind ebenfalls Beleg dafür, dass die theoretisch abgeleiteten Erkenntnisse aus 7.3.2 auch praktische Relevanz haben.

7.3.4 Empfehlungen zur Nutzung von Informationsquellen

Zusammenfassend lässt sich festhalten, dass Nachfrager typischerweise mehrere Informationsquellen nutzen, um Informationen über die zu beschaffende Leistung zu erhalten. Verschiedene Faktoren wirken auf die Häufigkeit der Nutzung bestimmter Arten von Informationsquellen. Zentral ist dabei die Betrachtung der Dimensionen der Unsicherheitsreduzierung und der Nutzungskosten. Die Bedeutung verschiedener Informationsquellen variiert darüber hinaus im Verlauf des Beschaffungsprozesses, da die Bedeutung unpersönlicher und kommerzieller Quellen in den späteren Phasen abnimmt, während umgekehrt die Bedeutung persönlicher nicht-kommerzieller Quellen zunimmt.

Es gibt einige Studien, die belegen, dass bei hohem wahrgenommenen Risiko Nachfrager bei der Wahl ihrer Informationsquellen selektiver vorgehen (vgl. Grønhaug 1972, 249). Da bei M&A-Beratung von einem hohen wahrgenommenen Beschaffungsrisiko ausgegangen wird, sollten nachfragende Unternehmen bereit sein, die Qualität der Informationsquellen kritisch zu überprüfen. Das Qualitätsurteil sollte anhand der Kriterien Kosten, Zuverlässigkeit, Objektivität, Verfügbarkeit, Aktualität, Unabhängigkeit und Sicherheit getroffen werden. Der Zugang zu verschiedenen Informationsquellen ist wichtig und sollte von Unternehmen dazu genutzt werden, die Richtigkeit von Informationen anderer Quellen durch Vergleich zu überprüfen.

Für professionelle Dienstleistungen existieren weniger Informationsquellen, auf die Nachfrager bei der Suche nach Anbietern zurückgreifen können, als bei anderen industriellen Produkten oder sonstigen Dienstleistungen, für die es eine breite Auswahl von Werbematerialien gibt. Da für professionelle Dienstleistungen traditionell Werbung über Massenmedien eine untergeordnete Bedeutung hat und von den Anbietern auch nur begrenzt genutzt wird, ist es für die Nachfrager relativ schwierig Informationen zu erhalten (vgl. Mitchell 1994, 320). Nachfragende Unternehmen sollten sich deshalb, soweit möglich, Zugang zu **persönlichen, nicht-kommerziellen Informationsquellen** verschaffen. Diese Informationsquellen sind bei verhältnismäßig geringen Kosten sehr effektiv. Dazu ist eine aktive Kontaktpflege mit Personen außerhalb und innerhalb des eigenen Unternehmens zu empfehlen.

Es können z.B. Kontakte zu anderen Nachfragern von M&A-Beratungsleistungen auf- und ausgebaut werden. Durch diese Kontakte können Informationen unabhängiger Dritter eingeholt werden. Gerade im Mittelstand sind Weiterempfehlungen anderer Nachfrager eine relevante Informationsquelle. Die meisten mittelständischen Unternehmen haben noch keine vorherigen Erfahrungen mit M&A-Beratung sammeln können und verlassen sich deshalb auf persönliche Empfehlungen anderer Unternehmer (vgl. Müller-Stewens/Spickers/Deiss 1999, 49).

Je ähnlicher dabei der andere Nachfrager, umso wahrscheinlicher ist es, dass dessen Erfahrungen auf die eigene Beschaffungssituation übertragbar sind. Sollen Nachfrager aus anderen Unternehmen als Informationsquellen dienen, muss geprüft werden, inwieweit deren Erfahrungen auf die eigene Situation anwendbar sind. Dazu sollten folgende Fragen abgeklärt werden:

- Ist das andere Unternehmen in der gleichen oder einer anderen Branche tätig?
- Befindet sich das Unternehmen in einer vergleichbaren Lebensphase und Umfeldsituation?
- Wurde eine vergleichbare Art der Transaktion durchgeführt? Faktoren, die dabei die Vergleichbarkeit beeinflussen, sind die Transaktionsform (z.B. Kauf vs. Verkauf), die geographische Ausrichtung (nationale vs. internationale Transaktion) und die Größe der Transaktion.
- Bestanden vergleichbare Zielsetzungen bei der Durchführung der Transaktion?
- Existiert beim anderen Nachfrager eine vergleichbare Anspruchshaltung an externe Berater?

Es wurde bereits erläutert, dass die Glaubwürdigkeit einer nicht-kommerziellen persönlichen Informationsquelle davon abhängt, ob Vertrauen in die Expertise und das Wohlwollen der anderen Person besteht (vgl. Abschnitt 7.3.2). Wenn der einzelne Nachfrager die Entscheidung als emotional schwierig wahrnimmt bzw. dem Ziel der Vermeidung negativer Emotionen großes Gewicht beimisst (vgl. dazu Abschnitt 4.4.3), besteht die Gefahr, dass nicht geeignete Personen als Informationsquellen gewählt werden. Da bei emotional schwierigen Entscheidungen stärker auf soziale Unterstützung Wert gelegt wird, kann es passieren, dass der Aspekt des Wohlwollens den Aspekt der Expertise dominiert und eine zwar wohlmeinende aber nicht kompetente Empfehlung eines Dritten die Beschaffungsentscheidung beeinflusst. Es ist deshalb immer kritisch zu prüfen, ob die hierarchische und fachliche Stellung es der betreffenden Person erlauben, persönliche Erfahrungen mit M&A-Beratern zu machen und diese zu beurteilen. Darüber hinaus ist ein persönliches Vertrauensverhältnis Voraussetzung dafür, dass man von einer wohlwollenden Empfehlung ausgehen kann.

Zwei Einschränkungen müssen zur Nutzung von persönlichen nicht-kommerziellen Informationsquellen gemacht werden. Diese beziehen sich erstens auf die Gefahr der Entscheidungsvermeidung und zweitens auf die Verfügbarkeit derartiger Quellen im M&A-Kontext.

Mitchell (vgl. 1994, 321) führt aus, dass eine besonders wichtige Informationsquelle andere Anbieter professioneller Dienstleistungen sind. Er betont, dass kompetente Empfehlungen den Nachfrager der Notwendigkeit entheben, eine Entscheidung basierend auf von ihm nicht einzuschätzenden Erfahrungs- und Vertrauenseigenschaften zu treffen. Diese Entscheidung wird ihm von dem die Empfehlung aussprechenden Anbieter abgenommen. Hier zeigt sich ein Problem der Nutzung von persönlichen Empfehlungen. Es wurde bereits ausgeführt, dass Nachfrager in Bezug auf den Entscheidungsprozess die Ziele der Maximierung der Fehlerfreiheit und der Aufwandsminimierung verfolgen. Es ist plausibel, dass die Nutzung persönlicher Empfehlungen als besonders geeignet erscheint, beide Ziele zu erreichen. Der Nachfrager minimiert seinen Aufwand, da er nur Informationen aus einer, eventuell auch leicht zugänglichen Quelle nutzt und er glaubt eine richtige Entscheidung zu treffen, weil er Vertrauen in die Person hat. Wie oben dargelegt, bestehen aber bei jeder Empfehlung Zweifel hinsichtlich der Übertragbarkeit auf die eigene Beschaffungssituation. Vielmehr sollte zur Absicherung die Empfehlung in Kombination mit anderen Informationsquellen berücksichtigt und eine eigenständige Entscheidung abgeleitet werden.

Einschränkend muss zweitens festgehalten werden, dass persönliche nicht-kommerzielle Informationsquellen im organisationalen Kontext nicht im gleichen Ausmaß zur Verfügung stehen wie z.B. im Konsumkontext. Es gibt weniger Personen mit Erfahrungen bei der Beschaffung von professionellen Dienstleistungen als das z.B. für Konsumprodukte der Fall ist. Mitarbeiter anderer Unternehmen kommen als Informationsquelle häufig nicht in Frage, da die Unternehmen in einer Konkurrenzbeziehung stehen und deshalb keine derartigen Informationen austauschen wollen (vgl. Mitchell 1994, 320). Das gilt in besonderem Maße für die Beschaffung von M&A-Dienstleistungen. Die Analyse des Buying Centers (vgl. Abschnitt 4.2) hat gezeigt, dass nur verhältnismäßig wenige Personen in einem Unternehmen für die Beschaffungsentscheidung verantwortlich sind und mit M&A-Beratern zusammenarbeiten. Die hohe strategische Bedeutung vieler M&A-Transaktionen führt dazu, dass das Ziel der Geheimhaltung der Transaktionsabsichten eine große Relevanz haben kann. Dann ist es ausgeschlossen, auf unternehmensexterne Empfehlungen zuzugreifen, denn entsprechende Anfragen würden die Absichten des Unternehmens offen legen. Wird Geheimhaltung gewünscht, ist es für das nachfragende Unternehmen generell schwierig, nicht-kommerzielle persönliche Informationsquellen zu nutzen.

Eine andere mögliche Informationsquelle stellen **kommerzielle persönliche Quellen** dar. Das sind im Regelfall die Vertriebsmitarbeiter eines Unternehmens. In Professional Service Firms gibt es aber häufig keine expliziten Vertriebsmitarbeiter, über die der Nachfrager Informationen über die Leistungen erhalten könnte (vgl. Mitchell 1994, 320). Das gilt auch für M&A-Dienstleistungen, bei denen zumeist nur über die Berater selbst Informationen zu den angebotenen Leistungen eingeholt werden können. Die Kontakte zu Beratern verschiedener Anbieter und regelmäßige unverbindliche Gespräche stellen sicher, dass Wissen über und auch ein persönlicher Eindruck vom jeweiligen Anbieter entstehen, auf die in der Beschaffungssituation zurückgegriffen werden kann. Dieses Verfahren wird gerade von großen Unternehmen genutzt, die mit einer überschaubaren Gruppe von passenden Anbietern in einem andauernden Dialog bleiben. Das bietet den Vorteil, dass ein Vertrauensverhältnis entstehen kann und die Beraterseite schon vor einer konkreten Transaktion das Kundenunternehmen kennt (vgl. o.V. (b) 2005, 13).

Viele Unternehmen geben an, dass sie gezielt Beziehungen zu einigen Dienstleistern pflegen, um im Bedarfsfall zeitnah einen geeigneten Anbieter finden zu können und eine bessere Verhandlungsposition zu haben (vgl. Kovar/Mauldin 2007, 36). Der Vorteil dieses Vorgehens ist, dass intern vorhandenes Wissen über mögliche Berater entsteht, das auch dann genutzt werden kann, wenn die Geheimhaltung der Transaktionsabsichten eine Bedingung ist und eine externe Informationssuche deshalb nicht in Frage kommt.

Die große Bedeutung **interner Informationsquellen** zeigt, dass der systematische Aufbau von internen Kenntnissen und Erfahrungen und deren Speicherung wichtig für das Unternehmen sind. Dabei sollte sich das Unternehmen jedoch nicht auf eine einzelne Person sondern ein Team verlassen, da es bei Einzelpersonen zu Verzerrungen im Entscheidungsprozess aufgrund persönlicher Interessen kommen kann (vgl. Brossard 1998, 48-49). Führt ein Unternehmen häufiger M&A-Transaktionen unter Zuhilfenahme von M&A-Beratern durch, empfiehlt sich die systematische Dokumentation bisheriger Erfahrungen.

Eine Möglichkeit ist die Implementierung eines computergestützten Beschaffungssystems. Nach der Erbringung der Dienstleistung kann der Nachfrager Feedback-Informationen in eine Datenbank einpflegen, Empfehlungen für Dienstleister aussprechen oder auch vor der erneuten Beauftragung bestimmter Anbieter warnen. Dabei ist es wichtig, Bewertungen für einzelne Berater zu ermöglichen. Auf diese Weise kann sichergestellt werden, dass einzelne Berater, die eine schlechte Bewertung erhalten haben, auch dann nicht in den Kreis relevanter Anbieter kommen, wenn sie z.B. den Arbeitgeber wechseln. Der Vorteil eines solchen Systems ist es, dass Informationen über Erfahrungen mit Dienstleistern unternehmensweit verfügbar und systematisch erfassbar sind. Nachteil des Systems ist, dass das System permanent gepflegt werden muss, um die Richtigkeit und Qualität der mit dem System getroffenen Beschaffungsentscheidungen zu sichern (vgl. Porter 2000, S59). Dieser Aufwand lohnt sich nur für Unternehmen, die regelmäßig M&A-Transaktionen durchführen und deshalb regelmäßig Beschaffungsentscheidungen treffen müssen. Es ist interessant festzustellen, dass in der Praxis viele Unternehmen die in einem Beratungsprojekt gesammelten Erfahrungen mit einem Anbieter nicht in einer Datenbank oder anderweitig festhalten (vgl. Roodhooft/Van den Abbeele 2006, 508). Es ist anzunehmen, dass dadurch das Wissen über die Qualität verschiedener Anbieter an die das Projekt betreuenden Mitarbeiter gebunden bleibt und so mittel- bis langfristig für das Unternehmen verloren geht.

Wenn Unternehmen nur einen einmaligen Informationsbedarf über M&A-Berater haben, lohnt sich die Investition in den Aufbau von Kontakten und Wissen häufig nicht.

Außerdem kann in diesem Fall meist nicht auf eigene Erfahrungen zurückgegriffen werden. Für solche Nachfrager haben neben den bereits erwähnten persönlichen Empfehlungen die Informationsquellen mit höheren Kosten aber guter Unsicherheitsreduzierung eine große Bedeutung. Diese Unternehmen sollten also versuchen, vor der Entscheidung mehrere Anbieter in Gesprächen oder in Wettbewerbspräsentationen kennenzulernen, um zu einer persönlichen, projektbezogenen Einschätzung der Anbieterunternehmen zu gelangen. Ein Beauty Contest, in dem die konkurrierenden Anbieter sich um das Mandat bewerben, ist eine gute Möglichkeit, eine Wettbewerbssituation zu schaffen, was sich positiv auf die Konditionen und den Erfolg der Transaktion auswirken kann. Zunächst sollte der Nachfrager eine Liste in Frage kommender Anbieter erstellen. Diese Liste sollte genug Anbieter umfassen, um eine Wettbewerbssituation aufzubauen. Gleichzeitig sollten aber nicht zu viele Anbieter aufgenommen werden, um Indiskretionen zu vermeiden. Die Anbieter werden kontaktiert und über die zu bearbeitende Transaktion informiert. Zum Schutz der darin enthaltenen vertraulichen Informationen ist vor der Zusendung eine Vertraulichkeitsvereinbarung abzuschließen. Aufgabe der Anbieter ist es dann, sich hinsichtlich ihrer Qualifikationen, ihres Transaktionskonzeptes sowie ihrer Konditionen zu präsentieren (vgl. Hülsmann 2005, 20). Aus dieser Präsentation lässt sich eine Vielzahl von Informationen über die fachliche und persönliche Qualität der M&A-Berater ableiten.

7.4 Quantität und Qualität der Informationssuche

7.4.1 Definition und Ziele der Informationssuche

Die Informationssuche ist eine Anstrengung mit dem Ziel, eine Informationslücke oder ein Informationsbedürfnis zu befriedigen (vgl. Case 2007, 5). Die Definition des Begriffes „Bedürfnis" ist schwierig, da es sich um eine subjektive Erfahrung handelt, die für einen Außenstehenden nicht ohne weiteres nachvollziehbar ist. Das Vorliegen eines Bedürfnisses kann nur aus dem beobachtbaren Verhalten abgeleitet werden (vgl. Wilson 1997, 552). Das Informationsbedürfnis ist ein Zustand, der durch die Unzufriedenheit mit dem gegenwärtigen Kenntnisstand gekennzeichnet ist (vgl. Case 2007, 333). Der Informationsbedarf bezeichnet die subjektiv als für die Problemlösung oder Entscheidungsfindung erforderlich angesehene Informationsmenge. Dem Informationsbedarf steht eine extern gegebene Informationsmenge, das Informationsangebot, gegenüber (vgl. Cramme 2005, 80-81). Es stellt sich die Frage, warum die Informationssuche eine so große Bedeutung im Beschaffungsprozess hat und welche Ziele die Nachfrager mit der Informationssuche verfolgen.

In Abschnitt 4.4.2 wurde festgestellt, dass ein wesentliches Ziel in Bezug auf den Beschaffungsprozess die Maximierung der Fehlerfreiheit der Beschaffungsentscheidung ist. In Abschnitt 2.6 wurde bereits ausgeführt, dass die Beschaffung von M&A-Dienstleistungen mit einem hohen wahrgenommenen Risiko einhergeht. Dieses Risiko setzt sich aus den Komponenten der Konsequenzen und der Unsicherheit zusammen. Die Konsequenzkomponente erhöht die Relevanz des Ziels der Fehlerfreiheit. Je negativer die Konsequenzen einer falschen Entscheidung, umso wichtiger wird es, die richtige Entscheidung zu treffen. Die empfundene Unsicherheit stellt hingegen eine Bedrohung für die Erreichung des Ziels der Maximierung der Fehlerfreiheit dar. Der Nachfrager kann mit dieser Situation auf zwei verschiedene Arten umgehen. Zum einen kann er die Relevanz des Ziels absenken, indem er die Konsequenzkomponente des Risikos abmildert. Wenn das Ziel weniger relevant ist, dann erscheint auch das Nichterreichen des Ziels weniger bedrohlich. Zum anderen kann er die empfundene Wahrscheinlichkeit erhöhen, dass er sein Ziel erreicht und die richtige Entscheidung trifft, indem er seine Unsicherheit senkt. Dieser Zusammenhang ist in der folgenden Abbildung noch einmal zusammengefasst.

Abb. 29: Verhaltenswirkung des Beschaffungsrisikos

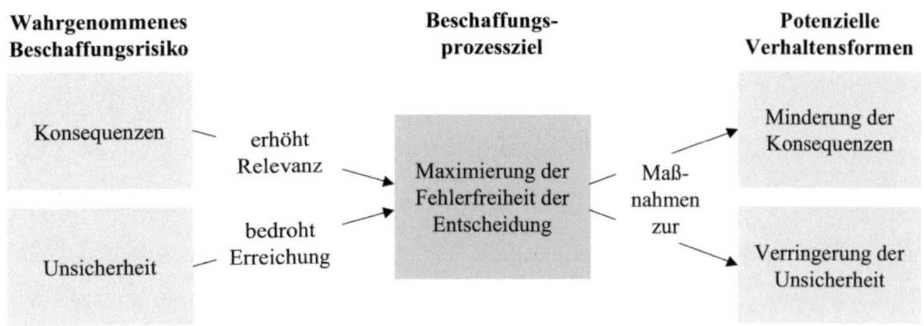

Quelle: eigene Darstellung

Es existieren in der Literatur sehr viele Beiträge, die sich mit den Möglichkeiten der Risikoreduzierung bei Beschaffungsentscheidungen auseinandersetzen. Eine Strategie zur Abminderung der Konsequenzen einer Beschaffungsentscheidung ist die Vereinbarung einer Kompensation, die der Nachfrager erhält, wenn die Qualität der Leistung nicht den Erwartungen entspricht. Dabei kann es sich z.B. um Versicherungen, Leistungsgarantien oder Vertragsstrafen bei Nichterfüllung handeln. Diese Art von Risikoreduzierung mildert für den Nachfrager die negativen Folgen einer falschen Beschaffungsentscheidung (vgl. Mitchell 1995, 128; Schuler 2004, 69; Cunningham/ Gerlach/Harper 2004, 24).

Für M&A-Dienstleistungen lässt sich feststellen, dass die Reduzierung der Konsequenzkomponente nur bedingt möglich ist (vgl. Schuler 2004, 257-258). Die im Rahmen eines M&A-Projektes getroffenen Entscheidungen sind nur schwer revidierbar und die potenziellen negativen Auswirkungen von Fehlentscheidungen auf das Unternehmensimage und den Unternehmenserfolg sind groß. Zwar haften Berater für Fehlleistungen, allerdings enthält die Beratung bei M&A-Transaktionen auch Elemente, die keinen „handwerklich-technischen" Charakter haben und für die eine Richtigkeitsüberprüfung deshalb unmöglich ist (vgl. Rützel/Jürgens 1999, 521). Es dürfte für diese Bereiche dementsprechend schwierig sein, ein Verschulden oder eine Fahrlässigkeit des Beraters nachzuweisen und daraus Schadenersatzansprüche abzuleiten. Zudem ist das Geltendmachen entsprechender Ansprüche mit großem juristischen Aufwand verbunden, so dass es im Interesse des Unternehmens sein sollte, dass der Haftungsfall gar nicht erst eintritt. Durch eine erfolgsabhängige Entlohnung kann zumindest das Risiko gemindert werden, dass das Unternehmen nicht zufrieden stellende Leistungen des Beraters vergüten muss. Es ergibt sich jedoch auch hier die Schwierigkeit, messbare und objektive Kriterien für den Erfolg der M&A-Beratung festzulegen und zur Anwendung zu bringen. Es ist deshalb anzunehmen, dass Unternehmen zur Reduzierung ihres Beschaffungsrisikos bei M&A vorrangig an der Unsicherheitskomponente ansetzen.

In der Literatur finden sich drei Theoriebereiche, die sich mit Strategien zur Unsicherheitsreduktion beschäftigen: die Informationsökonomik, die Theorie der Qualitätswahrnehmung und -beurteilung und die Theorie des wahrgenommenen Risikos. Die Informationsökonomik beschäftigt sich mit der Frage, wie das optimale Ausmaß der Informationssuche bei gegebenen Informationskosten ermittelt werden kann. Ausgangspunkt ist die Unsicherheit der Nachfrager über die Qualität der Leistung, die durch Informationen gemindert werden kann (vgl. Weiber/Adler 1995b, 64). Die Theorie der Qualitätswahrnehmung und -beurteilung befasst sich mit den Informationen, mit deren Hilfe Nachfrager ein Qualitätsurteil bilden. Informationsmaßnahmen, die zur Bildung eines Qualitätsurteils führen sollen, lassen sich auch als Unsicherheitsreduktionsstrategien auffassen. Die Theorie des wahrgenommenen Risikos betrachtet, welchen Risiken Nachfrager während des Kaufprozesses ausgesetzt sind und wie diese typologisiert werden können. In allen drei Theoriebereichen werden vergleichbare Strategien der Unsicherheitsreduktion diskutiert (vgl. Weiber/Adler 1995b, 66), die alle die Beschaffung von Informationen zum Inhalt haben (vgl. Case 2007, 73).

Nach der Art der Unsicherheitshandhabung können Strategien der direkten Informationssuche und Strategien der Informationssubstitute unterschieden werden. Die direkte Informationssuche bezieht sich auf vor dem Kauf unmittelbar beurteilbare Leistungseigenschaften, die sich vor allem bei Suchgütern finden (vgl. Weiber/Adler 1995b, 67). Diese unmittelbar beurteilbaren Informationen liegen bei M&A-Dienstleistungen nicht vor, wie bereits bei der Diskussion intrinsischer und extrinsischer Informationen festgestellt wurde. Die Unsicherheit kann deswegen nur durch die Nutzung von Informationssubstituten oder extrinsischen Informationen gesenkt werden. Ob diese geeignet sind, die Qualitätsunsicherheit des Nachfragers vor dem Kauf zu reduzieren, hängt von ihrem Vorhersagewert und ihrem Sicherheitswert ab (vgl. Gierl/Stich 1999, 7). Der Sicherheitswert zeigt die wahrgenommene Verifizierbarkeit der Information durch den Nachfrager an (vgl. dazu ausführlicher Abschnitt 8.2.1.1). Der Sicherheitswert ist hoch, wenn der Nachfrager daran glaubt, dass die Information verlässlich ist. Der Vorhersagewert zeigt an, inwieweit eine extrinsische Information die Qualität tatsächlich anzeigen kann (vgl. Gierl/Stich 1999, 8). Das mit der Kaufentscheidung verbundene, wahrgenommene Risiko ist ein wichtiges Konstrukt im Zusammenhang mit der nachgefragten Informationsmenge,

Die Quantität oder der Umfang der Informationssuche bezeichnet die Menge der Informationen, die extern beschafft werden, bevor eine Beschaffungsentscheidung erfolgt. Der Umfang der Informationssuche kann anhand der Anzahl der verwendeten Informationsquellen, der Anzahl der verschiedenen genutzten Informationsarten, der Anzahl der betrachteten Alternativen oder anhand der Zeit, die für die Informationssuche aufgewendet wurde, operationalisiert werden (vgl. Guo 2001, 511).

Es werden in der Marketing-Literatur mehrere Faktoren identifiziert, die wesentlichen Einfluss auf die Informationssuche von Nachfragern ausüben. Dazu gehören die Charakteristika des einzelnen Nachfragers, des Unternehmens und der Beschaffungssituation. Bei den Eigenschaften des einzelnen Nachfragers sind Alter, Bildungsniveau oder Stil der Entscheidungsfindung zu nennen. Unter die Charakteristika des Unternehmens fallen z.B. Größe, Profitabilität, Organisationstyp oder Ausmaß an F&E-Aus-

gaben. Die Beschaffungssituation wird beschrieben durch das mit ihr verbundene Risiko und andere Faktoren (vgl. Moriarty/Spekman 1984, 138-139). Im Folgenden sollen die situations-, nachfrager- und unternehmensbezogenen Einflussfaktoren auf die Informationssuche analysiert werden.

7.4.2 Situationsbezogene Einflussfaktoren

Bezüglich der situationsbezogenen Einflussfaktoren gehen die meisten Autoren davon aus, dass die Nachfrager umso mehr dazu neigen, sich Informationen zu beschaffen, je risikoreicher die Beschaffungsentscheidung ist (vgl. z.B. Moriarty/Spekman 1984, 139; Kaas 1990, 542; Murray 1991, 10; Mitchell/Moutinho/Lewis 2003, 4). Liegt das mit einer Kaufentscheidung verbundene wahrgenommene Risiko über einer subjektiv akzeptierten Toleranzschwelle, wird der Nachfrager Maßnahmen ergreifen, um das Risiko zu reduzieren. Die Aktivitäten der Informationsgewinnung stellen eine Risikoreduktionsstrategie dar, die an der Verringerung der Unsicherheit ansetzt (vgl. Gemünden 1985, 27; Mitchell/Moutinho/Lewis 2003, 4-5). Auch in der Literatur zur organisationalen Beschaffung gilt das Sammeln von Informationen als eine der wichtigsten Strategien zur Reduzierung des Kaufrisikos (vgl. Webster/Wind 1996, 57). Eine Studie von Murray zeigt, dass das höhere wahrgenommene Beschaffungsrisiko bei Dienstleistungen dazu führt, dass die Nachfrager ein spezifisches Informationsverhalten zeigen. Dazu gehören ein längerer Entscheidungsprozess als bei der Auswahl von Produkten und die Tendenz, mehr Informationen zu suchen. Diese Tendenz scheint auch zu bestehen, obwohl die Informationsbeschaffung bei Dienstleistungen mit größeren Schwierigkeiten und höheren Kosten verbunden ist als bei Produkten, so dass erwartet werden könnte, dass die Neigung zur Suche nach weiteren Informationen abnimmt (vgl. Murray 1991, 20).

Gemünden (vgl. 1985, 34) wertet 76 empirische Studien aus, in denen die Informationsnachfrage von Konsumenten untersucht wird. Er kommt zu dem Ergebnis, dass eine große Zahl von Studien den positiven Zusammenhang zwischen Risiko allein und nachgefragter Informationsmenge nicht bestätigt. Er findet heraus, dass die Geltung der Hypothese auch von anderen Faktoren beeinflusst wird. Dazu zählt die Komplexität der Entscheidung, die das Ausmaß der Informationsnachfrage bestimmt. Die Komplexität wird auch von Ratchford und Andreasen als wichtiger Einflussfaktor auf die Informationsnachfrage identifiziert (vgl. Ratchford/Andreasen 1974, 335-336). Ob die Komplexität jedoch direkt auf die Informationssuche wirkt, ist nicht klar. Man könnte auch unterstellen, dass der Einfluss dieses Faktors indirekt über das wahrgenommene

Risiko erfolgt. Das wahrgenommene Risiko wird oft als Funktion der Komplexität der Entscheidungsaufgabe angesehen (vgl. Jaakkola 2007, 98; Smeltzer/Ogden 2002, 55). Insofern kann argumentiert werden, dass die Komplexität der Entscheidung die Unsicherheit des Entscheiders erhöht, was wiederum zu einer Erhöhung des Risikos führt. Auf diese Weise wirkt die Komplexität der Entscheidung indirekt positiv auf die nachgefragte Informationsmenge. Ein damit verbundener Einflussfaktor ist die Komplexität der zur Wahl stehenden Alternativen, die den Umfang der Informationsnachfrage erhöht (vgl. Guo 2001, 510). Auch für diese Variable kann eine indirekte Wirkung auf die Informationsbeschaffung angenommen werden. Die Komplexität der Alternativen wirkt auf die Komplexität der Entscheidung und auf diese Weise wird die Unsicherheit des Nachfragers verstärkt, was zu einer Erhöhung des wahrgenommenen Risikos führt.

Zu den Variablen, die auf indirektem Weg den Umfang der Suchaktivitäten und der Informationsbeschaffung bei Kaufentscheidungen beeinflussen, gehört die Neuheit der Nachfragesituation. Dieser Aspekt wirkt positiv auf den Umfang der Informationssuche vor dem Kauf (vgl. Dawes/Dowling/Patterson 1993, 38). Dies kann damit begründet werden, dass der Nachfrager mangels Erfahrungen eine stärkere Unsicherheit empfindet. Auf diese Weise steigt das wahrgenommene Risiko c.p. und mit diesem die nachgefragte Informationsmenge. Auch die Wichtigkeit der Leistung hat einen positiven Einfluss auf das wahrgenommene Risiko und somit auf die Informationsmenge, die beschafft wird (vgl. Chaudhuri 2000, S. 10; Bunn/Clopton 1993, 460). Die Wichtigkeit einer Nachfrageentscheidung hängt davon ab, welchen Einfluss diese Entscheidung auf den Entscheider oder die nachfragende Organisation haben wird. Die Wichtigkeit einer Entscheidung lässt sich anhand ihrer relativen Wichtigkeit im Verhältnis zu anderen Entscheidungen abbilden (vgl. Dawes/Dowling/Patterson 1993, 38-39). Die Wahrnehmung, ob eine Entscheidung wichtig oder weniger wichtig ist, wird durch die wahrgenommenen Opportunitätskosten der Wahl einer schlechteren Alternative bestimmt. Wenn also die Konsequenzen einer falschen Entscheidung groß sind, dann ist auch die Entscheidung wichtig (vgl. Ratchford/Andreasen 1974, 335-336). Die Wichtigkeit der Entscheidung wirkt auf die Konsequenz-Komponente des Risikos und steigert die Risikowahrnehmung. Auch in diesem Fall lässt sich argumentieren, dass es sich nur um einen indirekten Einflussfaktor handelt. In engem Zusammenhang mit diesem Ergebnis steht die Feststellung von Guo, dass insbesondere der Preis der Leistung einen positiven Einfluss auf den Umfang der Suchaktivitäten hat (vgl. Guo 2001, 510). Es lässt sich argumentieren, dass der Preis der Leistung Einfluss auf die Konsequenz-Komponente des

Risikos nimmt. Auf diese Weise erhöht der Preis der Leistung die Wichtigkeit der Entscheidung und dadurch die Risikowahrnehmung des Nachfragers. Je teurer die nachgefragte Leistung ist, umso höher ist das vom Nachfrager empfundene Risiko und umso größer ist seine Neigung, sich vor dem Kauf über die Leistung zu informieren. Ist der Gegenstand der Entscheidung für den Entscheidungsträger wichtig oder relevant, entsteht Involvement. Das Involvement in eine Entscheidung kann für verschiedene Entscheider unterschiedlich stark ausgeprägt sein. Ein hohes Involvement begünstigt die Informationssuche, was auch dazu führt, dass diese Entscheider länger für die Entscheidungsfindung benötigen als solche, die nur ein geringes Involvement haben (vgl. Lee et al. 1999, 81).

Die Menge an nachgefragten Informationen hängt auch davon ab, wie effektiv eine Informationsquelle für den Nachfrager ist. Die Effektivität der Informationsquelle wird dabei verstanden als der Einfluss auf die Entscheidung und die Verringerung der Unsicherheit, die eine Information bewirkt (vgl. Murray 1991, 13). Die Effektivität einer Informationsquelle entscheidet darüber, inwieweit durch sie Unsicherheit verringert wird und somit das Risiko gesenkt wird. Auf diese Weise wirkt die Effektivität der Informationsquelle negativ auf die Informationsnachfrage. Je effektiver eine Informationsquelle ist, umso stärker wird die Unsicherheit verringert und umso weniger empfindet der Nachfrager das Bedürfnis, weitere Informationen zu suchen.

Es gibt aber auch situationsbezogene Faktoren, die nicht über das Risikokonstrukt sondern direkt auf die Informationsnachfrage wirken. Die Zugänglichkeit oder Verfügbarkeit von Informationen ist eine Variable, die ebenfalls in vielen empirischen Studien in Zusammenhang mit der Informationssuche gebracht wird (vgl. Guo 2001, 510). Je leichter die Informationen beschafft werden können, umso größer ist der Umfang der Informationssuche (vgl. Ratchford/Andreasen 1974, 335-336). Im umgekehrten Sinne lässt sich argumentieren, dass die Kosten einen negativen Einfluss auf den Umfang der Informationssuche haben. Je teurer die Beschaffung von Informationen ist, umso weniger Informationen werden nachgefragt. Nach Ratchford und Andreasen wird die Zugänglichkeit davon bestimmt, welche Art von Informationen für die Entscheidungsfindung benötigt wird. Als Kriterium nennen die Autoren die Subjektivität der benötigten Informationen. Objektive Informationen über den Service oder den Serviceanbieter sind nach Meinung der Autoren verhältnismäßig leichter zu beschaffen als subjektive. Benötigt der Entscheider jedoch auch subjektive Informationen, macht das eine umfangreichere Suche erforderlich. Diese Argumentation erscheint fraglich, wenn man bedenkt, dass subjektive Informationen z.B. auch die Erfahrungsberichte Dritter über den Anbieter und seine Leistung sein können. Wie leicht solche Informationen für einen Nachfrager zugänglich sind, dürfte individuell unterschiedlich sein und davon abhängen, ob dem Nachfrager Personen bekannt sind, die den Anbieter bereits genutzt haben. Als erstes Zwischenfazit sind die gewonnenen empirischen Erkenntnisse der genannten Autoren und die darauf vermuteten Wirkungsbeziehungen in der folgenden Abbildung zusammengefasst.

Abb. 30: Wirkung situationsbezogener Faktoren auf die Informationssuche

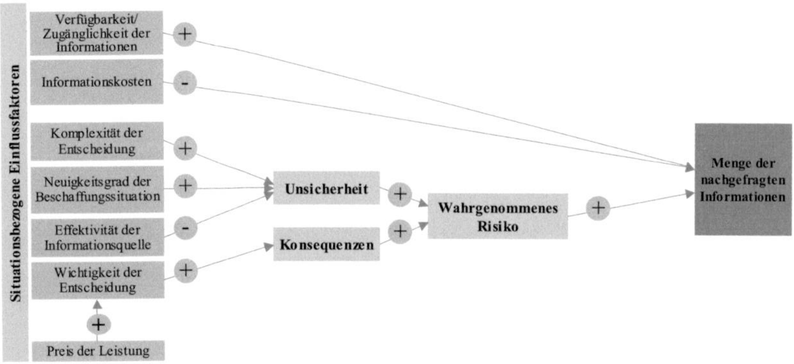

Quelle: eigene Darstellung (unter Verwendung der im vorigen Abschnitt genannten Quellen)

Neben den Merkmalen der Beschaffungssituation wirken sich auch Eigenschaften des Nachfragers auf den Umfang der Informationssuche aus, was im nächsten Abschnitt betrachtet wird.

7.4.3 Nachfragerbezogene Einflussfaktoren

Es gibt zahlreiche Studien, die sich mit der Auswirkung individueller, nachfragerbezogener Merkmale auf die Informationssuche in der organisationalen Beschaffung auseinandersetzen. Zu den untersuchten Einflussfaktoren gehören das Alter, das Bildungsniveau oder der Entscheidungsstil der betreffenden Personen. Die Ergebnisse spiegeln dabei weitgehend das wieder, was schon in den Untersuchungen zum Konsumentenverhalten festgestellt werden konnte. So ist allgemein anerkannt, dass innovativere, jüngere, besser ausgebildete und weniger risikoaverse Nachfrager mehr verschiedene Informationsquellen nutzen und eine umfangreichere Informationssuche betreiben (vgl. Mitchell 1994, 322). Ein wichtiger psychologischer Faktor, der den Umfang der Informationssuche beeinflusst, ist die Motivation zur Informationssuche (vgl. Mourali/Laroche/Pons 2005, 309). Die Freude an der Informationssuche wirkt sich positiv auf den Umfang der Informationssuche aus. Je motivierter ein Nachfrager ist, umso intensiver wird er Informationen zur Entscheidungsvorbereitung sammeln. Weitere Einflussfaktoren, die in empirischen Studien ermittelt wurden, sind die Zufriedenheit mit bisherigen Käufen und die Anbieterloyalität, die eine negative Wirkung auf die Informationsnachfrage haben. Beide führen dazu, dass der Nachfrager über ausreichende interne Informationen verfügt und darauf verzichtet, zusätzliche externe Informationen zu suchen (vgl. Guo 2001, 510-511).

Es zeigt sich also, dass der Umfang der vorhandenen internen Informationen ebenfalls Einfluss auf die externe Informationssuche hat (vgl. Mitchell 1995, 124). Diese Feststellung bezieht sich vor allem auf die Produktkenntnis oder das Produktwissen des Nachfragers. Produktwissen bezeichnet die produktbezogenen Kenntnisse, die in der Erinnerung des Nachfragers gespeichert sind und sich z.B. auf Anbieter, Eigenschaften, Bewertungen oder Nutzungssituationen beziehen (vgl. Selnes/Grønhaug 1986, 67). Hinsichtlich der Wirkung der Produktkenntnisse auf die Informationssuche existieren in der Literatur widersprüchliche Sichtweisen. Die erste Sichtweise wird auch als „enrichment hypothesis" bezeichnet und besagt, dass mit zunehmendem Produktwissen das Lernen von neuen Informationen erleichtert wird (vgl. Dawes/Dowling/Patterson 1993, 41). Konsumenten mit Produktkenntnissen können neue Informationen leichter in ihre Wissensstrukturen integrieren und deshalb mehr Informationen beschaffen. Die kognitiven Kosten der Informationsbeschaffung sind für solche Konsumenten niedriger als für Konsumenten mit weniger Produktkenntnissen. Insofern führt schon vorhandenes Wissen zu stärkerer Nachfrage nach weiteren Informationen (vgl. Einhorn/Hogarth 1981, 3).

Die zweite Sichtweise unterstellt einen negativen Zusammenhang zwischen den vorhandenen Produktkenntnissen und der nachgefragten Informationsmenge. Eine Reihe von Studien belegt, dass Produktkenntnisse einen negativen Einfluss auf den Umfang der Informationssuche haben. Begründet wird dies damit, dass Konsumenten mit umfangreichen Produktkenntnissen weniger auf die externe Informationssuche zurückgreifen müssen, da sie anhand vorhandener Kenntnisse eine informierte Entscheidung treffen können. Eine zweite Erklärung besteht darin, dass erfahrenere Konsumenten effizienter bei der Informationssuche sind und deshalb weniger Informationen zusammentragen müssen, bevor sie ihre Entscheidung treffen können (vgl. Brucks 1985, 3).

Eine dritte Sichtweise, die „inverted-U hypothesis" dagegen nimmt an, dass die Informationsnachfrage bei geringen Kenntnissen zunächst gering ausfallen wird, weil sie kognitiv schwierig ist. Bei mittleren Produktkenntnissen nimmt die Informationsnachfrage dann stark zu, da die Nachfrager neue Informationen gut verarbeiten können und gleichzeitig noch ein Interesse haben, neue Informationen über das Kaufobjekt zu erhalten. Bei sehr umfangreichen Produktkenntnissen nimmt die Nachfrage nach Informationen dagegen wieder ab, weil im Rahmen der Entscheidung kein Bedarf an weiteren Informationen besteht (vgl. Dawes/Dowling/Patterson 1993, 42).

Schließlich ist auch ein U-förmiger Zusammenhang denkbar, dann nämlich, wenn der Nachfrager ab einer gewissen Produktkenntnis wieder mehr Informationen benötigt, um die Leistung abschätzen zu können (vgl. Dawes/Dowling/Patterson 1993, 50; Guo 2001, 511). Es existieren sogar Studien, die keinen Zusammenhang zwischen den Produktkenntnissen und der Informationssuche feststellen. Es zeigt sich also, dass die Ergebnisse zu diesem Zusammenhang inkonsistent sind und keine klare Aussage gemacht werden kann (vgl. Einhorn/Hogarth 1981, 3).

Weiterhin wird der Umfang der externen Informationssuche von der Verantwortlichkeit des Entscheiders gegenüber Dritten beeinflusst. Gibt es eine Notwendigkeit des Entscheiders, seine Entscheidung im Nachhinein dritten Personen gegenüber zu begründen oder zu rechtfertigen, so wirkt sich das auch auf seine Informationssuche aus. Insbesondere wird der Entscheider bemüht sein, keine attraktive Alternative zu übersehen und keine suboptimale Wahl zu treffen (vgl. Lee et al. 1999, 76). Verantwortliche Entscheidungsträger suchen deshalb mehr problemrelevante Informationen als Entscheidungsträger ohne Verantwortung. Sie benötigen darum für ihre Entscheidung mehr Zeit (vgl. Lee et al. 1999, 81).

Abb. 31: Wirkung nachfragerbezogener Faktoren auf die Informationssuche

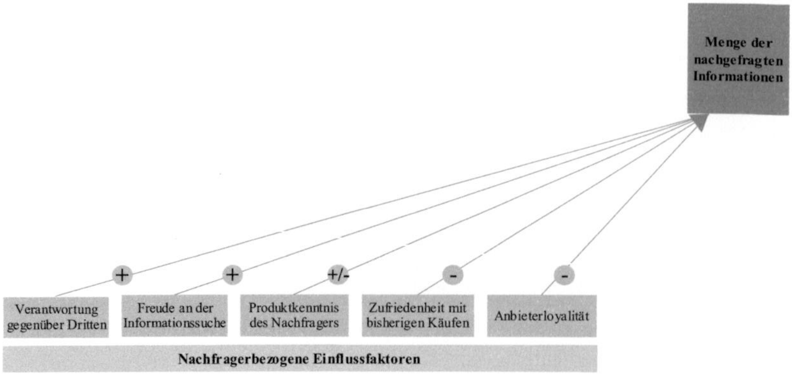

Quelle: eigene Darstellung (unter Verwendung der im vorigen Abschnitt genannten Quellen)

7.4.4 Unternehmensbezogene Einflussfaktoren

Zu den unternehmensbezogenen Faktoren, die Einfluss auf die Informationssuche haben, zählen der Erfolg und die Innovationsstärke eines Unternehmens. Erfolgreichere und innovativere Unternehmen stehen Informationen offener gegenüber und betreiben daher tendenziell mehr Informationssuche. In Bezug auf die Unternehmensgröße gibt es keine einheitlichen Ergebnisse. Während große Unternehmen bessere und umfangreichere Informationssysteme aufbauen können, neigen sie auch eher zu Bürokratie und starren Strukturen, die einen freien Informationsfluss behindern können (vgl. Mitchell 1994, 322).

Unter die unternehmensbezogenen Variablen fallen auch die Struktur und Größe des Buying Centers. Diese beeinflussen die Informationssuche im Rahmen des organisationalen Beschaffungsverhaltens. Je größer das vertikale Involvement ist, also je mehr Hierarchiestufen in den Beschaffungsprozess involviert sind, umso mehr verschiedene Informationsquellen werden in die Suche einbezogen. Die Anzahl der an der Entscheidung beteiligten Managementebenen ist entscheidend für den Umfang der Informationssuche, es werden also umso mehr Informationen nachgefragt und genutzt, je mehr Hierarchieebenen beteiligt sind (vgl. Dawes/Dowling/Patterson 1993, 53). Buying Center, die ein großes laterales Involvement beinhalten, an denen also viele verschiedene Funktionsbereiche beteiligt sind, bringen ebenfalls eine größere Zahl von Informationsquellen in die Entscheidung ein. Schließlich wirkt sich auch die Größe des Buying Centers positiv auf den Umfang der Informationssuche aus, weil in größeren Buying Centern mehr personelle Ressourcen verfügbar sind, die für die Informationssuche eingesetzt werden können (vgl. Dawes/Dowling/Patterson 1993, 41).

Die verschiedenen Einflussfaktoren auf den Umfang der Informationssuche und ihre Wirkungen werden in der folgenden Abbildung noch einmal in ihrer Gesamtheit verdeutlicht.

Abb. 32: Einflussfaktoren auf den Umfang der Informationssuche

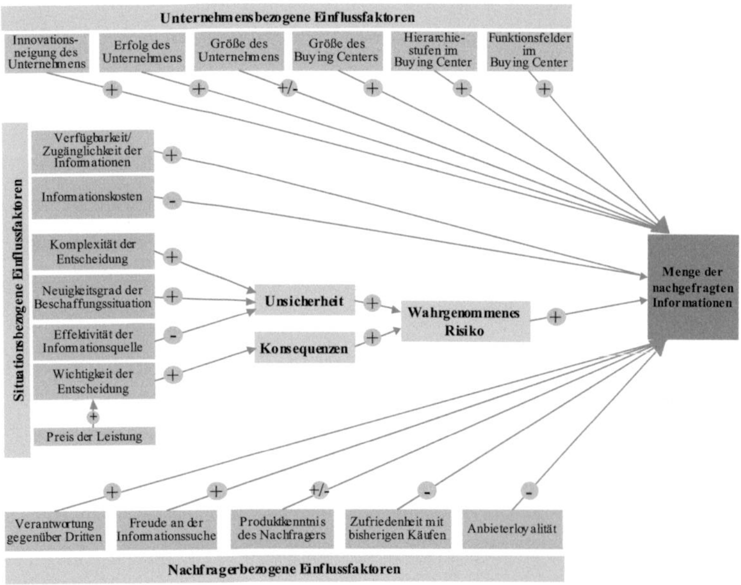

Quelle: eigene Darstellung

Bezüglich des konkreten Umfangs der Informationssuche stellen Dawes, Dowling und Patterson (1993) fest, dass die Nachfrager nach Beratungsleistungen im Durchschnitt 4,6 verschiedene Informationsquellen nutzen. Die große Mehrheit der Nachfrager (83%) nutzt der Studie zufolge zwischen 1 und 6 Informationsquellen (vgl. Dawes/Dowling/Patterson 1993, 50). Die Analyse hat gezeigt, dass die Frage, wie viele Informationen Nachfrager vor ihrer Beschaffungsentscheidung zusammentragen, nicht leicht zu beantworten ist. Eine Vielzahl von Faktoren der situations-, nachfrager- und unternehmensbezogenen Dimensionen spielt dabei eine Rolle und die Wirkungszusammenhänge sind teilweise unklar. Darüber hinaus gibt es kaum Erkenntnisse über das Wechselspiel zwischen den Einflussfaktoren, da nicht bekannt ist, welche relative Bedeutung die Faktoren haben und ob einzelne Faktoren andere in ihrer Wirkung dominieren, neutralisieren oder unterstützen. Dennoch lassen sich Tendenzaussagen über die Wirkung einzelner Faktoren ableiten und damit grundlegende Erkenntnisse über das Informationsverhalten von Nachfragern in Bezug auf den Umfang der Informationssuche generieren.

7.4.5 Qualität der Informationssuche

Die Qualität der Informationssuche hat wesentlichen Einfluss auf die Qualität der späteren Entscheidung (vgl. Barrick/Spilker 2003, 1), weshalb es lohnenswert erscheint, sich nicht nur mit dem Umfang sondern auch mit der Güte der Informationssuche zu beschäftigen.

Die Qualität der Informationssuche wird wiederum beeinflusst von den Kenntnissen des Entscheiders hinsichtlich des nachgefragten Produktes oder der nachgefragten Leistung. Die Qualität der Informationssuche kann beschrieben werden als Fähigkeit des Entscheiders, entscheidungsrelevante Informationen zu lokalisieren. Ein positiver Zusammenhang zwischen den entscheidungsrelevanten Kenntnissen und der Qualität der Informationssuche ist allgemein anerkannt (vgl. Barrick/Spilker 2003, 2). Dieser positive Zusammenhang liegt darin begründet, dass ein Entscheider mit Kenntnissen über den Entscheidungsgegenstand besser in der Lage ist, relevante von irrelevanten Informationen zu unterscheiden. Diese Fähigkeit hat entscheidenden Einfluss auf die Qualität der Informationssuche. Das Vorhandensein von Kenntnissen kann sich aber auch indirekt über die Suchstrategien auf die Qualität der Informationssuche auswirken. Der Entscheider kann eine gezielte oder eine sequentielle Suchstrategie verfolgen. Bei der gezielten Suche werden relevante Informationen bewusst ausgewählt, während bei der sequentiellen Suche die Informationen in der Reihenfolge begutachtet werden, in der sie präsentiert werden (vgl. Barrick/Spilker 2003, 3). Die Suchstrategie stellt also einen Mediator zwischen den Kenntnissen des Entscheiders und der Qualität der Informationssuche dar (vgl. Barrick/Spilker 2003, 12). Es zeigt sich, dass die Kenntnisse des Entscheiders die Qualität der Informationssuche beeinflussen und dass die Suchstrategie große Bedeutung im Rahmen der Informationssuche hat (vgl. Barrick/Spilker 2003, 15).

Für die Qualität der Informationssuche ist es entscheidend, dass der Nachfrager eine klare Vorstellung davon hat, welche Attribute einer Leistung für die Entscheidung und für die Erreichung seiner Nachfrageziele besonders wichtig sind. Wenn es zu Verzerrungen bei der Beurteilung der Wichtigkeit einzelner Attribute kommt, kann eine ungenügende Informationssuche die Folge sein. Der Nachfrager beendet seine Suche nach Informationen vorzeitig, weil er davon ausgeht, dass er bereits über Informationen hinsichtlich der wichtigen Kriterien verfügt (vgl. Sanbonmatsu et al. 2003, 298).

Obwohl klar ist, dass die Informationssuche sich auf die Qualität der Entscheidung auswirkt, ist der Zusammenhang relativ komplex. In verschiedenen empirischen Studien wurde nachgewiesen, dass zwischen der Informationssuche und der Effizienz der später getroffenen Entscheidung kein einfacher, linearer Zusammenhang zu vermuten ist. Das lässt sich mit verschiedenen Argumenten begründen. So könnte eine Ursache darin liegen, dass viele der beschafften Informationen nur eine geringe Entscheidungsrelevanz aufweisen. Weiterhin ist es denkbar, dass viele Informationen nur als Rechtfertigung einer Entscheidung genutzt werden und so interpretiert werden, wie es für den Entscheider nützlich ist. Aufgrund mangelnder Informationsverarbeitungskapazitäten kann es bei großen nachgefragten Informationsmengen dazu kommen, dass nur Teile davon tatsächlich in die Entscheidung einfließen. Verfügbare Informationen werden ignoriert und intensive Suchaktivitäten unabhängig von den im Unternehmen vorhandenen Informationsbeständen initiiert (vgl. Cramme 2005, 95-96). Besonders problematisch ist in diesem Zusammenhang, dass die Entscheidungsqualität ab einer bestimmten Informationsmenge abnimmt, während das Vertrauen des Entscheiders in die Richtigkeit seiner Entscheidung wächst (vgl. Cramme 2005, 97). In der Menge verfügbarer Informationen sind immer auch irrelevante Informationen enthalten. Wenn ein Entscheider nicht in der Lage ist, relevante von irrelevanten Informationen zu unterscheiden, wird die Qualität der Entscheidung sinken (vgl. O'Reilly 1982, 756). Durch die umfangreiche Informationsnachfrage empfindet der Entscheider seine Entscheidung als besonders gut abgesichert, obwohl aufgrund seiner limitierten Informationsverarbeitungskapazitäten die Qualität der Entscheidung nicht steigt (vgl. Cramme 2005, 97).

7.4.6 Empfehlungen zur Informationssuche

7.4.6.1 Optimale Informationsmenge

Als Fazit zu den vorhergehenden Abschnitten ist festzuhalten, dass die empirische Forschung zur Informationssuche bei der Nachfrage nach professionellen Dienstleistungen eher deskriptiv und unvollständig ist (vgl. Dawes/Dowling/Patterson 1993, 35). Die genauen Wirkungsbeziehungen verschiedener Einflussfaktoren sind unklar und für professionelle Dienstleistungen z.T. noch nicht erforscht. Dennoch soll in diesem Abschnitt der Versuch unternommen werden, aus den gewonnenen Erkenntnissen durch theoretische Überlegungen Empfehlungen abzuleiten, wie der Umfang der Informationssuche vom Unternehmen sinnvoll gestaltet werden kann.

In Abschnitt 5.2.1 wurde bereits gezeigt, dass zwei Arten von Verhaltensfehlern denkbar sind. Bezogen auf die Informationssuche kann irrationales Verhalten zu zwei verschiedenen Situationen führen: zum Auftreten eines Informationsmangels oder eines Informationsüberschusses.

Ein **Informationsmangel** liegt vor, wenn ein Nachfrager weniger Informationen besitzt als er braucht, um seine Beschaffungsentscheidung in einem für ihn befriedigendem Maße absichern zu können. Wichtiger als die reine Informationsmenge ist dabei die Struktur des vorhandenen Wissens, also die Frage, wie viele Informationen zu verschiedenen Aspekten des Entscheidungsproblems vorliegen.

Vergleichsprozesse sind im Rahmen der Entscheidungsfindung sehr wichtig. Wenn eine Alternative gewählt werden soll, muss der Entscheider vorher einen Vergleich der Eigenschaftsausprägungen der verschiedenen Alternativen vornehmen. In einer Vergleichssituation können gleiche Eigenschaftsausprägungen verschiedener Alternativen vorliegen (commonalities). Es können aber auch unterschiedliche Eigenschaftsausprägungen, die miteinander korrespondieren (alignable differences) oder unterschiedliche, nicht-korrespondierende Ausprägungen (non-alignable differences) auftreten (vgl. Creyer/Kozup 2003, 38). Werden z.B. zwei Angebote für M&A-Beratung verglichen, kann es sein, dass beide Angebote von einer Investmentbank stammen (commonality), dass ein Angebot teurer ist als das andere (alignable difference) und dass ein Anbieter Branchenerfahrung aufweist, während der andere Anbieter in der Nähe des Unternehmens angesiedelt ist (non-alignable difference).

Werden Informationen zu verschiedenen Attributen der zur Wahl stehenden Alternativen beschafft, ist keine wirkliche Vergleichbarkeit gegeben. Gerade in der Vorselektionsphase werden jedoch tendenziell Alternativen aussortiert, für die bei einzelnen Attributen keine Informationen vorliegen. Das Nicht-Vorhandensein von Informationen lässt die Alternative risikoreich erscheinen und rechtfertigt die Eliminierung in der Vorauswahl (vgl. Beach 1993, 218). Werden Alternativen aussortiert, weil zu einzelnen ihrer Merkmale keine Informationen vorliegen, ist es möglich, dass geeignete Alternativen nicht in die Endauswahl kommen und schließlich eine Alternative gewählt wird, die im Vergleich zu den bereits eliminierten Alternativen schlechter ist. Wenn keine vollständigen Informationen über alle Attribute aller Alternativen vorliegen, kann es auch zu einer anderen Reaktion kommen. Fehlende Informationen werden von Nachfragern häufig ersetzt, indem sie von anderen Attributen der gleichen Alternativen oder dem gleichen Attribut anderer Alternativen Rückschlüsse ziehen (vgl. Bettman/Luce/Payne 1998, 201). Werden die fehlenden Informationen durch Rückschlüsse von den anderen Alternativen oder Attributen ersetzt, kann es passieren, dass die Entscheidung anhand falscher Prämissen getroffen wird. In beiden Fällen ist es für den Nachfrager schwierig, das Ziel der Maximierung der Fehlerfreiheit der Entscheidung zu erreichen.

Der **Informationsüberschuss** ist auch unter dem Begriff des Information Overload bekannt und bezeichnet den Zustand, bei dem einer Person oder einem System so viele Informationen vorliegen, dass sie nicht mehr verarbeitet werden können (vgl. Case 2007, 103). Mögliche Reaktionen auf Information Overload sind Angst, Verwirrung oder die Unfähigkeit, eine Entscheidung zu treffen (vgl. Case 2007, 333). Information Overload stellt für das Informationsverhalten ein Problem dar, weil es zur Überlastung des Entscheiders führt. Als Reaktion auf diese Überlastung kann es zu verschiedenen Verhaltensmustern kommen (vgl. Case 2007, 103). Der Entscheider kann bestimmte Informationen ignorieren und nicht weiter verarbeiten. Es kann zu Fehlern in der Informationsverarbeitung kommen. Auch das Aufschieben der Verarbeitung von bestimmten Informationsinhalten kann der Überlastung entgegenwirken. Alternativ kann durch das Filtern der Informationen versucht werden, nur die relevantesten Informationselemente zu verarbeiten. Die Überlastung kann auch gesenkt werden, wenn die Informationsverarbeitung ungenauer und weniger präzise erfolgt. Das Aufteilen der eintretenden Informationen in kleinere Einheiten, auf die einzeln reagiert wird, dient ebenfalls der Reduzierung der Überlastung durch Information Overload. Schließlich kann der Entscheider auch versuchen, sich der Informationsverarbeitung gänzlich zu entziehen, indem er keine Informationen verarbeitet. Diese Reaktionen können die Qualität der Informationsverarbeitung stark beeinträchtigen und sich somit auch negativ auf die Qualität der Entscheidung auswirken. Insbesondere das teilweise Ignorieren, falsche Verarbeiten oder Unterlassen der Informationsverarbeitung sind dysfunktionale Verhaltensweisen, die zu suboptimalen Ergebnissen führen. Aber auch die anderen Strategien können dysfunktional sein, wenn sie nicht unter rationalen Gesichtspunkten durchgeführt werden (vgl. Case 2007, 104). Information Overload ist besonders im Arbeitsumfeld ein häufig anzutreffendes Problem. Wenn der Entscheider beim Vorliegen von Information Overload die genannten Strategien nicht oder nur begrenzt anwenden kann, ist Information Anxiety eine mögliche Folge. Information Anxiety bezeichnet die empfundene Diskrepanz, zwischen dem was Menschen verstehen und wissen und dem was sie glauben, verstehen und wissen zu müssen (vgl. Case 2007, 105-107). Die Wirkungen von Informationsmangel und Informationsüberschuss auf das Verhalten von Nachfragern ist in der folgenden Abbildung zusammengefasst.

Abb. 33: Verhaltenswirkung von Informationsmangel und -überschuss

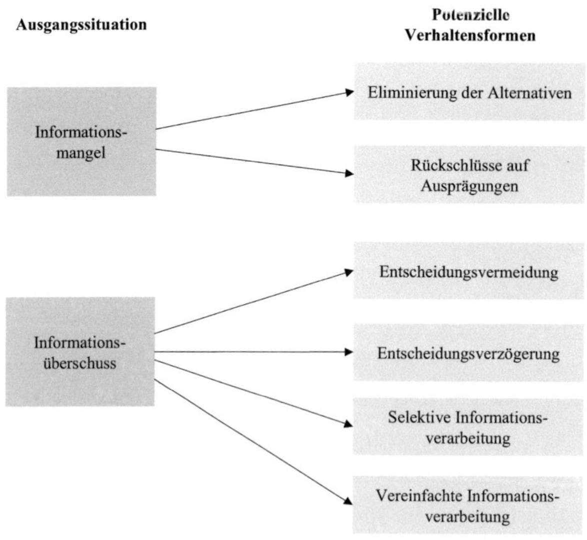

Quelle: eigene Darstellung in Anlehnung an Case 2004, 103-107; Beach 1993, 218; Bettman/Luce/Payne 1998, 201

Die Bestimmung der optimalen Informationsmenge gestaltet sich sehr schwierig, da der Umfang der Informationssuche wesentlich von einem Kosten-Nutzen-Kalkül bestimmt wird. Deshalb werden sich Variablen, die den Nutzen der Informationssuche erhöhen oder die Kosten der Informationssuche verringern, positiv auf den Umfang der Informationssuche auswirken (vgl. Guo 2001, 509). Zu den Wirkungen verschiedener Variablen gibt es eine Vielzahl empirischer Erkenntnisse, die in den vorangegangenen zwei Abschnitten bereits erläutert wurden.

Die Suche nach Informationen ist für den Nachfrager sinnvoll, wenn der Nutzen der zusätzlichen Informationen die Kosten der Informationssuche übersteigt (vgl. Schuler 2004, 85). Der Nachfrager wird die Informationssuche nur so lange fortführen, wie die Grenzkosten der Informationssuche (z.B. Zeit) unter dem Grenznutzen (z.B. günstigerer Preis) der gewonnenen Informationen liegen (vgl. Kaas 1991, 361). Aufgrund des Informationsparadoxons kann ein Nachfrager den Nutzen einer Information erst einschätzen, wenn er die Information erhalten hat. Insofern ist eine Kosten-Nutzen-Analyse für den Nachfrager ex ante sehr schwierig (vgl. Schuler 2004, 86).

7.4.6.2 Informationsmenge bei M&A-Dienstleistungen

In den Abschnitten 7.4.2 bis 7.4.4 wurde bereits dargelegt, dass es situationsbezogene, nachfragerbezogene und unternehmensbezogene Einflussfaktoren auf den Umfang der Informationssuche gibt. Während der Nachfrager auf einige Faktoren Einfluss nehmen kann, sind andere exogen vorgegeben und können nicht gestaltet werden. Nachfolgend soll der Versuch unternommen werden, zum einen die idealtypische Beschaffenheit der exogenen Variablen für die M&A-Beratungsnachfrage zu bestimmen und zum anderen Erkenntnisse hinsichtlich der gestaltbaren Faktoren abzuleiten. Dazu wird in der nachfolgenden Tabelle eine Einteilung der betrachteten Faktoren in die gestaltbaren und die nicht-gestaltbaren Faktoren vorgenommen.

Tabelle 24: Einordnung gestaltbarer und nicht-gestaltbarer Variablen

	Nicht-gestaltbare Faktoren	Gestaltbare Faktoren
Situations-bezogene Faktoren	- Informationskosten - Komplexität der Entscheidung - Wichtigkeit der Entscheidung - Neuigkeitsgrad der Beschaffungssituation - Effektivität der Informationsquelle	- Verfügbarkeit/ Zugänglichkeit der Informationen
Nachfrager-bezogene Faktoren	- Freude an der Informationssuche - Zufriedenheit mit bisherigen Käufen - Anbieterloyalität - Produktkenntnis des Nachfragers	- Verantwortung gegenüber Dritten
Unternehmens-bezogene Faktoren	- Innovationsneigung des Unternehmens - Erfolg des Unternehmens - Größe des Unternehmens	- Größe des Buying Centers - Hierarchiestufen im Buying Center - Funktionsfelder im Buying Center

Quelle: eigene Darstellung

Zunächst sollen die nicht-gestaltbaren Faktoren untersucht werden, um festzustellen, ob für den Fall der M&A-Nachfrage typische Ausprägungen feststellbar sind.

Die Höhe der **Informationskosten** hängt von verschiedenen Faktoren wie der Überprüfbarkeit der Qualität, der Komplexität des Angebotes oder der Zahl der Angebote ab. Ob die Qualität eines Angebotes leicht überprüft werden kann, ergibt sich aus dem Vorliegen von Such-, Erfahrungs- oder Vertrauenseigenschaften. Während die Qualitätsüberprüfung bei der Dominanz von Sucheigenschaften noch relativ einfach zu bewerkstelligen sein sollte, ist die Prüfung der Qualität beim Vorherrschen von Vertrauenseigenschaften so gut wie unmöglich. Entsprechend steigen die Informationskosten, je weniger Sucheigenschaften ein Angebot aufweist. Bei M&A-Leistungen sollten die Informationskosten also sehr hoch ausfallen, da bei ihnen Vertrauens- und Erfahrungseigenschaften dominieren (vgl. Abschnitt 2.5.1.3).

Die Komplexität des Angebotes bestimmt ebenfalls die Informationskosten, da es für weniger komplexe Angebote einfacher ist, Informationen zu beschaffen und Erfahrungen zu sammeln (vgl. Kaas 1990, 543). Die Informationskosten eines Nachfragers sind proportional zu der Anzahl der Anbieter in einem Markt, was bedeutet, dass die Informationssuche für den Nachfrager umso kostspieliger ist, je mehr Alternativen ihm zur Wahl stehen (vgl. Wilson 1997, 559). In Abschnitt 3.3.2 wurde bereits dargelegt, dass der M&A-Beratungsmarkt ein großer und komplexer Markt ist, der insbesondere in der ersten und zweiten strategischen Gruppe sehr viele Anbieter umfasst. Auch diese Tatsache spricht dafür, dass die Informationskosten bei der Beschaffung von M&A-Beratungsleistungen relativ hoch ausfallen.

Die **Komplexität und die Wichtigkeit der Entscheidung** sind bei der Nachfrage nach M&A-Dienstleistungen eher hoch, wie bereits ausführlich dargestellt wurde. Der **Neuigkeitsgrad der Beschaffungsentscheidung** kann situations- und unternehmensbezogen unterschiedlich sein, je nachdem wie oft das Unternehmen derartige Beschaffungsentscheidungen bisher treffen musste. Die **Effektivität der Informationsquellen** ist ebenfalls exogen vorgegeben. Auf die Unterschiede der Effektivität von Informationsquellen und die resultierenden unterschiedlichen Nutzungswahrscheinlichkeiten wurde im Abschnitt 7.3.3 bereits ausführlich eingegangen. Die nachfragerbezogenen Faktoren – Freude an der Informationssuche, Zufriedenheit mit bisherigen Käufen, Anbieterloyalität – sind alle individuell verschieden und es lassen sich deshalb keine generellen Aussagen dazu treffen. Die Produktkenntnis des Nachfragers sollte normalerweise aber eher hoch sein, da schon festgestellt wurde, dass die Mitglieder des Buying Centers M&A-Experten oder Manager der oberen Leitungsebene sind. Nur für den Fall, dass in kleineren Unternehmen erstmalig M&A-Dienstleistungen beschafft werden, kann man nicht davon ausgehen, dass umfangreiche Produktkenntnisse vorliegen. Über die Ausprägungen der unternehmensbezogenen Faktoren lässt sich für die M&A-Nachfrage keine Aussage treffen, da sie ganz unterschiedlich ausfallen können.

Tabelle 25: Ausprägungen der Einflussfaktoren auf die Informationssuche

	Nicht-gestaltbare Faktoren	**Idealtypische Ausprägung bei M&A-Nachfrage**
Situations-bezogene Faktoren	Informationskosten	hoch
	Komplexität der Entscheidung	hoch
	Neuigkeitsgrad der Beschaffungssituation	?
	Effektivität der Informationsquelle	?
	Wichtigkeit der Entscheidung	hoch

	Nicht-gestaltbare Faktoren	Idealtypische Ausprägung bei M&A-Nachfrage
Nachfrager-bezogene Faktoren	Freude an der Informationssuche	?
	Zufriedenheit mit bisherigen Käufen	?
	Anbieterloyalität	?
	Produktkenntnis des Nachfragers	eher hoch
Unternehmens-bezogene Faktoren	Innovationsneigung des Unternehmens	?
	Erfolg des Unternehmens	?
	Größe des Unternehmens	?

Quelle: eigene Darstellung

Von den genannten Faktoren haben die Informationskosten und die Komplexität eine hemmende Wirkung auf den Umfang der Informationssuche. Für die Produktkenntnisse konnten keine eindeutigen Ergebnisse abgeleitet werden. Die Wichtigkeit der Beschaffungsentscheidung begünstigt eine umfangreiche Informationssuche. Dies macht deutlich, dass trotz der Wichtigkeit der Beschaffungsentscheidung eher mit einem mittleren Umfang der Informationssuche zu rechnen ist. Das erscheint durchaus rational vor dem Hintergrund, dass die Informationssuche bei M&A-Beratungsleistungen relativ kostspielig sein kann.

Wie bereits beschrieben sollte die Informationssuche nicht nur dahingehend beurteilt werden, welche Informationsmenge beschafft wird, sondern auch mit Bezug auf die Qualität und Struktur der beschafften Informationen. Die Struktur vorhandener Informationen lässt sich u.a. daran festmachen, ob die Informationen vergleichbar sind, ob sie sich also auf korrespondieren Ausprägungen der Alternativen beziehen. Empirische Studien fanden heraus, dass der Vergleich korrespondierender Ausprägungen für Entscheider einfacher ist als der Vergleich nicht-korrespondierender Eigenschaften. Das führt dazu, dass der Entscheider in einer Situation, in der die Auswahlsituation anhand korrespondierender Eigenschaften beschrieben wird, seinen Informationsstand besser bewertet. Er hat dann das subjektive Empfinden, dass ihm mehr Informationen zur Verfügung stehen als in einer Situation, wo nicht korrespondierende Eigenschaften die Auswahlsituation bestimmen (vgl. Creyer/Kozup 2003, 38). Diese Vereinfachung des Vergleichs und somit des Entscheidungsprozesses führt zu einem verminderten kognitiven Aufwand und höherer Zufriedenheit mit dem Auswahlprozess (vgl.

Creyer/Kozup 2003, 38). Für die Informationssuche lässt sich daraus ableiten, dass Nachfrager klare Vorstellungen davon haben sollten, welche Nachfrageziele sie verfolgen. Diese Nachfrageziele müssen in für die Entscheidung relevante Kriterien der Auswahl übersetzt werden und diese Kriterien sind die Attribute der einzelnen Anbieter, über deren Ausprägungen Informationen gesucht werden müssen. Damit in der Phase der Informationssuche die spätere Entscheidungsfindung effizient und effektiv vorbereitet werden kann, ist es notwendig, dass die Informationen beschafft werden, die es dem Nachfrager ermöglichen, die Alternativen anhand korrespondierender und relevanter Eigenschaften zu beurteilen. Die Relevanz eines Kriteriums ergibt sich aus der Einschätzung einer Person, inwieweit ein bestimmtes Attribut einer Leistung Konsequenzen für die Beurteilung der Leistung hat (vgl. Rao/Kelkar 1997, 76). Welche Dimensionen und Auswahlkriterien für M&A-Dienstleistungen genutzt werden können und sollten, wird in Abschnitt 8.4 noch genauer betrachtet.

Als nächstes sollen die gestaltbaren Einflussfaktoren untersucht werden. Diese Analyse ist geeignet, um zu zeigen, welche Gestaltungsmöglichkeiten für das Unternehmen hinsichtlich der Informationssuche bestehen.

Zu den **situationsbezogenen, gestaltbaren Einflussfaktoren** auf die Informationssuche zählt lediglich die Zugänglichkeit von Informationen. Die Gestaltbarkeit der Zugänglichkeit von Informationen ist begrenzt, aber das Unternehmen kann Einfluss darauf nehmen, zu welchen Informationen es Zugang erhält. Dies wurde bereits im Abschnitt zu den Informationsquellen thematisiert. Es geht darum, dass das Unternehmen bewusst einzelne Informationsquellen, die für seinen Informationsbedarf besonders geeignet erscheinen, für sich erschließt und nutzt.

In Bezug auf die **nachfragerbezogenen, gestaltbaren Faktoren** kann das Unternehmen nur Einfluss nehmen, indem es die Voraussetzungen dafür schafft, dass der Nachfrager Rechenschaft über seine Entscheidung ablegen muss. Dies gelingt z.T. schon dadurch, dass ein Buying Center etabliert wird. Die einzelnen Nachfrager können keine individuellen Entscheidungen treffen, sondern müssen in einen Aushandlungsprozess treten. In diesem Prozess stehen die Chancen, sich durchzusetzen, umso besser, je mehr entscheidungsrelevante Informationen der einzelne Nachfrager nutzen kann, um seine Präferenz zu begründen. Gute Sachkenntnisse resultieren in einem Machtvorsprung im Buying Center (vgl. Kißling 1999, 86). Dies sollte eine umfangreiche Informationssuche begünstigen, allerdings besteht auch die Gefahr, dass irrelevante Informationen zusammen getragen werden, oder dass die Informationsbeschaffung nur sehr selektiv erfolgt. Auf diese Problematik wird ausführlicher in Abschnitt 8.2 eingegangen.

Nachfolgend soll untersucht werden, wie die **unternehmensbezogenen, gestaltbaren Einflussfaktoren** ausgeprägt sein könnten oder sollten und welche Konsequenzen sich für die Informationssuche ergeben. In Abschnitt 7.4.2 zeigte sich, dass die Größe und Struktur des Buying Centers Einfluss auf die Informationssuche hat. Bei der Beschaffung von M&A-Dienstleistungen findet sich typischerweise ein eher kleines Buying-Center, in dem wenige Hierarchiestufen und wenige Funktionsbereiche enthalten sind. Diese Tatsache senkt die Wahrscheinlichkeit, dass es zu einer sehr umfangreichen Informationssuche kommt. Die Vergrößerung oder hierarchische und funktionelle Ausdehnung des Buying Centers begünstigt hingegen eine umfangreiche Informationssuche.

Um dem sog. α-Fehler (vgl. Abschnitt 5.2) vorzubeugen, ist die Gestaltung des Buying Centers ein wichtiger Ansatzpunkt. Ein wesentliches Problem bei der Informationssuche im M&A-Beschaffungsprozess ist das Problem der Vertraulichkeit. Ein Unternehmen muss bei der Ansprache verschiedener M&A-Beratungsanbieter genau abwägen, wie groß das Bedürfnis nach Vertraulichkeit und wie groß das Informationsbedürfnis ist. Insofern steht die Gestaltung des Buying Centers im Zentrum widerstreitender Interessen und Ansprüche. So soll auf der einen Seite das Buying Center groß und hierarchisch-fachlich heterogen genug sein, um eine ausreichende Informationssuche zu gewährleisten. Auf der anderen Seite darf das Buying Center aber nicht zu groß ausfallen, damit eine Konsensfindung der Beteiligten möglich wird und die Geheimhaltung gewahrt werden kann. Für die Nachfrage nach M&A-Beratungsleistungen sollte es in der Mehrzahl der Fälle nicht erwünscht und auch nicht zielführend sein, das Buying Center hierarchisch stark auszudehnen. Eine fachliche Ausdehnung auf weitere Funktionsbereiche erscheint zumindest geeignet, um neue und andersartige Sichtweisen auf das Beschaffungsproblem zu gewinnen. Allerdings dürfte den meisten anderen Funktionsbereichen die Expertise fehlen, um die Leistungsangebote von M&A-Beratern im Detail beurteilen zu können. Dieser Tatsache könnte Rechnung getragen werden, indem man ihre Teilhabe im Beschaffungsprozess von vornherein als unterstützende Tätigkeit definiert und ihre Entscheidungsmacht im Buying Center begrenzt. Insbesondere die Einbindung der Beschaffungsabteilung, die ein besonderes Know-how für Beschaffungsvorgänge entwickelt hat, könnte ein Ansatzpunkt zu einer Professionalisierung sein.

Ein wichtiger Aspekt im Zusammenhang mit der Informationssuche ist die **Präsentation der Informationen**. Nachfrager nutzen explizit gegebene Informationen in der vorgegebenen Form, weil es hilft, den kognitiven Aufwand zu verringern, es sei denn, die Informationen werden in schlecht strukturierter Form präsentiert. Außerdem kommt es zu Pioniereffekten bei der sequentiellen Präsentation von Informationen. Nachfrager lernen mehr über die Alternativen, zu denen sie zuerst Informationen erhalten und nehmen sie mit höherer Wahrscheinlichkeit in die engere Auswahl (vgl. Bettman/Luce/Payne 1998, 202). Überträgt man diese Erkenntnis auf die Beschaffung von M&A-Dienstleistungen, empfiehlt es sich, den Pioniereffekt zu mindern, indem die Informationssuche auf die verschiedenen Mitglieder des Buying Centers aufgeteilt wird. Sobald klar ist, welche Anbieter überhaupt betrachtet werden sollen, kann jedes Buying Center-Mitglied einen konkreten Informationssuchauftrag erhalten. In diesem ist dann festgelegt, zu welchen Anbietern und zu welchen Attributausprägungen Informationen beschafft werden sollen. Es ist zwar aufgrund der hohen hierarchischen Position der Buying Center-Mitglieder nicht wahrscheinlich, dass sie die detaillierte Informationssuche selbst durchführen werden, aber auch bei der Weitergabe des Auftrags wird sichergestellt, dass vergleichbare und relevante Informationen beschafft werden und die Informationssuche strukturiert abläuft. Der Informationssuchauftrag kann einem gewissen Formalisierungsgrad unterliegen. Um eine Formalisierung zu erreichen, genügt es nicht, die Attribute zu definieren, für die Informationen zu suchen sind, vielmehr muss auch Einigkeit darüber erzielt werden, welche Maßstäbe bei der Beurteilung der Attributausprägungen angewendet werden sollen. Hier zeigt sich auch die Grenze der Formalisierung, da es bei qualitativen Kriterien schwierig ist, einheitliche Maßstäbe durchzusetzen und eine Vergleichbarkeit zu erzielen.

Es zeigt sich insgesamt, dass die Informationssuche sich deutlich auf die spätere Entscheidung auswirkt und dass gleichzeitig das Unternehmen nur wenige Ansatzpunkte hat, um die Informationssuche der Nachfrager von M&A-Beratungsleistungen zu steuern. Umso wichtiger erscheint es deshalb für das nachfragende Unternehmen, konkrete Vorgaben hinsichtlich der Verantwortlichkeit der Nachfrager und der Struktur des Buying Centers zu machen und auch auf die Struktur der beschafften Informationen einzuwirken.

8 Auswahlphase bei der Beschaffung von M&A-Dienstleistungen

8.1 Überblick

Die Entscheidungsfindung war bereits Gegenstand des Kapitels 6, in dem die Entscheidung über die Nutzung externer Beratung bei M&A analysiert wurde. Für die Auswahlphase ist das Entscheidungsverhalten zentral, geht es in dieser Phase doch um eine mehrstufige Entscheidung, die die Wahl eines Anbieters aus einer Vielzahl potenzieller Anbieter von M&A-Beratungsleistungen beinhaltet. Aus diesem Grund soll an dieser Stelle eine kurze Auseinandersetzung mit dem Entscheidungsbegriff und seinen theoretischen Grundlagen erfolgen.

Die Entscheidungstheorie beschäftigt sich mit den „...logischen und empirischen Analysen des rationalen oder intendiert rationalen Entscheidungsverhaltens“ (Bamberg/ Coenenberg 2004, 1). Sie lässt sich unterscheiden in eine deskriptive und präskriptive Theorie (vgl. Jeschke 2004b, 159). Die deskriptive Entscheidungstheorie beschreibt, wie Individuen Entscheidungen in der Realität treffen. Die präskriptive oder auch normative Entscheidungstheorie hingegen zeigt, wie Individuen Entscheidungen optimal treffen können und sollten. Sie will also Handlungsempfehlungen hinsichtlich optimalen Entscheidungsverhaltens ableiten (vgl. Sturm 2005, 56).

Obwohl der Begriff der Entscheidung oder Entscheidungsfindung im allgemeinen Sprachgebrauch geläufig ist, wird für diese Arbeit eine kurze Begriffsbestimmung vorgenommen. Ziel ist es, wichtige mit dem Begriff verbundene Merkmale zu identifizieren. Mit Hilfe dieser Merkmale soll eine Strukturierung der späteren Betrachtungen erfolgen. Verschiedene Autoren definieren die Entscheidung bzw. Entscheidungsfindung sehr ähnlich, wie die nachfolgenden Definitionen exemplarisch zeigen:

Die Entscheidungsfindung stellt einen sequenziellen Diskriminierungsprozess dar, in dem relevante Informationen genutzt werden, um die überlegene Alternative von den anderen Alternativen abzugrenzen (vgl. Russo/Meloy/Wilks 2000, 13-14).

Die Entscheidungsfindung ist die Bewertung und Wahl zwischen alternativen Handlungen als Reaktion auf ein wahrgenommenes Problem (vgl. Case 2007, 331).

Entscheidungen zeichnen sich dadurch aus, dass „...eine bewusste Wahl zwischen mehreren Handlungsalternativen [...]“ getroffen wird (Sturm 2005, 56).

„Unter ‚Entscheidung' wird ganz allgemein die (mehr oder weniger bewusste) Auswahl einer von mehreren möglichen Handlungsalternativen verstanden" (Laux 2007, 1).

Eine Entscheidung ist demnach durch folgende Merkmale gekennzeichnet:

- Verarbeitung von Informationen
- Wahlhandlung
- Problem- und Zielbezogenheit
- Prozesscharakter

Die Verarbeitung von Informationen als Merkmal der Entscheidung ist Gegenstand von Abschnitt 8.2. In diesem Abschnitt soll unter anderem thematisiert werden, welche Faktoren Einfluss darauf haben, ob bestimmte Informationen in der Informationsverarbeitung berücksichtigt werden oder nicht. Außerdem wird untersucht, wie die Bewältigung von Emotionen sich auf die Informationsverarbeitung des Nachfragers auswirkt. Die Wahlhandlung als solche ist Gegenstand des Kapitels 8.3, in dem mögliche Entscheidungsverfahren vorgestellt und verglichen sowie Hinweise dazu gegeben werden, wie Nachfrager ein Entscheidungsverfahren auswählen.

Die Problem- und Zielbezogenheit der Entscheidung besagt, dass für eine Entscheidung eine Orientierung an den Zielen des Entscheiders notwendig ist. Das gilt auch für die Beschaffungsentscheidung von M&A-Dienstleistungen. Die Zielbezogenheit drückt sich in den Auswahlkriterien aus, die herangezogen werden, um die verschiedenen Alternativen zu vergleichen. Dieser Zusammenhang wird detailliert im Kapitel 8.4 dieser Arbeit betrachtet.

Aus dem Prozesscharakter der Entscheidungsfindung lässt sich ableiten, dass eine Entscheidung aus mehreren, logisch aufeinander folgenden Phasen besteht. In der vorliegenden Arbeit wird der Auswahlprozess in zwei Hauptphasen unterteilt. Die erste Phase ist die Vorauswahl, in der die Zahl der zur Wahl stehenden Alternativen verringert wird. Die zweite Phase ist die Endauswahl, in der aus den verbliebenen Alternativen eine ausgewählt wird. Die Besonderheiten des Entscheidungsverhaltens in den betreffenden Phasen werden in den Abschnitten 8.5.1 und 8.5.2 thematisiert. Der Abschnitt 8.5.3 beleuchtet schließlich die Frage, wie aus individuellen Präferenzen organisationale Entscheidungen abgeleitet werden.

8.2 Informationsverarbeitung

8.2.1 Wahrscheinlichkeit der Verarbeitung von Informationen

8.2.1.1 Vorhersage- und Sicherheitswert von Informationen

Obwohl Nachfrager bei der Informationssuche selektiv vorgehen, haben sie keine vollständige Kontrolle darüber, welche Informationen sie erhalten. Nach Abschluss der Informationssuche verfügen sie deshalb über verschiedene Informationen, von denen einige widersprüchlich sein können. Es ist nun Aufgabe des Nachfragers, die Informationen zu strukturieren und zu entscheiden, welche Informationen in die Problemlösung einfließen sollen und welche nicht. Dabei müssen die Informationen ausgewählt werden, die die Informationsbedürfnisse des Nachfragers am besten befriedigen können. Nur über die Befriedigung der Informationsbedürfnisse ist der Nachfrager in der Lage, seine Unsicherheit und somit sein wahrgenommenes Risiko auf ein akzeptables Niveau zu reduzieren (vgl. Cox 1967b, 618).

Nachfrager werden deshalb die Informationen verarbeiten, die für sie einen hohen Wert haben. In der ursprünglichen Forschung zu diesem Thema wurde der Wert einer Information mit ihrem Vorhersagewert gleichgesetzt. Der Vorhersagewert bezeichnet die Fähigkeit einer Information, die tatsächliche Attributausprägung vorherzusagen. In empirischen Studien zeigte sich jedoch, dass der Vorhersagewert einer Information nicht immer ausschlaggebend für ihre Nutzung ist, was bedeutet, dass Nachfrager den Wert einer Information noch an anderen Faktoren festmachen. Dieses Phänomen beruht darauf, dass Nachfrager häufig keine Sicherheit darüber haben, wie hoch der Vorhersagewert einer Information ist. Deshalb kommt neben dem Vorhersagewert auch der Sicherheitswert zum Tragen, der Aussagen darüber macht, wie sicher ein Nachfrager ist, dass eine bestimmte Information einen guten Vorhersagewert hat. Es werden vom Nachfrager bevorzugt die Informationen verarbeitet, die sowohl einen hohen Vorhersagewert als auch einen hohen Sicherheitswert aufweisen (vgl. Cox 1967b, 623-624). Es muss dabei nicht immer eine logische oder rationale Verbindung zwischen den genutzten Informationen und den bewerteten Attributen bestehen. Das kann sogar soweit gehen, dass bestimmte Informationen mit einem hohen Sicherheitswert übermäßig genutzt werden. Das bedeutet, dass die betreffenden Informationen auch bei der Beurteilung von Attributen genutzt werden, zu denen sie keine Aussagen machen. Hierin liegt ein Grund für die objektiven Bewertungsfehler, die bei Nachfrageproblemen zu beobachten sind (vgl. Cox 1967b, 625). Die Einschätzung des Wertes einer Information hat Einfluss auf die Wahrscheinlichkeit, dass bestimmte Auswahlkriterien genutzt werden. Dieser Zusammenhang wird deshalb in Abschnitt 8.4.6 noch genauer analysiert.

8.2.1.2 Aufmerksamkeit

Davon ausgehend, dass die Nachfrager nur limitierte Kapazitäten zur Informationsverarbeitung haben, erscheint es logisch, dass Nachfrager nicht alle sondern nur einzelne Informationen verarbeiten. Diese selektive Informationsverarbeitung hat entscheidenden Einfluss auf die spätere Entscheidung. Der Einfluss der vorhandenen Informationen auf das Entscheidungsverhalten ist sehr groß. Die Frage, welche Informationen in die Entscheidung einfließen, bestimmt maßgeblich, welche Entscheidung letztendlich getroffen wird (vgl. Chang/Huang 2002, 320-321). Ein wichtiges Konstrukt in diesem Zusammenhang ist die Aufmerksamkeit (attention) der Nachfrager gegenüber bestimmten Informationen, also ihre Prädisposition, bestimmte Informationen aufzunehmen und weiterzuverarbeiten. Aufmerksamkeit kann freiwillig oder unfreiwillig zustande kommen. Freiwillige Aufmerksamkeit wird den Informationen entgegengebracht, die als relevant für die verfolgten Ziele (Nachfrage- und Auswahlprozessziele) wahrgenommen werden. Nachfrager sind eher bereit, sich den Informationen zu widmen, die ihnen helfen ihre Ziele zu erreichen. Aufmerksamkeit kann auch unfreiwillig entstehen, wenn Nachfrager mit neuartigen, überraschenden, potenziell bedrohlichen oder sehr auffälligen Informationen konfrontiert werden. Insbesondere die potenzielle Bedrohung der Zielerreichung lässt den Nachfrager besonders aufmerksam gegenüber bestimmten Informationen agieren (vgl. Bettman/Luce/Payne 1998, 193). Wenn man davon ausgeht, dass Nachfrager den Informationen besondere Aufmerksamkeit entgegenbringen, die ihre Zielerreichung bedrohen, so stellt sich die Frage, welche Informationen das im M&A-Beratungsmarkt sein könnten. Wie bereits erläutert, verfolgen Nachfrager von M&A-Dienstleistungen verschiedene Ziele. So können bei unterschiedlichen Zielstellungen verschiedene Informationen mehr oder weniger relevant sein. Ein vordergründiges Ziel sollte es allerdings sein, die betreffende M&A-Transaktion mit Hilfe des Beraters erfolgreich abzuschließen. Von besonderem Interesse sind deswegen alle Informationen darüber, ob eine vom M&A-Berater betreute Transaktion gescheitert ist oder erfolgreich war. Eine derartige Information sollte bei allen Nachfragern sehr große Aufmerksamkeit erhalten und die Auswahlentscheidung wesentlich beeinflussen. Gerade in der dritten strategischen Gruppe der großen Anbieter ist der Markt relativ transparent, so dass Misserfolge eine entsprechend starke negative Signalwirkung auf die Nachfrager haben sollten. Problematisch ist, dass im M&A-Beratungsmarkt die Wahrscheinlichkeit relativ gering ist, dass entsprechende Informationen bekannt werden. Im Gegensatz zu Konsumentendienstleistungen, bei denen Mund-zu-Mund-Propaganda eine große Rolle spielt und Konsumenten bereit und eventuell sogar bemüht sind, ihre negative Erfahrung mit anderen Konsumenten zu teilen, wird das beteiligte Unternehmen einer gescheiterten M&A-Transaktion diese Information kaum an die breite Öffentlichkeit tragen. Entsprechend wird der Nachfrager von M&A-Dienstleistungen nur in Ausnahmefällen (z.B. bei sehr großen Transaktionen mit öffentlichem Interesse) von gescheiterten Transaktionen erfahren. Relativ leicht erhält der Nachfrager hingegen positive Informationen, da M&A-Berater mit erfolgreich abgewickelten M&A-Prozessen in Form von sog. Tombstones werben.

Im Falle eines Misserfolgs ist es für den Nachfrager außerdem schwierig abzuschätzen, inwieweit ein Verschulden des M&A-Beraters ursächlich ist. Aufgrund der intensiven Koproduktion und der zahlreichen exogenen Einflussfaktoren auf den Transaktionserfolg (vgl. Hawranek 2004, 42) lässt sich der Beitrag des M&A-Dienstleisters von außen kaum abschätzen. Das Phänomen der Aufmerksamkeit kann zu Fehlern bei der Informationsverarbeitung führen, weil es die Grundlage dafür bildet, dass einzelne Informationen in ihrer Bedeutung für die Entscheidung überbewertet werden. Das gilt sowohl für negative als auch für positive Informationen.

Neben der Aufmerksamkeit (attention) ist ein weiteres wichtiges Konzept der Informationsverarbeitung das des Bewusstseins (awareness). Awareness entscheidet darüber, ob ein Anbieter überhaupt als relevant wahrgenommen wird. Sie hat Einfluss auf die Wahrscheinlichkeit, dass ein bestimmter Anbieter von einem Nachfrager gewählt wird. Das hat zum einen damit zu tun, dass das Bewusstsein über einen bestimmten Anbieter auch als Bekanntheit wahrgenommen wird. Die empfundene Vertrautheit mit dem Anbieter senkt das Risikoempfinden und steigert so die Wahrscheinlichkeit, dass der betreffende Anbieter ausgewählt wird. Für einen Anbieter ist es wichtig, in das sog. awareness set des Nachfragers zu fallen, weil viele Nachfrager verkürzte Entscheidungsheuristiken verwenden, in denen nur die Anbieter berücksichtigt werden, die der Nachfrager kennt und die ihm als erstes im Zusammenhang mit einer Problemstellung einfallen (vgl. Sharp 1995, 9). Dies kann zu objektiven Fehlern in der Entscheidung führen, nämlich dann, wenn die Informationssuche aus Gründen der Aufwandsminimierung von vornherein auf das relevant set beschränkt wird. Das verhindert die Identifizierung von anderen potenziell geeigneten Anbietern und eine umfassende

Informationssuche. Informationen über weitere Anbieter werden eventuell in der Informationsverarbeitung nicht mehr berücksichtigt. Das Phänomen der Awareness erhöht die Anfälligkeit des Nachfragers für den α-Fehler (vgl. Abschnitt 5.2), bei dem der Aufwand der Entscheidungsvorbereitung zu niedrig ausfällt, weil der Nutzen des zusätzlichen Aufwands der Identifizierung von weiteren Anbietern falsch eingeschätzt wird. Die Fehleranfälligkeit ist besonders gravierend für weniger gut informierte Nachfrager mit relativ kleinen relevant sets.

8.2.1.3 Information Bias

Grundlage dafür, dass zwischen Alternativen unterschieden werden kann, ist die Bildung einer Präferenz für eine Alternative. Im Entscheidungsprozess kann es schnell dazu kommen, dass ein Nachfrager eine relative Präferenz für eine Alternative ausbildet. Diese Präferenz entsteht aus der Überzeugung, dass sich mit der Wahl einer bestimmten Alternative die Ziele des Nachfragers besser erreichen lassen als mit einer anderen. Die Präferenz kann dann dazu führen, dass neu gewonnene Informationen verzerrt wahrgenommen und so interpretiert werden, dass sie die Wahl der präferierten Alternative begünstigen (vgl. Russo/Meloy/Wilks 2000, 14). Die Bedeutung neuer Informationen wird vom Nachfrager bewusst in einem bestimmten Sinne interpretiert. Er verfolgt eine durch seine Zielsetzung motivierte Argumentation und kann neue Informationen nicht mehr objektiv aufnehmen (vgl. Bettman/Luce/Payne 1998, 193). Dieses Problem ergibt sich aus dem Vorliegen von kognitiver Dissonanz. Die kognitive Dissonanz ist ein Problem, das sich im Rahmen der Informationssuche ergeben kann und das geeignet ist, zu negativen emotionalen Zuständen zu führen. Sie ergibt sich, wenn zwischen kognitiven Elementen (also bestehendem Wissen, Vorstellungen, Werten und Meinungen) nicht passende Beziehungen bestehen. Aus kognitiver Dissonanz ergibt sich ein Druck zur Reduktion dieser Dissonanz, der sich in Verhaltensänderungen, Änderungen von Kognitionen oder Vorsicht bei der Konfrontation mit neuen Informationen manifestiert (vgl. Festinger 1978, 42). Individuen setzen sich generell eher Informationen aus, die ihren eigenen Vorstellungen und Einstellungen entsprechen und nicht im Konflikt mit ihnen stehen. Bewusst oder unbewusst werden konfliktäre Informationen vermieden, um die Wahrnehmungskohärenz im Entscheidungsprozess zu maximieren (vgl. Wilson 1997, 557). Und selbst wenn Entscheider zufällig und unfreiwillig Informationen ausgesetzt sind, die mit ihren gegebenen Kognitionen nicht übereinstimmen, werden sie Wege finden, diese Informationen in ihrem Sinne umzudeuten (vgl. Cox 1967a, 133). Das wird unter dem Begriff der selektiven Wahrnehmung zusammengefasst, der sowohl die Vermeidung als auch die Neuinterpretation konfliktärer Informationen beinhaltet. Diese Verzerrung neuer Informationen (Information Bias) tritt nicht nur im Zusammenhang mit Konsumentenentscheidungen auf, sondern kann auch bei professionellen Entscheidungen im Berufsfeld von Personen beobachtet werden. Der Effekt ist also groß genug, dass auch das Bewusstsein über die Wichtigkeit der Entscheidung nicht verhindern kann, dass Informationen verzerrt werden (vgl. Russo/Meloy/Wilks 2000, 21). Selbst die Verantwortlichkeit für die Entscheidung und die Notwendigkeit, die Entscheidung gegenüber Dritten zu begründen, verringern den Effekt kaum (vgl. Russo/Meloy/Wilks 2000, 23). Dass die Verantwortlichkeit nicht zu weniger Informationsverzerrungen führt, wird einerseits damit begründet, dass den Entscheidern nicht bewusst ist, dass sie eine verzerrte Wahrnehmung von Informationen zeigen und sie deswegen ihr Verhalten nicht willentlich ändern können (vgl. Russo/Meloy/Wilks 2000, 24). Außerdem ist es zumeist so, dass für denjenigen, der die Handlungen kontrolliert, nicht nachzuvollziehen ist, ob Informationen verzerrt wurden oder nicht. Die Kontrollwirkung ist aus diesem Grund nicht gegeben und die Verantwortlichkeit für eine Entscheidung bewirkt kaum eine Verhaltensänderung (vgl. Russo/Meloy/Wilks 2000, 25). Dies ist ein weiterer Grund für die objektiven Bewertungsfehler, die sich in Entscheidungssituationen bei Nachfragern beobachten lassen. Der Information Bias erhöht die Anfälligkeit für den α-Fehler. Die Aufnahme von Informationen, die dissonant sind, führen beim Nachfrager zu negativen Emotionen, weshalb seine subjektiven Kosten der Informationsverarbeitung höher sind als die objektiven Kosten. Der Nachfrager verarbeitet deshalb nur einen Teil der zur Verfügung stehenden Informationen, was die Wahrscheinlichkeit erhöht, dass nicht die richtige Entscheidung getroffen wird.

Die obigen Ausführungen haben gezeigt, dass es für das Unternehmen als Organisation schwierig ist, dem Phänomen des Information Bias entgegenzuwirken. Wenn Kontrollmechanismen installiert werden, die den Nachfrager erwarten lassen, dass er seine Entscheidung später begründen können muss, bringt das Vor- und Nachteile für das Unternehmen mit sich. Wenn ein Bewusstsein für die Verantwortlichkeit besteht, führt das i.d.R. zu größerer Auseinandersetzung mit der Entscheidung. Ein solcher Kontrollmechanismus ist wie bereits erläutert schon die Etablierung eines Buying Centers, denn die Entscheidungsfindung in der Gruppe macht es notwendig seinen eigenen Standpunkt erklären zu können. Die Kontrollmechanismen könnten aber noch stärker formalisiert werden, z.B. durch vorgegebene Bewertungsbögen, die der Entscheider auszufüllen hat. Insbesondere im Anschluss an das Projekt sollte eine Auswertung stattfinden, die Rückschlüsse darauf zulässt, ob ein geeigneter Dienstleistungsanbieter ausgewählt wurde. Die vollständige Dokumentation des Auswahlprozesses ist empfehlenswert, um zu einem späteren Zeitpunkt die Auswahl nachvollziehen und gegenüber allen Beteiligten begründen zu können (vgl. Hülsmann 2005, 20). Schwierig ist es jedoch, die lediglich politisch motivierte Verarbeitung von Informationen zu verhindern, die nur der Rechtfertigung der Entscheidung dient (vgl. dazu ausführlicher Abschnitt 8.3.2.3). Damit die Kontrolle effektiv ist, sollte die Beschaffungsentscheidung anhand des Prozesses und anhand des Ergebnisses beurteilt werden.

8.2.2 Informationsverarbeitung und Emotionsbewältigung

In Abschnitt 4.4.3 wurde bereits gezeigt, dass zu den nachfragerbezogenen Prozesszielen die Minimierung negativer Emotionen im Zusammenhang mit der Entscheidung gehört. Emotionen wirken direkt auf das Verhalten von Individuen, sie können aber auch die Motivationen für das Verhalten ändern. Emotionen rufen vor allem Handlungen hervor, die der Bewältigung der Emotionen dienen (vgl. Luce/ Bettman/Payne 2001, 12). Zu der Frage, wie Nachfrager potenzielle negative Emotionen bewältigen, sollen im Folgenden Lösungen herausgearbeitet werden.

Abb. 34: Emotionsbildung und -bewältigung

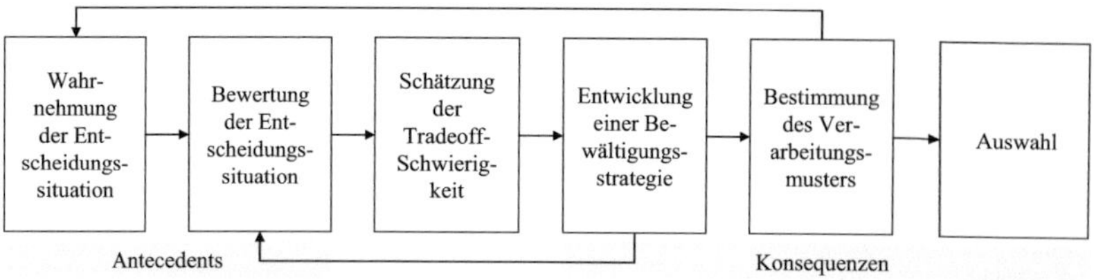

Quelle: Luce/Bettman/Payne 2001, 22

Der Prozess der Emotionsbildung und -bewältigung bei einer Entscheidung wie er in Abbildung 33 zu sehen ist, ist nicht einfach linear, aber die relevanten Konstrukte bilden eine logische Folge im Rahmen des Prozesses. Dabei ist die Abgrenzung einzelner Phasen nicht immer einfach, da bestimmte Prozesse quasi simultan ablaufen. So gehen z.B. die Wahrnehmungsprozesse häufig mit Bewertungsprozessen einher und es sind iterative Schleifen im Prozess möglich. Eine solche Feedback-Beziehung besteht zwischen der Entwicklung einer Bewältigungsstrategie und der Bewertung der Entscheidungssituation. Im Rahmen der Bewältigungsstrategie kann der Entscheider neue Informationen erhalten, die es notwendig machen, die Entscheidungssituation neu zu bewerten. Die zweite Feedback-Beziehung kommt zustande, weil die Verarbeitung von Informationen bereits Bestandteil der Wahrnehmung des Problems ist (vgl. Luce/Bettman/Payne 2001, 23-24). Für die Entwicklung einer Bewältigungsstrategie bestehen zwei Möglichkeiten, wie die folgende Abbildung zeigt.

Abb. 35: Arten von Bewältigungsstrategien

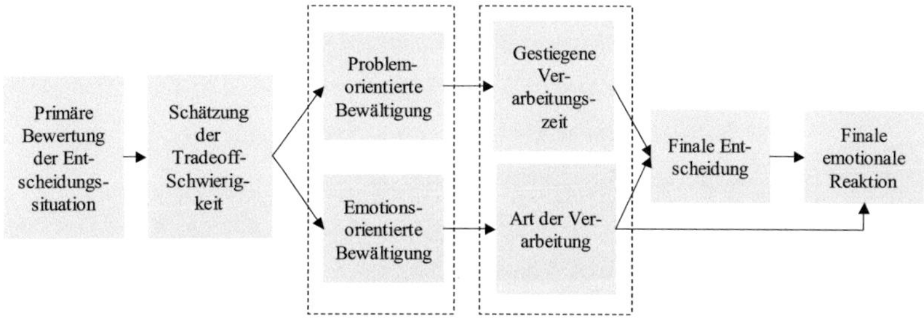

Quelle: Luce/Bettman/Payne 2001, 22

Die Abbildung zeigt, dass der mit einer Entscheidung verbundene psychologische Stress auf verschiedene Arten bewältigt werden kann. Creyer und Kozup (2003, 39) beschreiben zwei verschiedene Arten der Bewältigung. Die **funktionale oder auch problemorientierte Bewältigungsstrategie** besteht in der sorgfältigen Informationssuche und -verarbeitung, die in den meisten Fällen zu einer guten Entscheidung führen sollte. Bei der Anwendung problemorientierter Bewältigungsstrategien versucht der Entscheider durch „harte Arbeit“ eine gute Entscheidung zu treffen. Der Entscheider ist motiviert, zusätzliche Anstrengungen zu unternehmen, um seine Entscheidung zu fundieren und abzusichern und damit ein Signal nach außen zu senden (vgl. Luce/Bettman/Payne 2001, 31). Die problemorientierte Bewältigungsstrategie umfasst Maßnahmen, die darauf abzielen, die Entscheidungssituation für den Nachfrager zu verbessern und dadurch die negativen Emotionen zu verringern. Das kann z.B. dadurch geschehen, dass versucht wird, das beste Entscheidungsverfahren anzuwenden und somit eine möglichst fehlerfreie Entscheidung zu treffen. Das bedeutet, dass so viele Informationen wie möglich verarbeitet werden, um die Fehlerfreiheit der Entscheidung sicherzustellen. Die problemorientierte Bewältigung negativer Emotionen würde dann dazu führen, dass eine extensive Informationsverarbeitung verfolgt wird (vgl. Bettman/Luce/Payne 1998, 197). Als Resultat der problemorientierten Bewältigung unternimmt der Nachfrager größere Anstrengungen und somit ist anzunehmen, dass die Dauer der Informationsverarbeitung ansteigen wird. Insofern ist die problemorientierte Bewältigung grundsätzlich geeignet, einen rationalen Beschaffungsprozess zu etablieren. Es besteht lediglich die Gefahr, dass ein größerer Entscheidungsaufwand betrieben wird als durch den Nutzen zu rechtfertigen ist (β-Fehler).

Neben der problemorientierten Bewältigung sind allerdings auch **dysfunktionale oder emotionsorientierte Bewältigungsstrategien** zu beobachten. Dabei kann es sich zum einen um eine übertriebene, panikartige Herangehensweise an das Entscheidungsproblem (hypervigilance) handeln, bei der der Entscheider schnell und unsystematisch versucht, so viele Informationen wie möglich zusammenzutragen. Die Informationen werden nicht konsistent verarbeitet und es kommt nur selten zu guten Entscheidungen. Im Rahmen emotionsorientierter Bewältigungsstrategien kann aber auch das Ziel verfolgt werden, emotional schwierige Trade-offs zu vermeiden, indem z.B. bestimmte Informationen über die Attribute nicht betrachtet oder verarbeitet werden (vgl. Luce/ Bettman/Payne 2001, 31). Emotionsorientierte Bewältigung bezeichnet den Versuch, nicht das Ereignis zu verändern sondern die eigene Wahrnehmung des Ereignisses (vgl. Wilson 1997, 554). Die emotionsorientierte Bewältigungsstrategie umfasst häufig Vermeidungshandlungen. Unter Vermeidung versteht man die "…tendency for humans to avoid exposure to information that conflicts with their prior knowledge, beliefs and attitudes, and/or which causes them anxiety." (Case 2007, 329). Der Nachfrager versucht, die Aspekte der Entscheidung, die mit besonderen Emotionen verbunden sind, auszublenden. Da negative Emotionen besonders bei Trade-offs zustande kommen, vermeidet der Nachfrager kompensierende Entscheidungsverfahren und nutzt stattdessen attributbasierte Entscheidungsverfahren. Daraus lässt sich ableiten, dass Nachfrager zur Vermeidung negativer Emotionen eine extensive aber attributbasierte Informationsverarbeitung und Entscheidungsfindung verfolgen.

Die Art der Informationsverarbeitung wird angepasst und je nach Vorliegen oder Nichtvorliegen von schwierigen Trade-offs wird der Nachfrager die Reihenfolge und den Umfang der betrachteten und verarbeiteten Informationen gestalten. Dies bewirkt, dass der Entscheidung eine bestimmte Richtung gegeben wird. Der Nachfrager könnte z.B. in einer Entscheidungssituation die Alternative wählen, die hinsichtlich des emotional anspruchsvollsten Attributes am Besten abschneidet (vgl. Luce/Bettman/ Payne 2001, 32-33).

Auch rein defensive Bewältigungsstrategien sind zu beobachten, bei denen der Entscheider versucht, die Entscheidung herauszuzögern oder an andere abzugeben. Hierbei entscheidet sich der Nachfrager für Handlungen, die ein Vermeiden der emotional schwierigen Entscheidung möglich machen. Eine solche Strategie wäre z.B. nichts zu tun und einfach den Status Quo beizubehalten (vgl. Luce/Bettman/Payne 2001, 32). Auf diese Weise will sich der Entscheider der Entscheidungsverantwortung entledigen. Auch diese Strategie bringt nur selten gute Ergebnisse hervor (vgl. Creyer/Kozup 2003, 39). Ein Resultat der Vermeidungsstrategie kann aber auch der verstärkte Wunsch nach Entscheidungsunterstützung sein. Entscheider, die eine Tendenz für die Verfolgung von Vermeidungsstrategien zeigen, sind stärker geneigt, Entscheidungsunterstützung nachzufragen (vgl. Creyer/Kozup 2003, 44).

Yi und Baumgartner (vgl. 2004, 304) unterscheiden ebenso wie andere Autoren in problemorientierte und emotionsorientierte Bewältigungsstrategien, merken aber an, dass diese beiden Strategietypen nicht als gegensätzlich aufzufassen sind. Sie begründen dies damit, dass die beiden Strategien komplementär sind und häufig gleichzeitig auftreten. In der von ihnen durchgeführten empirischen Studie zeigt sich, dass in den meisten Situationen verschiedene Emotionen involviert sind und deshalb anzunehmen ist, dass Nachfrager eine Kombination verschiedener Strategien nutzen werden, um mit den negativen Emotionen umgehen zu können. Die Autoren finden heraus, dass die Nutzung einer eher problemorientierten Bewältigungsstrategie vs. einer eher emotionsorientierten Bewältigungsstrategie am stärksten davon abhängt, ob der Nachfrager glaubt, die Situation verändern zu können oder nicht. Nur wenn die Situation beeinflussbar erscheint, ist es für den Nachfrager sinnvoll, problemorientierte Bewältigungsstrategien zu verfolgen (vgl. Yi/Baumgartner 2004, 314-315).

Die finale emotionale Reaktion ist eine Funktion sowohl der getroffenen Entscheidung als auch der Informationsverarbeitungsprozesse (vgl. Luce/Bettman/Payne 2001, 33). Während funktionale Bewältigungsstrategien grundsätzlich geeignet sind, zu rationalen Entscheidungen zu gelangen, führen dysfunktionale Strategien dazu, dass zu wenig Aufwand für die Entscheidungsfindung betrieben wird und sich die Wahrscheinlichkeit einer falschen Entscheidung erhöht. Die Folge ist irrationales Verhalten auf beiden Entscheidungsebenen (Alternativenwahl und Vorgehen bei der Entscheidungsfindung).

8.3 Entscheidungsverfahren

8.3.1 Arten von Entscheidungsverfahren

Entscheidungsverfahren sind als konkrete Regeln der Informationsverarbeitung in einer Entscheidungssituation aufzufassen. Das Entscheidungsverhalten zeichnet sich dadurch aus, dass der Entscheider ein Entscheidungsverfahren verwendet, das vorgibt, wie und welche vorliegenden Informationen verarbeitet werden (vgl. Chu/Spires 2003, 204). Entscheidungsverfahren bezeichnen Methoden, die angewendet werden, um zu einer Entscheidung zu kommen. Sie werden definiert als „(1) the procedures the decision maker engages in when attempting to choose among alternative courses of action and (2) the decision rule that dictates how the results of those procedures will be used to make the final choice" (Christensen-Szalanski 1978, 307).

Die Entscheidungsverfahren von Nachfragern können anhand von vier Aspekten klassifiziert werden:

- Menge der verarbeiteten Informationen
- Selektivität der Informationsverarbeitung
- Muster der Informationsverarbeitung
- Kompensation

Die Menge der verarbeiteten Informationen kann sich von Entscheidungsverfahren zu Entscheidungsverfahren stark unterscheiden. Der Nachfrager kann alle verfügbaren Informationen in seine Entscheidung einbeziehen oder nur bestimmte Elemente der verfügbaren Informationen berücksichtigen. Gleichzeitig kann sich die Menge der verarbeiteten Informationen je nach Attribut oder von Alternative zu Alternative unterscheiden. Dies wird als Selektivität der Informationsverarbeitung bezeichnet. Je selektiver die Nachfrager bei der Informationsverarbeitung vorgehen, umso eher werden ihre Entscheidungen anfällig für Verzerrungen, die sich aus der unterschiedlichen Wahrnehmung verschiedener Informationen ergeben. Verarbeitet der Nachfrager über alle Attribute oder Alternativen die gleiche Menge von Informationen, so bezeichnet man das als konsistente Informationsverarbeitung. Das Muster der Informationsverarbeitung zeigt an, ob die Informationen durch den Nachfrager Alternative für Alternative verarbeitet werden oder ob einzelne Attribute über alle Alternativen hinweg nacheinander verglichen werden (vgl. Bettman/Luce/Payne 1998, 189-190). Viele Standard-Modelle der Entscheidungsfindung gehen von alternativenbasierter Informationsverarbeitung aus, obwohl die attributbasierte Verarbeitung für den Nachfrager einfacher ist. Entscheidungsverfahren unterscheiden sich schließlich auch danach, in welchem Maße sie kompensierend oder nicht kompensierend wirken. Bei einem kompensierenden Entscheidungsverfahren kann ein schlechter Wert eines Attributs durch einen guten Wert eines anderen Attributs ausgeglichen werden. Der Nachfrager akzeptiert also Trade-offs zwischen verschiedenen Attributen einer Alternative (vgl. Bettman/Luce/Payne 1998, 190).

Eine der einfachsten Verfahren ist die **lexikographische Regel**, bei der die Alternative gewählt wird, die den besten Wert beim wichtigsten Attribut hat. Der Nachfrager legt also fest, welches Attribut für ihn am wichtigsten ist und wählt die Alternative, die die beste Ausprägung dieses Attributes aufweist. Ein weiteres Verfahren ist die **Equal Weight Strategy**, bei der die Nachfrager die Nutzenwerte der einzelnen Attribute für jede Alternative aufaddieren und diejenige wählen, die den höchsten Gesamtwert aufweist. Dabei wird keine Differenzierung hinsichtlich der Bedeutung einzelner Attribute vorgenommen. Im Gegensatz dazu werden beim **Weighted Adding** die Attribute mit einer Gewichtung multipliziert, bevor sie aufaddiert werden. Der Nachfrager wählt dann die Alternative mit dem höchsten Nutzenwert. Beim **Satisficing** werden die Alternativen nacheinander betrachtet. Der Nachfrager hat für die verschiedenen Attribute Mindestanforderungen formuliert und prüft, ob eine Alternative diese Anforderungen erfüllt. Kann ein Attribut der betrachteten Alternative die Mindestanforderungen nicht erfüllen, so wird die Alternative abgelehnt und die nächste Alternative betrachtet (vgl. Bettman/Luce/Payne 1998, 190). Dieses Verfahren wird manchmal auch als **conjunctive strategy** bezeichnet. Elemente des Satisficing und der lexikographischen Regel werden beim **Elimination-by-aspects-Verfahren** verbunden. Der Nachfrager legt fest, welches Attribut für ihn am wichtigsten ist. Dann werden die Alternativen abgelehnt, die für dieses Attribut die Mindestanforderungen nicht erfüllen. Das Gleiche geschieht dann für das zweitwichtigste Attribut. Dieser Prozess wird so lange fortgesetzt, bis nur noch eine Alternative übrig bleibt und diese wird dann gewählt. Das Verfahren der **majority of confirming dimensions** basiert auf einem paarweisen Vergleich der Alternativen. Die Werte beider Alternativen werden über alle Attribute verglichen. Die Alternative, die häufiger bessere Attributwerte aufweist, wird mit der nächsten Alternative verglichen, während die andere Alternative abgelehnt wird (vgl. Chu/Spires 2003, 204). Der paarweise Vergleich wird fortgesetzt bis nur noch eine Alternative verbleibt. Bei dem Verfahren der **frequency of good and bad features** entwickeln die Nachfrager einen Wert, der zwischen guten und schlechten Attributen trennt. Daraufhin werden für jede Alternative die Anzahl guter und schlechter Attribute bestimmt und je nach Orientierung des Nachfragers die Alternative mit den wenigsten schlechten Attributen oder mit den meisten guten Attributen gewählt. Auch ein kombiniertes Verfahren mit dem Ziel der Maximierung der guten Attribute und der Minimierung der schlechten Attribute ist denkbar (vgl. Bettman/Luce/Payne 1998, 191). Das Verfahren des **componential context model** berücksichtigt relationale Aspekte zwischen den Alternativen bei der Entscheidungsfindung. Die gewichteten aufaddierten Nutzenwerte jeder Alternative werden ergänzt durch die relative Vorteilhaftigkeit einer Alternative gegenüber einer anderen Alternative. Diese relative Vorteilhaftigkeit ergibt sich, indem die Nutzendifferenzen zweier Alternativen über alle Attribute aufaddiert werden. Die verschiedenen Verfahren unterscheiden sich hinsichtlich der eingangs erläuterten Aspekte, was in der folgenden Tabelle zusammenfassend dargestellt ist.

Tabelle 26: Eigenschaften verschiedener Entscheidungsverfahren

Entscheidungs-verfahren	**Menge der verarbeiteten Informationen**	**Selektivität der Informations-verarbeitung**	**Muster der Informations-verarbeitung**	**Kompensation**
Lexikographische Ordnung	limitiert	selektiv über Attribute konsistent über Alternativen	attributbasiert	nicht kompensierend
Equal Weight Strategy	extensiv	konsistent	alternativen-basiert	kompensierend
Weighted Adding Zielgewichtung Scoring-Modell	extensiv	konsistent	alternativen-basiert	kompensierend
Satisficing	unterschiedlich	selektiv	alternativen-basiert	nicht kompensierend
Elimination-by-aspects	unterschiedlich	unterschiedlich	attributbasiert	nicht kompensierend
Majority of Confirming Dimensions Strategy	extensiv	konsistent	attributbasiert	kompensierend
Frequency of good and bad features	unterschiedlich	unterschiedlich	alternativen-basiert	unterschiedlich
Componential Context Model	unterschiedlich	konsistent	alternativen-basiert und attributbasiert	kompensierend

Quelle: Bettman/Luce/Payne1998, 191

Unterschiedliche Verfahren sind in verschiedenen Situationen unterschiedlich akkurat, kognitiv aufwendig, emotional anstrengend oder geeignet, die getroffene Entscheidung leicht zu rechtfertigen (vgl. Bettman/Luce/Payne 1998, 194).

Um den kognitiven Aufwand abschätzen zu können, der mit einem bestimmten Entscheidungsverfahren verbunden ist, muss man die für das Verfahren notwendigen Informationsprozesse untersuchen. Jedes Entscheidungsverfahren kann in elementare Informationsprozesse (EIP) unterteilt werden. Solche elementaren Prozesse können das Lesen, der Vergleich, die Verknüpfung oder die Eliminierung unterschiedlicher Informationen sein (vgl. Bettman/Luce/Payne 1998, 194; Chu/Spires 2003, 205). Als generelles Maß für den Aufwand einer Entscheidung sind die Anzahl und der Schwierigkeitsgrad von EIPs zu ermitteln, die notwendig sind, um ein bestimmtes Entscheidungsverfahren in einer bestimmten Umweltsituation umzusetzen (vgl. Bettman/ Johnson/Payne 1990, 114-115).

Die Fehlerfreiheit eines Entscheidungsverfahrens ergibt sich aus der Vermeidung von Entscheidungsmustern und der Berücksichtigung der jeweiligen Präferenzen und Gewichtungen des Entscheiders. Die Fehlerfreiheit ist dann am größten, wenn das Verfahren extensiv, konsistent und kompensierend ist. Diese Anforderungen werden am besten von der Weighted Adding Strategy erfüllt. Verfolgt ein Nachfrager nach M&A-Beratungsleistungen also das Ziel, die Fehlerfreiheit der Entscheidung zu maximieren, bietet sich die gewichtete Bewertung aller potenziellen Anbieter über eine definierte Zahl von Attributen an. Allerdings wird die Fehlerfreiheit auch davon beeinflusst, wie das Entscheidungsverfahren angewandt wird. Gerade Verfahren mit größerer Fehlerfreiheit weisen häufig auch eine größere Komplexität auf, die dazu führen kann, dass der Entscheider Fehler bei der Anwendung macht. Das führt dazu, dass die Fehlerfreiheit der Entscheidung nachlässt, obwohl ein gutes (die Fehlerfreiheit maximierendes) Entscheidungsverfahren angewandt wird (vgl. Bettman/Luce/Payne 1998, 195). Dieses Problem ist beim Weighted Adding gegeben, weil bei den Berechnungen Scheingenauigkeiten entstehen können, die eine Alternative geringfügig besser aussehen lassen als eine andere und somit die Entscheidung verzerren. Hier ist es sehr wichtig, dass der Nachfrager bei der Zuweisung von Punkten und Gewichtungen korrekt und konsistent vorgeht, weil geringfügige Abweichungen zu beträchtlichen Abweichuhngen bei der Entscheidung führen können. Dennoch erscheint das Weighted Adding gerade in professionellen Situationen wie der Beschaffung von M&A-Dienst-

leistungen geeignet, um dem Ziel der Maximierung der Fehlerfreiheit der Entscheidung nahe zu kommen.

8.3.2 Wahl des Entscheidungsverfahrens

8.3.2.1 Wahl anhand des Aufwands und der Fehlerfreiheit

Eine wesentliche Annahme dieser Arbeit ist, dass den Nachfragern für ihre Entscheidung eine Auswahl verschiedener Entscheidungsverfahren zur Verfügung steht (vgl. Bettman/Luce/Payne 1998, 194). Die Wahl eines Entscheidungsverfahrens ergibt sich im Spannungsfeld der gegensätzlichen Auswahlprozessziele der Minimierung des kognitiven Aufwands und der Maximierung der Fehlerfreiheit der Entscheidung (vgl. Bettman/Luce/Payne 1998, 192). Die Grundhypothese ist es, dass eine Entscheidungsstrategie so ausgewählt wird, dass eine Balance zwischen dem entstehenden kognitiven Aufwand und der Korrektheit der Entscheidung hergestellt wird (vgl. Payne/ Bettman/Luce 1996, 132). Entscheider analysieren das Kosten-Nutzen-Verhältnis von Entscheidungen, also das Verhältnis zwischen Ausmaß der Fehlerfreiheit und dem damit verbundenen Aufwand der Entscheidungsfindung (vgl. Fennema/Kleinmutz 1995, 21). Komplexe, formale und sehr analytische Entscheidungsverfahren sollten mehr Kosten verursachen als einfache, unstrukturierte Verfahren (vgl. Christensen-Szalanski 1978, 308).

Die Auswahl von Entscheidungsverfahren wird wesentlich davon bestimmt, wie Entscheider die resultierende Fehlerfreiheit der Entscheidung und den Aufwand wahrnehmen (vgl. Chu/Spires 2003, 211). Die Wahl eines Entscheidungsverfahrens unter Berücksichtigung von Fehlerfreiheit und kognitivem Aufwand kann dann aussehen wie in Abb. 36 gezeigt.

Die Entscheider 1 und 2 haben unterschiedliche Präferenzen hinsichtlich der Fehlerfreiheit und des Aufwands. Bei gegebenem kognitiven Aufwand verlangt Entscheider 1 eine größere Fehlerfreiheit als Entscheider 2. Die Grenze des maximal akzeptierten Aufwands ist für beide gleich. In der vorliegenden Situation wird Entscheider 1 das Equal Weight-Verfahren zur Anwendung bringen, während Entscheider 2 das Elimination By Aspects-Verfahren oder die beliebige Auswahl wählt.

Abb. 36: Auswahl eines Entscheidungsverfahrens

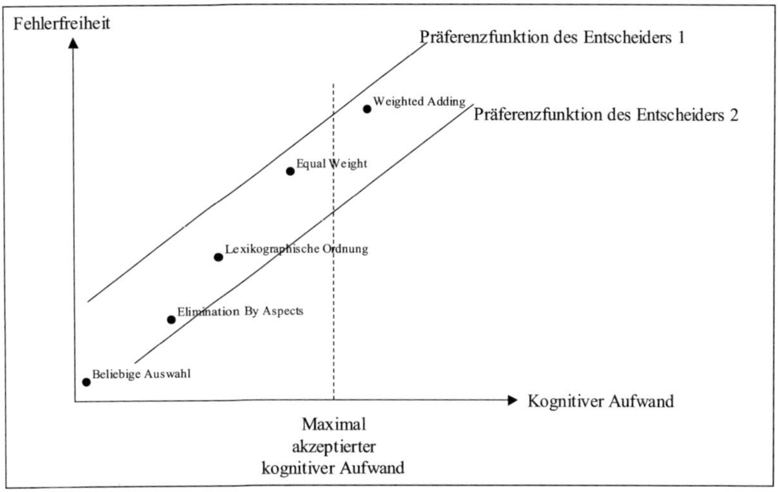

Quelle: in Anlehnung an Bettman/Luce/Payne 1998, 195

Der maximal akzeptierte kognitive Aufwand ist individuell und situationsbedingt verschieden und stellt eine Beschränkung hinsichtlich der in Frage kommenden Entscheidungsverfahren dar. Er kann niedriger liegen, wenn z.B. die Entscheidung unter Zeitdruck erfolgen muss (vgl. Bettman/Luce/Payne 1998, 196).

Der Ausgleich zwischen den Zielen der Aufwandsminimierung und der Maximierung der Fehlerfreiheit ist adaptiv, d.h. der Entscheider passt ihn an Veränderungen der Entscheidungssituation an (vgl. Payne/Bettman/Luce 1996, 132). Wenn also z.B. der Zeitdruck in einer Entscheidungssituation erhöht wird, wird der Entscheider versuchen, sein Entscheidungsverfahren an die neue Situation anzupassen. Eine potenzielle Fehlerquelle im Entscheidungsverhalten ist die Anpassung an derartige Veränderungen (vgl. Payne/Bettman/Luce 1996, 132).

Die Abschätzung, welcher Aufwand und welcher Nutzen (accuracy) mit einem Entscheidungsverfahren verbunden sind, muss ex ante erfolgen und unterliegt deshalb einer gewissen Unsicherheit. Entspricht die Einschätzung des Kosten-Nutzen-Verhältnisses einer Anpassung bei einer Situationsänderung nicht dem realen Kosten-Nutzen-Verhältnis, so kann es zu fehlerhaftem Anpassungsverhalten kommen. Die Tendenz zu falschem Anpassungsverhalten ist auch dann gegeben, wenn mehrere, konkurrierende Entscheidungsvariablen vorliegen (vgl. Payne/Bettman/Luce 1996, 132).

Fehlerhaftes Anpassungsverhalten kann zustande kommen, wenn Wissensdefizite bestehen. Wissensdefizite finden Ausdruck darin, dass die Entscheidungsaufgabe nicht richtig eingeschätzt wird, dass geeignete Entscheidungsverfahren nicht bekannt sind, dass das Verhältnis von Aufwand und Nutzen nicht richtig vorhergesagt wird oder dass der Entscheider das von ihm gewünschte Verhältnis von Aufwand und Nutzen nicht genau bestimmen kann. Fehlerhaftes Anpassungsverhalten ist auch dann möglich, wenn der Entscheider nicht in der Lage ist, bestimmte Entscheidungsverfahren anzuwenden. Das hängt mit limitierten kognitiven Fähigkeiten, wie z.B. begrenzter Speicherung im Gedächtnis oder begrenzten mathematischen Fähigkeiten zusammen. Eine weitere Erklärung dafür, dass Entscheider bei der Anpassung ihrer Entscheidungsstrategie nicht angemessen vorgehen, ist die Empfindlichkeit gegenüber den Zielen Aufwand und Fehlerfreiheit. Diese beiden Ziele werden von den Entscheidern disproportional wahrgenommen, d.h. je nach persönlicher oder situativer Disposition wird das eine oder das andere Ziel deutlich stärker gewichtet (vgl. Payne/Bettman/Luce 1996, 150).

Entscheider können die Richtigkeit ihrer Entscheidung oft nicht beurteilen, da ihnen Feedback zur nicht gewählten Alternative fehlt. Dies kann dazu führen, dass die Entscheider ihre eigene Entscheidungskompetenz überschätzen (overconfidence in judgment). Diese Overconfidence ist ein zentrales Konzept bei der Betrachtung von Fehlern in der Informationsverarbeitung (vgl. Kottke 2005, 108). Insbesondere wenn bereits Erfahrungen mit ähnlichen Entscheidungssituationen vorliegen, kann eine derartige Überschätzung die Folge sein. Das fehlende Feedback kann dazu führen, dass Entscheidungsverhalten, das zu falschen Entscheidungen führt, nicht erkannt und korrigiert wird (vgl. Fennema/Kleinmutz 1995, 22). Die Entscheider verfolgen also das Ziel, die Richtigkeit ihrer Entscheidung zu maximieren, haben aber gleichzeitig nur sehr undeutliche Vorstellungen darüber, welches Entscheidungsverhalten zu richtigen Entscheidungen führt. Erhalten die Entscheider explizites Feedback über die Richtigkeit ihrer Entscheidung, verbessert sich die Qualität zukünftiger Entscheidungen (vgl. Fennema/Kleinmutz 1995, 30).

Ob Entscheider aus ihren Entscheidungen lernen, hängt von dem Feedback über die Ergebnisse der Entscheidungen ab. Nur durch Feedback erfahren Individuen etwas über die Zusammenhänge zwischen Handlungen und Ergebnissen. Die Qualität von Entscheidungen sollte also über Feedback zu den Ergebnissen beurteilt werden können, obwohl einschränkend zu sagen ist, dass Ergebnisse auch durch andere Umweltfaktoren beeinflusst werden und nicht allein von der Qualität der Entscheidung abhängen. Trotzdem ist für die meisten Entscheider intuitiv das Ergebnis einer Entscheidung das wesentliche Beurteilungskriterium für die Qualität derselben (vgl. Einhorn/Hogarth 1981, 78). Die Schwierigkeit, die Qualität der eigenen Entscheidung einzuschätzen, wird dadurch verstärkt, dass in vielen Situationen kein Feedback vorhanden ist. Das kann daran liegen, dass der Entscheider keine Informationen über die nicht gewählte Alternative erhält (vgl. Einhorn/Hogarth 1981, 79). Außerdem besteht eine Tendenz, Informationen zu ignorieren, die den eigenen Annahmen und Sichtweisen widersprechen, was die Wahrscheinlichkeit senkt, dass Entscheider negatives Feedback erhalten. Das kann dazu führen, dass Entscheider großes Vertrauen in ihre Entscheidungsfähigkeiten setzen, obwohl die Qualität ihres Urteils zu wünschen übrig lässt (vgl. Einhorn/Hogarth 1981, 79).

Eine Studie von Klein und Yadav bestätigt, dass Entscheider nur sehr bedingt in der Lage sind, den Kontext ihrer Entscheidung zu bewerten und zu verstehen, wie der Entscheidungskontext sich auf Fehlerfreiheit und den Aufwand der Entscheidung auswirkt (vgl. Klein/Yadav 1989, 420). Insbesondere wird die potenzielle Fehlerhaftigkeit der eigenen Entscheidung unterschätzt. Es konnte gezeigt werden, dass Entscheider einen positiven Zusammenhang zwischen dem mit einer Entscheidung verbundenen Aufwand und der Richtigkeit der Entscheidung wahrnehmen. Sie gehen also davon aus, dass die Fehlerfreiheit der Entscheidung verbessert wird, wenn man mehr Arbeit in die Entscheidung investiert (vgl. Fennema/Kleinmutz 1995, 23). Chu und Spires konnten zeigen, dass kompensatorische Entscheidungsverfahren aus Sicht der Entscheider als akkurater aber auch mit höherem Aufwand verbunden gesehen werden als nicht-kompensatorische Verfahren (vgl. 2003, 212). Ein großer Aufwand bei der Entscheidungsfindung führt den Entscheider zu der Annahme, dass die Entscheidung korrekt sein wird, wobei auf negative Kontexteinflüsse keine Rücksicht genommen wird. Insofern kann nicht davon ausgegangen werden, dass Entscheider adäquate Anpassungen an den Entscheidungskontext vornehmen (vgl. Klein/Yadav 1989, 418-419).

Den mit einer Entscheidungssituation verbundenen Aufwand können Entscheider verhältnismäßig gut abschätzen, wenn sie bereits Erfahrungen mit ähnlichen Entscheidungen haben. Das Feedback über den notwendigen Aufwand ist gut und kann auf neue Situationen übertragen werden, weshalb Individuen in der Regel den Aufwand einer Entscheidung besser einschätzen können als deren Richtigkeit. Das liegt vor allem darin begründet, dass das Feedback über den Aufwand vom Entscheider selbst generiert wird und ohne Zeitverzögerung zur Verfügung steht (vgl. Fennema/Kleinmutz 1995, 23). Betrachtet man jedoch nur das Kalkül von Aufwand und Fehlerfreiheit, greift dies zu kurz. Die Entscheidung wird von einer Reihe zusätzlicher Faktoren beeinflusst. Die Wahl der verwendeten Entscheidungsstrategie wird von den Charakteristika der Entscheidungssituation und des Entscheidungsträgers bestimmt (vgl. Beach/Mitchell 1990, 30).

8.3.2.2 Situationsbezogene Einflussfaktoren

Zunächst sollen die situationsbezogenen Einflussfaktoren auf die Wahl eines Entscheidungsverfahrens untersucht werden. Die Entscheidungssituation ist durch verschiedene Merkmale gekennzeichnet, zu denen die Reversibilität, die Wichtigkeit und die Neuigkeit der Entscheidung zählen. Weiterhin wird sie charakterisiert durch die Mehrdeutigkeit der Wahlalternativen und verfügbarer Informationen, die Anzahl der Wahlalternativen sowie die Stabilität der Entscheidungssituation im zeitlichen Verlauf (bezogen z.B. auf sich ändernde Kriterien oder die Verfügbarkeit von Alternativen) (vgl. Beach/Mitchell 1990, 31).

Situationsbedingte Anpassungen der Entscheidungsverfahren können z.B. vorgenommen werden, wenn die **Varianz der Eintrittswahrscheinlichkeiten** verschiedener Ergebnisse sehr hoch ist, was die Komplexität der zu treffenden Entscheidung erhöht oder der Entscheider unter Zeitdruck steht. Bei einer hohen Varianz der Eintrittswahrscheinlichkeiten minimieren Entscheider typischerweise ihren Aufwand, indem sie eher attributbasierte Verfahren unter Berücksichtigung von weniger Informationen anwenden (vgl. Klein/Yadav 1989, 413).

Die meisten Entscheidungen werden unter **Zeitdruck** getroffen. Die Wirkung des Zeitdrucks auf das Entscheidungsverhalten wurde in zahlreichen Studien untersucht. Die Ergebnisse der Studien sind konsistent und belegen, dass Entscheider unter Zeitdruck die Entscheidungsfindung beschleunigen oder zu einfacheren, schneller durchzuführenden Entscheidungsverfahren wechseln. Vereinzelt wurde auch eine Kombination beider Verhaltensweisen beobachtet (vgl. Benson/Beach 1996, 222). Welches Vorgehen gewählt wird, hängt davon ab, wie stark der Zeitdruck ist. Bei mäßigem Zeitdruck reagieren die Entscheider vor allem mit der Beschleunigung ihrer Verarbeitungsvorgänge und in geringerem Maße mit der selektiven Verarbeitung. Bei starkem Zeitdruck hingegen verarbeiten die Entscheider die Informationen schneller und selektiver und wechseln zudem das Entscheidungsverfahren (vgl. Payne/Bettman/ Luce 1996, 132). Zeitdruck führt darüber hinaus auch dazu, dass der Fokus der Aufmerksamkeit der Nachfrager sich verändert. Unter Zeitdruck widmen Nachfrager negativen Informationen größere Aufmerksamkeit als unter anderen Umständen (vgl. Bettman/Luce/Payne 1998, 200).

Auch das **Vorhandensein dominierender Alternativen**, also von Alternativen, die in jedem Attribut bessere Ausprägungen als andere Alternativen aufweisen, beeinflusst das Entscheidungsverhalten. In Situationen, in denen dominierende Alternativen Bestandteil der Auswahl sind, wird die Entscheidung als weniger komplex wahrgenommen. Gibt es jedoch keine dominierenden Alternativen, wird das Entscheidungsverfahren so angepasst, dass die Komplexität reduziert wird. Das geschieht oft durch die Elimination einzelner Alternativen vor der tatsächlichen Auswahlentscheidung (vgl. Klein/Yadav 1989, 413). Das Vorhandensein dominierender Alternativen vereinfacht die Entscheidung und mindert die Dauer des Entscheidungsprozesses (vgl. Klein/Yadav 1989, 415). Die **Menge der zu verarbeitenden Informationen** hat Einfluss darauf, welches Entscheidungsverfahren angewendet wird. Steigt die Anzahl der zu betrachtenden Alternativen, führt das dazu, dass eher nicht kompensierende Verfahren genutzt werden, durch die Alternativen im Entscheidungsprozess eliminiert werden. Steigt dagegen die Zahl der relevanten Attribute, führt das nicht in gleichem Maße zu Anpassungen beim Entscheidungsverfahren, es kann aber die Selektivität der Informationsverarbeitung erhöhen (vgl. Bettman/Luce/Payne 1998, 199). In beiden Fällen wird die Komplexität des verwendeten Entscheidungsverfahrens reduziert.

Bestehen zwischen den einzelnen Attributen einer Alternative starke Korrelationen, hat das ebenfalls Auswirkungen auf das Entscheidungsverhalten von Nachfragern. **Negative Korrelationen** bedeuten, dass es starke Konflikte zwischen einzelnen Attributen gibt. Will der Nachfrager hier eine maximale Fehlerfreiheit erreichen, muss er extensiv Informationen verarbeiten und eher alternativenbasierte Entscheidungsverfahren nutzen (vgl. Bettman/Luce/Payne 1998, 201). Stark negative Korrelationen zwischen den Attributen führen zur Verwendung eines komplexeren Entscheidungsverfahrens.

Die Wahl eines Entscheidungsverfahrens wird also durch folgende situationsbezogene Variablen beeinflusst:

- Hohe Varianz der Eintrittswahrscheinlichkeiten verschiedener Ergebnisse
- Zeitdruck
- Vorhandensein dominierender Alternativen.
- Menge der zu verarbeitenden Informationen
- Negative Korrelationen zwischen Attributen.

8.3.2.3 *Nachfragerbezogene Einflussfaktoren*

Verschiedene Variablen beschreiben den Entscheidungsträger. Unter die nachfragerbezogenen Einflussfaktoren fallen zum einen das **Wissen über verschiedene Entscheidungsverfahren** und zum anderen die **Fähigkeit des Nachfragers, die Entscheidungsverfahren anzuwenden** (vgl. Beach/Mitchell 1990, 31). Es ist davon auszugehen, dass jeder Entscheidungsträger über ein individuelles Repertoire an Entscheidungsverfahren verfügt, um die beste Alternative aus einer begrenzten Menge von Alternativen auszuwählen (vgl. Einhorn/Hogarth 1981, 69). Die Wahl eines Entscheidungsverfahrens ist sehr individuell, so dass unterschiedliche Entscheider in gleichen Entscheidungssituationen unterschiedliche Verfahren nutzen. Das wird z.B. damit begründet, dass die Präsentation von Informationen im Gedächtnis von Person zu Person unterschiedlich ist oder damit, dass verschiedene Personen unterschiedlich gut in der Lage sind, bestimmte rechnerische Operationen auszuführen (vgl. Chu/Spires 2003, 213). Die Wahl des Entscheidungsverfahrens hängt von der relativen Vorteilhaftigkeit der Verfahren in Bezug auf persönliche Charakteristika des Entscheiders ab (vgl. Bettman/Luce/Payne 1998, 194). Größere Kenntnisse über Entscheidungsverfahren und bessere Anwendungsmöglichkeiten erhöhen die Wahrscheinlichkeit, dass ein komplexeres Entscheidungsverfahren genutzt wird.

Liegen umfangreiche **Produktkenntnisse** vor, scheint das die Motivation zur Betrachtung vieler Alternativen und somit zur Anwendung eines komplexen Entscheidungsverfahrens zu verringern (vgl. Lee et al. 1999, 84).

Personen, die ein hohes **Involvement** in die Entscheidungssituation aufweisen, verwenden mit höherer Wahrscheinlichkeit kompensatorische Entscheidungsverfahren als Personen mit geringem Involvement (vgl. Lee et al. 1999, 81). Involvement kann definiert werden als "...a general measure of the self-relevance of purchasing activities to the individual" (Slama/Tashchian 1985, 73). Der Effekt des Involvements hängt mit intrinsischen Anreizen zusammen. Der Entscheider ist an der Entscheidung interessiert, weshalb er sich bereitwillig in einem umfangreicheren Auswahlprozess engagiert. Das tut er aber nur dann, wenn er nur geringe Produktkenntnisse hat und somit eine intrinsisch begründete Notwendigkeit sieht, mehr Informationen zu beschaffen (vgl. Lee et al. 1999, 84). Bei umfangreichen Produktkenntnissen führt das Involvement hingegen nicht zu einem umfangreicheren Auswahlprozess.

Ein weiterer nachfragerbezogener Faktor, der auch schon im Zusammenhang mit dem Umfang der Informationssuche betrachtet wurde, ist die **Verantwortung gegenüber Dritten**. Diese Verantwortlichkeit ist in organisationalen Kaufsituationen normalerweise gegeben und Beschaffungsentscheidungen müssen gegenüber Vorgesetzten, Untergebenen oder auch Kollegen gerechtfertigt werden (vgl. Doney/Armstrong 1996, 58). Verantwortlichkeit ist zu verstehen als: „... the degree to which an individual is responsible for a particular outcome" (Fandt/Ferris 1990, 142).

Tetlock und Kim können in ihrer Studie zeigen, dass sozialer Druck und Verantwortlichkeit unter bestimmten Bedingungen bewirken, dass sich Entscheider der Informationsverarbeitung umsichtiger und gründlicher widmen. Sie stellen fest, dass diese Entscheider kognitiv komplexere Verfahren verwenden und größere Konsistenz und Stabilität in ihrer Beurteilung zeigen (vgl. Tetlock/Kim 1987, 706).

Der größte Teil der Forschung zum organisationalen Kaufverhalten geht davon aus, dass sich organisationale Käufer unternehmenszielkonform verhalten und dass sie Informationen im Kaufprozess beschaffen, um ihre Entscheidung abzusichern und eine bessere Entscheidung für ihre Organisation zu treffen. Allerdings ist anzunehmen, dass das in der Realität nicht immer der Fall ist. Vielmehr muss man davon ausgehen, dass es auch ein politisches Informationsverhalten gibt, das die Erreichung eigener Ziele unabhängig von denen des Unternehmens verfolgt (vgl. Doney/Armstrong 1996, 57). Politisches Verhalten äußert sich darin, dass der Mitarbeiter ein Verhalten zeigt, von dem er annimmt, dass es für andere akzeptabel ist, wenn er sich für seine Ergebnisse rechtfertigen muss. In Bezug auf die Entscheidungsfindung ergibt sich daraus die Motivation, schwierige kognitive Verfahren der Entscheidungsfindung zu verwenden, die die Qualität der Entscheidungsfindung signalisieren sollen. So werden mehr Zeit und Anstrengung aufgewendet, um zu einer Entscheidung zu gelangen, wenn eine Verantwortung für die Ergebnisse vorliegt (vgl. Fandt/Ferris 1990, 142). Es zeigt sich, dass die Verantwortung gegenüber Dritten die Komplexität des Entscheidungsverfahrens erhöht, unabhängig davon, ob der Nachfrager sein Verhalten aus politischen Motiven anpasst. Die Wahl eines Entscheidungsverfahrens wird also beeinflusst durch:

- Kenntnis von Entscheidungsverfahren
- Informationsverarbeitungsfähigkeiten
- Produktkenntnisse
- Involvement
- Verantwortung gegenüber Dritten

Die theoretisch postulierten Zusammenhänge zwischen den Charakteristika der Entscheidungssituation, den Charakteristika des Entscheidungsträgers und dem tatsächlichen Entscheidungsverhalten konnte in zahlreichen Studien empirisch bestätigt werden (vgl. Beach/Mitchell 1990, 32). Es zeigte sich, dass Nachfrager bei höherer Komplexität der Entscheidungssituation deren Reduzierung anstreben. Das kann geschehen, indem eine Vorauswahl eingeschaltet wird und dadurch Alternativen eliminiert werden oder dadurch, dass einfachere Verfahren, z.B. attributbasierte Verfahren angewendet werden. Der Zusammenhang zwischen der Komplexität der Entscheidungssituation und der Komplexität des Entscheidungsverfahrens sollte negativ sein. Da empirische Untersuchungen über die Wahl eines Entscheidungsverfahrens im organisationalen Kontext nicht vorliegen, werden unternehmensbezogene Variablen nicht betrachtet. Abbildung 37 gibt einen Überblick über die Wirkung verschiedener Einflussfaktoren auf die Komplexität des verwendeten Entscheidungsverfahrens.

Abb. 37: Einflussfaktoren auf die Wahl eines Entscheidungsverfahrens

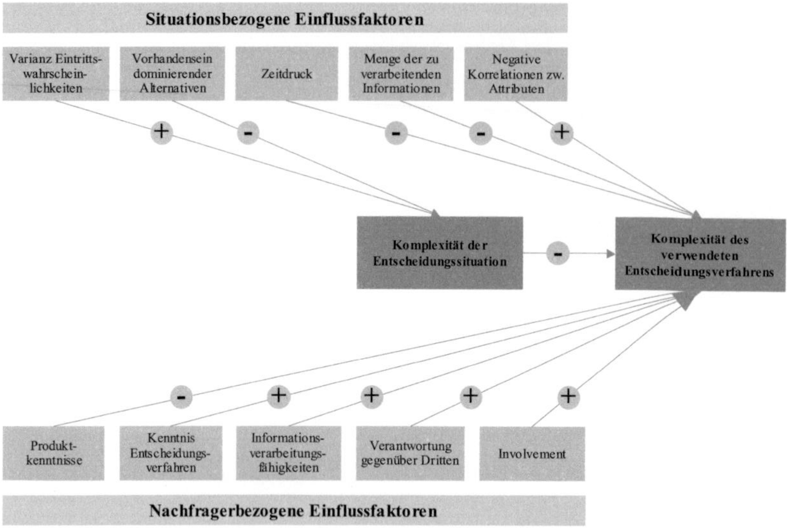

Quelle: eigene Darstellung unter Verwendung der oben genannten Quellen

Die vorangehende Argumentation steht in engem Zusammenhang mit den in Abschnitt 7.4.2 getroffenen Feststellungen zum Umfang der Informationssuche. Das ergibt sich daraus, dass es deutliche Wechselbeziehungen zwischen dem Umfang der nachgefragten Informationen und dem Entscheidungsverfahren gibt. Um bestimmte Entscheidungsverfahren durchführen zu können, benötigt man eine bestimmte Menge an Informationen. Bei der Betrachtung menschlichen Entscheidungsverhaltens sollten deshalb die verwendeten Informationen nicht als exogen gegeben angesehen werden, sondern vielmehr sollte die Informationssuche berücksichtigt werden, weil die Beurteilung von Alternativen und die Suche nach Informationen über die Alternativen interdependent sind (vgl. Einhorn/Hogarth 1981, 62).

Die vorangegangenen Betrachtungen waren eher allgemeiner Natur, weshalb im Folgenden eine Analyse der Situation bei der Beschaffung von M&A-Dienstleistungen unter Berücksichtigung der gewonnenen Erkenntnisse durchgeführt werden soll.

Mit Blick auf die situationsbezogenen Faktoren ist festzustellen, dass der **Zeitdruck** bei der Beschaffung von M&A-Beratungsleistungen relativ hoch sein sollte. Die Abwicklung von M&A-Transaktionen ist häufig auch eine Frage des Timings. Wenn eine M&A-Transaktion zeitnah abgewickelt werden soll, darf die Auswahl eines Beraters nicht viel Zeit in Anspruch nehmen. Zudem zeigt sich ein Trend zur zunehmenden Verkürzung der Transaktionsdauer, die den Zeitdruck für die Beteiligten erhöht (vgl. Deiß 1997b, 544). Während es früher im Durchschnitt sechs bis neun Monate dauerte bis eine M&A-Transaktion finalisiert wurde, hat sich die Prozessdauer inzwischen auf drei bis vier Monate verkürzt (vgl. Frank 2007, 12). Entsprechend muss auch die Dauer des Beschaffungsprozesses verkürzt werden, was den Druck erhöht, schnell einen Beratungsanbieter auszuwählen.

Die **zu verarbeitende Informationsmenge** bei der Beschaffung von M&A-Dienstleistungen ist hoch, da die Anzahl der zur Verfügung stehenden Alternativen relativ hoch ist. Sie hängt vor allem davon ab, in welcher strategischen Gruppe die Nachfragesituation auftritt. Insbesondere in der ersten und zweiten strategischen Gruppe, zu denen die M&A-Berater im weiteren Sinn und die M&A-Abteilungen der Universalbanken gehören, gibt es eine geradezu unüberschaubare Anzahl von Anbietern, aus denen ein Nachfrager auswählen kann. Die Zahl der Alternativen wirkt sich positiv auf die Komplexität der Beschaffungsentscheidung aus. Diese ist für M&A-Beratung generell sehr hoch einzuschätzen, da auch die beschafften Leistungen komplex sind, wie bereits in Abschnitt 2.5.3 erläutert wurde.

Eine **hohe Varianz der Eintrittswahrscheinlichkeiten** unterstellt, dass die Wahl unterschiedlicher Anbieter sehr verschiedene Ergebnisse im M&A-Prozess zur Folge hat. Inwieweit ein Nachfrager eine solche Varianz wahrnimmt und erwartet, ist von

Situation zu Situation verschieden. Allerdings sollten insbesondere zwischen den strategischen Gruppen deutliche Unterschiede in der Qualifikation bestehen, die es rechtfertigen, auch unterschiedliche Ergebnisse der Bearbeitung von M&A-Fragestellungen zu erwarten. Es hängt auch von der Gestaltung des Beschaffungsprozesses des einzelnen Unternehmens ab, ob eine starke Varianz zu erwarten ist. Betreibt das Unternehmen eine In-Supplier-Strategie, bei der eine bestimmte Gruppe von potenziellen Anbietern feststeht, dann sollte die Varianz niedrig ausfallen. Das ergibt sich, weil das Unternehmen die Gruppe der In-Supplier anhand ihrer gleichwertigen Qualität und Qualifikation zusammenstellt und somit nicht mit großen Ergebnisabweichungen rechnen sollte.

Zum **Vorhandensein dominierender Alternativen** als situationsbezogene Variable für M&A-Beschaffungssituationen lassen sich keine allgemeingültigen Erkenntnisse ableiten.

Mit Blick auf die nachfragerbezogenen Faktoren lässt sich feststellen, dass davon auszugehen ist, dass i.d.R. die Entscheider im Buying Center über sehr gute **Informationsverarbeitungsfähigkeiten** verfügen und in der Lage sein müssen, auch komplexe Entscheidungsverfahren zur Anwendung zu bringen. Das begründet sich in ihrer hohen hierarchischen Position bzw. ihrem Status als Experten, die voraussetzen, dass bestimmte fachliche Qualifikationen vorliegen. Diese Qualifikationen können wiederum nur von Personen erworben werden, die gute Informationsverarbeitungsfähigkeiten besitzen. Gleiches gilt für die **Produktkenntnisse**. Mitarbeiter größerer Unternehmen oder eigenständiger M&A-Abteilungen sollten über umfangreiche Kenntnisse verfügen. Nur im Falle kleiner oder mittelständischer Unternehmen ist anzunehmen, dass noch keine Erfahrungen mit M&A vorliegen und deshalb auch kaum Kenntnisse über M&A-Beratungsleistungen vorhanden sind.

Kenntnisse über verschiedene Entscheidungsverfahren sollten ebenfalls vorliegen, da mit dem Erwerb notwendiger Qualifikationen (z.B. dem Studium) häufig auch Kenntnisse über Entscheidungsverfahren oder Möglichkeiten der Problemlösung vermittelt werden.

Der Zeitdruck, die Menge der zu verarbeitenden Informationen und die Produktkenntnisse begünstigen die Verwendung weniger komplexer Entscheidungsverfahren. Allerdings sollte dieser Effekt durch die Wirkung der Varianz der Eintrittswahrscheinlichkeiten, der Kenntnisse über Entscheidungsverfahren und Informationsverarbeitungsfähigkeiten relativiert werden, so dass für die M&A-Beschaffung die Verwendung komplexerer Verfahren zu erwarten ist.

8.4 Auswahlkriterien für M&A-Dienstleistungen

8.4.1 Qualitätsbegriff bei Dienstleistungen

Wie bereits erläutert, ist es für professionelle Dienstleistungen wie M&A-Beratung nicht möglich, direkt auf die Qualität der Leistung zu schließen, da diese Leistung nicht vorab beobachtbar und zu überprüfen ist. Insofern werden intrinsische Informationen bei der Auswahl von M&A-Dienstleistungen kaum eine Rolle spielen. Die Nachfrager sind also gezwungen, ausschließlich auf extrinsische Informationen zurückzugreifen. „Da in der Unternehmensberatungspraxis objektive Qualitätskriterien der Beraterauswahl nur bedingt gegeben sind, ziehen Unternehmen häufig qualitätsbezogene Ersatzinformationen, z.B. in Form vorhandener Beratungserfahrungen, Kundenreferenzen oder des Images eines Beratungsunternehmens zur Bewertung und Auswahl geeigneter Berater heran..." (Jeschke 2004b, 126). Auswahlkriterien bei Dienstleistungen sind dabei häufig mit den Anbietereigenschaften gleichzusetzen (vgl. Dawes/Dowling/Patterson 1992, 187). Nachfrager können aufgrund von Zeit-, Kosten- und Fähigkeitsrestriktionen außerdem keine vollkommenen Informationen über die Qualität verschiedener Alternativen erlangen. Sie nutzen deshalb relativ wenige Informationen, um sich ein generelles Qualitätsurteil zu bilden (vgl. Gierl/Stich 1999, 5).

Um ein Verständnis des Auswahlprozesses zu gewinnen, ist es von großer Bedeutung zu verstehen, welche Auswahlkriterien für professionelle Dienstleistungen relevant sind (vgl. Day/Barksdale 1994, 44). Sands und McPhail (2003, 112) definieren Auswahlkriterien als "...those attributes that are important to the client in measuring or assessing the offerings". Es ist davon auszugehen, dass nur diejenigen Eigenschaften in die Bewertung einbezogen werden, die Einfluss auf die Zielerreichung haben. Da es das wesentliche Ziel des Auswahlprozesses ist, sicherzustellen, dass die Leistung eine gewünschte Qualität hat, müssen auch alle Kriterien der Auswahl auf die Qualität Bezug nehmen (vgl. Day/Barksdale 1994, 46). Es ist deshalb davon auszugehen, dass Qualitätsindikatoren als Auswahlkriterien für professionelle Dienstleistungen eine wichtige Rolle spielen. Die Auswahlkriterien sollten also weitgehend mit den Faktoren der Dienstleistungsqualität übereinstimmen.

Dienstleistungsqualität lässt sich daran messen, wie gut die Erwartungen des Nachfragers erfüllt oder ggf. sogar übertroffen wurden (vgl. Parasuraman/Zeithaml/ Berry 1985, 42; Weekes/Scott/Tidwell 1996, 26). Bei der Bewertung der Qualität einer Dienstleistung orientieren sich Nachfrager nicht nur am Dienstleistungsergebnis sondern auch am Dienstleistungsprozess (vgl. Parasuraman/Zeithaml/Berry 1985, 42). Qualität hängt also auch davon ab, wie die Dienstleistung erstellt wird. Dazu zählen die pünktliche Lieferung von Ergebnissen, zuvorkommendes und professionelles Benehmen des Dienstleisters und die Bereitschaft, besonderen Einsatz zu zeigen (vgl. Boughton/Nowak/Washburn 1996, 64). In der Literatur findet sich deshalb häufig die Sichtweise, dass sich die Servicequalität aus den zwei Dimensionen Serviceergebnis und Serviceprozess zusammensetzt (vgl. Rao/Kelkar 1997, 191; Lapierre 1998, 23). Diese Sichtweise geht unter anderem auf Grönroos (vgl. 1984, 40) zurück, der feststellt, dass Servicequalität von den zwei Dimensionen technical quality (was?) und functional quality (wie?) bestimmt wird.

Andere Autoren wählen andere Unterteilungen und Dimensionen, so dass es in der Literatur keine Übereinstimmung hinsichtlich der Dimensionen der Dienstleistungsqualität gibt (vgl. Scott/van der Walt 1995, 28-29). Parasuraman, Zeithaml und Berry (vgl. 1985, 47) nehmen z.B. eine stärkere Differenzierung des Qualitätsbegriffes vor und identifizieren zehn Determinanten der Dienstleistungsqualität:

- Reliability: korrekte Abrechnungen, Termineinhaltung, Dokumentation
- Responsiveness: schneller Rückruf, pünktliche Rückantworten, zeitnahe Termine
- Competence: Kenntnisse und Fähigkeiten der Mitarbeiter, organisationale Fähigkeiten und Einrichtungen
- Access: Erreichbarkeit per Telefon, Wartezeiten, Öffnungszeiten, Lage des Dienstleistungsunternehmens
- Courtesy: Höflichkeit, Respekt, Freundlichkeit, Rücksichtnahme, Erscheinungsbild und Auftreten der Mitarbeiter
- Communication: Vermittlung umfangreicher Informationen über die Leistung und die Kosten an die Nachfrager
- Credibility: Glaubwürdigkeit, Ehrlichkeit, Vertrauenswürdigkeit
- Security: physikalische und finanzielle Sicherheit, Freiheit von Risikoempfindungen und Zweifeln
- Understanding/knowing the customer: Erkenntnisgewinn über spezifische Nachfragerbedürfnisse
- Tangibles: Aussehen der Räumlichkeiten, Mitarbeiter, Ausstattung

Aus diesen Dimensionen wurde später das SERVQUAL-Modell abgeleitet, das aus 5 Dimensionen besteht. Die Servicequalität ist nach diesem Konzept durch folgende Dimensionen gekennzeichnet:

- Tangibles (Aussehen der Einrichtung, Mitarbeiter, Ausstattung),
- Reliability (Fähigkeit, den versprochenen Service akkurat und verlässlich zu erbringen),
- Responsiveness (Bereitschaft, schnellen Service zu erbringen und Kunden zu helfen),
- Assurance (Wissen und Höflichkeit der Mitarbeiter und ihre Fähigkeit, Vertrauen zu wecken),
- Empathy (individuelle und sorgsame Aufmerksamkeit für Kundenwünsche)

(vgl. Parasuraman/Zeithaml/Berry 1985, 47; Parasuraman/Zeithaml/Berry 1988, 23).

Es lässt sich eine Verbindung zwischen der SERVQUAL-Sichtweise und der zuerst dargelegten Vorstellung von Prozess- und Ergebnisqualität herstellen, wenn man berücksichtigt, dass die Reliability-Komponente des SERVQUAL-Konzeptes weitgehend der Dimension „Serviceergebnis" zuzuordnen ist, während die anderen Komponenten der Dimension „Serviceprozess" zuzurechnen sind (vgl. McDougall/ Levesque 1994, 192). Die Sichtweise, dass Servicequalität zwei Dimensionen enthält, kann auch empirisch bestätigt werden (vgl. McDougall/Levesque 1994, 206). Die Prozessdimension sollte für M&A-Dienstleistungen besonders wichtig sein, da sich professionelle Dienstleistungen durch intensive Interaktionen auszeichnen und damit diese Dimension in der Wahrnehmung der Nachfrager sehr relevant sein dürfte (vgl. Lapierre 1998, 24).

Patterson und Spreng (vgl. 1997, 429-430) stellen jedoch fest, dass die Dimensionen der Qualität sich für professionelle Business-to-Business-Dienstleistungen von den im SERVQUAL-Konzept postulierten Qualitätsdimensionen unterscheiden. Ihre Studie ergab, dass neben eine Ergebnisdimension fünf Prozess-bzw. Funktionsdimensionen treten. Diese Prozessdimensionen sind spezifisch für professionelle Dienstleistungen und umfassen:

- eine Methoden-Dimension, die die Methodenkompetenz der Dienstleister verdeutlicht,
- eine Service-Dimension, die das Servicelevel, die Erreichbarkeit und Professionalität des Anbieters verdeutlicht,
- eine Beziehungs-Dimension, die das Verständnis und die Güte der Beziehung zwischen Anbieter und Nachfrager verdeutlicht,
- eine Netzwerk-Dimension, die sich in den internationalen Kontakten und der Vernetzung des Anbieters zeigt,

- und eine Problemidentifikations-Dimension, die zeigt, inwieweit der Dienstleistungsanbieter das Nachfragerunternehmen und seine Probleme versteht.

Relevante Auswahlkriterien können auf unterschiedliche Weise theoretisch abgeleitet werden. Ling, Ofori und Low (vgl. 2003, 13) leiten Auswahlkriterien für die Beschaffung von Design Consultants durch eine Analyse der personalpsychologischen Literatur ab. Dabei betrachten sie insbesondere die Literatur zur Task Performance Theory und Contextual Performance Theory, deren Ziel es ist, die Leistung von Angestellten zu erklären. Sie unterstellen eine Übertragbarkeit dieser Theorien, da die Rolle von Beratern mit denen von Angestellten im Unternehmen vergleichbar ist. Einflussvariablen auf die Auswahl von Beratern können nach Meinung der Autoren in vier Kategorien unterteilt werden. Die Kategorie der **task performance** wird beschrieben durch die aufgabenbezogenen Fähigkeiten und Kenntnisse der Berater. Die zweite Kategorie der **contextual performance** bezeichnet die kommunikativen und integrativen Fähigkeiten der Berater im sozialen Kontext, der in Organisationen vorherrscht. Der **price factor** hat ebenfalls Einfluss auf die Entscheidung für einen Berater. Die vierte Kategorie wird als **network factor** bezeichnet und befasst sich mit den Beziehungen zwischen Beratungsanbieter und -nachfrager. Da jede ökonomische Transaktion in ein soziales Beziehungsgeflecht eingebettet ist, spielen Beziehungsaspekte eine wesentliche Rolle bei der Entscheidung darüber, mit wem eine bestimmte ökonomische Transaktion abgewickelt wird. Die auf die beschriebene Art und Weise abgeleiteten Dimensionen ähneln weitgehend denen, die auch schon im SERVQUAL-Konzept und in der Arbeit von Patterson und Spreng (vgl. 1997) abgeleitet wurden.

Im Folgenden werden, bezogen auf die Nachfrage nach M&A-Dienstleistungen, für die Auswahl relevante Dimensionen identifiziert. Aus der vorangegangenen Literaturanalyse ergibt sich, dass eine Komponente auf das Dienstleistungsergebnis und seine fachliche Qualität ausgerichtet ist (in den verschiedenen Konzepten als Competence, Reliability, task performance oder Methodenkompetenz bezeichnet). Diese Komponente wird in dieser Arbeit als **Qualität der Leistung** bezeichnet, da es sich um die fachliche Qualität der originär zu erstellenden Leistung, also die Qualität der Beratung sowie der Umsetzung von Maßnahmen im Rahmen einer M&A-Transaktion handelt. Die zweite Dimension bezieht sich auf die Interaktionen zwischen dem Anbieter und dem Nachfrager. In den verschiedenen Konzepten wird sie mit Begriffen wie Empathy, network factor oder Beziehungs-Dimension abgebildet. Für diese Arbeit wird der Begriff der **Qualität der Beziehung** gewählt. Eine dritte Komponente, die in den verschiedenen

Konzepten unter den Begriffen Responsiveness, Assurance, Tangibles oder Service-Dimension erfasst wird, nimmt Bezug auf die **Qualität des Service**. In Anlehnung an Ling, Ofori und Low wird schließlich auch der **Preis der Leistung** als wesentliche Komponente der Wahrnehmung von Dienstleistungen festgehalten. Als relevante Dimensionen für die Auswahl von Dienstleistungsanbietern im Rahmen dieser Arbeit werden also vier Aspekte abgeleitet: der Preis der Leistung, die Qualität der Leistung, die Qualität der Beziehung und die Qualität des Service.

Das Problem für den Nachfrager besteht nun allerdings darin, dass er die Qualitätsdimensionen nicht direkt beurteilen kann. Er muss Ersatzinformationen nutzen, die geeignet erscheinen, die relevanten Dimensionen zu operationalisieren. In diesem Zusammenhang erscheint es besonders interessant, welche Operationalisierungen der Nachfrager bei seiner Auswahl nutzt. Diese Frage zielt darauf ab, welche Informationen, also konkrete Auswahlkriterien genutzt werden, um eine Entscheidung zu treffen. Auf welche idealtypische Weise ein Nachfrager von den allgemeinen Qualitätsdimensionen zu konkreten Auswahlkriterien kommt, zeigt die nachfolgende schematische Abbildung. Da weder die allgemeinen Qualitätsdimensionen noch die Eigenschaften der Leistung selbst direkt beobachtet werden können, werden als Ersatz die Informationen über die Eigenschaften des Anbieters als Auswahlkriterien genutzt.

Abb. 38: Ableitung von Auswahlkriterien aus den Qualitätsdimensionen

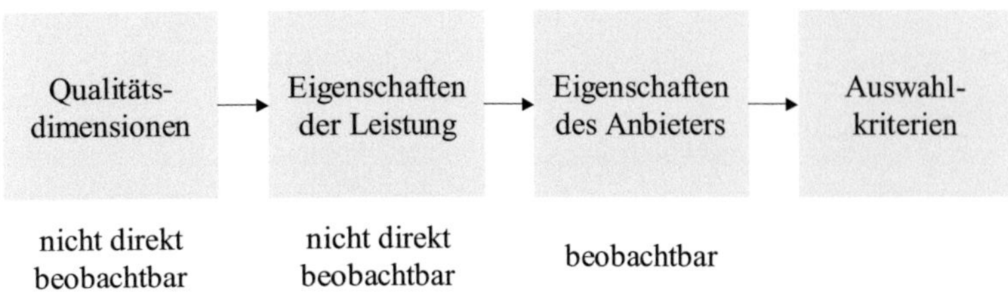

Quelle: eigene Darstellung

Um einen Überblick über relevante Auswahlkriterien bei der Beschaffung von M&A-Dienstleistungen zu gewinnen, wurde zunächst eine umfassende Recherche über empirische Studien zum Auswahlverhalten von professionellen Dienstleistungen vorgenommen. Da es bisher nur zwei Arbeiten gibt, die die Auswahlkriterien bei der Beschaffung von M&A-Dienstleistungen untersuchen, musste die Suche auf Studien zu professionellen Dienstleistungen allgemein ausgedehnt werden. Es finden nur Studien

Berücksichtigung, die sich mit der organisationalen Nachfrage nach professionellen Dienstleistungen befassen. Darüber hinaus wurden vorrangig Studien zu Beratungsleistungen untersucht. Auf diese Weise soll sichergestellt werden, dass die betrachteten Dienstleistungen Ähnlichkeiten zu M&A-Dienstleistungen aufweisen. Der Arbeit liegt die Annahme zugrunde, dass die Ähnlichkeit der Dienstleistungen dazu führt, dass vergleichbare Auswahlkriterien genutzt werden. Tabelle 27 gibt einen Überblick über die 30 relevanten Studien, die betrachtet wurden.

Tabelle 27: Studien zu Auswahlkriterien bei professionellen Dienstleistungen

Autor	Jahr	Land	Art der Leistung
Gustafson/DiMarco	1973	USA	Unternehmensberatung
Haynes/Rothe	1974	USA	Marketing Research
George/Solomon	1980	USA	Accounting
Eichenseher/Shields	1983	USA	Auditing
Cagley/Roberts	1984	USA	Werbung
Stock/Zinszer	1987	USA	Logistics Consulting
Steyrer	1989	Österreich	Unternehmensberatung
Meffert	1990	Deutschland	Unternehmensberatung
Carter/Dark	1992	USA	Investmentbanken
Dawes/Dowling/Patterson	1992	Australien	Management Consulting
Day/Barksdale	1992	USA	Architekturdienstleistungen Ingenieurdienstleistungen
Lachnit/Müller	1993	Deutschland	Unternehmensberatung
Clark/Mabey	1994	GB	Personalberatung
Scott/van der Walt	1995	Australien	Accounting
Beattie/Fearnley	1995	GB	Auditing
Kaas/Schade	1995	Deutschland	Unternehmensberatung
Boughton/Nowak/Washburn	1996	USA	Marktforschung
Murphy/Daley	1997	USA	International Freight Forwarders
Patterson/Spreng	1997	Australien	Management Consulting
Menon/McGinnis/Ackerman	1998	USA	Logistics Services
Fritz/Effenberger	1998	Deutschland	Strategische Unternehmensberatung
Kißling	1999	Deutschland	Marktforschung
Sommerlatte	2000	Deutschland	Unternehmensberatung
Höck/Keuper	2001	Deutschland	Unternehmensberatung
Panayides/Cullinae	2002	Hong Kong	Ship Management
Cheung/Leung Fung Kuen/Skitmore	2002	Hong Kong	Architectural Consultants
Sands/McPhail	2003	Australien	Auditing
Speckbacher/Wratschko/ Wolfbauer	2004	Österreich	Unternehmensberatung
Schuler	2004	Europa	M&A-Beratung
Hohnhaus	2004	Deutschland	M&A-Beratung

Die Ableitung der Kriterien aus einer Vielzahl von Studien wurde als praktikabler Weg gewählt, um ein möglichst vollständiges Bild relevanter Auswahlkriterien zu erhalten. Hierzu sind allerdings ein paar kritische Anmerkungen zu machen. Ein wesentliches Problem der empirischen Studien ist die Tatsache, dass in der Mehrzahl der Fälle nicht deutlich wird, wie die abgefragten Auswahlkriterien abgeleitet wurden. In den meisten

Fällen erscheinen die Kriterien willkürlich und keiner Systematisierung folgend gewählt. Ein weiteres Problem ergibt sich daraus, dass die verschiedenen Autoren die von ihnen verwendeten Konstrukte nicht klar definieren (vgl. Day/Barksdale 1994, 44). Das führt dazu, dass die in den Studien verwendeten Kriterien auf unterschiedlichen Aggregationsniveaus angesiedelt sind. Neben sehr hoch aggregierten und allgemein formulierten Kriterien wie z.B. „quality of work" finden sich sehr spezifische Kriterien wie z.B. „CPA firm is one of the eight largest international firms". Hinzu kommt, dass den meisten Studien eine Prozessorientierung fehlt und sie lediglich statische Aufnahmen darstellen. Bei der Abfrage der Kriterien gehen die Studien in der Mehrzahl nicht darauf ein, welche Indikatoren und Signale von den Nachfragern genutzt werden, um uneindeutige und subjektive Attribute wie z.B. Kompetenz zu bestimmen (vgl. Day/Barksdale 1994, 45). Die Bedeutung der Auswahlkriterien wird in den Studien entweder anhand der Bedeutungseinschätzung (Mittelwerte) oder der Häufigkeit der Nennung (in Prozent) bestimmt. Die unterschiedlichen Erhebungs- und Auswertungsmethoden, die unterschiedliche Anzahl und Definition der Auswahlkriterien sowie die Vermischung der Aggregationsebenen machen eine detaillierte quantitative Auswertung der Studien unmöglich. Aus diesem Grunde werden im Folgenden nur qualitative Auswertungen erfolgen, wobei zu beachten ist, dass auf diese Weise lediglich Tendenzaussagen abgeleitet werden können. Im Folgenden sollen die vier identifizierten Qualitätsdimensionen der Beurteilung der Leistung mit ihren zugehörigen Kriterien und deren Operationalisierungen in den betrachteten empirischen Studien analysiert werden.

8.4.2 Preis der Leistung

8.4.2.1 Überblick

Als erstes soll das Kriterium des Preises betrachtet werden. Die Tabelle 28 zeigt auf, welche Auswahlkriterien unter der Dimension „Preis" zusammengefasst werden können und wie diese in den betrachteten empirischen Studien operationalisiert werden.

Bei der Gestaltung von Honoraren für M&A-Dienstleistungen sind unterschiedliche Kombinationen der möglichen Entgeltformen denkbar. Aufgrund der vielfältigen Ausprägungsformen ist die Frage nach der Ausgestaltung des Honorars bei der Entscheidung für oder gegen einen Anbieter relevant: „Corporations should make a non-traditional fee structure a criterion in selecting and retaining an investment bank" (Kosnik/Shapiro 1997, 17).

Tabelle 28: Auswahlkriterien der Dimension „Preis der Leistung“

Auswahlkriterien	Operationalisierung	
Preis / Honorar	- Price - Fees competitive with other firms - fee structure - Low absolute level of audit fee - Fees	- Fee estimate given by the CPA firm - Consultancy fee - Consultant's Fee - Honorarforderung - Management fees
Kosten / Kostenbewusstsein	- Cost consciousness of the agency - Ability of agency to buy media at favourable rates - Cost of service - Kosten	- Total costs for consultants - Kosten der Beratung - Cost control - Cost - Kosten des Beratungsprojekts
Preis-Leistungs-Verhältnis	- Value for money of audit services - Reasonable price(s) - Economical price - Cost competitiveness	- Competitive fee - Preis-/Leistungsverhältnis - Marktfähige Honorare
Honorargestaltung	- Tailoring of compensation plan to fit advertiser needs/desires	- method of pricing services

Quelle: eigene Darstellung unter Verwendung der in Tabelle 27 genannten Studien

8.4.2.2 Honorargestaltung

Für die Honorargestaltung bei M&A-Beratungsleistungen kommen grundsätzlich zwei Formen in Frage: erfolgsunabhängige und erfolgsabhängige Bezahlung. Zu den erfolgsunabhängigen Formen zählen die Vereinbarung eines Festpreises oder die Bezahlung nach Arbeitsstunden. Der Festpreis wird auch als Fixed Fee bezeichnet und bezieht sich auf ein vorher festgelegtes Honorar, das von Erfolgsmaßen oder dem Wert der Transaktion unabhängig ist (vgl. McLaughlin 1996, 139). Die Honorarbestimmung anhand der tatsächlich angefallenen Stundenkosten findet sich bei M&A eher selten (vgl. Dufey/Hommel 2000, 973). Während reguläre Unternehmensberater in den meisten Fällen nach ihrem Aufwand, also in Stunden- oder Tagessätzen bezahlt werden, sind Investmentbanken häufiger prozentual am Transaktionsvolumen beteiligt (vgl. Klinck 2005, A2). Die Bezahlung eines M&A-Beraters erfolgt also oft hauptsächlich erfolgsabhängig. Bei Unternehmensverkäufen kann z.B. ein Prozentsatz des Verkaufserlöses als Vergütung für den Berater vereinbart werden (vgl. Dufey/Hommel 2000, 972). Diese erfolgsabhängige Honorarform heißt Completion Fee oder Success Fee und wird nur fällig, wenn die Investmentbank die Transaktion zum Abschluss führt. Im Falle des Abbruchs der Transaktion wird sie nicht gezahlt (vgl. McLaughlin 1996, 139; Müller-Stewens/Spickers/Deiss 1999, 38). Die Komplexität der Honorargestaltung wird noch dadurch gesteigert, dass verschiedene weitere Komponenten integriert werden können. So kann es zur Auslagenerstattung kommen oder es können Festbeträge vereinbart werden, die beim Erreichen von Meilensteinen zu zahlen sind. Diese aufwandsbezogene Komponente wird auch Retainer Fee genannt (vgl. Müller-Stewens/Spickers/Deiss 1999, 38). Bei der Auftragserteilung kann eine Sign-up Fee erhoben werden, die für die erste Analyse und allgemeine Recherchetätigkeiten anfällt. Eine Break-up Fee kann anfallen, wenn der Mandant für das Nicht-Zustandekommen der Transaktion verantwortlich ist (vgl. Müller-Stewens/Spickers/Deiss 1999, 38). Mit dieser Abbruchprovision versucht der M&A-Berater seine ihm mit dem Abbruch einer Transaktion entgangenen Zahlungen teilweise zu kompensieren.

In einer Untersuchung von McLaughlin von 160 Verträgen zwischen Zielunternehmen und Investmentbanken ergaben sich deutliche Unterschiede in der Häufigkeit der jeweiligen Honorarform. Eine erfolgsabhängige Komponente als Prozentsatz des Transaktionswertes war in 54,3% der Verträge enthalten. Eine Completion Fee, die nicht am Transaktionswert festgemacht wird, wurde in 20,6% der Fälle vereinbart. Festpreise wurden in 8,2 % der Verträge festgelegt (vgl. McLaughlin 1996, 139). Weihe konnte feststellen, dass 78,6% der von ihm befragten M&A-Berater bei Verkaufstransaktionen in der Regel eine Kombination von Erfolgs- und Zeithonorar erhalten. Die konkrete Ausgestaltung ist dann aber wieder sehr unterschiedlich und komplex, wie die nachfolgende Tabelle zeigt.

Tabelle 29: Formen der Honorargestaltung

Honorargestaltung	Prozent
Kombination* und Mindesthonorar, Auslagenerstattung und Abbruchprovision	23,21%
Reine Kombination*	21,43%
Kombination* und Mindesthonorar und Auslagenerstattung	16,07%
Kombination* und Mindest- und Fortschrittshonorar, Auslagenerstattung	8,93%
Kombination* und Auslagenerstattung und Abbruchprovision	5,36%
Kombination* und Auslagenerstattung	1,79%
Fortschritts- und Zeithonorar, Auslagenerstattung	1,79%

Quelle: Weihe 2003, 86 (* aus aufwands- und erfolgsabhängiger Entlohnung)

Um die zu erwartenden Kosten eines Beratungsprojektes einigermaßen genau veranschlagen zu können, sollte der Nachfrager darauf bestehen, dass der Anbieter detaillierte Angaben zu den potenziellen Kosten macht. Während Reisekosten leicht nachvollziehbar und weitgehend kalkulierbar sind, ist bei anderen Kosten mit erheblichem Spielraum zu rechnen, der von vornherein eingegrenzt werden sollte. Open-ended pricing systems erschweren die Abschätzung der tatsächlichen Kosten des Projektes, da diese Kosten anhand der aufgewendeten Arbeitszeit der Berater berechnet werden und eine genaue Projektdauer schwer vorher zu sagen ist (vgl. Mitchell 1994, 329).

Die Höhe des Honorars wird von verschiedenen Faktoren beeinflusst. Neben dem Transaktionsvolumen spielen z.B. die Deal-Komplexität, die Deal-Prominenz und die Gewinnträchtigkeit der gesamten Kundenbeziehung eine Rolle. Je komplexer eine Transaktion ist, umso mehr Ressourcen des Beraters werden in diesem Auftrag gebunden und umso länger dauert das Beratungsmandat. Deshalb fällt das Honorar mit steigender Komplexität höher aus. Die Deal-Prominenz ist entscheidend für die Werbewirkung einer Transaktion. Je besser sich eine Transaktion als Referenz für weitere Kunden verwerten lässt, umso größer ist die Bereitschaft der Berater auch geringere Honorare zu akzeptieren. Die Gewinnträchtigkeit einer Transaktion bezieht sich auf das Potenzial von Folgeaufträgen und Cross Selling-Aufträgen. Um gewinnträchtige Aufträge zu akquirieren, verzichten Berater zum Teil auf höhere Honorare (vgl. Dufey/Hommel 2000, 973). Der positive Zusammenhang zwischen dem Wert einer Transaktion und dem Honorar von M&A-Beratern konnte in einer empirischen Studie von Kesner, Shapiro und Sharma bestätigt werden (vgl. 1994, 712). Es zeigte sich aber auch, dass eine stärkere Überwachung der Transaktion, z.B. durch stärkere öffentliche Aufmerksamkeit, einen negativen Effekt auf das Honorar von Investmentbankern hat, was vermutlich mit der damit verbundenen größeren Kostensensibilität des Nachfragers und der besseren Kostenkontrolle begründet werden kann.

Das Honorar und seine Gestaltung stellen nicht nur ein Kriterium zur Auswahl eines M&A-Beraters dar. Es ist auch Kriterium für die Mandatsannahme durch den Berater. Gerade die kleineren M&A-Berater sind darauf angewiesen, dass neben der erfolgsabhängigen Success Fee auch eine Retainer Fee gezahlt wird, mit der laufende Kosten gedeckt werden können (vgl. Müller-Stewens/Spickers/Deiss 1999, 53). Beauty Contests nehmen in ihrer Bedeutung immer mehr zu. Besonders große, komplexe Transaktionen von Großunternehmen werden vermehrt im Rahmen dieser Beauty Contests vergeben. Inhaltlich entwickeln sich die Präsentationen von der reinen Unternehmenspräsentation zur Präsentation der spezifischen Branchenkenntnisse und erster Lösungsansätze. Auf diese Weise versucht der M&A-Berater sein Qualifizierung für das Projekt zu verdeutlichen, häufig auch durch die Nennung von Referenztransaktionen (track record) und der Position in den League Tables (vgl. Müller-Stewens/Spickers/Deiss 1999, 53).

8.4.2.3 Bedeutung des Preises der Leistung

Für professionelle Dienstleistungen herrscht weitgehende Einigkeit darüber, dass der Preis als Auswahlkriterium von eher untergeordneter Bedeutung ist (vgl. Mitchell/ Moutinho/Lewis 2003, 11). Servicefaktoren sollten einen größeren Einfluss auf die Beschaffungsentscheidung von professionellen Dienstleistungen haben als Kostenfaktoren (vgl. Stock/Zinszer 1987, 3). „The purchase of professional services [...] is extremely ‘value sensitive'" (Mitchell 1994, 328). Den Anbieterwettbewerb nur über den Preis zu entscheiden, erscheint nicht sinnvoll, da sich die Angebote verschiedener Dienstleister unterscheiden und nur begrenzt vergleichbar sind (vgl. Mitchell 1994, 328). Aus diesem Grund ist der Preis auch für die Beschaffungsentscheidung bei M&A-Dienstleistungen als untergeordnetes Auswahlkriterium anzusehen. Der Preis spielt eine wichtige Rolle als Signal dafür, dass der Anbieter einer gewissen Qualitätsklasse von Beratern angehört. Er ist jedoch kaum geeignet, um zwischen Anbietern aus der gleichen Klasse zu differenzieren (vgl. Armbrüster/Barchewitz 2004, E2). Die geringe Relevanz des Preises zeigt sich auch in den empirischen Untersuchungen. Haynes und Rothe (vgl. 1974) untersuchen, inwieweit der Preis von Marktforschungsdienstleistungen bei der Auswahl eines Anbieters von Bedeutung ist. Die Studie kommt zu der Erkenntnis, dass der nicht preisbezogene Wettbewerb deutlich wichtiger ist als der Preiswettbewerb (vgl. Haynes/Rothe 1974, 70). Auch Day und Barksdale (1992, 88) halten fest, dass die Bedeutung des Preises gering ist: „It was surprising that participants rarely spoke of price (fees), even in the discussion about selection criteria". Eine Ursache dafür könnte sein, dass der Preis vor allem in der Vorauswahl eine Rolle spielt und bei der weiteren Bewertung der Anbieter kaum noch berücksichtigt wird. Es ist aber auf jeden Fall wichtig zu beachten, dass mit dem Preis einer Leistung auch Qualitätserwartungen an die Leistung einhergehen (vgl. Day/Barksdale 1992, 88). In der Untersuchung von Sommerlatte (vgl. 2000, 355) geben nur 35% der befragten Unternehmen an, dass die Kosten der angebotenen Beratungsleistungen ausschlaggebend für die Beraterauswahl sind. Zudem geben 28% der Unternehmen an, dass die Kosten keine Rolle gespielt haben. Auch die anderen betrachteten Studien zeigen, dass der Preis nicht von vordergründiger Bedeutung ist.

Tabelle 30: Relative Bedeutung des Preises für die Auswahl

Studie	Operationalisierung	Platz des Kriteriums „Preis“ in der Rangfolge (nach Bedeutung bzw. Häufigkeit der Nennung)	Anzahl der betrachteten Kriterien
Scott/van der Walt 1995	Fees competitive with other firms	11	18
Meffert 1990	Kosten	3	9
Sands/McPhail 2003	Level of Audit Fees	4	9
Beattie/Fearnley 1995	Value for money of audit services	6	29
	Low absolute level of audit fee	22	29
Stock/Zinszer 1987	Costs of services	7	14
Dawes/Dowling/Patterson 1992	Total costs for consultants	9	17
Kißling 1999	Honorarforderung	8	17

Quelle: eigene Darstellung

Wichtiger als der Preis ist der Wert, den eine Dienstleistung erbringt (vgl. Mitchell/Moutinho/Lewis 2003, 11). Unter Wert versteht man den „...trade-off of total benefits received to total sacrifices“ (Patterson/Spreng 1997, 416). Der Wert einer Alternative bestimmt sich also aus dem Verhältnis des Nutzens der erbrachten Leistung zum Preis. Die Wahrnehmung des Wertes eines Angebotes ist ein wichtiger Einflussfaktor auf die Auswahlentscheidung von Nachfragern (vgl. Patterson/Spreng 1997, 417). Dass der Wert wesentlich wichtiger als der absolute Preis ist, belegt insbesondere die Studie von Beattie und Fearnley (vgl. 1995), in der das Kriterium „value for money“ auf Platz 6 und das Kriterium „absolute level of audit fee“ nur auf Platz 22 der Rangfolge relevanter Auswahlkriterien liegt.

8.4.3 Qualität der Leistung

8.4.3.1 Überblick

Unter dem Begriff der Qualität der Leistung wird die fachliche Qualität der erbrachten Beratung und der dazugehörigen Unterstützungsaktivitäten zusammengefasst. Bezogen auf den Anbieter der Beratungsleistung können verschiedene Auswahlkriterien identifiziert werden, die die erwartete Qualität des Leistungsergebnisses abbilden. Die einzelnen Auswahlkriterien wurden aus den empirischen Studien abgeleitet, indem inhaltlich ähnliche Operationalisierungen unter einem Kriterium als Oberbegriff zusammengefasst wurden. Auf diese Weise ließen sich 14 Kriterien generieren, die in der nachfolgenden Tabelle abgebildet sind.

Tabelle 31: Auswahlkriterien der Dimension „Qualität der Leistung"

Auswahlkriterien	Operationalisierung	
Fachwissen	- Fachwissen - Knowledge of project beyond RFP - Management competence - Staff capabilities - Funktionale Kompetenz - quality of people assigned to the account - calibre and expertise of the audit firm's auditing staff - Knowledge/research on our company - Quality of agency research and degree to which the agency integrates research with the agency creative and media - Quality of work - Nachgewiesene Kompetenz - Capability - Kompetenz	- Quality of advice to management including management letters - Aktuelles Fachwissen - Umfangreiches Fachwissen - Attendance at professional seminars and conferences by members of the CPA firm - Research sponsored by the CPA firm - Quality of Work - Forwarder's expertise - Ability to provide relevant information - Published Studies by the Consultant - Kompetenzeindruck des Beraterteams - Publications by the consultant - Audit quality (i.e. ability to detect problems)
Technische Kompetenz	- Technical ability of design team - Technical ability - Technical Competence - Spezielle Methodenkenntnisse - technical competence - Projektmanagement-kompetenz - Technical competence of firm	- Methodenwissen, Vorgehensweise - Technical competence of audit partner(s) - Technical competence of audit engagement staff - Umsetzungskompetenz - Verwendete Consulting-Methoden - Prozesskompetenz

Auswahlkriterien	Operationalisierung
Qualifikation	- Qualifications of personnel - training - Qualifikation des Beraterteams - Consultant's Credentials - Qualifikation - Professional qualification/experience - Technical Qualification - Qualifikation der Berater - Qualifications - Academic qualifications of consultants - Appropriate qualifications - Technical Qualifications - Qualifications of personnel, team
Kreativität	- Creativity of agency media plans - Sales promotion ideas and capability - Creative management - Vorschlag neuer Methoden - Originality, innovativeness based on previous projects - Creativity
Zertifizierung	- DIN/ISO-Zertifizierung - Qualitätsmanagementsystem
Erfahrung	- Praxiserfahrung in der Beratung - Praktische Erfahrungen des Beraters in ähnlichen Projekten - need for agency personnel to thoroughly learn the characteristics of the advertiser's business - Experience - Experience with similar project - Technologieerfahrung - Erfahrungen mit früheren Projekten - Consultant's Previous Experience - Transaktionserfahrung des Beraterteams - Bank's experience with similar deals - Audit Team Experience
Branchenkenntnisse	- Branchenkompetenz - Experience with advertisers that produce similar products - Has expertise in client's industry - auditing service specialisation in the client's industry - Specialist knowledge of your industry - Industry Expertise - Experience in client's industry - Branchenreputation - Branchen- und Fachwissen - Branchenkenntnis - Branchenerfahrung - Branchenkenntnisse - Knowledge/research on our industry - Knowledge/research on our domestic market - Erfahrung in der Branche - Branchenerfahrung des Beraterteams
Spezialisierung	- Firm specialization - Specializes in area of interest to my firm - specialised skills and knowledge - Bank is pure investment bank - Specialization - Specialization in the industry by the CPA firm - Product specialization factors - Reputation für bestimmte Funktionsbereiche - Reputation of consultant in specific functional area - Reputation in speziellen Bereichen - Reputation des Beraters in Strategieberatung
Fachliche Reputation	- Reputation - Reputation of firm - Reputation des Beraters allgemein
Bekanntheit/Image	- Well known - Bekanntheit / Image - total perception - position of firm in the industry - Bekanntheitsgrad - Image der Unternehmensberatung - Bekanntheitsgrad der Beratungsgesellschaft - Bekanntheitsgrad des Beraters

Auswahlkriterien	Operationalisierung	
Internationalität / geographische Orientierung	- Has overseas links/expertise - Tätigkeitsbereich (national/international) - Geographical Coverage - Internationalität der Beratungsgesellschaft	- Internationale Niederlassungen - Bank's ability to network globally - Internationalität - Geographical specialization
Erfolg des Anbieters	- Stability of agency - Billings growth and record of performance - Size, range and balance of agency's account	- Age of firm - Time in business - Forwarder's financial condition - Financial stability
Netzwerk	- membership to clubs - Bank's network in the industry	- Consultant's Membership in Professional Associations
Größe	- Größe der Beratungsgesellschaft - Large enough to cope with growth in future needs - Größe - size - Big Six audit firm - A non-Big six international or national audit firm - Size of firm	- CPA firm is one of the eight largest international firms - Größe bzw. Personalkapazität - Forwarder's size - Size of consultancy - Größe der Beratungsgesellschaft - Size of consultancy

Quelle: eigene Darstellung in Anlehnung an die in Tabelle 27 genannten Quellen

In den nachfolgenden Abschnitten sollen einige der identifizierten Auswahlkriterien näher beleuchtet werden.

8.4.3.2 Kompetenz, Erfahrung und Netzwerke

Das Fachwissen eines Anbieters ist mehrdimensional aufzufassen und umfasst zum einen die wahrgenommene technische Kompetenz und zum anderen das Wissen über das Geschäft des Nachfragers. Der Anbieter von professionellen Dienstleistungen sollte also Wissen über den Markt besitzen, in dem der Nachfrager tätig ist. Außerdem sollte er mit dem nachfragenden Unternehmen, seinen Produkten und seiner Unternehmenskultur vertraut sein (vgl. Boughton/Nowak/Washburn 1996, 56). Da professionelle Dienstleistungen von den Mitarbeitern des Dienstleistungsunternehmens erbracht werden, ist die Kompetenz der Mitarbeiter entscheidend für die wahrgenommene, fachliche Qualität der Dienstleistung. Individuelle Berater unterscheiden sich hinsichtlich ihrer Arbeitsstruktur, ihres Arbeitsstils, ihres Wissens und ihrer Beziehungen zu Kunden. Aus diesem Grund kann ein Anbieter professioneller Dienstleistungen immer nur so gut wie seine Mitarbeiter sein (vgl. Mitchell 1994, 325).

Die umfassende Transaktionserfahrung und sehr gute Kenntnisse der Branche bzw. Industrie sind M&A-spezifische Auswahlkriterien. Der M&A Berater sollte mit den Besonderheiten betreffender Märkte vertraut sein und die relevanten Marktteilnehmer kennen. Das ist insbesondere für die Identifizierung potenzieller Transaktionspartner von Bedeutung. Operative Kenntnisse des Marktes sind darüber hinaus wichtig, damit der M&A-Berater pragmatische und unternehmerische Lösungen für die Abwicklung des M&A-Prozesses findet. Ein bestehendes Netzwerk mit Kontakten in die betreffende Branche erleichtert die Ansprache von Transaktionspartnern und beschleunigt die Abwicklung der Transaktion.

Bei der Auswahl eines Anbieters von M&A-Dienstleistungen sollte darauf geachtet werden, dass die Transaktion von erfahrenen Projektleitern abgewickelt wird. Die Fähigkeit zur Steuerung und Kooperation mit anderen Beratern im M&A-Prozess ist ein weiteres wesentliches Qualitätsmerkmal des M&A-Beraters. Nur wenn diese Fähigkeit vorhanden ist, können Effizienzvorteile in Bezug auf die Prozessabwicklung generiert werden. Sehr wichtig ist schließlich, dass der M&A-Berater unabhängig agiert und nur den Interessen seines Mandanten verpflichtet ist. Deshalb sollte vor der Auswahl überprüft werden, dass der Berater nicht parallel Transaktionen betreut, aus denen sich Interessenkonflikte ergeben könnten (vgl. Maehrle/Friedrich 2007, 11).

8.4.3.3 Reputation

Die Kriterien der Reputation, der Bekanntheit und des Images ähneln sich in ihrer Wirkung. Käufer haben eine Präferenz für führende, bekannte Anbieter der entsprechenden Leistung, weil sie so das Risiko der Kaufentscheidung senken (vgl. Mitchell 1995, 128). Gerade im unübersichtlichen Markt für M&A-Beratungsleistungen dürften Bekanntheit und Reputation als wichtige, risikoreduzierende Signale für die Unternehmen dienen.

In der ökonomischen Literatur wird der Begriff „Reputation“ in verschiedenen Kontexten und mit einem unterschiedlichen Begriffsverständnis gebraucht (vgl. Schwaiger 2004, 48). Das sehr unterschiedliche Begriffsverständnis ergibt sich aus der Tatsache, dass sich unterschiedliche Forschungsrichtungen mit dem Begriff der Reputation beschäftigen. Das sind im Wesentlichen die ökonomische Literatur zur Wirkung von Reputation in nicht perfekten Märkten, die soziologische Netzwerkforschung, die Analyse von institutionalisierten Reputationssystemen und das Reputation Management der Management- und Marketingforschung (vgl. Abraham/ Arpagaus/Michels 2005, 5).

Die Ökonomik beschäftigt sich mit dem Problem, dass bei der Annahme unvollständiger Informationen und opportunistischen Verhaltens in einem Markt ineffiziente

Marktergebnisse bis hin zum Marktversagen auftreten können (vgl. z.B. Akerlof 1970). Reputation wirkt als Mechanismus, der die auftretenden Informations- und Kooperationsprobleme in solchen Märkten lösen kann (vgl. Abraham/Arpagaus/ Michels 2005, 5). Die Diskussion von Reputationseffekten in der Soziologie basiert auf der Theorie sozialer Netzwerke, die davon ausgeht, dass wirtschaftliche Transaktionen nicht in abstrakten Märkten, sondern im Rahmen institutioneller und sozialer Netzwerke abgewickelt werden. Reputation ist dabei ein weitgehend kostenfreies Nebenprodukt der sozialen Struktur und dient als Regulierungsmechanismus für Geschäftsbeziehungen. Bei der institutionellen Betrachtung von Reputation wird davon ausgegangen, dass Reputation durch Institutionen vermittelt wird oder selbst eine Institution darstellt (vgl. Abraham/Arpagaus/Michels 2005, 7-8). Im Rahmen des Reputation Managements wird Reputation als der „Ruf" oder das „Ansehen" von Unternehmen aufgefasst. Es geht also darum, wie das Unternehmen wahrgenommen wird. Die Reputation eines Unternehmens hat nach Ansicht des Reputation Managements entscheidenden Einfluss auf die strategische Wettbewerbsposition und damit auf den wirtschaftlichen Erfolg eines Unternehmens (vgl. Abraham/Arpagaus/Michels 2005, 9).

Tabelle 32: Definitionen des Reputationsbegriffes

Autor(en)	**Reputation ist...**
Spence 1974, 107	"...outcome of a process in which firms signal their key characteristics to constituents to maximize their social status."
Weigelt/Camerer 1988, 443	„...a set of attributes ascribed to a firm, inferred from the firm's past actions."
Gallouj 1997, 55	"...an implicit promise that a party to a contract will not act opportunistically in the case of an unforeseen event."
Vogt 1997, 139	„...ein Informationsträger, denn sie besteht aus Informationen über Verhaltensmuster und aus glaubhaften Verhaltensrichtlinien."
Prechtl/Völker-Albert 2004, 37	„...das Vertrauenskapital eines Unternehmens bei den Kunden und kann in etwa gleichgesetzt werden mit dem Begriff ‚Goodwill'."
Abraham/Arpagaus/ Michels 2005, 5	„... die Existenz einer als glaubwürdig eingeschätzten Information über einen anderen Akteur [...], wobei diese Information beliebige Eigenschaften des Akteurs beschreiben und positiv oder negativ ausgeprägt sein kann."

Der Erfolg von Anbietern professioneller Dienstleistungen wird wesentlich von zwei Komponenten bestimmt: ihrem Wissen und ihrer Reputation. Das Bemühen, eine positive Reputation aufzubauen ist eng verknüpft mit dem Management von Wissen im Unternehmen. Die Arbeit dieser Dienstleister basiert auf dem Talent und dem Wissen der Mitarbeiter, welche deshalb auch grundlegend für eine positive Reputation des Unternehmens sind (vgl. Zabala et.al. 2005, 60). Das Reputationskapital hängt sehr stark von der Kompetenz der Mitarbeiter ab und ist somit immer einem Abwanderungsrisiko unterworfen, wenn bestimmte Teams oder einzelne Mitarbeiter die Investmentbank verlassen sollten (vgl. Achleitner 2002, 82). Die Reputation einer Investmentbank ist besonders wichtig, weil sie als Signal für die zuverlässige Durchführung zukünftiger Transaktionen dient (vgl. Achleitner 2002, 14). „Durch das Vertrauen in das kompetente Handeln der Investmentbank bzw. ihrer Mitarbeiter wird in der Wahrnehmung des Kunden eine Entscheidung unter kalkulierbarem Risiko ermöglicht. Die Reputation dient den Kunden dabei als Surrogat für die Dienstleistungsqualität der Investmentbank“ (Achleitner 2002, 81). In der wissensintensiven Branche des Investmentbanking ist die Reputation eine wesentliche Markteintrittsbarriere. Sie ist eng verbunden mit dem Fachwissen der Mitarbeiter und dem Beziehungsnetzwerk, das sich die Investmentbank aufgebaut hat (vgl. Börner 2002, 277). Die Entscheidung für die Zusammenarbeit mit einer bestimmten Investmentbank ist nicht nur auf rationale Entscheidungskriterien zurückzuführen. Sie wird durch die subjektive Wahrnehmung der Kompetenz der Bank entscheidend beeinflusst. Reputation wird von Investmentbanken deshalb als Differenzierungsmerkmal genutzt (vgl. Achleitner 2002, 81).

Die Reputation von M&A-Beratern wird z.B. in den League Tables abgebildet. Diese zeigen nicht nur die bereits gewonnene Erfahrung der Investmentbank, sondern auch das zukünftige Leistungspotenzial des M&A-Beraters auf. Das hat entscheidenden Einfluss auf die Mandate, die die Investmentbank zukünftig erhalten wird. Es entsteht so ein Mechanismus, der es neu in den Markt eintretenden Investmentbanken und M&A-Beratern erschwert, eine entsprechende Reputation aufzubauen, weil ihnen Referenzprojekte fehlen (vgl. Achleitner 2002, 92).

Die Reputation, die als Auswahlkriterium in Bezug auf die Qualität der Leistung betrachtet wird, ist eine fachliche Reputation des Anbieters. Reputation kann, wie die Definitionen in Tabelle 32 zeigen, auch im Sinne von Vertrauen benutzt werden, was im Abschnitt zur Qualität der Beziehung noch genauer betrachtet wird.

8.4.3.4 Image

Der Zusammenhang zwischen den Begriffen Image und Reputation ist sehr eng, da die Begriffe in ihrer Bedeutung nahezu identisch sind. Sie stammen aber aus unterschiedlichen Forschungsrichtungen: der Imagebegriff entstammt der marktpsychologischen Literatur. Die Reputation hat im Vergleich zum Image einen stärker wertenden Charakter (vgl. Kohr 2000, 150).

Das Image steht für das Bild, das eine Person von einer Sache hat. Es zeigt die subjektiven Ansichten und Vorstellungen dieser Person von der Sache, wobei unter die subjektiven Ansichten sowohl das Wissen über die Sache als auch die Bewertung der Sache fallen. Images determinieren das Verhalten von Personen. Die Abgrenzung zwischen den Begriffen „Image" und „Einstellung" ist ebenfalls nicht einfach, da sie in etwa die gleichen Merkmale aufweisen (vgl. Kroeber-Riel/Weinberg 1996, 196). Das Image kann als komplementäres Konstrukt zur Einstellung gebraucht werden, da Einstellungen nur in Gut-Schlecht-Dimensionen unterteilt werden können, das Image hingegen auf mehrere Dimensionen (subjektive Eindrücke von Merkmalen des betrachteten Objektes) ausgerichtet ist. Eine wichtige Funktion des Images ist die Umweltbewältigung. Die Bildung von Images ermöglicht es, die komplexe Umwelt- und Marktsituation zu strukturieren und leichter zu bewältigen (vgl. Kohr 2000, 151). Wenn eine Leistung nicht probiert werden kann, kommt dem Image des Unternehmens, das die Leistung anbietet, besondere Bedeutung zu. Gerade für Dienstleistungsanbieter ist das Image wichtig, da es sich auf die Qualitätseinschätzungen der Nachfrager auswirkt (vgl. Lapierre 1998, 24).

8.4.3.5 Internationalität

Ein Element, das die Qualität der Leistung mitbestimmt, ist die räumliche Positionierung des M&A-Beraters. Dabei ist für internationale Unternehmen nicht so sehr die Frage interessant, ob der M&A-Berater in Deutschland angesiedelt ist, sondern es wird eher verlangt, dass der Berater in den wichtigen Kapitalmärkten präsent ist und Erfahrungen hat (vgl. o.V. (b) 2005, 13). Für grenzüberschreitende Transaktionen ist die internationale Kompetenz des M&A-Beraters ein wesentliches Auswahlkriterium. Ein Büro im Land des Transaktionspartners ist für die Abwicklung einer internationalen M&A-Transaktion ein erheblicher Vorteil. Mit der Präsenz in ausländischen Märkten können spezifisches Know-how der Ländermärkte sowie Kenntnisse der politischen, rechtlichen und wirtschaftlichen Rahmenbedingungen erworben werden, die für eine erfolgreiche Umsetzung von M&A-Transaktionen unabdingbar sind. Ein weiterer wichtiger Aspekt der Internationalität sind enge Kontakte zu nationalen und internationalen Kapitalgebern. Bei einer Verkaufstransaktion sollten auch Finanzinvestoren als potenzielle Erwerber von Unternehmen Berücksichtigung finden, um den Verkaufspreis optimieren zu können. Kontakte zu internationalen Finanzinvestoren sichern den Zugang zu dieser Bietergruppe (vgl. Maehrle/Friedrich 2007, 11). Die Entstehung von internationalen M&A-Beratungsnetzwerken zeigt, wie wichtig der Kontakt in ausländische Märkte auch für kleinere M&A-Berater ist (vgl. Strick 2006, 78).

8.4.3.6 Bedeutung der Qualität der Leistung

Das Fachwissen und die technischen Kompetenzen eines Unternehmens gehören zu den wichtigsten Faktoren bei der Auswahl eines Anbieters für professionelle Dienstleistungen (vgl. Boughton/Nowak/Washburn 1996, 56). Im Gegensatz zum Preis, der als Auswahlkriterium bei professionellen Dienstleistungen und insbesondere bei M&A-Dienstleistungen nicht von entscheidender Bedeutung ist, werden fachliche Qualitäten und Kompetenz in den empirischen Studien regelmäßig mit einer besonders großen Bedeutung verbunden. Das wird auch durch die Studie von Sommerlatte (vgl. 2000, 357) bestätigt, die für die Beraterauswahl die Prozessexpertise mit 91% der Nennungen am häufigsten als ausschlaggebend identifiziert. Auch die Studie von Fink (vgl. 2006) kommt zu dem Ergebnis, dass die Umsetzungskompetenz und die Branchenkompetenz die zwei wichtigsten Kriterien der Beraterauswahl sind. Für dem M&A-Bereich bestätigt die Studie von Hohnhaus (vgl. 2004, 203) die herausragende Bedeutung der fachlichen Kompetenz.

Tabelle 33: Relative Bedeutung der Qualität der Leistung für die Auswahl

Studie	Operationalisierung	Platz des Kriteriums „Qualität der Leistung“ in der Rangfolge	Anzahl der betrachteten Kriterien
Haynes/Rothe 1974	Quality of work	1	12
Scott/van der Walt 1995	Specializes in area of interest to my firm	1	18
Meffert 1990	Nachgewiesene Kompetenz	7	9
Sands/McPhail 2003	Technical competence	1	10

Studie	Operationalisierung	Platz des Kriteriums „Qualität der Leistung" in der Rangfolge	Anzahl der betrachteten Kriterien
Beattie/Fearnley 1995	Technical competence of firm	2	29
Stock/Zinszer 1987	Reputation of Firm	2	14
Dawes/Dowling/Patterson 1992	Reputation of Consultant in specific functional area	1	17
Kißling 1999	Spezielle Methodenkenntnisse	3	17
Hohnhaus 2004	Kompetenzeindruck	1	10

8.4.4 Qualität der Beziehung

8.4.4.1 Überblick

Die Qualität der Beziehung bestimmt sich anhand der Interaktionen zwischen beratendem und beratenem Unternehmen. Da die Erstellung professioneller Dienstleistungen eine intensive Zusammenarbeit von Beratern und Nachfragern notwendig macht und eine gemeinsame Leistungserstellung stattfindet, stellt sich die Frage nach der Beziehung zwischen den Partnern. Die Qualität der persönlichen Beziehung zwischen Beratern und Klienten wird von einigen Autoren als sehr wichtig erachtet. Sie verbessert nicht nur die Beratungserfahrung für den Nachfrager, sie kann auch dazu beitragen, dass eventuell auftretende Probleme im Projekt besser und schneller gelöst werden (vgl. Mitchell 1994, 328). Die nachfolgende Tabelle zeigt auf, welche Auswahlkriterien die Qualität der Beziehung abbilden und wie sie in den betrachteten Studien operationalisiert werden.

Tabelle 34: Auswahlkriterien der Dimension „Qualität der Beziehung"

Auswahlkriterien	Operationalisierung
Reputation	- Reputation for integrity - Reputation - Good reputation - Bank's reputation - General reputation - Guter Ruf - Company reputation - Reputation of Consultants - Reputation of consultancy
Vertrauen	- Vertrauenswürdigkeit - Trust - Vertrauen - trustworthiness
Verständnis	- Understanding of the client's problems - Understanding of our company's needs - Understanding client's culture - Understanding client's project and standards - Empathy

Auswahlkriterien	Operationalisierung	
Kompatibilität	- Personality of key personnel - Individuals who will work on project - Consultant's Personality - complete agreement between the agency and client on goals and objectives - Management chemistry/synergism - Creative and marketing philosophy - Membership of the CPAs in business organizations	- Belonging to the same social clubs as members of the CPA firm - Compatibility of agency and client personnel - Kommunikationsfähigkeit - Teamfähigkeit - Kritikfähigkeit - Sensibilität - Ability to work as a team - Listens - Chemistry, rapport
Integrität	- integrity - Ethical standards of audit partner(s) - Integrity - Ethical Standards - honesty	- responsibility - high ethical standards - Integrity of firm - Professional integrity

Quelle: eigene Darstellung unter Verwendung der in Tab. 27 genannten Quellen

8.4.4.2 Reputation

Das Konstrukt der Reputation wurde bereits im Abschnitt zur Qualität der Leistung thematisiert. Dort wurde es insbesondere als fachliche oder Kompetenz-Reputation aufgefasst. Reputation kann sich aber auch auf die Beziehungsqualität beziehen. Reputation kann erreicht werden, indem Vertrauenskapital aufgebaut und gepflegt wird. Reputation entsteht, wenn positive Erfahrungen der Vergangenheit extrapoliert werden (vgl. Kleinaltenkamp 1992, 817-818). Reputation setzt sich aus kognitiven und affektiven Komponenten zusammen. Sie besteht aus dem Wissen und den Gefühlen, die Individuen gegenüber einer Organisation haben (vgl. Schwaiger 2004, 49). Wenn sich Einschätzungen hinsichtlich der Reputation eines Unternehmens in der Öffentlichkeit verbreiten, werden die individuellen Einschätzungen zu einer kollektiven Wahrnehmung verdichtet (vgl. Fombrun/Shanley 1990, 234). Handlungen in der Vergangenheit bilden die Basis für die Bildung von Erwartungen über das zukünftige Verhalten. Die Erfahrung mit einem Transaktionspartner hat zum einen die Wirkung, dass man konkrete Erwartungen an die zukünftigen Handlungen des Partners ableiten kann. Zum anderen bildet sich aus den Erfahrungen eine Reputation, die bei opportunistischem Verhalten zerstört werden würde (vgl. Vogt 1997, 139).

Das Reputationskapital wirkt wie eine Geisel und mindert auf diese Weise die Opportunismusneigung des Anbieters (vgl. Windsperger 1996, 970). Etablierte Reputation dient somit auch dazu, den Aktivitäten von Unternehmen Grenzen zu setzen und sie zu strukturieren (vgl. Fombrun/Shanley 1990, 235). Diese Wirkung wird als Reputationsmechanismus bezeichnet (vgl. Vogt 1997, 139). Sowohl in der wirtschaftswissenschaftlichen wie auch in der soziologischen Literatur finden sich zahlreiche Belege dafür, dass Reputationsmechanismen ein wichtiges Hilfsmittel bei der Gestaltung von Geschäftsbeziehungen darstellen (vgl. Abraham/Arpagaus/Michels 2005, 3).

8.4.4.3 Vertrauen

Eng verwandt mit dem eben skizzierten Reputationsbegriff ist das Konstrukt „Vertrauen“, für das keine allgemein anerkannte Definition existiert (vgl. Kohr 2000, 132). In der Literatur wird Vertrauen als zweidimensionales Konstrukt, bestehend aus einer Glaubenskomponente und einer Verhaltenskomponente, konzipiert. Die Verhaltenskomponente besagt, dass Vertrauen Ausdruck im konkreten Verhalten des Nachfragers findet (vgl. Boughton/Nowak/Washburn 1996, 62). Vertrauen wird in der Sozialpsychologie als Konstrukt aus affektiven und kognitiven Komponenten definiert, das sich im Verhalten einer Person oder Personengruppe gegenüber einer anderen Person oder Personengruppe manifestiert (vgl. Jeschke 2004b, 189). Nach Zucker gibt es drei unterschiedliche Quellen von Vertrauen, die dazu führen, dass Akteure sich nicht opportunistisch verhalten (vgl. 1986, 60):

- Prozess-basiertes Vertrauen
- Eigenschaften-basiertes Vertrauen
- und Institutionen-basiertes Vertrauen.

Prozess-basiertes Vertrauen entsteht, wenn Informationen über das vergangene Verhalten vorliegen. Diese Informationen sind entweder auf vorherige Erfahrungen mit dem Transaktionspartner aus Geschäftsbeziehungen gegründet oder werden von Dritten weitergegeben. Wenn keine Erfahrung mit dem Transaktionspartner besteht, tritt die Reputation an die Stelle der Erfahrungen.

Nach Jeschke (vgl. 2004b, 188) kann man dann von einer Geschäftsbeziehung zwischen Beratungsanbieter und -nachfrager sprechen, wenn es zu wiederholten Beratungsprojekten zwischen ihnen gekommen ist. Bestehende Geschäftsbeziehungen spielen bei der Beschaffung von professionellen Dienstleistungen eine wichtige Rolle. So fanden Kovar/Mauldin (vgl. 2007, 35) heraus, dass ihr Vorhandensein häufig genügt, um für kleinere Projekte ausgewählt zu werden. Bei größeren Projekten sind sie wichtig, um auf die Shortlist des Nachfragers zu gelangen. Je dominanter Erfahrungseigenschaften für eine Leistung sind, umso weniger haben Anbieter, die keine Geschäftsbeziehung zu einem Nachfrager unterhalten, die Chance wahrgenommen und ausgewählt zu werden. Diese sog. „out-supplier" haben eine deutlich geringere Wahrscheinlichkeit, in das *relevant set* des Nachfragers, also die Gruppe der als relevant erachteten Anbieter, aufgenommen zu werden (vgl. Kleinaltenkamp 1992, 819).

Geschäftsbeziehungen sind auch im M&A-Beratungsbereich von großer Bedeutung. M&A-Berater versuchen oft durch die Aufrechterhaltung einer langfristigen Beziehung zu den Mandantenunternehmen Folgeaufträge zu generieren und auch auf andere Angebotsbereiche auszuweiten (Cross Selling) (vgl. Dufey/Hommel 2000, 972).

Schließlich ist der Bindungsgrad innerhalb der Kooperationsbeziehung eine wichtige Determinante. Die Bindung an den Partner entsteht insbesondere durch spezifische Investitionen, die die Partner geleistet haben und die sich dadurch auszeichnen, dass sie bei Verwendung außerhalb der Kooperationsbeziehung an Wert verlieren oder wertlos werden. Der Bindungsgrad bestimmt die Dauer der Kooperationsbeziehung und die Wahrscheinlichkeit eines Anbieterwechsels. Die Bindung kann auch durch vertragliche Regelungen erhöht werden (vgl. Schade/Schott 1993b, 494-495). Eine dauerhafte Geschäftsbeziehung kann für Unternehmen entscheidende Vorteile haben. Insbesondere hat sich in Untersuchungen gezeigt, dass eine langfristige Geschäftsbeziehung die Prinzipal-Agenten-Problematik zwischen den Parteien reduziert. Langfristige Geschäftsbeziehungen führen dazu, dass die Partner eher kooperatives als kompetitives Verhalten verfolgen. Sie reduzieren die Wahrscheinlichkeit, dass der M&A-Berater motiviert ist, seinen Gewinn aus einer einzelnen Transaktion zu Lasten des Unternehmens zu maximieren. Das Nichteingehen längerer Beziehungen kann kurzfristig Vorteile für das Unternehmen erzeugen, z.B. wenn es aufgrund der Konkurrenz zwischen mehreren M&A-Beratungsanbietern geringere Gebühren durchsetzen kann. Langfristig sollten aber die Vorteile einer Geschäftsbeziehung nicht unterschätzt werden, die sich aus kooperativem Verhalten und den besseren Kenntnissen des M&A-Beraters über das Unternehmen ergeben (vgl. Kosnik/Shapiro 1997, 14). Dass die wenigsten Unternehmen eine rein transaktionsbasierte Zusammenarbeit anstreben, zeigt sich in der Tatsache, dass die meisten CFOs amerikanischer Unternehmen angeben, dass sie die Zahl der von ihnen genutzten Investmentbanken bewusst klein halten (vgl. Kosnik/Shapiro 1997, 14).

Das Vertrauen zwischen Anbieter und Nachfrager ist ein verlässliches Kriterium der Auswahl eines Beraters. Insbesondere positive Erfahrungen aus vergangenen Interaktionen führen dazu, dass Vertrauen aufgebaut wird. Der Nachfrager entwickelt aus diesen Erfahrungen positive Erwartungen über das Anbieterverhalten in der Zukunft. Da Vertrauen eine lange Zeit braucht, um sich zu entwickeln und da es nur mit einer begrenzten Zahl von Anbietern aufgebaut werden kann, ist es als Kriterium nur für die Auswahl aus einer begrenzten Zahl von Anbietern geeignet (vgl. Armbrüster/ Barchewitz 2004, E2).

Eigenschaften-basiertes Vertrauen entsteht, wenn persönliche Eigenschaften oder eine subjektiv wahrgenommene Ähnlichkeit dazu führen, dass vom Transaktionspartner kein opportunistisches Verhalten erwartet wird (vgl. Zucker 1986, 60). Das Vertrauen beruht auf den persönlichen Merkmalen des Transaktionspartners wie z.B. dem Alter oder dem Geschlecht. Die wahrgenommene Ähnlichkeit der Wertvorstellungen des Partners zu den eigenen Wertvorstellungen reduziert die Unsicherheit über das Verhalten des Anbieters. Gerade für die Beschaffung von professionellen Dienstleistungen ist das Eigenschaften-basierte Vertrauen sehr wichtig. Sehr häufig ist es selbst in großen Unternehmen bei der Nachfrage nach Dienstleistungen so, dass die Auswahl anhand des persönlichen Vertrauens und somit aufgrund persönlicher Kontakte und Netzwerke getroffen wird: „...the consultancy market is a ‚network market'..." (Gallouj 1997, 59). Nur wenn im Unternehmen sehr stark formalisierte Beschaffungsprozesse etabliert sind, kommen diese persönlichen Netzwerke weniger zum Tragen (vgl. Gallouj 1997, 59). Für kleine und mittlere Unternehmen ist der netzwerkbezogene Beschaffungsansatz sogar noch wichtiger, da sie häufig nicht die Ressourcen aufwenden können, um einen komplexen und formalisierten Auswahlprozess für Berater durchzuführen. Außerdem dürfte ihre Nachfrage nach derartigen Leistungen nur sporadischer Natur sein, weshalb sich die Etablierung komplexer Beschaffungsprozesse auch nicht lohnt (vgl. Gallouj 1997, 60). Die Wirkung der subjektiven Ähnlichkeit zwischen Anbieter und Nachfrager auf die Interaktionsbeziehungen wird in personalen Interaktionsansätzen untersucht. Dabei gelangte man zu der Erkenntnis, dass weitgehende Übereinstimmung in Rollenerwartungen, persönlichen Einstellungen, Alter und Status einen positiven Einfluss auf den Erfolg der Beratungsinteraktion hat (vgl. Jeschke 2004b, 179-180). In verschiedenen empirischen Studien ergab sich, dass es eher zu Kaufabschlüssen kommt, wenn die Interaktionspartner eine gewisse Ähnlichkeit in ihren Merkmalen aufweisen (vgl. Kleinaltenkamp 1992, 821).

Institutionen-basiertes Vertrauen entsteht, wenn verhaltensstabilisierende Institutionen opportunistisches Verhalten unwahrscheinlich machen. Formale Mechanismen werden zur Vertrauensbildung genutzt, welche nicht auf persönlichen Eigenschaften oder gemachten Erfahrungen beruhen. Bei solchen Mechanismen kann es sich z.B. um Garantien, vermittelnde Intermediäre, Zertifikate oder Mitgliedschaften in Institutionen handeln, die Vertrauen entstehen lassen (vgl. Zucker 1986, 60). Sichtbare Signale reduzieren die Unsicherheit des Nachfragers und ermöglichen so den Aufbau von Vertrauen (vgl. Gallouj 1997, 58). Mechanismen der institutionellen Vertrauensbildung sind im M&A-Bereich allerdings nur von untergeordneter Bedeutung (vgl. Abschnitt 7.2). Bei der Vergabe von professionellen Dienstleistungsaufträgen sind zwei wesentliche Elemente des Vertrauens der Glaube daran, dass der Dienstleister korrekt mit den ihm zur Verfügung gestellten Informationen umgehen wird und dass es bei der Bearbeitung des Auftrages keine Überraschungen für den Auftraggeber gibt (vgl. Boughton/ Nowak/Washburn 1996, 61-62). Gerade bei M&A-Dienstleistungen, bei denen vom Unternehmen eine Vielzahl sensibler Daten zur Verfügung gestellt werden muss, spielt das Vertrauen in die Geheimhaltung durch den M&A-Berater eine große Rolle. Da, wie schon gezeigt, eine Qualitätsprüfung von Beratungsleistungen vor Inanspruchnahme nur begrenzt möglich ist, erscheint die Auswahl eines Anbieters auf Grund von objektivierten Kriterien fraglich. Das Kriterium des Vertrauens gewinnt vor diesem Hintergrund an Bedeutung und ist für die Endauswahl wichtiger als objektive Kriterien (vgl. Kohr 2000, 107-108).

8.4.4.4 Weitere Kriterien

Ein wichtiger Aspekt für die Beziehungsqualität ist die Integrität des M&A-Dienstleisters. Die Integrität eines Anbieters zeigt an, inwieweit er bereit ist, ethische und moralische Normen zu übertreten, um sich einen Vorteil zu verschaffen. Ein enger Zusammenhang zwischen der wahrgenommenen Rechtschaffenheit eines Anbieters und dem ihm entgegengebrachten Vertrauen konnte empirisch bestätigt werden (vgl. Boughton/Nowak/Washburn 1996, 62). Eng verwandt sind auch die Konstrukte der Verlässlichkeit und des Commitments. Das Konzept der Verlässlichkeit hängt mit der Vorhersehbarkeit des Verhaltens des Anbieters zusammen. Sie ergibt sich aus vergangenen Erfahrungen mit dem Dienstleister, die in die Zukunft fortgeschrieben werden. Das Commitment bezeichnet die Bindungsbereitschaft des Anbieters an die Beziehung zum nachfragenden Unternehmen (vgl. Boughton/Nowak/Washburn 1996, 62). Auch die Kompatibilität zwischen Anbieter und Nachfrager und den von ihnen vertretenen Sichtweisen auf das Problem ist ein wichtiges Kriterium. So ergab die Studie von Sommerlatte (vgl. 2000, 355) dass in 83% der befragten Unternehmen eine grundsätzliche Übereinstimmung zwischen den Erwartungen des Klienten sowie dem Problemverständnis und der Lösungsstrategie der Berater ausschlaggebend für die Beraterauswahl war.

8.4.4.5 Bedeutung der Qualität der Beziehung

Die Wichtigkeit der Qualität der Beziehung als Auswahlkriterium wird in den empirischen Studien sehr unterschiedlich aufgefasst.

Tabelle 35: Relative Bedeutung der Qualität der Beziehung für die Auswahl

Studie	Operationalisierung	Platz des Kriteriums „Qualität der Beziehung" in der Rangfolge	Anzahl der betrachteten Kriterien
Haynes/Rothe 1974	Professional integrity	4	12
	Personality of key personnel	7	12
Scott/van der Walt 1995	Know partners and staff	15	18
Meffert 1990	Vertrauen	8	9
Sands/McPhail 2003	-	-	10
Beattie/Fearnley 1995	Integrity of firm	1	29
Stock/Zinszer 1987	Prior Experience	1	14
Dawes/Dowling/Patterson 1992	Client knows specific consultant(s)	3	17
Kißling 1999	Persönlicher Kontakt mit Angestellten	12	17
Hohnhaus 2004	Persönliche Kontakte	3	10

Die Bedeutung schwankt von Studie zu Studie stark und es gibt sogar eine Studie, die das Kriterium überhaupt nicht berücksichtigt. Für diese sehr stark variierenden Befunde sind verschiedene Erklärungen möglich. Es ist denkbar, dass die Beziehungsqualität von einigen Befragten nicht als wichtiges Auswahlkriterium angegeben wird, da sie eher als Hygienekriterium wahrgenommen wird. Das heißt, die Beziehungsqualität muss einem Mindeststandard entsprechen, damit ein Anbieter überhaupt berücksichtigt wird. Für die konkrete Auswahl eines Anbieters ist sie dann aber nicht mehr von so großer Bedeutung. Außerdem ist zu bedenken, dass die Beziehungsqualität häufig das am schlechtesten zu bewertende Kriterium ist. Es ist durchaus nachvollziehbar, dass Nachfrager ihre Auswahl nicht weitgehend auf ein Kriterium gründen, das sie kaum beurteilen können. Eine weitere Erklärungsmöglichkeit wäre, dass bei der Beschaffung von professionellen Dienstleistungen die Entscheider ein professionelles Rollenbild haben, das es nicht erlaubt, dass subjektive Kriterien großen Einfluss auf die Entscheidung haben. Sie würden ihr Antwortverhalten dann so anpassen, dass sie die tatsächliche Bedeutung der Beziehungsqualität mindern, um ihrem Selbstbild gerecht zu werden.

8.4.5 Qualität des Service

8.4.5.1 Überblick

Die letzte Dimension, die in den Studien identifiziert wurde, ist die Qualität des Service. Diese beschreibt die Bereitschaft des Anbieters, das Dienstleistungserlebnis für den Nachfrager so angenehm und komfortabel wie möglich zu gestalten. Die Qualität des Service bezieht sich auf die Prozesskomponente der Dienstleistungsqualität wie in Abschnitt 8.4.1 definiert. Es geht um die Frage, wie eine Dienstleistung für den Nachfrager erbracht wird. Das Konstrukt der Servicequalität beinhaltet die Art, wie der Service erbracht wird, und Interaktionen zwischen Dienstleistungsanbieter und nachfragendem Unternehmen (vgl. Rao/Kelkar 1997, 71). Die unter diese Dimension zu fassenden Auswahlkriterien sind in Tabelle 36 zusammengefasst.

Verschiedene Faktoren beeinflussen die Servicequalität. Zu ihnen gehören tangible Aspekte wie das Aussehen der Anbieterlokalität und des Anbieterpersonals (vgl. Rao/ Kelkar 1997, 72), die Breite des Leistungsangebots, die räumliche Nähe oder die Pünktlichkeit und Effizienz des Anbieters.

Tabelle 36: Auswahlkriterien der Dimension „Qualität des Service“

Auswahlkriterien	Operationalisierung	
Breite des Leistungsangebots	- Full range of agency services - Ability of agency to handle all marketing research for the client - Assistance in development of marketing plans - Wide range of services offered - offering related services - Willingness to offer guidance on accounting principles - Ability to provide additional tax services - Ability to provide additional consultancy services	- Ability to provide additional accounting services - Availability of information and research facilities - Beratungsangebot - Offers full range of services - Range of services offered - Related services such as management consulting, actuarial counselling and the like offered by the CPA firm - Number of services offered - Variety of services provided
Räumliche Nähe des Anbieters	- Location - Existence of offices located close to principal accounting functions - Location of firm - A regional audit firm - A local audit firm	- Geographical proximity of bank/banker - Geographische Nähe - CPA firm has offices in areas where business units are located - Location of consultancy
Effizienz	- Reputation for fast, efficient service - Prompt service - timely performing professional services - fast and efficient service - quick responses to client's requests - meeting deadlines - Meeting Deadlines	- Zeitdauer - Time control - On-time shipments and deliveries - Prompte Reaktionen auf Anfragen - Can meet schedule - Efficiency - Workload, overcommited
Erreichbarkeit	- Key staff always accessible - accessibility of key staff - senior managers making visits to audit site - Availability of qualified personnel	- Availability of top management - Accessibility of the CPA firm - ease of contact - approachability
Erscheinungsbild	- appearance of facilities and personnel	- Berater tritt tadellos und sicher im Unternehmen auf
Verlässlichkeit	- dependably and accurately performing professional services - Reliability of service	- Superior error rates - Confidence in delivering
Serviceorientierung	- Client oriented - Friendliness - Politeness - Consideration - caring and individualised attention that the firm provides its customers	- degree of customer focus - Quality of service - Consultant will assist with implementation - Service quality - Convenient to use - Personal attention

Quelle: eigene Darstellung unter Verwendung der in Tab. 27 genannten Quellen

8.4.5.2 Breite des Leistungsangebots

Die Breite des Leistungsangebots wirkt sich auf die Qualität des Service aus, weil sie bestimmt, ob der Nachfrager verschiedene Leistungen bequem aus einer Hand erhalten kann oder weitere Dienstleister einbeziehen muss, was den Nachfrage- und Koordinationsaufwand für ihn erhöht. Gerade im Bereich der M&A-Beratungsdienstleistungen, die wie schon ausgeführt, inhaltlich sehr weit gefächert sein können, spielt die Breite des Leistungsangebots eine Rolle. Bei M&A-Transaktionen stellt sich insbesondere die Frage, ob die Transaktionsbegleitung und die Finanzierung der Transaktion von einem Anbieter bezogen werden sollten. Die Integration von Transaktionsabwicklung und Finanzierung kann Vor- und Nachteile mit sich bringen. Trennt man beide Bereiche, kann das Unternehmen jeweils mehr Wettbewerb erzeugen und so ebenfalls die Kosten für die zu erbringenden Beratungs- und Finanzierungsleistungen senken. In bestimmten Situationen, z.B. wenn die Transaktion sehr komplex ist oder Vertraulichkeit erfordert, ist ein integrierter Ansatz von Beratung und Finanzierung hingegen sinnvoller (vgl. o.V. (b) 2005, 13). Das Angebot einer umfassenden und kompetenten Finanzierungsberatung wird gerade für mittelständische M&A-Berater immer wichtiger, um Mandate zu akquirieren (vgl. Schruck/Loy 2006, b09).

8.4.5.3 Räumliche Nähe des Anbieters

Ein weiteres wichtiges Element der Qualität des Service ist die Frage nach der räumlichen Nähe des Anbieters. Im Rahmen der Transaktionsabwicklung kann die räumliche Nähe die Zusammenarbeit und die Kommunikation erleichtern. Wenn ein externer Dienstleister seinen Sitz sehr weit vom Klientenunternehmen entfernt hat, entstehen zusätzliche Kosten (z.B. Fahrtkosten) und logistische Probleme bei der Projektorganisation. Wenn Berater weit zu den Kundenunternehmen anreisen und deswegen nur selten beim Klienten anwesend sein können, erhöht das auch den Druck auf die Mitarbeiter des Nachfragerunternehmens, die sicherstellen müssen, dass der Berater in der kurzen Zeit seines Aufenthaltes alle von ihm benötigten Informationen und Unterlagen erhält (vgl. Mitchell 1994, 326). Die Präsenz vor Ort kann für den Anbieter von M&A-Dienstleistungen auch deshalb günstig sein, weil er das Unternehmen und seinen Markt besser beobachten kann und bessere Einblicke in die Entscheidungsprozesse im Unternehmen gewinnen kann (vgl. o.V. (b) 2005, 13). Die geographische Ansiedlung eines M&A-Beraters hat aus Gründen der Kundenbindung und vor dem Hintergrund der individuellen lokalen Gegebenheiten eine große Bedeutung (vgl. Achleitner 2002, 19).

8.4.5.4 *Effizienz*

Auch die Schnelligkeit und Pünktlichkeit sind ein wichtiges Element der Qualität des Service. Bei den Nachfragezielen wurde herausgearbeitet, dass Unternehmen mit dem Engagement von M&A-Beratern häufig auch Effizienzvorteile generieren wollen. Das können sie nur verwirklichen, wenn der M&A-Berater die gesetzten Meilensteine einhält und die zugesagten Ergebnisse pünktlich liefert. Da bei M&A häufig auch aufgrund rechtlicher Vorschriften Fristen einzuhalten sind, spielt die pünktliche Aufgabenerledigung hier eine besonders große Rolle. Zeitersparnis ist ein wesentlicher Grund dafür, warum manche Firmen mit Anbietern von professionellen Dienstleistungen eine feste und dauerhafte Geschäftsbeziehung eingehen. Der Beschaffungsprozess muss in diesem Fall nicht jedes Mal, also von Transaktion zu Transaktion, von neuem begonnen werden. Der Berater hat bereits wesentliche Kenntnisse über das zu beratende Unternehmen. Dieser Berater kann schneller auf Beratungsanfragen reagieren und schneller Lösungen präsentieren als ein Anbieter, der sich zunächst mit dem Unternehmen vertraut machen muss (vgl. Boughton/Nowak/Washburn 1996, 61).

8.4.5.5 *Bedeutung der Qualität des Service*

Die Dimension der Qualität des Service hat in den verschiedenen Studien eine sehr unterschiedliche Bedeutung. Während die Servicekomponenten bei einigen Autoren auf den vorderen Plätzen in der Rangfolge liegen, sind sie bei anderen nicht einmal in der Liste relevanter Auswahlkriterien enthalten, wie Tabelle 37 zeigt.

Verschiedene Erklärungen für dieses Ergebnis sind denkbar. Die relativ hohe Bedeutung in einigen Studien ist gut nachvollziehbar, wenn man bedenkt, dass die Qualität des Service wesentliche Voraussetzung dafür ist, dass der Nachfrager von der Leistungserstellung profitieren kann. Die fachliche Kompetenz eines Anbieters allein trägt nicht zur Zufriedenheit des Nachfragers bei, wenn gleichzeitig der Anbieter unzuverlässig oder unpünktlich ist und nicht auf die Bedürfnisse des Nachfragers eingeht. McDougall und Levesque (vgl. 1994, 207) identifizieren in ihrer Studie eine solche Service-Kategorie, die sie „enabling dimension“ nennen und welche eine Reihe von Items enthält, die auf die Bequemlichkeit und Leichtigkeit der Leistungserbringung für den Kunden abstellt. Day und Barksdale (vgl. 1992, 86) leiten die Qualität des Service als einen eigenständigen Faktor ab, den sie als „Contractual/Administrative Conformance“ bezeichnen, der darauf gerichtet ist, inwieweit durch den Anbieter die vereinbarten Termine und Bedingungen der Leistungserstellung eingehalten werden.

Auch Scott/van der Walt (vgl. 1995, 33) ermitteln einen separaten Faktor, den sie „Personal service“ nennen.

Tabelle 37: Relative Bedeutung der Qualität des Service für die Auswahl

Studie	Operationalisierung	Platz des Kriteriums „Qualität des Services“ in der Rangfolge	Anzahl der betrachteten Kriterien
Haynes/Rothe 1974	-	-	12
Scott/van der Walt 1995	Wide range of services offered	2	18
	Key staff always accessible	3	18
Meffert 1990	-	-	9
Sands/McPhail 2003	Client Orientation	2	9
Beattie/Fearnley 1995	Ability to provide additional tax services	13	29
Stock/Zinszer 1987	Offers full range of services	11	14
Dawes/Dowling/Patterson 1992	Offers full range of services	12	17
Kißling 1999	Prompte Reaktionen auf Anfragen	6	17
Hohnhaus 2004	-	-	10

Die relativ niedrige Bedeutung oder das gänzliche Fehlen in anderen Studien könnte man dadurch erklären, dass aufgrund des i.d.R. hohen Professionalisierungsgrades der Dienstleistungsanbieter von den Nachfragern ein Mindestmaß an Serviceorientierung vorausgesetzt wird, so dass diese Dimension nicht zur Differenzierung von Anbietern genutzt wird.

Weiterhin wäre es möglich, dass die Qualität des Service als implizit in den anderen Kriterien enthalten betrachtet wird. In diesem Fall sieht ein Nachfrager die fachliche Qualität des Service nur gegeben, wenn die Ergebnisse pünktlich und gut aufbereitet erbracht werden oder der Anbieter jederzeit erreichbar ist. Die Serviceorientierung wird dann als Grundlage der gesamten Leistungserstellung aufgefasst, die nicht noch einmal separat zu erfassen ist und keine eigenständige Wirkung auf die Auswahl hat.

Schließlich ist es auch denkbar, dass die Qualität des Service für die Auswahl eine geringere Bedeutung hat, weil davon auszugehen ist, dass der Service vor der eigentlichen Leistungserstellung nicht beobachtbar ist. Dem ist aber entgegenzuhalten, dass der Auswahl vorangehende Kontakte mit den Dienstleistungsanbietern als Informationssubstitute genutzt werden und aus diesen auf die spätere Qualität des Service geschlossen werden kann (vgl. Day/Barksdale 1992, 89).

8.4.6 Einflussfaktoren auf die Bedeutung verschiedener Kriterien

Die relative Bedeutung verschiedener Auswahlkriterien ergibt sich aus mehreren Aspekten. Welche Qualitätsdimension für den Nachfrager nach M&A-Dienstleistungen besonders wichtig ist, wird durch die Nachfrageziele bestimmt. Diejenigen Dimensionen, die auf die Erreichung bestimmter Nachfrageziele gerichtet sind, sind dann besonders wichtig, wenn das verbundene Nachfrageziel von großer Bedeutung ist.

In Kapitel 4.3.3 wurden sechs Nachfrageziele für M&A-Dienstleistungen identifiziert: der quantitative Kapazitätsausgleich, der qualitative Kapazitätsausgleich, die Effektivitätssteigerung, die Effizienzsteigerung, die Objektivierung und die Legitimierung. Betrachtet man diese Ziele im Zusammenhang mit den verschiedenen Qualitätsdimensionen, lässt sich ableiten, dass bei der Dominanz einzelner Ziele auch bestimmte Dimensionen wichtiger sein sollten als andere. Diese Zusammenhänge sollen im Folgenden basierend auf Plausibilitätsüberlegungen herausgearbeitet werden. Diese Vorgehensweise wird gewählt, da die Bedeutung verschiedener Qualitätsdimensionen für die Auswahl immer nur situationsabhängig betrachtet werden kann und i.d.R. mehrere Nachfrageziele gleichzeitig verfolgt werden. Es ist zu beachten, dass die auf diese Weise gewonnenen Aussagen keine uneingeschränkte Gültigkeit besitzen und dass in der Praxis Ausnahmen zu den identifizierten Zusammenhängen denkbar und wahrscheinlich sind.

Grundsätzlich ist in Bezug auf die **Qualität der Leistung** zu sagen, dass in jeder Situation und unabhängig vom konkreten Nachfrageziel eine Mindestqualität gegeben sein muss, um die Hinzuziehung eines externen Beraters zu rechtfertigen. Allerdings lassen einzelne Nachfrageziele die Qualität der Leistung noch wichtiger erscheinen als andere. Am wichtigsten sollte die Qualität der Leistung für den Fall sein, dass das dominierende Ziel die Effektivitätssteigerung ist. Bei der Effektivitätssteigerung wäre das Unternehmen kapazitätsmäßig in der Lage, auf externe Beratung zu verzichten. Die Beratung wird dennoch genutzt, um die Qualität der Abwicklung der M&A-Transaktion zu steigern. In diesem Fall ist die Qualität der Leistung als Dimension der Auswahlentscheidung sehr wichtig. Die Qualität der Leistung ist auch verhältnismäßig wichtig, wenn das Unternehmen einen qualitativen Kapazitätsausgleich anstrebt. In diesem Fall verfügt das Unternehmen zwar über ausreichende personelle Kapazitäten aber nicht über das notwendige M&A-Know-how. Auch hier sollte die fachliche Qualität des Beraters besonders wichtig sein, da im Unternehmen keine ausreichenden Kenntnisse vorliegen, um die Qualität der Arbeit des Beraters kontrollieren zu können. Schließlich ist auch für das Ziel der Objektivierung anzunehmen, dass die Qualität der Leistung von größerer Bedeutung ist, da das Unternehmen vom M&A-Berater konkrete Empfehlungen erwartet, die die eigenen Sichtweisen in Frage stellen, was nur gelingen kann, wenn der M&A-Berater eine qualitativ sehr gute Arbeit macht.

Der **Preis der Leistung** sollte für alle Nachfrageziele von eher untergeordneter Bedeutung im Verhältnis zu den anderen Dimensionen sein. Eine Ausnahme könnte hier allerdings der quantitative Kapazitätsausgleich darstellen. Wenn dieses Nachfrageziel wichtig ist und das Unternehmen nicht in der Lage ist, die Transaktion selbst abzuwickeln, dann kann eine Ursache die ungenügenden Ressourcenausstattung des Unternehmens sein. Wenn die personelle Unterausstattung nicht nur vorübergehender Natur ist, muss man davon ausgehen, dass das Unternehmen auch über eine ungenügende finanzielle Ressourcenausstattung verfügt. Für diesen Fall erscheint es plausibel, anzunehmen, dass der Preis der Leistung für die Auswahl eine größere Rolle spielt als in anderen Unternehmen und anderen Ausgangssituationen. In Situationen, in denen das Unternehmen als wesentliches Nachfrageziel die Legitimierung der M&A-Transaktion anstrebt, empfiehlt es sich für das Unternehmen Berater hinzuziehen, die eine relativ hohe Bekanntheit und gute Reputation haben, um eine positive Außenwirkung erzielen zu können. Das bringt es mit sich, dass der Preis in solchen Situationen eher geringere Bedeutung haben sollte, da M&A-Berater mit entsprechender Bekanntheit und Reputation i.d.R. teurer als andere Berater sind.

Die **Qualität der Beziehung** sollte eine relativ größere Bedeutung haben, wenn das Unternehmen ein besonderes Vertrauensverhältnis zum M&A-Berater als wichtig erachtet. Wenn das Ziel der Objektivierung das wichtigste Nachfrageziel ist, muss auch die Qualität der Beziehung von besonderer Bedeutung sein. Damit der Berater seine objektivierende Funktion erfüllen kann, muss ein gutes Verhältnis zum Nachfragerunternehmen bestehen. Nur in einem Umfeld des offenen und ehrlichen Umgangs miteinander wird der M&A-Berater bereit sein, den Sichtweisen des Kunden zu widersprechen. Und nur wenn der Nachfrager dem Berater vertraut, wird er seinen Empfehlungen folgen, auch wenn sie teilweise eigenen Vorstellungen entgegenstehen.

Die **Qualität des Service** sollte besonders wichtig sein, wenn das dominierende Nachfrageziel die Effizienzsteigerung ist. In solchen Situationen wünscht das nachfragende Unternehmen eine zügige Abwicklung und effiziente Prozesssteuerung. Dies ist nur möglich, wenn die Qualität des Service gut ist, wenn der Berater also seine Termine einhält, für den Nachfrager gut erreichbar ist, seine Ergebnisse gut aufbereitet und eine Leistungspalette anbietet, die die Nachfrage aller Leistungen aus einer Hand ermöglicht.

Die nachfolgende Tabelle gibt eine Übersicht über die identifizierten Zusammenhänge, wobei die Anzahl der Pluszeichen die Bedeutung der Dimension bei Dominanz des entsprechenden Nachfrageziels verdeutlicht.

Tabelle 38: Zusammenhang zwischen Nachfragezielen und Qualitätsdimensionen

	Preis der Leistung	Qualität der Leistung	Qualität der Beziehung	Qualität des Service
Quantitativer Kapazitätsausgleich	+++	+++	++	++
Qualitativer Kapazitätsausgleich	++	++++	++	++
Effektivitätssteigerung	++	++++	++	++
Effizienzsteigerung	++	+++	++	++++
Objektivierung	++	+++	++++	++
Legitimierung	+	++	++	++

Quelle: eigene Darstellung

Es wurde bereits gezeigt, dass die verschiedenen Qualitätsdimensionen durch eine Vielzahl von Kriterien und deren Operationalisierungen abgebildet werden. Die Frage nach der relativen Bedeutung von verschiedenen Operationalisierungen der Qualitätsdimensionen ist die Frage danach, welche Signale wichtiger und welche weniger wichtig sind. Wie bereits in Abschnitt 8.2.1.1 erläutert, hängt der Wert einer Information davon ab, wie hoch ihr Sicherheitswert und ihr Vorhersagewert ist. Der Sicherheitswert zeigt dabei die Verlässlichkeit der Information an, während der Vorhersagewert für die Fähigkeit der Information steht, auf die tatsächliche Qualität der Leistung/des Anbieters hinzuweisen. Wenn man betrachtet, welche relative Bedeutung unterschiedliche Auswahlkriterien für den Nachfrager haben, so muss man davon ausgehen, dass als Auswahlkriterien eher diejenigen Informationen genutzt werden, bei denen der Nachfrager von einem hohen Sicherheits- und Vorhersagewert ausgeht.

Zu den Informationen mit relativ **hohem Sicherheits- und Vorhersagewert** gehören die Erfahrungen und die Branchenerfahrungen des Anbieters. Die Informationen dazu sind verlässlich, da anhand von Referenzlisten leicht nachzuvollziehen ist, ob und wie viele ähnliche M&A-Transaktionen ein Anbieter begleitet hat. Diese Informationen werden häufig direkt vom Anbieter bereitgestellt und können im Zweifel einfach überprüft werden, indem ehemalige Mandanten des Beraters kontaktiert werden. Der Vorhersagewert sollte relativ hoch sein, weil das Lernen aus vorangegangenen Transaktionen den Anbieter befähigen sollte, Wissen anzusammeln und eine gute fachliche Begleitung der M&A-Transaktion zu bieten. Ähnliches gilt für Qualifikationen der Mitarbeiter des M&A-Beratungsunternehmens. Da sie in Form von Zertifikaten und wissenschaftlichen Abschlüssen leicht überprüfbar sind, weisen sie eine hohe Verlässlichkeit auf. Gleichzeitig sollte eine deutliche Korrelation zwischen dem Bildungsniveau und der Qualität der geleisteten Arbeit bestehen. Einen hohen Vorhersage- und Sicherheitswert weist auch die Spezialisierung des Anbieters auf. Sie lässt sich aufgrund bereits abgewickelter Transaktionen und der fachlichen Ausrichtung der Mitarbeiter gut erkennen und lässt auch auf eine gute fachliche Qualität der erbrachten Leistungen schließen, da sie Lernvorteile mit sich bringt.

Zu den Informationen, die zwar einen relativ **hohen Vorhersagewert** aber einen **geringen Sicherheitswert** aufweisen, gehören das Image, die Reputation und die Bekanntheit des Anbieterunternehmens. Der Vorhersagewert ist relativ gut, weil ein positives Image oder Reputation nur langfristig durch die erfolgreiche Abwicklung von M&A-Transaktionen entstehen kann, was erwarten lässt, dass der Anbieter auch zukünftig eine hohe Qualität der Leistungserbringung gewährleistet. Der Sicherheitswert dieser Informationen ist relativ gering, da es sich um subjektive Wahrnehmungen handelt, die schlecht überprüft werden können. Auch die Kompatibilität und die Integrität des Beratungsunternehmens fallen in diese Kategorie, da sie zwar erwarten lassen, dass der Nachfrager mit der Leistungserstellung zufrieden sein wird, sich diese Kriterien einer Überprüfung jedoch weitgehend entziehen.

Zu den Kriterien, über die Informationen mit einem **hohen Sicherheitswert** aber einem **geringen Vorhersagewert** vorliegen, gehören z.B. die Größe oder das Alter eines M&A-Beratungsunternehmens. Auch das äußere Erscheinungsbild (Unternehmen,

Website, Mitarbeiter), der Preis, die Breite des Leistungsangebotes oder die geographische Nähe fallen in diese Kategorie. Den Kriterien ist gemein, dass sie verlässlich und relativ leicht überprüfbar sind. Allerdings lässt sich von ihnen nur bedingt auf die Qualität der Leistung schließen und darauf, ob das Nachfragerunternehmen mit der Leistungserbringung zufrieden sein wird oder nicht.

Schließlich gibt es noch Kriterien, die mit einem verhältnismäßig **geringen Sicherheits- und Vorhersagewert** verbunden sind. Zu ihnen zählen z.B. die Erreichbarkeit oder die Serviceorientierung des Anbieters. Es wird für das nachfragende Unternehmen schwierig sein, verlässliche Informationen zu diesen Kriterien zu erhalten. Darüber hinaus ist nicht klar, ob die Erreichbarkeit für die spätere Zufriedenheit mit der Leistung ausschlaggebend ist. Abbildung 39 fasst noch einmal zusammen, wie verschiedene Kriterien hinsichtlich ihres Sicherheits- und ihres Vorhersagewertes zu beurteilen sind.

Es sollten diejenigen Kriterien am wichtigsten für die Auswahl sein, die einen hohen Sicherheitswert und einen hohen Vorhersagewert haben. Von relativ großer Bedeutung sollten darüber hinaus auch die Kriterien sein, die einen hohen Vorhersagewert aber nur einen geringen Sicherheitswert aufweisen. Die Kriterien mit geringem Vorhersagewert sind als Auswahlkriterien nur bedingt geeignet, was sich in ihrer geringeren Bedeutung ausdrücken sollte.

Abb. 39: Sicherheits- und Vorhersagewert verschiedener Auswahlkriterien

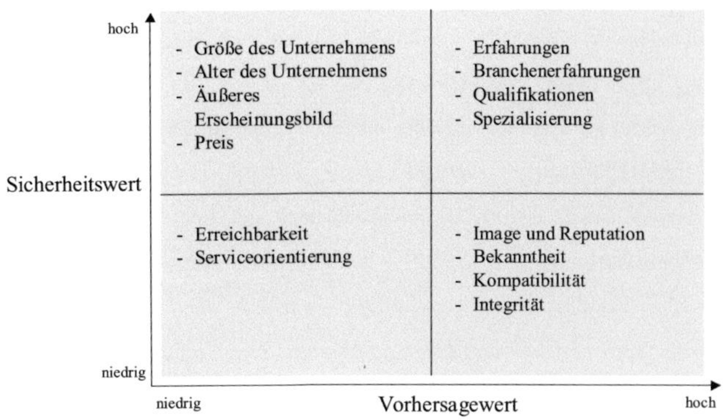

Quelle: eigene Darstellung

Bei einem Vergleich der hier aus theoretischer Perspektive abgeleiteten Erkenntnisse mit den Ergebnissen aus den Abschnitten 8.4.2 bis 8.4.5 ist festzustellen, dass viele

Übereinstimmungen bestehen. Die hohe Bedeutung von kompetenzbezogenen Kriterien lässt sich anhand des Vorhersage- und Sicherheitswertes sehr gut begründen. Auch die verhältnismäßig geringe Bedeutung des Preises kann erklärt werden, wenn man bedenkt, dass er nur einen relativ niedrigen Vorhersagewert hat. In den empirischen Studien zeigt sich, dass Kriterien mit einem höheren Vorhersagewert eine größere Bedeutung als andere haben.

8.5 Phasen des Entscheidungsprozesses

8.5.1 Vorauswahl

Für den Beschaffungsprozess wird unterstellt, dass die Auswahlphase aus den zwei Phasen der Vorauswahl und der Endauswahl besteht. Es ist denkbar, dass in der Realität mehrere Vorauswahlphasen durchlaufen werden, bevor es zu einer endgültigen Entscheidung kommt. Aus Gründen der Komplexitätsreduzierung soll in dieser Arbeit jedoch angenommen werden, dass die idealtypische Auswahlphase aus zwei Teilphasen besteht.

Ein wichtiger Bestandteil des Auswahl- oder Entscheidungsprozesses ist die Vorauswahl, auch Screening genannt. Screening kann definiert werden als „...serial consideration of available options in which each option's features are compared to a relevant set of standards“ (Benson/Beach 1996, 223). Die Vorauswahl kann als Möglichkeit verstanden werden, eine Balance zwischen Entscheidungsaufwand und Richtigkeit der Entscheidung herzustellen. In einer phasenweisen Bearbeitung des Entscheidungsproblems wird eine Vorauswahl vorgeschaltet, in der durch ein einfaches Entscheidungsverfahren minderwertige Alternativen aussortiert werden. Auf diese Weise kann der gesamte Entscheidungsprozess vereinfacht werden (vgl. Lee et al. 1999, 76). Die Vorauswahl reduziert den Entscheidungsaufwand, weil der Entscheider nach der Vorauswahl nur noch ein kleineres Set verschiedener Optionen evaluieren muss. Darüber hinaus erfüllt die Vorauswahl eine wichtige Funktion, weil sie die Wahrscheinlichkeit einer falschen oder schlechten Wahl reduziert. Die Vorauswahl dient also auch dazu, die nicht akzeptablen Optionen zu eliminieren, bevor es zu einer Auswahl kommt. Die Vorauswahl ist für die Entscheidung von erheblicher Bedeutung. Der Vorauswahlprozess entscheidet darüber, welche Optionen in das Choice Set eingehen und bei der späteren Entscheidungsfindung berücksichtigt werden.

Diese Sichtweise ist Bestandteil der Image Theory, die das Ziel hat, das Entscheidungsverhalten aus einer eher verhaltenswissenschaftlichen denn aus einer normativen Perspektive zu betrachten (vgl. Beach 1993, 215). Image Theory basiert auf der Annahme, dass Menschen verschiedene Images haben, die ihr Entscheidungsverhalten beeinflussen. Aus den Images ergeben sich die Standards, die in der Vorauswahl als Orientierung für die Eliminierung von ungeeigneten Alternativen genutzt werden. Zu den betreffenden Images gehören:

- das self image: in diesem Image sind alle Wertvorstellungen des Entscheiders enthalten.
- das Trajectory Image: in diesem Image werden die Zukunftswünsche und Ziele des Entscheiders zusammengefasst.
- das Action Image: in diesem Image werden die geplanten Handlungen zur Verwirklichung der Ziele vereint.
- das Projected Image: dieses Image beschreibt zukünftig erwartete Zustände, die man durch das Durchführen bestimmter Pläne zu erreichen glaubt

(vgl. Beach/Mitchell 1987, 202-205).

Die Vorauswahl basiert auf dem Test der Kompatibilität der Optionen mit den eigenen Standards und Vorstellungen. Der Kompatibilitätstest wird durch folgende Formel beschrieben:

$$I = \sum_{t=1}^{n} \sum_{c=1}^{m} W_c V_{tc}$$

V steht für Verletzungen der Standards und W für die Gewichtung des jeweiligen Standards. Zum Testen der Kompatibilität wird überprüft, wie oft die Attributausprägung einer Alternative die Standards des Entscheiders verletzt. Die Verletzung V_{tc} eines relevanten Standards c bei der Eigenschaft t kann die Werte -1 oder 0 annehmen. Man prüft also, wie häufig die Attributausprägungen der Realisierung oder der Erhaltung eines in den Images enthaltenen Standards zuwider laufen. Die verletzten Standards werden nach ihrer Bedeutung für den Entscheider durch den Faktor W_c gewichtet. Durch das Aufsummieren der gewichteten Verletzungen kann der Fit jeder Alternative mit den Standards des Entscheiders bestimmt werden. Die Inkompatibilität I ist 0, wenn keine Verletzungen V vorliegen. Der Punkt, ab dem die Summe so groß wird (in diesem Fall einen beliebigen negativen Zahlenwert annimmt), dass der Entscheider die Alternative nicht mehr akzeptieren kann und aus dem Set entfernt, wird als Ablehnungsschwelle bezeichnet. Die Vorauswahl auf Basis des Kompatibilitätstests ist nicht kompensatorisch, d.h. die Verletzung bestimmter Standards durch ein Attribut kann nicht durch die Nicht-Verletzung anderer Standards ausgeglichen werden (vgl. Beach/Mitchell 1990, 9-10; Beach 1993, 216; Benson/Beach 1996, 223). Dass die Vorauswahl tatsächlich anhand der Verletzungen der Standards des Entscheiders getroffen wird, wurde in verschiedenen empirischen Studien nachgewiesen und belegt, dass das Vorauswahlverhalten sich deutlich vom Verhalten der Endauswahl unterscheidet (vgl. Beach 1990, 20-22.; Beach 1993, 217).

Wird in der Vorauswahl nur eine Option betrachtet und besteht diese die Vorauswahl, so ist damit gleich die Endauswahl getroffen. Stehen mehrere Alternativen zur Wahl und besteht nur eine von ihnen die Vorauswahl, so ist ebenso bereits die endgültige Entscheidung getroffen. Besteht keine der vorhandenen Alternativen die Vorauswahl, so kann keine Endauswahl getroffen werden und der Entscheider muss entweder nach weiteren Alternativen suchen oder die Vorauswahl erneut vornehmen, damit eine oder mehrere Alternativen den Vorauswahlprozess bestehen (vgl. Beach 1993, 216).

Eine Besonderheit der Vorauswahl ist es, dass Entscheider eine Tendenz zeigen, Alternativen auszusortieren, für die nur wenige Informationen vorliegen. Der Mangel an Informationen über bestimmte Attribute wird ähnlich behandelt wie das Vorliegen von Verletzungen der Standards. Die Wahrscheinlichkeit, dass die betreffende Alternative nicht in die Endauswahl kommt, erhöht sich bei fehlenden Informationen. Das macht noch einmal deutlich, dass die Vorauswahl darauf ausgerichtet ist, schlechte oder unsichere Alternativen herauszufiltern, so dass sie nicht Bestandteil der Endauswahl werden. Vor- und Endauswahl unterscheiden sich auch hinsichtlich der Informationsverarbeitung. Empirische Studien zeigen, dass Informationen zu einem bestimmten Attribut in der Vorauswahl additiv verwendet werden, also einfach nur eine Verletzung oder keine Verletzung darstellen. In der Endauswahl werden dieselben Informationen jedoch multiplikativ genutzt und zu anderen Attributen ins Verhältnis gesetzt (vgl. Beach 1993, 218).

Die Wirkung des Zeitdrucks auf das Entscheidungsverhalten wurde bereits im Abschnitt 8.3.2.2 diskutiert. Zeitdruck wirkt sich auch auf die Vorauswahlphase aus. Die Möglichkeit, auf einfachere Entscheidungsverfahren zurückzugreifen, besteht während der Vorauswahl nicht, da während der Vorauswahl nur eine nicht-kompensatorische Methode, der Kompatibilitätstest, durchgeführt wird (vgl. Benson/Beach 1996, 222). Zeitdruck hat deshalb die Konsequenz, dass es bei der Vorauswahl zu einem inkonsistenten Auswahlmuster kommt. Die Qualität der Vorauswahl verschlechtert sich, weil der Inkompatibilitätstest nicht mehr akkurat durchgeführt wird. Handelt es sich um eine durch den Entscheider als besonders wichtig wahrgenommene Auswahl, dann wird der Effekt des Zeitdrucks gemildert. Das Auswahlverhalten ist dann konsistenter. Allerdings ist dann auch zu beobachten, dass die Ablehnungsschwelle höher liegt, dass also die Entscheider toleranter gegenüber der Inkompatibilität von Alternativen sind und mehr Alternativen in die Endauswahl aufnehmen (vgl. Benson/Beach 1996, 227). Dieser Effekt steht im Gegensatz zum Ziel, den Aufwand der Entscheidungsfindung zu minimieren, da der Nachfrager mehr Alternativen einer genaueren Bewertung unterziehen muss.

Auch die Rechtfertigung der Entscheidung hat Einfluss auf das Entscheidungsverhalten in der Vorauswahlphase. Entscheider, die ihre Entscheidung rechtfertigen müssen, neigen dazu, weniger Alternativen in der Vorauswahl zu eliminieren. Sie bilden ein größeres Choice Set, für das sie dann akkuratere Entscheidungsstrategien anwenden (vgl. Lee et al. 1999, 82). Das hat einen höheren Bewertungsaufwand in der Endauswahl zur Folge. In allen beschriebenen Fällen zeigt der Entscheider irrationales Verhalten. Wenn er die Vorauswahl nicht korrekt ausführt, wird das Ziel der Fehlerfreiheit der Entscheidung vernachlässigt. Wenn er eine hohe Ablehnungsschwelle definiert, wird das Ziel der Aufwandsminimierung vernachlässigt.

Wichtige Einflussfaktoren in der Vorauswahl sind die bisherigen Erfahrungen mit dem Berater, die Empfehlung durch Dritte und das Image des Anbieterunternehmens (vgl. Kohr 2000, 145). Die Bedeutung dieser Informationsquellen und Qualitätsindikatoren ist hoch, da sie für eine größere Zahl von Anbietern relativ leicht zugänglich sind.

In der Untersuchung von Speckbacher, Wratschko und Wolfbauer (vgl. 2004, 11) über die Vergabe von Beratungsmandaten wurden die Kriterien der Vorauswahl untersucht (in Prozent der Häufigkeit der Nennung):

- Vom Anbieter angegebene Referenzen (94%)
- Branchenerfahrung (90%)
- Fachwissen (88%)
- Reputation in speziellen Bereichen (84%)
- Methodenwissen, Vorgehensweise (82%)
- Preis (70%)
- Persönliche Kontakte (50%).

Mit zunehmender Beratungserfahrung verändert sich das Entscheidungsverhalten der Vorauswahl, weil die Bedeutung einzelner Kriterien steigt oder fällt, wie die nachfolgende Tabelle verdeutlicht:

Tabelle 39: Vorauswahlkriterien unerfahrener und erfahrener Nachfrager

Kriterium der Vorauswahl	Anzahl der Nennungen in % bei unerfahrenen Nachfragern	Anzahl der Nennungen in % bei erfahrenen Nachfragern
Preis	85%	50%
Persönliche	59%	39%
Branchenerfahrung	82%	96%
Fachwissen	85%	93%

Quelle: Speckbacher et al. 2004, 12

Um irrationales Verhalten in der Vorauswahlphase des M&A-Beschaffungsprozesses zu vermeiden, muss sichergestellt werden, dass zu allen relevanten Merkmalen aller betrachteten Alternativen genügend Informationen vorhanden sind. Nur so kann vermieden werden, dass einzelne M&A-Anbieter nur aufgrund mangelnder Informationen ausgeschlossen werden, weil das Fehlen der Information wie eine Standardverletzung behandelt wird. Das macht umfangreiche Informationsbeschaffungsaktivitäten notwendig. Um das zweite, die Rationalität konstituierende Ziel der Aufwandsminimierung jedoch weiterhin verfolgen zu können, muss der M&A-Nachfrager klare Vorstellungen entwickeln, welche Kriterien für ihn bei der Auswahl wichtig sind. Dabei sollten insbesondere die Nachfrageziele analysiert werden und dann eine konkrete Liste von mit den Zielen zusammenhängenden Auswahlkriterien aufgestellt werden, die bei der Informationssuche abgearbeitet werden kann. Um eine derartige Liste zusammenstellen zu können, sollte der Nachfrager zunächst seine Ziele in eine Rangfolge bringen. Dann können die dazugehörigen Qualitätsdimensionen in der Reihenfolge ihrer Bedeutung aufgelistet werden. Dabei ist zu berücksichtigen, dass zwischen einzelnen Zielen und einzelnen Qualitätsdimensionen stärkere Zusammenhänge bestehen als zwischen anderen.

In Abschnitt 8.4 wurde aufgezeigt, welche Auswahlkriterien die jeweilige Qualitätsdimension abbilden:

- **Preis der Leistung**: Honorar, andere anfallende Kosten sowie Kostenbewusstsein des M&A-Beratungsanbieters, Honorarstruktur
- **Qualität der Leistung**: Fachwissen, technische Kompetenz, Qualifikation, Kreativität, Erfahrung, Branchenkenntnisse, Spezialisierung, fachliche Reputation, Image, Internationalität, Erfolg des Anbieters, Netzwerk, Größe des Anbieters
- **Qualität der Beziehung**: Reputation, Vertrauen, Kompatibilität zwischen Anbieter und Nachfrager, Verständnis, Integrität

- **Qualität des Service**: Breite des Leistungsangebotes, räumliche Nähe, Effizienz, Erreichbarkeit, Erscheinungsbild, Verlässlichkeit, Serviceorientierung.

Eine derartige Übersicht kann vom Nachfrager nach M&A-Dienstleistungen genutzt werden, um sich auf eine bestimmte Zahl von Kriterien festzulegen und ggf. die dazugehörigen Operationalisierungen in eine Liste aufzunehmen. Die Anzahl der relevanten Kriterien und der dazugehörigen Operationalisierungen sollte mit der Bedeutung der jeweiligen Qualitätsdimension korrelieren. Ist also z.B. die Beziehungsqualität besonders wichtig, sollte die Mehrzahl der Kriterien auf diese Dimension ausgerichtet sein. Die Nutzung einer größeren Anzahl von Kriterien erhöht die Wahrscheinlichkeit, dass die Beurteilung hinsichtlich der wichtigsten Dimension korrekt ist. Die Reduzierung der Anzahl der Kriterien für die weniger relevanten Qualitätsdimensionen ist hingegen eine Möglichkeit, den Aufwand der Entscheidungsfindung zu begrenzen. Die gezielte und schrittweise Ableitung der zu betrachtenden Informationen aus den Nachfragezielen ist besonders wichtig. Beginnt der Nachfrager nach M&A-Dienstleistungen die Informationssuche ohne vorher Kriterien definiert zu haben, dann bestimmen die verfügbaren Informationen welche Kriterien er zur Entscheidungsfindung nutzt. Dabei bleibt offen, ob die verwendeten Auswahlkriterien in einem Zusammenhang mit seinen Nachfragezielen stehen. Der Nachfrager gründet seine Entscheidung dann nicht auf seine eigenen Zielen, sondern geht informationsgeleitet vor, wie in der folgenden Abbildung dargestellt.

Abb. 40: Antriebsmechanismen von Entscheidungsprozessen

Durch Nachfragerziele getriebener Entscheidungsprozess

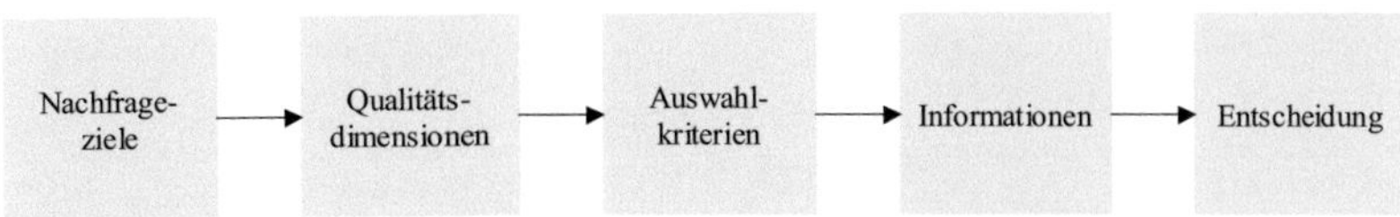

Durch vorhandene Informationen getriebener Entscheidungsprozess

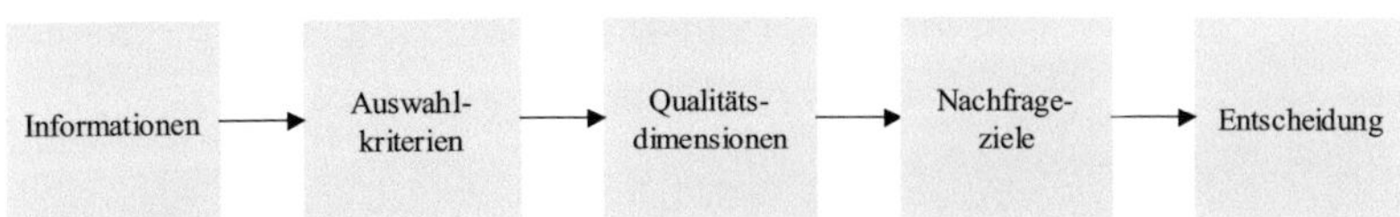

Quelle: eigene Darstellung

Ein informationsgetriebener Beschaffungsprozess ist besonders anfällig für Manipulationen der Anbieter, die gezielt Marketing betreiben und im Rahmen einer positiven Selbstdarstellung Informationen zur Verfügung stellen, die nicht notwendigerweise Aussagen zu den für den Nachfrager relevanten Zielen enthalten müssen.

Indem der Nachfrager zunächst seine Ziele definiert, dann die korrelierenden Qualitätsdimensionen und ihre Bedeutung bestimmt und dann die Auswahlkriterien in einer Liste zusammenfasst, kann eine bessere Beschaffungsentscheidung zustande kommen. Mit Hilfe einer derartigen Liste wird irrationalem Verhalten vorgebeugt, das darin besteht, zu viele Informationen für die Entscheidungsfindung zu sammeln. Wenn eine vorher definierte Menge von Kriterien die Informationssuche leitet, erfolgt diese zielgerichteter und wird abgebrochen, wenn zu jedem Kriterium Informationen über dessen Ausprägung vorliegen. Gerade in der Vorauswahlphase, in der über unpersönliche, kommerzielle Quellen (z.B. Internetauftritt des Anbieters) sehr viele Informationen zusammengetragen werden können, ist das wichtig. Sonst besteht die Gefahr des Informationsüberschusses mit den schon in Abschnitt 7.4.6 dargestellten negativen Konsequenzen.

8.5.2 Endauswahl

Die Endauswahl stellt die zweite und abschließende idealtypische Teilphase der Auswahlphase dar. Es stellt sich die Frage, was mit den in der Vorauswahl verwendeten Informationen passiert, wenn es zur Endauswahl kommt. Hier tritt der sog. Screening Effect ein, der besagt, dass bei einer Bewertung der Alternativen vor der Endauswahl die in der Vorauswahl genutzten Erkenntnisse nicht mehr berücksichtigt werden, wenn der Entscheider neue Informationen über die Alternativen erhalten hat. Das heißt, dass die Informationen aus der Vorauswahl keine Relevanz mehr haben, so als ob sich ihr Aussagegehalt schon in der Vorauswahl erschöpft hätte. Der Effekt ist insofern nachvollziehbar, als man davon ausgehen kann, dass die in die Endauswahl gelangten Alternativen eine gewisse Ähnlichkeit aufweisen und zunächst als gleichwertig angesehen werden. Sie haben alle den Mindestanforderungen genügt und sind aus Sicht der Nachfrager etwa gleich gut qualifiziert (vgl. Day/Barksdale 2003, 570). „...those firms that make it to the short list are all considered to be (generally) qualified to perform the required services“ (Day/Barksdale 1992, 86).

Allerdings muss man auch davon ausgehen, dass der Screening Effect zu suboptimalen Entscheidungen führen kann, da die Entscheider nicht mehr alle ihnen zur Verfügung stehenden Informationen für die Endauswahl nutzen (vgl. Beach 1993, 217). Der Screening Effect zeigt, dass Nachfrager die Vor- und die Endauswahl als signifikant unterschiedliche Aufgaben wahrnehmen und die Informationsanforderungen entsprechend unterschiedlich ausfallen. Die in der Vorauswahl verwendeten Informationen werden als nur für die Vorauswahl relevant aufgefasst (vgl. Beach 1993, 218). Der Screening Effect ist auch darauf zurückzuführen, dass in der Endauswahlphase neue Informationen über die Anbieter hinzugekommen sind, die sich in ihrer Qualität von den in der Vorauswahlphase gewonnenen Informationen deutlich unterscheiden. Dies ist insbesondere dann der Fall, wenn für die Beschaffung von M&A-Dienstleistungen die schon erwähnten Beauty Contests durchgeführt wurden und sich der Nachfrager deshalb einen persönlichen Eindruck vom Anbieterunternehmen machen konnte. Das schlägt sich in den verwendeten Informationsquellen und Auswahlkriterien nieder, was z.B. in der Studie von Speckbacher, Wratschko und Wolfbauer (vgl. 2004, 11) erkennbar ist, in welcher die Kriterien für die Endauswahl von Beratungsleistungen untersucht werden. Die Endauswahl bezieht sich in dieser Studie auf die Auswahlphase nach der Durchführung eines Beauty Contests (in Prozent der Häufigkeit der Nennung):

- Qualität des vorgelegten Konzepts 96%
- Teameindruck 94%
- Branchenerfahrung des Beraterteams 90%
- Methodenwissen, Vorgehensweise 89%
- Fachwissen 87%
- Reputation 49%
- Persönliche Kontakte 36%

Die Kriterien, die für die Endauswahl nach einer Präsentation oder einem Interview am wichtigsten waren, lassen sich in drei Kategorien unterteilen: Fähigkeiten, Beziehungsqualität und Kundenorientierung. Gerade die Beziehungsqualität, die Auskunft über die „Chemie“ zwischen dem Berater und dem Kundenunternehmen gibt, ist besonders wichtig. Für die Nachfrager ist es wichtig, einen „Fit“ zwischen dem eigenen Unternehmen und dem Anbieterunternehmen zu spüren (vgl. Day/Barksdale 2003, 571). Die Beziehungsqualität drückt sich, wie bereits erläutert, in verschiedenen Aspekten aus, zu denen u.a. Vertrauen, Verlässlichkeit, Sympathie, kooperative Einstellung, geteilte Werte und angenehmer Umgang gehören (vgl. Day/Barksdale 2003, 573). Wichtige Gründe, weshalb bestimmte Anbieter nicht ausgewählt werden, sind schlechte Vorbereitung der Präsentation, schlechte Einstellung oder Arroganz, ausweichende und vage Aussagen sowie fehlende Bezugnahme auf das Projekt und das spezifische

Kundenproblem (vgl. Day/Barksdale 2003, 571). O'Farrell und Moffat (vgl. 1991, 210) stellen die Hypothese auf, dass in der Angebotsphase Kriterien wie die Reputation für Qualität, die Verlässlichkeit und der Preis eine wichtige Rolle spielen werden. Dagegen nehmen sie für die Präsentationsphase an, dass technische Fähigkeiten, Kompetenz und Präsentationsfähigkeiten eine größere Rolle spielen und dass der Preis nur noch ein einschränkender Faktor ist. In der Präsentation muss der Anbieter dem Nachfrager den Eindruck vermitteln, dass sich der Anbieter mit der nachfragerspezifischen Situation beschäftigt hat und eine individuelle Lösung aufzeigt (vgl. O'Farrell/Moffat 1991, 210). Nicht nur in der Vorauswahl, sondern auch in der Endauswahl zeigen sich Unterschiede zwischen erfahrenen und weniger erfahrenen Nachfragern. Eine Studie von Crittenden, Scott und Moriarty (vgl. 1987, 389) ergab, dass erfahrene Käufer mehr Anbieter in die engere Auswahl nehmen und tendenziell mehr Bewertungskriterien verwenden als unerfahrene Käufer. Auch die Verantwortlichkeit wirkt sich aus und es sind Unterschiede zwischen verantwortlichen und nicht verantwortlichen Entscheidern beobachtbar. Entscheider, die ihre Wahl rechtfertigen müssen, berücksichtigen in der Endphase des Auswahlprozesses deutlich mehr Alternativen als andere Entscheider (vgl. Lee et al. 1999, 82).

In Bezug auf den Screening Effect ist festzustellen, dass sich die Wahrscheinlichkeit einer richtigen Entscheidung erhöht, wenn die Informationen extensiv verarbeitet werden. Das spricht dafür, dass die Nichtbeachtung der Informationen der Vorauswahlphase in der Endauswahl als nicht rational anzusehen ist. Dazu muss allerdings eingeschränkt werden, dass ein derartiges Vorgehen vor dem Hintergrund des Auswahlprozessziels „Minmierung des Aufwands" durchaus rational sein kann, wenn man davon ausgeht, dass die später im Beschaffungsprozess gewonnenen Informationen einen höheren Vorhersagewert haben als die der Vorauswahl. Dann erscheint es schlüssig, dass der Nachfrager die weniger wertvollen Informationen nicht weiter berücksichtigt, um seinen Aufwand der Informationsverarbeitung zu reduzieren.

Es stellt sich die Frage, wie nun die konkrete Entscheidungsfindung in der Phase der Endauswahl erfolgt. In der Endauswahlphase liegt ein Choice Set vor, in dem alle Alternativen akzeptabel sind (vgl. Beach/Mitchell 1990, 10). Die Image Theory zeigt, dass in derartigen Entscheidungssituationen zunächst analysiert wird, ob die Entscheidungssituation in ihren Merkmalen mit früheren Entscheidungssituationen übereinstimmt. Wird die Entscheidungssituation als bereits bekannt definiert, wird das frühere Vorgehen in der Entscheidungssituation als Orientierung für die neue Entscheidung genutzt.

Das geschieht allerdings nur unter der Voraussetzung, dass das Vorgehen in der früheren Entscheidungssituation als erfolgreich beurteilt wird. Das frühere Vorgehen wird zur Leitlinie für die neue Entscheidungssituation und die Anwendung dieser Leitlinie ersetzt das eigentliche Entscheidungsverhalten (vgl. Beach/Mitchell 1990, 33). Dieses Vorgehen erscheint nicht unproblematisch, wenn man bedenkt, dass Entscheider regelmäßig Overconfidence zeigen, dass sie also aufgrund mangelnden Feedbacks die Richtigkeit ihrer Entscheidungen überschätzen (vgl. Abschnitt 8.3.2.1). Bei der Beschaffung von M&A ist es für den Nachfrager sehr schwierig einzuschätzen, ob die getroffene Entscheidung richtig war. Das hängt zum einen mit dem großen Anteil von Vertrauenseigenschaften dieser Leistungsart zusammen, zum anderen mit den fehlenden Informationen darüber, wie die M&A-Transaktion unter Beteiligung eines anderen M&A-Beraters abgelaufen wäre. Der Nachfrager hat Schwierigkeiten zu beurteilen, ob seine subjektiv empfundene Zufriedenheit mit einer Beratungsleistung gerechtfertigt ist. Außerdem fällt es ihm schwer abzuschätzen, ob die Leistung eines anderen M&A-Beraters noch besser gewesen wäre. Die Orientierung am früheren Vorgehen ist ursächlich für die Tendenz zur Beibehaltung des Status Quo, also für die Wiederbeauftragung eines M&A-Beraters, mit dem das Unternehmen bereits zusammengearbeitet hat. Der Nachfrager sollte sich jedoch der Limitiertheit seiner Urteilsfähigkeit bewusst sein, die sich aus dem mangelnden Feedback über die Richtigkeit der Entscheidung ergibt.

Stimmt die Entscheidungssituation in ihren Merkmalen nicht mit früheren überein, so muss der Nachfrager sich eine geeignete Vorgehensweise für diese Entscheidungssituation überlegen. Das bedeutet, er muss sich für ein Entscheidungsverfahren zur Endauswahl eines Anbieters von M&A-Beratung entscheiden. Welches Entscheidungsverfahren letztendlich für die Auswahl genutzt wird, hängt von verschiedenen Faktoren ab, wie schon in Abschnitt 8.3.2 gezeigt wurde und soll an dieser Stelle nicht noch einmal detailliert betrachtet werden.

8.5.3 Überführung individueller in organisationale Entscheidungen

Ein wichtiger Aspekt der Entscheidungsfindung ist die Frage danach, wie aus den einzelnen Präferenzen der im Buying Center Beteiligten eine Gruppenentscheidung abgeleitet wird. Diese Frage ist interessant, weil nicht davon auszugehen ist, dass alle Beteiligten zu den gleichen Präferenzen gelangen werden. In einer Studie von Sommerlatte (vgl. 2000, 355) geben nur 60% der befragten Unternehmen an, dass ein breiter Konsens hinsichtlich der Beraterauswahl bestand (vgl. Sommerlatte 2000, 355). Das zeigt, dass die Auswahl eines Beraters durchaus konfliktträchtig ist und in einer Reihe von Unternehmen keine Einigkeit darüber herrscht.

Im bisherigen Verlauf der Arbeit wurde häufig auf den einzelnen Mitarbeiter als Nachfrager eingegangen. Dieses Vorgehen war notwendig, um zu verdeutlichen, welche behavioristischen Aspekte auch in der organisationalen Beschaffung auftreten können. Gleichzeitig wurde bereits darauf hingewiesen, dass der Nachfrager im eigentlichen Sinn jedoch das System Unternehmen ist. In diesem Abschnitt soll überblicksartig gezeigt werden, wie eine Zusammenführung der individuellen Entscheidungen in eine organisationale Gesamtentscheidung erfolgen kann. Grundlage der Betrachtungen ist das Buying Center, in dem die individuellen Nachfrager formell oder informell zusammengefasst sind.

Buying Center sind als Gruppen aufzufassen, die sich durch die Interaktionen ihrer Mitglieder konstituieren (vgl. Kißling 1999, 75). Das Buying Center wird durch verschiedene Merkmale beschrieben, zu denen seine Größe, das Ausmaß der horizontalen und vertikalen Integration, der Interaktionsgrad, die Einfluss- und Rollenstruktur der Mitglieder und die Aufgabenteilung gehören (vgl. Kißling 1999, 94).

Auf einzelne Merkmale des Buying Centers wurde im Laufe der Arbeit bereits eingegangen. Dazu zählen die Größe sowie die horizontale und vertikale Integration des Buying Centers. Andere Aspekt wie z.B. der Interaktionsgrad, die Einfluss- und Rollenstruktur sowie die Aufgabenteilung wurden hingegen noch nicht näher betrachtet. Die zentrale Frage bei der Analyse des Buying Center lautet, wie viele Personen aus welchen Funktionsbereichen im Unternehmen an der Beschaffungsentscheidung mitwirken. Interessant ist zudem, welche Rolle einzelne Personen innerhalb des Buying Centers spielen und wie groß ihr jeweiliger Einfluss auf die Entscheidung ist (vgl. Kißling 1998, 30). Die Rolle eines Mitglieds des Buying Centers ist ausschlaggebend für seine Erwartungen, sein Verhalten und seine Beziehungen zu den anderen Personen im Buying Center (vgl. Webster/Wind 1996, 56). „Bei der Rolle handelt es sich um die an den Inhaber einer bestimmten Position in der Organisation kommunizierten personenunabhängigen Verhaltenserwartungen, die je nach der Wahrnehmung und Umsetzung dieser Erwartungen in mehr oder weniger stark rollengeprägte Verhaltensmuster münden“ (Backhaus 1999, 69).

Als mögliche Rollen von Mitgliedern von Buying Centern können der Machtpromotor, der Fachpromotor und der Prozesspromotor unterschieden werden. Die Differenzierung nach Macht- und Fachpromotor geht auf Witte (vgl. 1973, 17) zurück. Der Machtpromotor kann aufgrund seiner hohen hierarchischen Stellung und seiner Verfügungsmacht über organisatorische Ressourcen Einfluss auf die Beschaffungsentscheidung nehmen. Die Einflussnahme des Fachpromotors basiert hingegen auf seiner Kompetenz als Experte, die ihn befähigt, Problemlösungen zu entwickeln und umzusetzen. Der Prozesspromotor zeichnet sich durch sehr gute Organisationskenntnisse aus. Er baut Kommunikationsbeziehungen auf und unterstützt die Bildung von Koalitionen (vgl. Backhaus 1999, 73).

Choffray/Lilien (vgl. 1978, 21) entwickelten ein Modell, das die Bildung individueller Präferenzen und die Bildung organisationaler Präferenzen berücksichtigt.

Abb. 41: Zusammenführung von Einzel- in eine Gruppenentscheidung

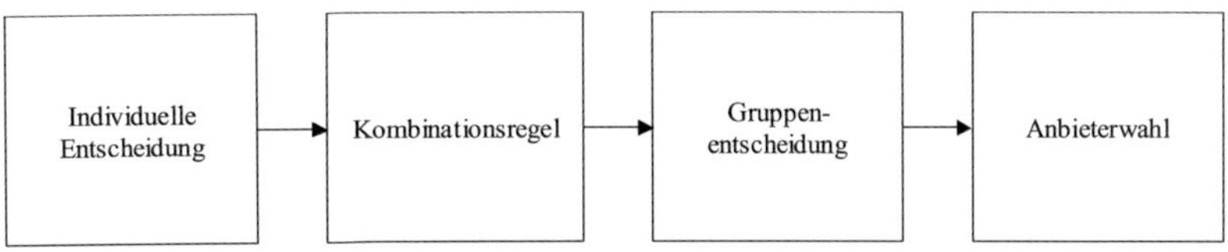

Quelle: in Anlehnung an Wilson 1996, 13

Die individuelle Entscheidung kommt zustande, wenn die Mitglieder des Buying Centers die realisierbaren Alternativen betrachten und ihre persönlichen Bewertungskriterien zur Anwendung bringen (vgl. Backhaus 1999, 124). Für diese Phase des Prozesses wird angenommen, dass sich die persönlichen Auswahlkriterien unterscheiden. Die Kombination zu einer Gruppenentscheidung wird durch die Tatsache erleichtert, dass innerhalb des Buying Centers häufig Gruppen bestehen, die ein ähnliches Informationsverhalten zeigen und gleiche Auswahlkriterien für relevant erachten (vgl. Choffray/Lilien 1978, 22).

Das Modell zeigt, dass es eine Kombinationsregel geben muss, nach der eine Gruppenentscheidung abgeleitet werden kann. Verschiedene Varianten der Kombination der Einzelpräferenzen sind denkbar. Die Entscheidungsfindung kann autokratisch ablaufen, was bedeutet, dass eine einzelne Person im Buying Center die endgültige Beschaffungsentscheidung trifft (vgl. Wilson/Lilien/Wilson 1991, 457). Die anderen Mitglieder des Buying Center haben in diesem Fall nur eine beratende Funktion. Die Beschaffungsentscheidung kann auch demokratisch getroffen werden, wobei die Entscheidungsmacht zwischen den verschiedenen Mitgliedern und den verschiedenen Phasen des

Beschaffungsprozesses unterschiedlich verteilt sein kann. So ist es denkbar, dass die Vorauswahl von den Mitgliedern des Buying Centers gemeinschaftlich getroffen wird, während dem Geschäftsführer oder Vorstandsvorsitzenden die Endauswahl eines M&A-Anbieters vorbehalten bleibt. Die Kombinationsregel kann formell vorgegeben sein oder sich informell aus den Strukturen des Buying Centers ergeben.

Empirische Ergebnisse zeigen, dass die Zusammenführung der einzelnen Präferenzen im Buying Center stark situationsabhängig ist, also von Faktoren wie dem wahrgenommenen Risiko oder der Beschaffungsaufgabe beeinflusst wird (vgl. Wilson/ Lilien/Wilson 1991, 463). Die informelle Machtverteilung ergibt sich daraus, dass die gemeinsame Entscheidungsfindung im Buying Center ein komplexer multipersoneller Prozess ist. Er ist geprägt von Informationsdifferenzen, Zieldifferenzen und unterschiedlichen Einflussstärken der beteiligten Personen (vgl. Kohr 2000, 114). Im Beschaffungsprozess können verschiedene Konflikte zwischen den Beteiligten entstehen, die sich zum einen aus unterschiedlichen Erwartungen an die Anbieter, zum anderen aus unterschiedlichen Bewertungen der Relevanz verschiedener Auswahlkriterien ergeben (vgl. Sheth 1973, 55). Um zu einer Gruppenentscheidung zu gelangen, müssen diese Konflikte überwunden werden, was durch Kampf (Gebrauch von Machtmitteln), formalisierte Schlichtungsregeln und Verhandlungen oder inhaltliche Kompromisslösungen geschehen kann. Informationsdifferenzen ergeben sich aus individuellen Wissens- und Erfahrungsunterschieden und unterschiedlichen Möglichkeiten der Informationsaufnahme. Sie können durch Kommunikation überwunden werden (vgl. Kohr 2000, 115-116).

Ein wichtiger Mechanismus zur Konfliktlösung ist die Problemlösung, bei der die Mitglieder des Buying Centers aktiv nach neuen Informationen suchen, was eine intensive Auseinandersetzung mit dem Beschaffungsproblem zur Folge hat. Während der Informationssuche werden weitere Anbieter identifiziert, die evtl. den Ansprüchen der Beteiligten besser entsprechen, so dass Konflikte gemindert werden. Ein weiterer Mechanismus ist die Überzeugung, bei der einzelne Mitglieder des Buying Centers die anderen Mitglieder mit Argumenten davon überzeugen, dass die verwendeten Auswahlkriterien für die anstehende Entscheidung relevant sind. Relevanz bedeutet dabei, dass die Auswahlkriterien in einem Zusammenhang mit den vom Unternehmen verfolgten Nachfragezielen stehen. Die Bedeutung der Strategie der Überzeugung durch Argumente konnte empirisch nachgewiesen werden (vgl. Kohr 2000, 119). Diese Einflussstrategie ist Grundlage der Macht des oben genannten Fachpromotors. Zu den Konfliktlösungsmechanismen zählt außerdem die Berücksichtigung der Ratschläge Außenstehender (vgl. Kohr 2000, 119). Die genannten Mechanismen sind rationale Formen der Konfliktlösung und sollten deshalb zu rationalen Ergebnissen bei der Beschaffung führen (vgl. Sheth 1973, 55).

Nicht-rationale Formen der Konfliktlösung sind ebenfalls möglich. Zu ihnen gehören der Austausch von Gefallen, Appelle an Werte und Ideale, Appelle an persönliche Gefühle, die Erzeugung von Druck oder die Koalitionsbildung (vgl. Kohr 2000, 119). Ebenso können sich Mitglieder im Buying Center durch Feilschen und Verhandeln oder politisches Verhalten Macht verschaffen. Die genannten nicht-rationalen Formen der Konfliktlösung können zu ineffizienten Beschaffungsentscheidungen führen, was sich nachteilig auf das Unternehmen auswirkt (vgl. Sheth 1973, 55).

Die Gruppenentscheidung im Buying Center ist also das Ergebnis der individuellen Präferenzen der Mitglieder und des Einflusses, den einzelne Mitglieder über andere Mitglieder haben. Grundlagen des Einflusses auf andere Buying Center-Mitglieder sind bspw. Erfahrungen, Expertise und Wissen, die hierarchische Position oder der Status sowie die Überzeugungskraft oder die Kontrollmöglichkeiten (z.B. über Ressourcen) eines Mitglieds (vgl. Jaakkola 2007, 96-97). Der Einfluss einer Person im Buying Center muss also nicht mit deren hierarchischer Position oder Zugehörigkeit zu einer bestimmten Organisationseinheit verbunden sein (vgl. Kohr 2000, 118).

In größeren Konzernen werden zunehmend ehemalige Investmentbanker als Leiter von M&A-Abteilungen engagiert (vgl. Hedtstück/Strick 2006, 64). Ein solcher Mitarbeiter kann im Buying Center sowohl als Macht- als auch als Fachpromotor aufgefasst werden. Er ist fachlich in der Lage, seine Präferenzen zu begründen und somit andere Mitglieder des Buying Centers zu beeinflussen. Wenn er darüber hinaus auch aufgrund seiner hierarchischen Stellung Einfluss auf die Entscheidung nehmen kann, verfügt er über eine doppelte Machtbasis im Buying Center. Es ist offensichtlich, dass er somit wesentlichen Einfluss auf die Beschaffungsentscheidung ausübt.

In kleineren Unternehmen sollten hingegen keine M&A-spezifischen Fachpromotoren beteiligt sein, wenn man annimmt, dass diese Unternehmen weniger Erfahrungen mit M&A haben und keine eigenständige Abteilung dafür existiert. Hier ist es wahrscheinlicher, dass es einen Machtpromotor (z.B. den Eigentümer oder den Geschäftsführer) gibt, der die Beschaffungsentscheidung wesentlich beeinflusst.

Die Dauer der Mitgliedschaft im Buying Center ist ein weiterer interessanter Aspekt bei der Überführung individueller in organisationale Präferenzen. Obwohl sich Buying Center für jeden Beschaffungsvorgang neu konstituieren können, ist es für Unternehmen, die häufiger Bedarf für M&A-Dienstleistungen haben naheliegend anzunehmen, dass die Zusammensetzung des Buying Centers sich ähnelt und einzelne Personen immer wieder Mitglieder darin sind. Das sollte insbesondere der Fall sein, wenn es eine M&A-Abteilung im Unternehmen gibt und deren Mitarbeiter an den Beschaffungsentscheidungen regelmäßig als Fachpromotoren beteiligt werden. Diese Konstanz der Mitgliedschaft im Buying Center bei der M&A-Nachfrage hat Vorteile für das Unternehmen, weil Erfahrungen gewonnen werden, die zur effektiveren Gestaltung des Beschaffungsprozesses führen können. Die Mitarbeiter sind besser in der Lage, verschiedene Anbieterleistungen zu vergleichen und zu bewerten, weil sie auf gesammelte Erfahrungen zurückgreifen können. Nachteilig ist es, dass eine gewisse Voreingenommenheit und Routine entstehen kann, die kaum Raum für Verbesserungen und Neuerungen lässt.

Die Beschäftigung ehemaliger Investmentbanker als Leiter von M&A-Abteilungen hat weitere Vorteile für das Unternehmen im Beschaffungsprozess. Die umfangreichen Erfahrungen dieser Mitarbeiter sind für die Unternehmen besonders wertvoll und können in den Verhandlungen mit Beratern zugunsten des Unternehmens ausgenutzt werden. Aufgrund ihrer Erfahrungen haben sie klare Vorstellungen davon, für welche Aufgaben sich eine externe Vergabe lohnt und was die M&A-Dienstleistungen kosten dürfen. Wie bereits in Abschnitt 8.4.4.3 erläutert, entsteht Vertrauen zwischen dem Anbieter und Nachfrager von Beratungsleistungen auf Basis der Eigenschaften der Beteiligten. Aufgrund ihres beruflichen Hintergrunds sollten Investmentbanker oder M&A-Berater in besonderem Maße in der Lage sein, Eigenschaften-basiertes Vertrauen aufzubauen. Allerdings ist auch hier festzuhalten, dass eine gewisse Voreingenommenheit gegenüber den Anbietern von M&A-Beratungsleistungen entstehen oder vorhanden sein kann, die sich daraus ergibt, dass der Mitarbeiter bei einem M&A-Berater tätig war.

Die Tatsache, dass Beschaffungsentscheidung Gruppenentscheidungen sind, die in einem Buying Center getroffen werden, sollte sich günstig auf die Beschaffungsentscheidung auswirken, da Experten und Gruppen weniger als unerfahrene Individuen dazu neigen, Verhaltensanomalien (nicht-rationales Verhalten) zu zeigen (vgl. Eichenberger 1992, 117). Das Buying Center hat somit eine Kontrollfunktion für das Verhalten der individuellen Nachfrager. Es zeigt sich aber auch, dass es verschiedene Möglichkeiten der Einflussnahme im Buying Center gibt und dass deswegen auch Mitglieder, die keine mit den organisationalen Zielstellungen konformen Ziele verfolgen, eine Chance haben, die Entscheidung mitzugestalten.

9 Zusammenfassung und Fazit

9.1 Das Beschaffungsmodell für M&A-Dienstleistungen

Im Sinne einer Zusammenfassung der zentralen deskriptiven und explikativen Erkenntnisse der vorliegenden Arbeit wird in der Abbildung 41 ein umfassendes Beschaffungsmodell für M&A-Dienstleistungen abgeleitet. In diesem Modell sind in graphisch vereinfachter Form die wesentlichen Wirkungszusammenhänge zwischen den verschiedenen Betrachtungsebenen Objekt-Ebene, Verhaltens-Ebene und Prozess-Ebene abgebildet. Um dem Ziel der Vereinfachung und der Übersichtlichkeit zu genügen, sind im Modell die Wirkungsbeziehungen lediglich anhand von Pfeilen dargestellt. Auf die Darstellung der Richtung oder Stärke verschiedener Wirkungen wird verzichtet.

Abb. 42: Gesamtmodell der Beschaffung von M&A-Dienstleistungen

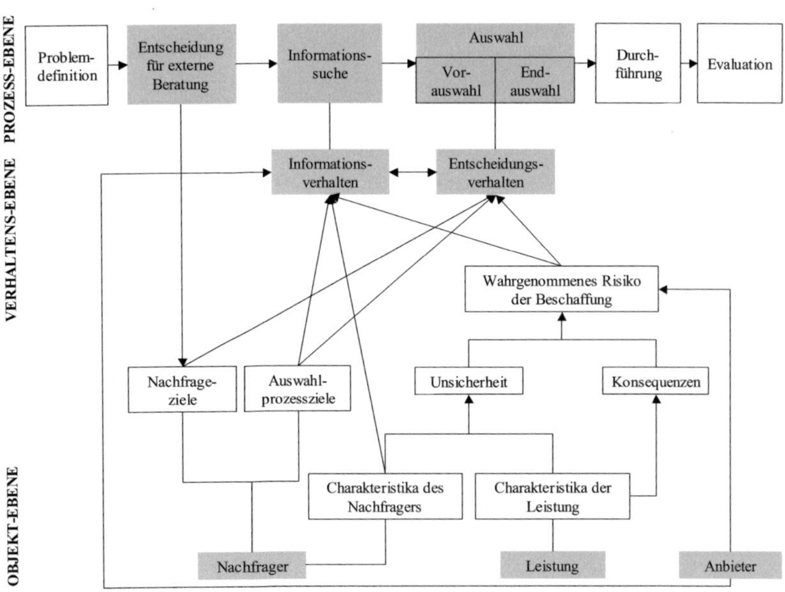

Quelle: eigene Darstellung

Ausgangspunkt für das Gesamtmodell ist die Objekt-Ebene, die eine Darstellung der Betrachtungsobjekte Leistung, Nachfrager und Anbieter beinhaltet.

Bei der Betrachtung des Nachfragers ist zu beachten, dass die Ebenen des individuellen Nachfragers und die Ebene des gesamten Unternehmens unterschieden werden müssen. Diese Unterscheidung ist wichtig, da im Buying Center individuelles Verhalten zu einer organisationalen Gesamtentscheidung zusammengefasst wird. Das Zustandekommen der organisationalen Entscheidung kann nur auf Basis des Verhaltens der einzelnen Beteiligten erklärt werden. Die Betrachtung individuellen Verhaltens ist Ausgangspunkt für die Identifikation von Defiziten im Beschaffungsprozess. Diese Defizite entstehen an den Stellen im Prozess, an denen die individuelle Rationalität nicht mit der organisationalen vereinbar ist und deshalb ein von organisationalen Rationalitätsvorgaben abweichendes Verhalten zu beobachten ist. Die Charakterisierung des Nachfragers umfasst zentrale Merkmale sowie seine bei der Beschaffung von M&A-Dienstleistungen verfolgten Nachfrage- und Auswahlprozessziele. Merkmale von Nachfragern können auf der individuellen Ebene z.B. die Hierarchiestufe, die Verantwortlichkeit gegenüber Dritten oder die Produktkenntnisse des Nachfragers sein. Auf organisationaler Ebene zählen z.B. die Größe oder der Erfolg des Unternehmens zu den Merkmalen. Die Nachfrageziele umfassen den quantitativen und qualitativen Kapazitätsausgleich, die Effektivitäts- und die Effizienzsteigerung sowie die Objektivierung und Legitimierung (vgl. Abschnitt 4.3). Die Auswahlprozessziele umfassen die Maximierung der Fehlerfreiheit der Entscheidung, die Minimierung des Entscheidungsaufwands, die Bewältigung von Trade-offs, die Vermeidung von Regret und die Rechtfertigung der Entscheidung (vgl. Abschnitt 4.4).

Bei der Betrachtung der beschafften Leistung wurde festgestellt, dass M&A-Dienstleistungen sich durch Immaterialität zum Zeitpunkt der Beschaffung, die Integration des externen Faktors, Komplexität und Hochwertigkeit auszeichnen. Diese Eigenschaften sind Ursache für die Schwierigkeit der Beschaffung von M&A-Dienstleistungen (vgl. Abschnitte 2.5 und 2.6).

In Bezug auf die Anbieter wurde festgestellt, dass es verschiedene Arten von Anbietern von M&A-Dienstleistungen gibt und dass diese im M&A-Beratungsmarkt drei strategische Gruppen bilden. Für diese strategischen Gruppen ergibt sich ein unterschiedliches Bild der Wettbewerbssituation. Während eine Gruppe vor allem durch intensiven Wettbewerb und begrenzte Differenzierungsmöglichkeiten geprägt ist, zeichnen sich die anderen beiden Gruppen vor allem durch ihre Heterogenität und Intransparenz aus. Die Struktur des Marktes für M&A-Dienstleistungen trägt ebenfalls dazu bei, dass die Beschaffungsentscheidung schwierig ist.

Die Verhaltensebene beschäftigt sich mit dem Informations- und Entscheidungsverhalten, das den Beschaffungsprozess im Wesentlichen ausmacht. Das Informationsverhalten drückt sich in der nachgefragten Informationsmenge, den verwendeten Informationsquellen und Informationsarten aus. Das Entscheidungsverhalten lässt sich im Wesentlichen anhand der verwendeten Auswahlkriterien und Entscheidungsverfahren charakterisieren. Schließlich enthält das Modell noch die Prozess-Ebene, in der der idealtypische zeitliche Verlauf des Beschaffungsprozesses abgebildet wird. Der Beschaffungsprozess setzt sich aus den Phasen der Problemidentifikation, Entscheidung für externe Beratung, Informationssuche, Auswahl, Durchführung und Evaluation zusammen, wobei die erstgenannte und die beiden letztgenannten Phasen nicht zum Beschaffungsprozess im engeren Sinn gehören. Die Informationssuche wird aus Gründen der Übersichtlichkeit vor die Auswahlphase positioniert, obwohl in der Realität von einer parallelen Informationssuche ausgegangen werden muss. Abbildung 43 gibt einen Überblick über das Teilmodell, das die Wirkung der verschiedenen Elemente auf das Informationsverhalten zeigt.

Im Modell wird davon ausgegangen, dass aus der Definition eines Problems im Unternehmen heraus die Entscheidung für externe Beratung getroffen wird. Das Unternehmen erkennt die Notwendigkeit, eine M&A-Transaktion durchzuführen. Es folgt eine Make-or-Buy-Entscheidung, die zugunsten der Beauftragung eines externen M&A-Beraters ausfällt. Würde eine Durchführung der Transaktion ohne externe Beratung angestrebt, käme es nicht zu einem Beschaffungsprozess. Aus der Entscheidung für einen externen Berater kann der Nachfrager seine Nachfrageziele ableiten (1), denn sie entsprechen seinen Motiven der Inanspruchnahme externer Beratung. In der Phase der Informationssuche werden verschiedene Einflussfaktoren auf das Informationsverhalten wirksam. Die Charakteristika der Nachfrager wirken sich auf die nachgefragte Informationsmenge aus (2) (vgl. Abschnitt 7.4.3). Außerdem wirken die Auswahlprozessziele auf den Umfang der Informationsmenge (3).

Abb. 43: Informationsverhalten im M&A-Beschaffungsprozess

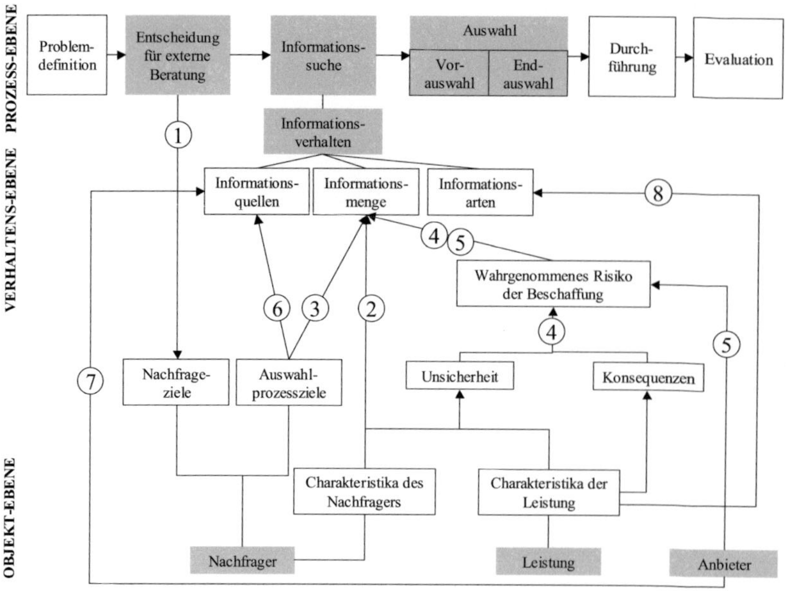

Quelle: eigene Darstellung

Die Informationssuche steht im Spannungsfeld zwischen den Zielen „Maximierung der Fehlerfreiheit der Entscheidung", welches positiv mit der Informationsmenge korreliert und „Minimierung des Aufwands", welches negativ mit der Informationsmenge korreliert. Darüber hinaus wirken das Ziel der Vermeidung von Regret und das Ziel der Rechtfertigung der Entscheidung dahingehend, dass tendenziell mehr Informationen beschafft werden. Schließlich wirken sich die Charakteristika der nachgefragten Leistung und der Anbieter indirekt über das wahrgenommene Beschaffungsrisiko auf die Informationsmenge aus (4 und 5). Die Immaterialität, Integration eines externen Faktors, Hochwertigkeit und Komplexität vergrößern das wahrgenommene Beschaffungsrisiko, was wiederum dazu führt, dass mehr Informationen nachgefragt werden. Die Struktur des Anbietermarktes mit mangelnder Differenzierung bzw. mangelnder Transparenz wirkt sich ebenfalls positiv auf das Beschaffungsrisiko aus und erhöht so die nachgefragte Informationsmenge in Vorbereitung auf die Entscheidung.

Die Wahl der Informationsquellen wird beeinflusst von den Auswahlprozesszielen (6) und den Eigenschaften der Anbieter (7). Der Nachfrager nach M&A-Dienstleistungen

wird die Informationsquellen so wählen, dass er mit ihnen seine Zielsetzungen zur Absicherung der Richtigkeit der Entscheidung, zur Minimierung des Aufwands oder auch zur Rechtfertigung der Entscheidung erreichen kann. Die Marketingbemühungen der Anbieter gehen mit der Bereitstellung von Informationen einher und haben deshalb Einfluss darauf, welche Informationsquellen von Nachfragern genutzt werden können.

Im Rahmen des Informationsverhaltens stellt sich noch die Frage, welche Arten von Informationen genutzt werden. Die Informationsarten ergeben sich direkt aus den Charakteristika der Leistung, die sich durch eine Vielzahl nicht direkt beobachtbarer Merkmale auszeichnet, weshalb verschiedene Signale und Indikatoren genutzt werden müssen, um einen Eindruck von der Beschaffenheit der M&A-Dienstleistung zu erhalten (8).

Für die Analyse der Wirkung der verschiedenen Elemente auf das Entscheidungsverhalten und somit die Auswahlphase wird im Folgenden das Teilmodell des Entscheidungsverhaltens im Beschaffungsprozess betrachtet.

Abb. 44: Entscheidungsverhalten im M&A-Beschaffungsprozess

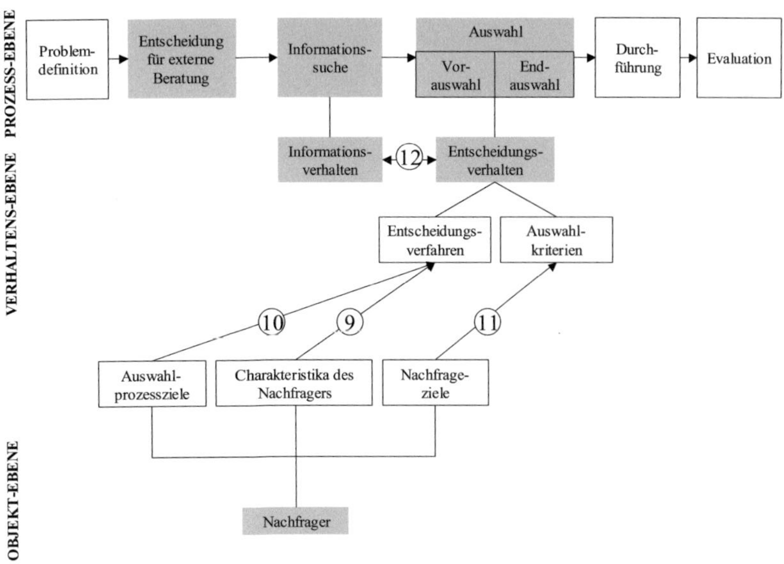

Quelle: eigene Darstellung

Auf die Wahl eines Entscheidungsverfahrens als Bestandteil des Entscheidungsverhaltens wirken ebenfalls verschiedene Faktoren, zu denen die Charakteristika des Nachfragers wie kognitive Fähigkeiten oder Kenntnisse über Entscheidungsverfahren (9) und die Auswahlprozessziele (10) gehören. Wesentlicher Bestandteil des Entscheidungsverhaltens sind die vom Nachfrager genutzten Auswahlkriterien, die weitgehend von den Nachfragezielen bestimmt werden sollten (11). Die Auswahlkriterien sollten so gewählt sein, dass sie Auskunft darüber geben können, ob ein Angebot geeignet erscheint, die Nachfrageziele zu befriedigen.

Im Modell ist auch der wechselseitige Zusammenhang zwischen Informations- und Entscheidungsverhalten abgebildet, die auf zwei Arten miteinander verknüpft sind (12). Zum einen hängt die Wahl eines Entscheidungsverfahrens mit dem Umfang der Informationssuche zusammen, da die Entscheidung für verschiedene Entscheidungsverfahren auch mit unterschiedlichen Informationsbedürfnissen einhergeht und für die Durchführung bestimmter Entscheidungsverfahren mehr Informationen benötigt werden als für andere. Die Wirkung ist allerdings auch umgekehrt denkbar, es kann also sein, dass das Vorhandensein bestimmter Informationen die Wahl eines bestimmten Entscheidungsverfahrens begünstigt. Wenn die Informationsmenge als gegeben angenommen wird, wirkt sie auf die Wahl des Entscheidungsverfahrens. Zum anderen besteht ein Zusammenhang zwischen den Informationsarten, auf die zurückgegriffen werden kann oder muss und den verwendeten Auswahlkriterien. Welche Auswahlkriterien genutzt werden, hängt auch davon ab, inwieweit für eine Leistung extrinsische oder intrinsische Informationen vorliegen.

Es zeigt sich anhand des Modells, dass vielfältige Wirkungsbeziehungen zwischen den einzelnen Elementen bestehen. Es ist insbesondere ersichtlich, dass das Beschaffungsverhalten sehr stark kontextbezogen ist. Es lassen sich deshalb kaum allgemeingültige Vorhersagen über die Beschaffung von M&A-Dienstleistungen treffen. Vielmehr muss, wie in dieser Arbeit geschehen, versucht werden, über die Bestimmung von Kontextausprägungen auf zu erwartendes Verhalten zu schließen. Insbesondere die Merkmale und Zielstellungen des individuellen Nachfragers sowie des nachfragenden Unternehmens als Ganzes prägen das Beschaffungsverhalten. Das erklärt, warum sich für die Nachfrage nach einer bestimmten Art von Leistung, in diesem Fall M&A-Dienstleistungen, deutliche Verhaltensunterschiede in der Beschaffung ergeben.

9.2 Zentrale Handlungsempfehlungen

Nachdem mit der Vorstellung des Gesamtmodells der Beschaffung von M&A-Dienstleistungen die deskriptiven und explikativen Erkenntnisse der Arbeit zusammengefasst wurden, soll in diesem Abschnitt ein Fazit darüber gegeben werden, zu welchen normativen Erkenntnissen die Arbeit gekommen ist. Die wesentlichen Handlungsempfehlungen wurden als Teilfazit am Ende der betreffenden Abschnitte abgeleitet und sollen an dieser Stelle noch einmal in ihrer Gesamtheit dargestellt werden. Als Strukturierungsrahmen wird dafür der idealtypische Ablauf des Beschaffungsprozesses herangezogen, so dass eine chronologische Phasenbetrachtung erfolgt.

Die erste Phase, die in dieser Arbeit betrachtet wurde, ist die **Entscheidung über die Inanspruchnahme externer M&A-Beratung**. Als Einflussfaktoren auf die Entscheidung wurden identifiziert:

- die unternehmensinterne Ausstattung
- die Merkmale der Transaktion
- die Zielsetzungen des Unternehmens.

Die unternehmensinterne Ausstattung bezieht sich auf das Vorhandensein notwendigen M&A-Know-hows und die Ausstattung mit personellen Kapazitäten. Die Transaktion kann durch die Merkmale Komplexität und strategische Bedeutung charakterisiert werden. Zu den Zielsetzungen des Unternehmens können die Kosteneinsparung, die Zeiteinsparung, die rechtliche Absicherung der Transaktion und die Legitimierung der Transaktion gezählt werden.

Je nach Ausprägung der genannten Faktoren empfiehlt sich die Inanspruchnahme externer M&A-Beratung (make) oder die eigenständige Abwicklung der M&A-Transaktion (buy). In Abschnitt 6.3 wurden die verschiedenen denkbaren Ausgangssituationen in Unternehmen durch Matrizen abgebildet und daraus Empfehlungen abgeleitet. Die folgende Tabelle fasst die tendenziellen Empfehlungen von Make oder Buy für die verschiedenen Faktoren zusammen.

Tabelle 40: Einflussfaktoren der Entscheidung für externe M&A-Beratung

	Make	Buy
M&A-Know-how im Unternehmen	groß	gering
Personelle Kapazitäten im Unternehmen	groß	gering
Komplexität der Transaktion	gering	groß
Strategische Bedeutung der Transaktion	gering	groß
Zeitorientierung des Unternehmens	gering	groß
Kostenorientierung des Unternehmens	groß	gering
Bedürfnis nach rechtlicher Absicherung	gering	groß
Bedürfnis nach Legitimierung	gering	groß

Quelle: eigene Darstellung

Die zweite Phase im Beschaffungsprozess von M&A-Dienstleistungen ist die **Informationssuche**. Handlungsempfehlungen wurden zur Nutzung von Informationsquellen und zum Umfang der Informationssuche abgeleitet. Die Informationsquellen sollten hinsichtlich ihrer Fähigkeit zur Unsicherheitsreduktion und ihrer Kosten beurteilt werden. Für Nachfrager von M&A-Dienstleistungen besonders relevant und nach empirischen Erkenntnissen am häufigsten genutzt sind interne Quellen, die sich aus vorherigen Erfahrungen und persönlichen Kontakten zum Berater ergeben, sowie die Empfehlungen unabhängiger Dritter. Die Nutzung von Informationsquellen wird aber auch von kontextbezogenen Faktoren bestimmt. Dazu gehört die Frage, ob das Unternehmen häufig Bedarf für M&A-Beratung hat oder ob es sich um eine einmalige Nachfragesituation handelt. Außerdem ist die Notwendigkeit der Geheimhaltung der geplanten Transaktion entscheidend dafür, wie viele und welche Informationsquellen vom Unternehmen genutzt werden können. In Tabelle 41 wird ein Überblick über die Handlungsoptionen unter den verschiedenen Kontextbedingungen gegeben.

Tabelle 41: Wahl von Informationsquellen bei der M&A-Nachfrage

	Geheimhaltung notwendig	Geheimhaltung nicht notwendig
Häufiger M&A-Beratungsbedarf	- Aufbau und Pflege enger Kontakte zu einer ausgewählten, kleinen Gruppe von Anbietern - Nutzung interner Informationen aus vorheriger Zusammenarbeit - Aufbau eigener Dokumentation	- Empfehlungen unabhängiger Dritter - Kontaktpflege mit einer überschaubaren Gruppe von Anbietern - ggf. Präsentationen mehrerer Anbieter in Beauty Contest
Seltener bzw. einmaliger M&A-Beratungsbedarf	- Nutzung unpersönlicher Quellen für eine umfassende Vorauswahl - Präsentation einer sehr kleinen Zahl von Anbietern in Beauty Contest	- Empfehlungen unabhängiger Dritter - ggf. Präsentationen mehrerer Anbieter in Beauty Contest

Quelle: eigene Darstellung

Um interne Informationen nutzen zu können, muss eine Dokumentation des Projektes und seiner Ergebnisse erfolgen. Das kann durch den Aufbau einer Beschaffungsdatenbank geschehen. Der Verlauf der Dienstleistungserstellung sollte kontinuierlich und systematisch überwacht werden. Dazu gehören zum einen formelle Reports über Zwischenergebnisse, zum anderen informelle Gespräche, bei denen das Anbieterunternehmen Feedback zur Leistungserstellung erhält. Es sollte also regelmäßig festgehalten werden, welche vom Unternehmen verfolgten Ziele erreicht werden konnten und welche Probleme noch zu lösen sind (vgl. Roodhooft/Van den Abbeele 2006, 494). Darüber hinaus ist eine abschließende Evaluation des Projektes und der Leistung des Anbieters für das Unternehmen wichtig, um Rückschlüsse für weitere Projekte ziehen zu können.

Bezüglich der Informationsmenge ist es schwierig, eindeutige Handlungsempfehlungen abzuleiten. Die nachgefragte Informationsmenge wird von einer Vielzahl persönlicher und situativer Faktoren beeinflusst und sollte für M&A-Beratung eher mäßig umfangreich ausfallen. Empfehlungen lassen sich hinsichtlich der Struktur der beschafften Informationen ableiten. Die Informationen sollten sich auf vergleichbare Dimensionen beziehen, damit nicht Alternativen nur aufgrund fehlender Informationen in der Vorauswahl eliminiert werden.

Es schließt sich die **Auswahlphase** an, für die analysiert wurde, welche Fehler im Zusammenhang mit der Informationsverarbeitung auftreten können und welche Ursachen diese Fehler haben. Einen Überblick dazu gibt Tabelle 42.

Tabelle 42: Abweichungen vom rationalen Beschaffungsverhalten

Ursache	Fehler	Kosten-/ Nutzen-einschätzung der Entscheidungs-vorbereitung	Tendenz zum α-Fehler	Tendenz zum β-Fehler
Sicherheits- und Vorhersagewert von Informationen	Überbewertung des Sicherheitswertes bei der Nutzung von Informationen	Nutzen zusätzlicher Anstrengung wird unterschätzt	X	
Aufmerksamkeit	Überbewertung bedrohlicher oder positiver Informationen	Nutzen zusätzlicher Anstrengung wird unterschätzt	X	
Awareness	Beschränkung auf bekannte Anbieter	Nutzen zusätzlicher Anstrengung wird unterschätzt	X	
Information Bias	Vermeidung der Verarbeitung von konfliktären Informationen	Kosten zusätzlicher Anstrengung werden überschätzt	X	
Emotionsorientierte Bewältigungs-strategie	Vermeidungs-handlungen	Kosten zusätzlicher Anstrengung werden überschätzt	X	
	Hypervigilance (panikartige Informations-verarbeitung)	Nutzen zusätzlicher Anstrengung wird überschätzt		X
Verantwortung gegenüber Dritten	Absicherung durch intensive Suche und aufwändige Verarbeitung	Nutzen zusätzlicher Anstrengung wird überschätzt		X
Regret	Absicherung durch intensive Suche und aufwändige Verarbeitung	Nutzen zusätzlicher Anstrengung wird überschätzt		X

Quelle: eigene Darstellung

Die aufgezeigten Fehlerarten ergeben sich, da die subjektive Kosten- und Nutzeneinschätzung von der organisationalen abweicht und der einzelne Nachfrager deswegen irrationales Verhalten zeigt. Das Unternehmen muss an diesen Stellen Kontrollmechanismen schaffen, die diese Einschätzungen der Kosten und des Nutzens korrigieren können. Ein wesentlicher Kontrollmechanismus ist die Einrichtung eines Buying

Centers, die dem α-Fehler entgegenwirkt, weil sie den Nachfrager zu einer Rechtfertigung seiner Entscheidung gegenüber Dritten motiviert. Auch die Etablierung von formellen Vorgaben für den Beschaffungsprozess (Bedingungen der Auftragsvergabe, Ausschreibung, Beurteilungskriterien, Preisarten, Kontrollmöglichkeiten) stellt eine Möglichkeit dar, irrationalem Verhalten entgegenzuwirken (vgl. Kohr 2000, 89). Die Durchsetzung eines hoch strukturierten Beschaffungsprozesses kann das wahrgenommene persönliche Risiko der beteiligten Personen mindern, weil ihnen die Möglichkeit gegeben wird, fest vorgegebene Schritte abzuarbeiten und die persönliche Verantwortung für negative Ergebnisse zu minimieren. Strukturierte Prozesse fungieren als Verteidigungsmechanismen für die Käufer, sind allerdings nicht in allen Kaufsituationen umsetzbar oder geeignet (vgl. Mitchell 1995, 127). Für die Nachfrage nach M&A-Beratern erscheinen die Möglichkeiten der Formalisierung des Entscheidungsprozesses begrenzt, da die Leistung komplex und sehr auftragsindividuell ist. Zudem ist eine Vielzahl relevanter Auswahlkriterien subjektiver Natur und ihre Ausprägungen können nicht exakt bestimmt werden. Noch weniger geeignet erscheinen quantitative Techniken, die im Rahmen der organisationalen Beschaffung von einigen Autoren als Risikoreduzierungsstrategie genannt werden.

Die Verantwortung gegenüber Dritten, die sich aus der Etablierung eines Buying Centers und formeller Beschaffungsstrukturen ergibt, birgt die Gefahr, dass die Nachfrager politisches Verhalten zeigen. Sie setzen dann umfangreiche Aktivitäten der Entscheidungsvorbereitung in Gang, ohne dabei tatsächlich das Ziel der Entscheidungsverbesserung zu verfolgen. Dieses Verhalten entzieht sich einer vollständigen Kontrolle durch das Unternehmen, allerdings ist es empfehlenswert, die Beurteilung einer Entscheidungsleistung nicht nur am Entscheidungsprozess oder nur am Entscheidungsergebnis festzumachen. Durch eine kombinierte Bewertung von Prozess und Ergebnis, wenn also Aufwand und Nutzen ins Verhältnis gesetzt werden, ergeben sich für den Nachfrager Anreize für rationales Verhalten.

Für die Beschaffung von Dienstleistungen spielt die Beschaffungsabteilung in den meisten Unternehmen keine oder nur eine untergeordnete Rolle. "These low involvement levels may suggest that these services are being acquired without appropriate consideration of organizational goals and objectives…" (Schiele 2005, 16). Um die Berücksichtigung organisationaler Ziele zu gewährleisten und das Beschaffungswissen dieser spezialisierten Abteilungen zu nutzen, sollte in den Unternehmen darüber nachgedacht werden, ob ein Spezialist aus der Einkaufsabteilung involviert werden kann, der als Berater im Beschaffungsprozess dient. Dies kann an Bedingungen, z.B. das Überschreiten einer bestimmten Kostengröße, gebunden sein. Die spezialisierten Kenntnisse können insbesondere für die Erstellung der Leistungsbeschreibung genutzt werden (vgl. Smeltzer/Ogden 2002, 69). Die Definition des Beratungsbedarfs bei M&A-Beratung ist ein komplexes Problem, das Einfluss auf den Erfolg des Beschaffungsprozesses nimmt. Wie bereits dargestellt, ist die konsequente Identifizierung und Ausrichtung an den Nachfragezielen Bedingung dafür, dass das Unternehmen relevante Auswahlkriterien zur Anwendung bringt.

Das sog. multiple sourcing, also die Beschaffung von mehreren Lieferanten, wird in der Literatur häufig als Maßnahme zur Senkung des Beschaffungsrisikos genannt (vgl. Mitchell 1995, 127). Dieses Vorgehen kommt für die Nachfrage nach M&A-Beratung nur bedingt in Frage, da es sich bei der M&A-Beratung um eine Leistung handelt, die nicht uneingeschränkt teilbar ist. In einzelnen Fällen ist die Mandatierung mehrerer Berater für eine M&A-Transaktion möglich, allerdings erhöht dieses Vorgehen die Kosten des Projektes deutlich und außerdem kann es zu Konflikten bei der Kompetenzabgrenzung der beteiligten Partner kommen. Auch das Eingehen von Beschaffungspartnerschaften und -allianzen als Mittel der Risikoreduzierung kommt für den Fall der M&A-Beratung nicht in Frage.

Das Auftreten von Regret wurde oben als eine weitere Ursache für Fehler im Beschaffungsverhalten genannt. Es ist für die Nachfrage von M&A-Dienstleistungen grundsätzlich denkbar und insofern ist vorstellbar, dass der Entscheider sein Bedauern über die getroffene Entscheidung vorhersehen wird und die Entscheidung so trifft, dass sein Bedauern minimiert wird. Das begünstigt den ß-Fehler, weil der Nachfrager größere Anstrengungen unternimmt als für die Entscheidungsabsicherung rational notwendig erscheinen. Abgeschwächt wird der Effekt allerdings dadurch, dass in der Regel kein Feedback über die nicht gewählte Alternative vorhanden ist. Der Nachfrager hat nur sehr unklare Vorstellungen darüber, wie die Transaktion mit der Beratung eines anderen M&A-Dienstleisters abgelaufen wäre. Er kann nicht mit Sicherheit sagen, dass die Abwicklung mit einem anderen Anbieter besser gewesen wäre. Deshalb ist insgesamt davon auszugehen, dass der Regret bei der Beschaffung von M&A-Dienstleistungen von eher untergeordneter Bedeutung ist. Allerdings ist anzuehmen, dass es aufgrund von Regret eine Tendenz zur Beibehaltung bereits genutzter Berater gibt (vgl. dazu 4.4.3.2), wenn diese nicht in vorherigen Transaktionen ein signifikantes Maß an Unzufriedenheit ausgelöst haben. Das ergibt sich aus der Tatsache, dass das Beibehalten des Status Quo generell ein geringeres Potenzial für die Entstehung von Regret mit sich bringt als der Anbieterwechsel.

Mit Blick auf die zur Verfügung stehenden Entscheidungsverfahren wurde gezeigt, dass unter der Bedingung, dass die notwendigen Informationen vorliegen und der Nachfrager über ausreichende Informationsverarbeitungsfähigkeiten verfügt, das Weighted Adding (Scoring-Modell) besonders geeignet erscheint, um zu einer möglichst richtigen Entscheidung zu gelangen. Das ergibt sich aus der Tatsache, dass es sich beim Weighted Adding um ein alternativenbasiertes, extensives und kompensierendes Entscheidungsverfahren handelt.

Bei der Festlegung der zu verwendenden Auswahlkriterien muss das Unternehmen zunächst eine Analyse seiner Nachfrageziele und deren relativen Bedeutung vornehmen. Aus dieser kann die relative Bedeutung der verschiedenen Qualitätsdimensionen von M&A-Dienstleistungen (Preis der Leistung, Qualität der Leistung, Qualität der Beziehung, Qualität des Service) ableiten. Anhand dieser Qualitätsdimensionen lassen sich dann Vorgaben für relevante Auswahlkriterien wie z.B. die Kompetenz, die Spezialisierung, das Vertrauen oder die Breite des Leistungsangebotes aufstellen. Wichtig ist dabei auch, dass für die Auswahlkriterien geeignete Operationalisierungen gefunden werden, weil viele Aspekte nicht direkt beobachtet werden können.

Nachdem nun noch einmal zentrale Empfehlungen für die verschiedenen Prozessphasen zusammengefasst wurden, soll die Arbeit durch die kritische Würdigung der Ergebnisse abgeschlossen werden.

9.3 Kritische Würdigung der Ergebnisse

Um beurteilen zu können, ob die in 1.3 postulierten Ziele der vorliegenden Arbeit erreicht werden konnten, ist eine abschließende Bewertung der in dieser Arbeit gewonnenen Erkenntnisse notwendig. Ziel dieser Arbeit war es, ein konzeptionelles Modell eines idealtypischen Beschaffungsprozesses abzuleiten. Anhand dieses Modells sollten die Wirkungszusammenhänge zwischen den Charakteristika der im Beschaffungsprozess involvierten Forschungsobjekte und dem zu beobachtenden Beschaffungsverhalten analysiert werden. Aus dem Modell sollten dann Handlungsempfehlungen für die verschiedenen Prozessphasen entwickelt werden.

Es existiert in der Betriebswirtschaftslehre keine einheitliche Vorstellung davon, was ein Modell ist. Allgemein versteht man unter einem Modell „...ein Aussagesystem, dessen Elemente, die Einzelaussagen, hierarchisch geordnet sind, so daß sich Annahmen (Prämissen) und Implikationen (Modellergebnisse) unterscheiden lassen. Ein Modell beschreibt einen Zusammenhang zwischen Entitäten" (Schmidt/Schor 1987, 14). Reale betriebswirtschaftliche Probleme werden konzeptionell vereinfacht und in Form eines Modells abgebildet, um so ihre Analyse zu ermöglichen. Die mit der Modellbildung einhergehende Vereinfachung ist Voraussetzung dafür, dass die komplexen realen Probleme in ihrer Gesamtheit erfasst werden können. Mit der Bildung von Modellen können verschiedene Ziele verfolgt werden:

- Reine Deskription: Beschreibung menschlichen Verhaltens
- Reine Präskription: Ableitung von Handlungsempfehlungen
- Instrumentelle Präskription: Ableitung eines Instruments für wissenschaftliche Analysen und zur Entscheidungsunterstützung

Zur Deskription gehört auch die Explikation, denn deskriptive Modelle zielen darauf ab, menschliches Verhalten zu erklären und werden anhand ihrer Erklärungs- und Vorhersagekraft beurteilt (vgl. Bamberg/Trost 1996, 642).

An Modelle und Konzepte werden aus wissenschaftstheoretischer Sicht verschiedene Ansprüche gestellt. Sie können deshalb anhand verschiedener Kriterien beurteilt werden. Zu diesen Kriterien gehören:

- **Verbesserung des Konzeptverständnisses**: Das Modell sollte neue Erkenntnisse ermöglichen. Es sollte irrelevante Elemente auslassen und das Konzept vereinfacht darstellen.
- **Vorhersagekraft**: Das Modell sollte in der Lage sein, tatsächliches Verhalten einigermaßen akkurat vorherzusagen. Die durch das Modell entwickelten Entscheidungen sollten mit tatsächlichem menschlichen Verhalten möglichst weitgehend übereinstimmend sein.
- **Anwendbarkeit**: Die Anwendbarkeit eines Modells bezieht sich auf seine Nutzung zu weiterer Forschung und Lehre. Um eine gute Anwendbarkeit zu gewährleisten, muss ein Modell komplexitätsreduzierend wirken. Der Nutzen für die weitere Forschung ergibt sich aus dem Ausmaß neuer, interessanter Forschungsfragen, die durch das Modell aufgeworfen werden.

- **Ausmaß praktisch nutzbarer Erkenntnisse**: Das Modell sollte Managern Handlungsempfehlungen geben, damit diese ihr Verhalten und ihre Entscheidungen verbessern können. Die durch das Modell entwickelten Entscheidungen sollten rational sein.

(vgl. Bamberg/Trost 1996, 643; Mitchell 1999, 176-177; Beach/Mitchell 1990, 34).

In Bezug auf die **Verbesserung des Konzeptverständnisses** kann gesagt werden, dass das in dieser Arbeit entwickelte Modell geeignet ist, neue Erkenntnisse über den Beschaffungsprozess bei M&A-Dienstleistungen zu gewinnen. Dies ergibt sich aus der Tatsache, dass eine Vielzahl relevanter Einflussfaktoren auf das Verhalten identifiziert und systematisiert wurde. Außerdem stellt die Berücksichtigung von Auswahlprozesszielen im Sinne der Beachtung behavioraler Aspekte eine Erweiterung dar, die zu neuen Erkenntnissen für das Beschaffungsverhalten führt. Das Modell wurde so gestaltet, dass nur die wesentlichen Elemente des komplexen Beschaffungsvorganges betrachtet werden und auf diese Weise eine vereinfachte Darstellung des Beschaffungsprozesses möglich wird.

Diese vereinfachte Darstellung führt allerdings dazu, dass einzelne Aspekte nicht oder nur stark verkürzt betrachtet werden können. Bezüglich der Verbesserung des Konzeptverständnisses ist deshalb kritisch anzumerken, dass die Arbeit eher auf die Breite als auf die Tiefe der Erfassung der im Beschaffungsprozess auftretenden Verhaltensformen abzielt. Es war nicht möglich, auf alle im Prozess auftretenden Konstrukte in einem angemessenen Detaillierungsgrad einzugehen. So erfolgte z.B. lediglich eine indirekte Berücksichtigung des Anbieterverhaltens und seiner Auswirkungen auf das Beschaffungsverhalten. Für eine vollständige Abbildung des Beschaffungsprozesses erscheint eine eigenständige Beschäftigung mit den Interaktionen zwischen Anbietern und Nachfragern von M&A-Dienstleistungen sinnvoll. Der Fokus der Arbeit wurde jedoch aus Gründen der Übersichtlichkeit und Kohärenz auf das Verhalten der Unternehmen als Nachfrager von M&A-Dienstleistungen gelegt. Dieser Schwerpunktsetzung liegt die Annahme zugrunde, dass der Einfluss des Nachfragers auf das Beschaffungsverhalten deutlich stärker ist als der Einfluss des Anbieters. Gerade für M&A-Dienstleistungen wurde festgestellt, dass die Marketingorientierung noch vergleichsweise gering ausgeprägt ist und insofern ein geringeres Maß an Einflussnahme als z.B. in Konsumgütermärkten anzunehmen ist. Trotzdem ist das Anbieterverhalten für M&A-Dienstleistungen gerade aufgrund der persönlichen Interaktionen, die sich ergeben, relevant und es zeigt sich hier ein lohnender Ansatzpunkt für zukünftige Forschungsbemühungen.

In Bezug auf die **Vorhersagekraft des Modells** ist kritisch festzustellen, dass sich eine zentrale Einschränkung der Aussagekraft der vorliegenden Arbeit aus der fehlenden empirischen Absicherung des entwickelten Modells ergibt. Eine derartige empirische Überprüfung konnte wegen der Quantifizierungs- und Operationalisierungsprobleme im Zusammenhang mit dem Umfang und der Komplexität des entwickelten Modells nicht durchgeführt werden. Diese Schwäche wird abgemildert, da eine umfangreiche Analyse vorhandener empirischer Arbeiten erfolgte. Die Auswertung dieser empirischen Studien erlaubt jedoch lediglich die Ableitung qualitativer Aussagen, eine quantitative Auswertung im Sinne einer Meta-Analyse war auf Basis des vorliegenden Datenmaterials nicht möglich. Die Erkenntnisgewinnung basiert zudem an einigen Stellen auf Parallelschlüssen, die aus Erkenntnissen zu ähnlichen Dienstleistungen gezogen werden mussten, da für den konkreten Fall der M&A-Beratung keine empirischen Erkenntnisse verfügbar waren. Vor dem Hintergrund, dass bewusst Studien ausgewählt wurden, die sich auf vergleichbare Beschaffungssituationen beziehen, erscheint das jedoch vertretbar. Bezüglich der Vorhersagekraft des Modells lässt sich deshalb sagen, dass davon auszugehen ist, dass das Modell menschliches Verhalten zumindest in Grundzügen vorhersagen kann und dass die am Modell entwickelten Entscheidungen mit tatsächlichem menschlichem Verhalten weitgehend übereinstimmen sollten.

Mit Blick auf die **Anwendbarkeit des Modells** bleibt festzuhalten, dass durch die Strukturierung des Beschaffungsprozesses und die Identifizierung wichtiger Konstrukte die Grundlagen für eine empirische Erfassung des Beschaffungsverhaltens bei M&A gelegt wurden. Das Modell ist relativ umfangreich, da im Beschaffungsprozess eine Vielzahl von Elementen und ihre Wirkungsbeziehungen untereinander berücksichtigt werden müssen. Die Komplexität und der Umfang des Modells erschweren oder verhindern evtl. die Anwendung. Dennoch ist es so, dass das Modell bezogen auf den Beschaffungsprozess eine komplexitätsreduzierende Wirkung hat, da wesentliche Prozessschritte in Verbindung mit wesentlichen Verhaltenskomponenten gesetzt wurden und auf diese Weise ein strukturierter Überblick über den Gesamtprozess gegeben werden konnte. Weitere Forschung zu der Frage, wie der Beschaffungsprozess für M&A-Dienstleistungen gestaltet werden sollte, erscheint notwendig. Dabei sind verschiedene Aspekte von besonderem Interesse. Die empirische Überprüfung der in dieser Arbeit abgeleiteten Zusammenhänge stellt einen wichtigen weiteren Schritt im Rahmen der

Forschung zur Nachfrage nach M&A-Dienstleistungen dar. Die Forschung sollte sich zudem verstärkt der Frage widmen, wie die Interaktionen zwischen dem Anbieter und dem Nachfrager von M&A-Dienstleistungen auf das Beschaffungsverhalten und den Beschaffungsprozess wirken. Insbesondere verhaltensorientierte Ansätze sind geeignet, um diese Fragestellung zu untersuchen. Eine weitere interessante Frage, die im Rahmen dieser Arbeit nicht detailliert aufgegriffen werden konnte, ist die Frage nach möglichen Unterschieden im Beschaffungsverhalten von kleinen vs. großen und erfahrenen vs. unerfahrenen Unternehmen. Es ist anzunehmen und wurde in dieser Arbeit an verschiedenen Stellen angedeutet, dass hier beträchtliche Unterschiede bestehen. Auch eine Unterscheidung und Untersuchung nach verschiedenen strategischen Gruppen von M&A-Beratern oder verschiedenen Beratertypen erscheint sinnvoll, um zu noch konkreteren Erkenntnissen über das Beschaffungsverhalten zu gelangen.

Bezüglich des **Ausmaßes praktisch nutzbarer Erkenntnisse** ist zu sagen, dass das Modell geeignet erscheint, um praktisch nutzbare Erkenntnisse in Form von Handlungsempfehlungen abzuleiten. Es wurden verschiedene Heuristiken für Einzelentscheidungen innerhalb des Beschaffungsprozesses abgeleitet, wie z.B. die Entscheidung für externe Beratung oder die Wahl von Informationsquellen. Es wurden vielfältige Empfehlungen generiert, die auf die Verbesserung des Informations- und Entscheidungsverhaltens bei der Beschaffung von M&A-Dienstleistungen ausgerichtet sind. Eine Einschränkung ergibt sich aus der Verwendung von Heuristiken, die keine exakten Verfahren darstellen und deshalb auch nicht geeignet sind, optimale Lösungen hervorzubringen. Sie sind lediglich als Annäherung an optimale Lösungen zu verstehen. Die generierten Aussagen basieren häufig auf rein qualitativen Erkenntnissen und Plausibilitätsüberlegungen, da gesicherte empirische Erkenntnisse aus eigener Forschung nicht vorliegen. Die aus dem Modell ableitbaren Entscheidungen sind rational, wobei ein besonders wichtiger Aspekt des Erkenntnisfortschritts der Arbeit die Bestimmung eines passenden Rationalitätsbegriffes ist. Durch die Loslösung vom traditionellen Rationalitätsverständnis, das rationale Entscheidungen als Wahl der optimalen Alternative definiert, wird eine Neueinschätzung des in der Realität zu beobachtenden Beschaffungsverhaltens möglich.

Hinsichtlich des **methodischen Vorgehens** in dieser Arbeit ist anzumerken, dass trotz der Breite der in dieser Arbeit einbezogenen Theorieansätze nicht sichergestellt werden kann, dass alle relevanten Theoriebereiche erkannt und genügend berücksichtigt wurden. Die Annäherung an die M&A-Dienstleistung und das Beschaffungsverhalten kann aus vielen verschiedenen Perspektiven erfolgen, wobei die sich ergebenden Erkenntnisse sich oft ähneln oder überlappen. Um Redundanzen zu vermeiden, wurden die betrachteten Theorien derart ausgewählt, dass sie einen Erkenntnisfortschritt und neue Ergebnisse ermöglichen. Insgesamt lässt sich feststellen, dass der Ansatz der Triangulation konsequent verfolgt wurde und eine multidisziplinäre Ausrichtung in der Erkenntnissuche erkennbar ist. Die gewählte Themenstellung wurde unter bewusster Zuhilfenahme und Einbeziehung aktueller Kenntnisstände von Wissenschaft und Praxis bearbeitet. Bezüglich der Literaturarbeit ist jedoch anzumerken, dass es nur eine geringe Zahl von veröffentlichten Arbeiten gibt, die sich explizit mit der Nachfrage nach M&A-Beratung bzw. nach professionellen Dienstleistungen auseinandersetzt. Aus diesem Grund konnte die Betrachtung, insbesondere im Bereich der empirischen Studien, nicht nur auf aktuelle Arbeiten beschränkt werden.

Die Analyse des Beschaffungsprozesses erfolgte aus der Nachfragerperspektive, was die vorliegende Arbeit von der Mehrzahl anderer Veröffentlichungen unterscheidet, die die Anbieterperspektive einnehmen, um sich mit den Fragen der Angebotsgestaltung und der Vermarktung der Dienstleistungen zu befassen. Die Arbeit hat als Betrachtungsgegenstand M&A-Dienstleistungen als besonders interessante Form professioneller Dienstleistungen gewählt, weil sich an ihnen die Problematik der Beschaffung besonders gut demonstrieren lässt. M&A-Dienstleistungen weisen in besonderem Maße dienstleistungstypische Merkmale auf und führen aufgrund ihrer Komplexität und Hochwertigkeit dazu, dass sich die Auswahl eines M&A-Beraters als schwierige organisationale Entscheidung mit weitreichenden Konsequenzen darstellt. Trotz der Bezugnahme auf M&A-Dienstleistungen ist die Konzeption des Beschaffungsprozesses eher allgemein gehalten, was den Vorzug hat, dass sie eine breite Anwendbarkeit aufweist. Sie kann nicht nur auf M&A-Dienstleistungen sondern auch auf andere professionelle Dienstleistungen angewendet werden, soweit diese mit M&A-Dienstleistungen vergleichbare Charakteristika aufweisen. Aus diesem Grund können aus dieser Arbeit auch Beiträge für die Forschungsbemühungen in verwandten Dienstleistungsbereichen abgeleitet werden.

Das Gesamtmodell der Nachfrage nach M&A-Dienstleistungen stellt einen konzeptionell nutzbaren Ordnungsrahmen dar, der die Identifikation von Fehlerquellen des rationalen Verhaltens an verschiedenen Punkten im Prozessverlauf ermöglicht. Die verschiedenen eklektisch vorhandenen Erkenntnisse zum Untersuchungsgegenstand der Nachfrage nach M&A-Dienstleistungen und professionellen Dienstleistungen werden strukturiert und problemorientiert zusammengeführt. Auf diese Weise wird das Modell als Gestaltungshilfe nutzbar, weil entweder Gestaltungshinweise oder zumindest Hinweise auf sensible Bereiche, die bei ihrer strukturellen Gestaltung im Unternehmen besonderer Aufmerksamkeit bedürfen, abgeleitet werden können.

Zusammenfassend lässt sich sagen, dass die wissenschaftliche Leistung der vorliegenden Arbeit darin liegt, dass ein allgemein gültiges und breit anwendbares Modell des Beschaffungsverhaltens bei M&A-Dienstleistungen aus der Nachfragerperspektive entwickelt wurde. Dieses Modell zeichnet sich dadurch aus, dass im Gegensatz zu früheren Arbeiten keine fragmentierte Darstellung eines einzelnen Aspektes des Beschaffungsverhaltens erfolgt, sondern vielmehr auf die Ganzheitlichkeit der Betrachtung Wert gelegt wird. Das drückt sich darin aus, dass eine strukturierte Erfassung der Akteure und Objekte, der Verhaltenselemente und der Prozesselemente erfolgt. Die verschiedenen Elemente werden systematisch in Bezug zueinander gesetzt und Interdependenzen werden berücksichtigt. Die so gewonnenen Erkenntnisse erlauben die Ableitung von konkreten Handlungsempfehlungen und Entscheidungshilfen, die in der Praxis anwendbar sind.

Es ist festzustellen, dass die Arbeit einen deutlichen Beitrag zu einem besseren Verständnis des Beschaffungsprozesses von professionellen Dienstleistungen im Allgemeinen und M&A-Dienstleistungen im Besonderen leistet und somit ein deutlicher Erkenntnisfortschritt in einem bisher weitgehend vernachlässigten Forschungsfeld erreicht werden konnte.

Literaturverzeichnis

Abraham, M.; Arpagaus, J.; Michels, V.: Die Entstehung von Reputation in sozialen Systemen: Eine Projektskizze. Arbeitspapier des Instituts für Soziologie der Universität Bern, Oktober 2005.

A.T. Kearney (Hrsg.): Corporate Marriage: Blight or Bliss? Chicago 1999.

Achleitner, A.: Handbuch Investment Banking, 3. Aufl. Wiesbaden 2002.

Achleitner, A.; Wecker, R. M.; Wirtz, B.: Akteure und Phasen des M&A-Managements (I). In: Wirtschaftswissenschaftliches Studium, 2004a, H. 11, S. 1381-1384.

Achleitner, A.; Wecker, R. M.; Wirtz, B.: Akteure und Phasen des M&A-Managements (II). In: Wirtschaftswissenschaftliches Studium, 2004b, H. 12, S. 1504-1509.

Agrawal, A.; Jaffe, J.; Mandelker, G.: The Post-Merger-Performance of Acquiring Firms: A Re-Examination of an Anomaly. In: Journal of Finance, 1992, 47. Jg., S. 1605-1621.

Agrawal, A.; Jaffe, J. F.: The post-merger performance puzzle. In: Advances in mergers and acquisitions, 2000, 1. Jg., S. 7-41.

Akerlof, G. A.: The market for 'lemons': quality uncertainty and the market mechanism. In: The quarterly journal of economics, 1970, 84. Jg., H. 3, S. 488-500.

Allen, F.; Santomero, A. M.: The theory of financial intermediation. In: Journal of banking finance, 1997, 21. Jg., H. 11-12, S. 1461-1486.

Allen, L.; Jagtiani, J.; Peristiani, S.; Saunders, A.: The Role of Bank Advisors in Mergers and Acquisitions, o.O. 2002.

Armbrüster, T.; Barchewitz, C.: Marketing Instruments of Management Consulting Firms: An Empirical Study. Academy of Management Best Conference Paper, August 2004, New Orleans, S. E1-E6.

Backhaus, K.: Industriegütermarketing, 6. Aufl., München 1999.

Backhaus, K.; Günter, B.: A phase-differential interaction approach to Industrial marketing decisions. In: Industrial Marketing Management, 1976, 5. Jg., H. 5, S. 255-270.

Bamberg, G.; Coenenberg, A.G.: Betriebswirtschaftliche Entscheidungslehre, 12. Aufl., München 2004.

Bamberg, G.; Trost, R.: Entscheidungen unter Risiko: Empirische Evidenz und Praktikabilität. In: Betriebswirtschaftliche Forschung und Praxis, 1996, 48. Jg., H. 6, S. 640-662.

Barrick, J. A.; Spilker, B. C.: The relations between knowledge, search strategy, and performance in unaided and aided information search. In: Organizational Behavior and Human Decision Processes, 2003, 90. Jg., H. 1, S. 1-18.

Bauer, R. A.: Consumer Behavior as Risk Taking. In: Risk Taking and Information Handling in Consumer Behavior, hrsg. v. D. F. Cox, Boston 1967, S. 23-33.

Bauer, H.: Organisationales Beschaffungsverhalten. In: Vahlens Großes Marketing Lexikon, hrsg. v. H. Diller, München 1994, S. 837-839.

Bauer, H.H.; Sauer N.E.; Köhler, M.: Der Einfluss des Produktwissens und der Produkterfahrung auf das Informationsverhalten und die Einstellung – Theoretische und empirische Befunde am Beispiel Automobil. In: Jahrbuch der Absatz- und Verbrauchsforschung, 2003, 49. Bd., H. 3, S. 247-270.

Bausch, A: Unternehmungszusammenschlüsse: Strategien und Strukturen für kooperatives und akquisitorisches Wachstum in Industrieunternehmungen, Wiesbaden 2003.

Beach, L. R.: Broadening the Definition of Decision Making: The Role of Prechoice Screening of Options. In: Psychological Science, 1993, 4. Jg., H. 4, S. 215-220.

Beach, L. R.; Mitchell, T. R.: Image Theory: Principles, Goals, and Plans in Decision Making. In: Acta Psychologica, 1987, 66. Jg., H. 3, S. 201-220.

Beach, L. R.; Mitchell, T. R.: Image Theory: A Behavioral Theory of Decision Making in Organizations. In: Research in organizational behavior, 1990, 12. Jg., S. 1-41.

Beattie, V.; Fearnley, S.: The Importance of Audit Firm Characteristics and the Drivers of Auditor Change in UK Listed Companies. In: Accounting and Business Research, 1995, 25. Jg., H. 100, S. 227-239.

Beck, R.; Vera, A.: Make-or-Buy-Entscheidung beim Verkauf von Konzernunternehmen. In: Finanz Betrieb, 2002, H. 1, S. 6-12.

Beitel, D.: Investmentbanken in M&A-Transaktionen, Wiesbaden 2004.

Beitel, D.; Börner, C.J.; Schiereck, D.: Warum beauftragen deutsche Käuferunternehmen Investmentbanken bei der Durchführung ihrer M&A-Transaktionen? In: ZfbF, 2005, 57. Jg., H. 6, S. 283-309.

Bell, D. E.: Risk Premiums for Decision Regret. In: Management Science, 1983, 29. Jg., H. 10, S. 1156-1166.

Benson, L.; Beach, L. R.: The Effects of Time Constraints on the Prechoice Screening of Decision Options. In: Organizational Behavior and Human Decision Processes, 1996, 67. Jg., H. 2, S. 222-228.

Bettencourt, L.A.; Ostrom, A.L.; Brown, S.W.; Roundtree, R.I.: Client Co-Production in Knowledge-Intensive Business Services. In: California Management Review, 2002, 44. Jg., H. 4, S. 100-128.

Bettman, J.R.: Perceived Risk and Its Components: A Model and Empirical Test. In: Journal of Marketing Research, 1973, 10. Jg., H. 2, S. 184-190.

Bettman, J. R.; Johnson, E. J.; Payne, J. W.: A Componential Analysis of Cognitive Effort in Choice. In: Organizational Behavior and Human Decision Making, 1990, 45. Jg., H. 1, S. 111-139.

Bettman, J. R.; Luce, M. F.; Payne, J. W.: Constructive Consumer Choice Processes. In: Journal of Consumer Research, 1998, 25. Jg., H. 3, S. 187-217.

Bieberstein, I.: Dienstleistungs-Marketing, 2. Aufl., Ludwigshafen 1998.

Bierach, B.: Von der Stange. In: Wirtschaftswoche, 1996, H. 47, S. 130-132.

Bitz, M.: Erscheinungsformen und Funktionen von Finanzintermediären. In: Wirtschaftswissenschaftliches Studium, 1989, 18. Jg., H. 10, S. 430-436.

Bitz, M.: Finanzdienstleistungen, 3. Aufl. München u.a. 1997.

Blankenburg, D. A.: Die Rolle der M&A-Beratung beim Unternehmenskauf. In: M&A Review, 1996, H. 5, S.214-220.

Blum, S.B.: Mergers & Acquisitions: Dealing with intermediaries. In: Management Accounting, 1989, H. 10, S. 22-26.

Böcker, F.; Helm, R.: Marketing, 7. Aufl., Stuttgart 2003.

Böning, U.; Reuter, K.: Passion for Excellence or Passion for Ignorance. In: M&A Review, 2004, H. 2, S. 51-60.

Börner, C. J.: Kompetenzen und Zusammenschlüsse im Investmentbanking: die Perspektive von Universalbanken. In: Bank-Archiv (ÖBA), 2002, 50. Jg., H. 4, S. 273-283.

Boughton, P. D.; Nowak, L.; Washburn, J.: A decision model for marketing research relationship choices. In: The Journal of Services Marketing, 1996, 10. Jg., H. 1, S. 56-69.

Bross, H.F.; Caytas, I. G.; Mahari, J. I.: Consulting bei Mergers & Acquisitions in Deutschland: internationale Kooperation und Konkurrenz, Stuttgart 1991.

Brossard, H.L.: Information Sources Used by an Organization During a Complex Decision Process. In: Industrial Marketing Management, 1998, 27. Jg., H. 1, S. 41-50.

Brucks, M.: The Effects of Product Class Knowledge on Information Search Behavior. In: Journal of Consumer Research, 1985, 12. Jg., H. 1, S. 1-16.

Bruhn, M. (Hrsg.): Handbuch Dienstleistungsmanagement : von der strategischen Konzeption zur praktischen Umsetzung, 2. Aufl., Wiesbaden 2001.

Bürger, B.: Qualität als Differenzierungsmöglichkeit auf dem Markt für professionelle Dienstleistungen. In: Strategien und Management für Professional Service Firms, hrsg. v. M. Ringlstetter; B. Bürger; S. Kaiser, Weinheim 2004, S. 141-161.

Büschken, J.: Multipersonale Kaufentscheidungen: empirische Analyse zur Operationalisierung von Einflussbeziehungen im Buying Center, Wiesbaden 1994.

Bunn, M.D.; Clopton, S.W.: Patterns of Information Source Use Across Industrial Purchase Situation. In: Decision Sciences, 1993, 24. Jg., H. 2, S. 457-478.

Burke, L.A.; Bandick, M. A.: How to select a consultant. In: Training & Development, 1997, 51. Jg., H. 12, S. 50-51.

Cagley, J.W.; Roberts, R.C.: Criteria for Advertising Agency Selection: An Objective Appraisal. In: Journal of Advertising Research, 1984, 24. Jg., H. 2, S. 27-31.

Campbell, D.J.: Task Comlexity: A Review and Analysis. In: Academy of Management Review, 1988, 13. Jg., H. 1, S. 40-52.

Campbell, D.J.: Goal Levels, Complex Tasks, and Strategy Development: A Review and Analysis. In: Human Performance, 1991, 4. Jg., H. 1, S. 1-31.

Carter, R.; Dark, F.; Hanson, R.: Corporate takeovers and investment banker reputation, o.O. 1989.

Case, D.O.: Looking for Information. A Survey of Research on Information Seeking, Needs, and Behavior, 2. Aufl., Amsterdam u.a. 2007.

Chang, C.; Huang, C.: The Joint Effect of Product Involvement and Prior Knowledge on the Use of Information Sources and the Choice of Decision-Making Paths by Consumers. In: International Journal of Management, 2002, 19. Jg., H. 2, S. 315-320.

Chaudhuri, A.: A Macro Analysis of the Relationship of Product Involvement and Information Search: The Role of Risk. In: Journal of Marketing Theory & Practice, 2000, 8. Jg., H. 1, S. 1-15.

Cheung, F.K.T.; Leung Fung Keun, J.; Skitmore, M.: Multi-criteria evaluation model for the selection of architectural consultants. In: Construction Management and Economics, 2002, 20. Jg., H. 7, S. 569-580.

Chmielewicz, K.: Forschungskonzeptionen der Wirtschaftswissenschaften, 2. Aufl., Stuttgart 1979.

Choffray, J.; Lilien, G. L.: Assessing Response to industrial marketing strategy. In: Journal of Marketing, 1978, 42. Jg., H. 2, S. 20-31.

Christensen-Szalanski, J.J.J.: Problem Solving Strategies: A Selection Mechanism, Some Implications, and Some Data. In: Organizational Behavior and Human Performance, 1978, 22. Jg., H. 2, S. 307-323.

Chu, P.C.; Spires, E.E.: Perceptions of accuracy and effort of decision strategies. In: Organizational Behavior and Human Decision Processes, 2003, 91. Jg., H. 2, S. 203-214.

Clark, T.; Mabey, C.: The Changing Use of Executive Recruitment Consultancies: 1989-1993. In: Journal of General Management, 1994, 20. Jg., H. 2, S. 42-54.

Corcoran, J.; McLean, F.: The selection of management consultants. How are governments dealing with this difficult decision? An exploratory study. In: International Journal of Public Sector Management, 1998, 11. Jg., H. 1, S. 37-54.

Cox, A.: Beschaffungswesen und Unternehmensstrategie: strategische und betriebswirtschaftliche Bedeutung der Beschaffung für den wirtschaftlichen Erfolg. In: Handbuch Beschaffung: Strategien, Methoden, Umsetzung, hrsg. v. R. Boutellier/S.M. Wagner/H.P. Wehrli, München u.a. 2003, S. 81-97.

Cox, D.F.: Risk-Taking and Information Handling in Consumer Behavior, Boston 1967.

Cox, D.F.: Clues for Advertising Strategists. In: Risk Taking and Information Handling in Consumer Behavior, hrsg. v. D.F. Cox, Boston 1967a, S. 112-151.

Cox, D.F.: Risk-Taking and Information Handling in Consumer Behavior. In: Risk Taking and Information Handling in Consumer Behavior, hrsg. v. D.F. Cox, Boston 1967b, S. 604-639.

Cox, Donald: Risk Handling in Consumer Behavior. In: Risk Taking and Information Handling in Consumer Behavior, hrsg. v. D.F. Cox, Boston 1967c, S. 34-81.

Cramme, C.: Informationsverhalten als Determinante organisationaler Entscheidungseffizienz, München u.a. 2005.

Creyer, E.H.; Kozup, J.C.: An examination of the relationships between coping styles, task-related affect, and the desire for decision assistance. In: Organizational Behavior and Human Decision Processes, 2003, 90. Jg., H. 1, S. 37-49.

Crittenden, V.L.; Scott, C.A.; Moriarty, R.T.: The Role of Prior Product Experience in Organizational Buying Behavior. In: Advances in Consumer Research, 1987, 14. Jg., H. 1, S. 387-391.

Cunningham, S.M.: The Major Dimensions of Perceived Risk. In: Risk-Taking and Information Handling in Consumer Behavior, hrsg. v. D.F. Cox, Boston 1967, S. 82-108.

Cunningham, L.F.; Gerlach, J.; Harper, M.D.: Assessing Perceived Risk of Consumers in Internet Airline Reservations Services. In: Journal of Air Transportation, 2004, 9. Jg., H. 1, S. 21-35.

Darby, M.R.; Karni, E.: Free competition and the Optimal Amount of Fraud. In: Journal of Law and Economics, 1973, 16. Jg., H. 1, S. 67-88.

Dawes, P.L.; Dowling, G.R.; Patterson, P.G.: Criteria Used to Select Management Consultants. In: Industrial Marketing Management, 1992, 21. Jg., H. 3, 187-193.

Dawes, Philip L.; Dowling, Grahame R.; Patterson, Paul G.: Determinants of Pre-Purchase Information Search Effort for Management Consulting Services. In: Journal of Business-to-Business Marketing, 1993, 1. Jg., H. 1, S. 31-61.

Day, E.; Barksdale, H.C.: Selecting a professional service provider from the short list. In: Journal of Business & Industrial Marketing, 2003, 18. Jg., H. 6/7, S. 564-579.

Day, E.; Barksdale, H.C.: Organizational Purchasing of Professional Services. The Process of Selecting Providers. In: Journal of Business & Industrial Marketing, 1994, 9. Jg., H. 3, S. 44-51.

Day, E.; Barksdale, H.C.: How Firms Select Professional Services. In: Industrial Marketing Management, 1992, 21. Jg., H. 2, S. 85-91.

Degraeve, Z.; Labro, E.; Roodhooft, F.: Constructing a Total Cost of Ownership supplier selection methodology based on Activity-Based Costing and mathematical programming. In: Accounting & Business Research, 2005, 35. Jg., H. 1, S. 3-27.

Deibert, V.: M&A-Berater für Small- und MidCaps - Das Instrumentarium der Großen. In: Venture Capital, 2003, Sonderbeilage Mergers & Acquisitions, S. 6-8.

Deiß, C.: M&A-Beratung in Deutschland - Funktionen und Akteure. In: M&A Review, 1997a, H. 11, S. 488-498.

Deiß, C.: M&A-Beratung in Deutschland - Organisation und Wettbewerbsstruktur. In: M&A Review, 1997b, H. 12, S. 539-542.

Doney, P.M.; Armstrong, G.M.: Effects of Accountability on Symbolic Information Search and Information Analysis by Organizational Buyers. In: Journal of the Academy of Marketing Science, 1996, 24. Jg., H. 1, S. 57-65.

Dufey, G.; Hommel, U. : Mergers & Acquisitions. In: Geld-, Bank- und Börsenwesen: Handbuch des Finanzsystems, hrsg. v. J. v. Hagen; J. H. v. Stein, Stuttgart 2000, S. 963-986.

Eichenberger, R.: Verhaltensanomalien und Wirtschaftswissenschaft: Herausforderung, Reaktionen, Perspektiven, Wiesbaden 1992.

Eichenseher, J.W.; Shields, D.: The Correlates of CPA-Firm Change for Publicly-Held Corporations. In: Auditing: A Journal of Practice & Theory, 1983, 2. Jg., H. 2, S. 23-37.

Eichler, B.: Beschaffungsmarketing und –logistik: strategische Tendenzen der Beschaffung, Prozessphasen und Methoden, Organisation und Controlling, Herne u.a. 2003.

Einhorn, H.J.; Hogarth, R.M.: Behavioral Decision Theory: Processes of Judgment and Choice. In: Annual Review of Psychology, 1981, 32. Jg., S. 53-88.

Engelhardt, W.H.; Günter, B.: Investitionsgüter-Marketing, Stuttgart u.a. 1981.

Enke, M.; Greschuchna, L.: Aufbau von Vertrauen in Dienstleistungsinteraktionen durch Instrumente der Kommunikationspolitik. Dargestellt am Beispiel der Beratung kleiner und mittlerer Unternehmen. Freiberger Arbeitspapier Nr. 6, 2005, Technische Universität Bergakademie Freiberg.

Fandt, P.M.; Ferris, G.R: The management of information and impressions: when employees behave opportunistically. In: Organizational Behaviour and Human Decision Process, 1990, 45 Jg., H. 1, S. 140-158.

Fennema, M.G.; Kleinmuntz, D.N.: Anticipations of Effort and Accuracy in Multiattribute Choice. In: Organizational Behavior and Human Decision Processes, 1995, 63. Jg., H. 1, S. 21-32.

Festinger, L.: Theorie der kognitiven Dissonanz, Bern u.a. 1978.

Fink, D.: Die Hidden Champions des Beratungsmarktes. In: Manager-Magazin 2006, http://www.managermagazin.de/unternehmen/beratertest/ 0,2828,427412,00.html, Abfragedatum: 25.09.2007.

Fischer, M.: Trick or treat: was bringt eigentlich ein M&A-Berater? In: Unternehmensnachfolge im Mittelstand, hrsg. v. H. Brost, Frankfurt am Main 2005, S. 171-192.

Floyd, J.: How to select the best consultant for you. In: North Western Financial Review, 2004, 189. Jg., H. 11, S. 8.

Fombrun, C.; Shanley, M.: What's in a name? Reputation Building and Corporate Strategy. In: Academy of Management Journal, 1990, 33. Jg., H. 2, S. 233-258.

Ford, G.T.; Smith, D.B.; Swasy, J.L.: An Empirical Test of the Search, Experience and Credence Attributes Framework. In: Advances in Consumer Research, 1988, 15. Jg., H. 1, S. 239-243.

Frank, B.: M&A-Boom vor dem Gipfel. In: Venture Capital Magazin, 2007, H. 8-9, S. 10-14.

Frable Jr., F.: How to select the best architect, designer or consultant. In: Nation's Restaurant News, 1997, 31. Jg., H. 28, S. 42-43.

Freimann, J.: Das Theorie-Praxis-Dilemma der Betriebswirtschaftslehre. In: Das Theorie-Praxis-Problem der Betriebswirtschaftslehre: Tagung der Kommission Wissenschaftstheorie, hrsg. v. W. F. Fischer-Winkelmann, Wiesbaden 1994, S. 7-24.

Fritz, W.; Effenberger, J.: Strategische Unternehmensberatung. Verlauf und Erfolg von Projekten der Strategieberatung. In: DBW, 1998, 58. Jg., H. 1, S. 103-118.

Gallouj, C.: Asymmetry of information and the service relationship: selection and evaluation of the service provider. In: International Journal of Service Industry Management, 1997, 8. Jg., H. 1, S. 42-64.

Gemar, H.P.: Professionelle Standards sollen dem M&A-Markt auf die Sprünge helfen. In: Handelsblatt, 15.03.2006, S. 6.

Gemünden, H.G.: Wahrgenommenes Risiko und Informationsnachfrage. In: Marketing ZFP, 1985, 7. Jg., H. 1, S. 27-38.

George, W.R.; Solomon, P.J.: Marketing strategies for improving practice development. In: Journal of Accountancy - Professional Notes, 1980, 149. Jg., Heft 2, S. 79-84.

Gierl, H.; Stich, A.: Sicherheitswert und Vorhersagewert von Qualitätssignalen. In: ZfbF, 1999, 51. Jg., H. 1, S. 5-32.

Grether, D.M.; Wilde, L.L.: Consumer Choice and Information. New Experimental Evidence. In: Information Economics and Policy, 1983, H. 1, S. 115-144.

Grönroos, C.: An Applied Theory for Marketing Industrial Services. In: Industrial Marketing Management, 1979, 8. Jg., H. 1, S. 45-50.

Grönroos, C.: A service quality model and its marketing implications. In: European Journal of Marketing, 1984, 18. Jg., H. 4, S. 36-44.

Grønhaug, K.: Risk Indicators, Perceived Risk and Consumer's Choice of Information Sources. In: Swedish Journal of Economics, 1972, 74. Jg., H. 2, S. 246-262.

Gummesson, E.: Toward a Theory of Professional Service Marketing. In: Industrial Marketing Management, 1978, 7. Jg., H. 2, S. 89-95.

Guo, C.: A Review on Consumer External Search: Amount and Determinants. In: Journal of Business and Psychology, 2001, 15. Jg., H. 3, S. 505-519.

Guseman, D.S.: Risk Perception and Risk Reduction in Consumer Services. In: Marketing of Services – AMA´s Special Conference on Services Marketing, hrsg. v. J.H. Donnelly/ W.R. George, Orlando 1981, S. 200-204.

Gustafson, D.P.; DiMarco, N.J.: The Management Consultant Selection Process. In: Academy of Management Proceedings, 1973, S. 166-172.

Gutenberg, E.: Die Unternehmung als Gegenstand betriebswirtschaftlicher Theorie, München und Wien 1929.

Haarmann Hemmelrath (Hrsg.): Exit-Management in Beteiligungsgesellschaften. Ergebnisse einer Studie der Haarmann Hemmelrath Management Consultants GmbH in Zusammenarbeit mit der Technischen Universität Braunschweig, Düsseldorf 2002.

Haase, M.: Dienstleistungsökonomik: Theorie der Dienstleistungsökonomik ohne Dienstleistung? In: Dienstleistungsökonomie, hrsg. v. H. Corsten/R. Gössinger, Berlin 2005, S. 9-53.

Häcker, C.: Information asymmetries and investment banking in mergers & acquisitions, Frankfurt am Main 2007.

Haller, S.: Beurteilung von Dienstleistungsqualität: dynamische Betrachtung des Qualitätsurteils im Weiterbildungsbereich, Wiesbaden 1995.

Hammond, K.: A theoretically based review of theory and research in judgment and decision making, Report 260, University of Colorado, Center for Research on Judgment and Policy, Boulder CO 1986.

Hansen, R.G.: A theory for the choice of exchange medium in mergers and acquisitions. In: The journal of business, 1987, 60. Jg., H. 1, S. 75-95.

Hawranek, F.: Schnittstellenmanagement bei M&A-Transaktionen, Wiesbaden 2004.

Haynes, J.B.; Rothe, J.T.: Competitive Bidding for Marketing Research Services: Fact or Fiction? In: Journal of Marketing, 1974, 38. Jg., H. 3, S. 69-71.

Hedtstück, M.; Strick, S.: Der Kunde wird König. Das schwierige Verhältnis von Konzern-M&A-Teams und Investmentbanken. In: Finance, Heft 6, 26.05.2006, S. 64.

Hershey, J.C.; Schoemaker, P.J.H.: Prospect theory's reflection hypothesis: A critical examination. In: Organizational Behavior and Human Performance, 1980, 25. Jg., S. 395-418.

Höck, M.; Keuper, F.: Empirische Untersuchung zur Auswahl und Kompetenz von Beratungsgesellschaften. In: DBW, 2001, 61. Jg., H. 4, S. 427-442.

Hohnhaus, W.: Erfolg der M&A-Beratung bei Unternehmenstransaktionen. Strukturelle Voraussetzungen und funktionale Beiträge aus Kundensicht, Wiesbaden 2004.

Homburg, C.; Werner, H.: Situative Determinanten relationalen Beschaffungsverhaltens. In: ZfbF, 1998, 50. Jg., H. 11, S. 979-1009.

Hülsmann, R.: Schwere Wahl. In: Finance, März 2005, S. 20.

Hunter, W.C.; Jagtiani, J.: Merger Advisory Fees and Advisors' Effort, Chicago 2000.

Inman; J.J.; Zeelenberg, M.: Regret in Repeat Purchase versus Switching Decisions: The Attenuating Role of Decision Justifiabilitiy. In: Journal of Consumer Research, 2002, 29. Jg., S. 116-128.

Jaakkola, E.: Purchase decision-making within professional consumer services. Organizational or consumer buying behaviour? In: Marketing Theory, 2007, 7. Jg., H. 1, S. 93-108.

Jacob, A.; Klein, S.: Investment Banking: Bankpolitik, Methoden und Konzepte, Wiesbaden 1996.

Jansen, S.: Mergers & Acquisitions : Unternehmensakquisitionen und –kooperationen; eine strategische, organisatorische und kapitalmarkttheoretische Einführung, 4. Aufl., Wiesbaden 2001.

Jeschke, K.: Marketing für Beratungsleistungen. In: Marketing ZFP, 2004a, 26. Jg., H. 2, S. 159-171.

Jeschke, K.: Marketingmanagement der Beratungsunternehmung, 2004b.

Jung, H.: Allgemeine Betriebswirtschaftslehre, 10. Aufl., München u.a. 2006.

Kaas, K.P.: Marketing als Bewältigung von Informations- und Unsicherheitsproblemen im Markt. In: DBW, 1990, 50. Jg., H. 4, S. 539-548.

Kaas, K.P.: Marktinformationen: Screening und Signaling unter Partnern und Rivalen. In: ZfB, 1991, 61. Jg., H. 3, S. 357-370.

Kaas, K. P.: Kontraktgütermarketing als Kooperation zwischen Prinzipalen und Agenten. In: ZfbF, 1992, 44. Jg., H. 10, S. 884-901.

Kaas, K. P.; Schade, C.: Unternehmensberater im Wettbewerb: eine empirische Untersuchung aus der Perspektive der neuen Institutionslehre. In: ZfB, 1995, 65. Jg., H. 10, S. 1067-1089.

Kaas, K. P.; Busch, A.: Inspektions-, Erfahrungs- und Vertrauenseigenschaften von Produkten. Theoretische Konzeption und empirische Validierung. In: Marketing ZFP, 1996, 18. Jg., H. 4, S. 243-251.

Kale, J. R.; Kini, O.; Ryan, H. E.: On the Participation and Reputation of Financial Advisors in Corporate Acquisitions, o.O. 1998.

Karantinou, K. M.; Hogg, M.K.: Exploring Relationship Management in Professional Services: A Study of Management Consultancy. In: Journal of Marketing Management, 2001, 17. Jg., H. 3/4, S. 263-286.

Kahnemann, D.; Miller, D.T.: Norm Theory: Comparing Reality to Its Alternatives. In Psychological Review, 1986, 93. Jg., H. 2, S. 136-153.

Kahnemann, D.; Tversky, A.: Prospect Theory: An analysis of decision under risk. In: Econometrica, 1979, 47. Jg., H. 2, S. 263-292.

Kerler, P.: Mergers & Acquisitions und Shareholder Value, Bern u.a. 2000.

Kesner, I.F.; Shapiro, D.L.; Sharma, A.: Brokering Mergers: An Agency Theory Perspective on the Role of Representatives. In: Academy of Management Journal, 1994, 37. Jg., H. 3, S. 703-721.

Kieser, A.; Nicolai, A.: Mit der Theorie die wilde Praxis reiten, valleri, vallera, valleri? In: DBW, 2003, 63. Jg., H. 5, S. 589-593.

Kießler, O.: Betriebswirtschaftslehre - eine Theorie der wirtschaftlichen Praxis. In: Das Theorie-Praxis-Problem der Betriebswirtschaftslehre: Tagung der Kommission Wissenschaftstheorie, hrsg. v. W. F. Fischer-Winkelmann, Wiesbaden 1994, S. 55-71.

Kirsch, W.: Die Handhabung von Entscheidungsproblemen. Einführung in die Theorie der Entscheidungsprozesse, 5. Aufl., München 1998.

Kißling, V.: Beschaffung professioneller Dienstleistungen: eine empirische Untersuchung zum Transaktionsverhalten, Berlin 1999.

Klein, N.M.; Yadav, M.S.: Context Effects on Effort and Accuracy in Choice: An Enquiry into Adaptive Decision Making. In: Journal of Consumer Research, 1989, 15. Jg., H. 4, S. 411-421.

Kleinaltenkamp, M.: Investitionsgüter-Marketing aus informationsökonomischer Sicht. In: ZfbF, 1992, 44. Jg., H. 9, S. 809-829.

Kleinaltenkamp, M.: Integrativität als Baustein einer Theorie der Dienstleistungsökonomie: In: Dienstleistungsökonomie, hrsg. v. H. Corsten /R. Gössinger, Berlin 2005, 55-83.

Kleinaltenkamp, M.: Dienstleistungsmarketing, Stuttgart 2007.

Klinck, M.: Fernglas, Flinte und Metzger. In: Financial Times Deutschland, 7. Oktober 2005, S. A2.

König, E.; Volmer, G.: Systemische Organisationsberatung. Grundlagen und Methoden, 4. Aufl., Weinheim 1996.

Kohr, J.: Die Auswahl von Unternehmensberatungen: Klientenverhalten - Beratermarketing, München u.a. 2000.

Kosnik, R.D.; Shapiro, D.L.: Agency conflicts between investment banks and corporate clients in merger and acquisition transactions: Causes and remedies. In: Academy of Management Executive, 1997, 11. Jg., H. 1, S. 7-20.

Kottke, N.: Entscheidungs- und Anlageverhalten von Privatinvestoren, Wiesbaden 2005.

Kovar, S.E.; Mauldin, E.G.: Consulting the Consultants – Using External Services Strategically. In: Strategic Finance, 2007, 89. Jg., H. 5, S. 31-37.

Kroeber-Riel, W.; Weinberg, P.: Konsumentenverhalten, 6. Aufl., München 1996.

Krauß, H.-U.: Fusionsberatung: Externe als Moderatoren. In: Bank und Markt, H. 1, 1999, S. 26-28.

Krebs, D.: Unternehmensberatung in der Bundesrepublik Deutschland: eine statistische Untersuchung unter besonderer Berücksichtigung der Entstehung der Struktur, sowie des Wirtschaftsverständnisses und der Selbsteinschätzung eines betriebswirtschaftlichen Funktionsträgers, Bochum 1980.

Kunz, W.: Intangibilität von Leistungsbündeln – Eine informationsökonomische Betrachtung. Arbeitspapier, Arbeitspapierreihe „Kundenintegration in Innovationsprozesse", München 2002.

Lachnit, L.; Müller, S.: Nutzung von Unternehmensberatung in mittelständischen Unternehmen. In: Der Betrieb, 1993, 46. Jg., H. 28, S. 1381-1386.

Landgraf, R.: Die Königsdisziplin Mergers & Acquisitions steckt in der Krise. In: Handelsblatt, 27.11.2002, S. b02.

Landman, J.: Regret and Elation following Action and Inaction. In: Personality and Social Psychology Bulletin, 1987, 13. Jg., H. 4, S. 524-536.

Lapierre, J.: What does value mean in business-to-business professional services? In: International Journal of Service Industry Management, 1997, 8. Jg., H. 5, S. 377-397.

Lapierre, J.: The Role of Corporate Image in the Evaluation of Business-to-Business Professional Services: The Case of Consulting Engineers. In: Journal of Professional Services Marketing, 1998, 16. Jg., H. 1, S. 21-41.

Larrick, R.P.: Motivational Factors in Decision Theories: The Role of Self-Protection. In: Psychological Bulletin, 1993, 113. Jg., H. 3, S. 440-450.

Laux, H.: Entscheidungstheorie, 7. Aufl., Berlin u.a. 2007.

Lee, H.; Herr, P.M.; Kardes, F.R.; Kim, C.: Motivated Search: Effects of Choice Accountability, Issue Involvement, and Prior Knowledge on Information Acquisition and Use. In: Journal of Business Research, 1999, 45. Jg., H. 1, S. 75-88.

Leland, H.E.; Pyle, D.H.: Informational asymmetries, financial structure, and financial intermediation. In: The journal of finance, 1977, 32. Jg., H. 2, S. 371-416.

Ling, T.M.Y.; Fang, C.: The effects of perceived risk on the word-of-mouth communication dyad. In: Social Behavior and Personality, 2006, 34. Jg., H. 10, S. 1207-1216.

Ling, Y.Y.; Ofori, G.; Low, S.P.: Evaluation and Selection of Consultants for Design-Build Projects. In: Project Management Journal, 2003, 34. Jg., H. 1, S. 12-22.

Lo, V.: Arbeitsbericht Nr. 3: Der M&A-Markt in Deutschland, Frankfurt am Main 1999.

Löwe, C.: Globale Trends im Investmentbanking. In: Umbau der Finanzindustrie, hrsg. v. J. P. Krahnen/B. Rudolph, Frankfurt am Main 1997, S. 131-151.

Lorenz-Meyer, D.: Management industrieller Dienstleistungen: ein Leitfaden zur effizienten Gestaltung von industriellen Dienstleistungsangeboten, Wiesbaden 2004.

Lowinski, F; Schiereck, D.; Thomas, T.W.: The effect of (cross border) acquisitions on shareholder wealth - Evidence from Switzerland, o.O. 2003.

Luce, M.F.; Bettman, J.R.; Payne, J.W.: Emotional Decisions. Tradeoff Difficulty and Coping in Consumer Choice, Chicago 2001.

Lucks, K.; Meckl, R.: Internationale Mergers & Acquisitions: der prozessorientierte Ansatz, Berlin u.a. 2002.

Maehrle, H.; Friedrich, M.: Konzertierung des M&A-Prozesses durch M&A-Berater. Auswahl des M&A-Beraters und seine Rolle für einen erfolgreichen M&A-Prozess. In: VentureCapital, Sonderbeilage "Munich Private Equity Training 2007", 27.07.07, S. 10-11.

Marchesi, R.F.: How to Select a Consultant for Your Fund. In: Financial Analysts Journal, 1989, 45. Jg., H. 1, S. 4-7.

McDougall, G.H.G.; Levesque, T.J.: A Revised View of Service Quality Dimensions: An Empirical Investigation. In: Journal of Professional Services Marketing, 1994, 11. Jg., H. 1, S. 189-209.

McLaughlin, R. M.: Adverse Contract Incentives and Investment Banker Reputation: Target Firm Tender Offer Fees. In: The Journal of Financial Research, 1996, XIX. Jg., S. 135-156.

Meffert, H.; Bruhn, M.: Dienstleistungsmarketing: Grundlagen - Konzepte - Methoden, 5. Aufl., Wiesbaden 2006.

Meffert, H.: Unternehmensberatung und Unternehmensführung – Eine empirische Bestandsaufnahme. In: DBW, 1990, 50. Jg., H. 2, S. 181-197.

Meckl, R.: Personalarbeit und Outsourcing. In: Personalarbeit und Outsourcing, hrsg. v. R. Meckl, Frechen 1999, S. 7-48.

Meckl, R.: Organisation und Steuerung des Akquisitionsprozesses. In: Handbuch Mergers & Acquisitions Management, hrsg. v. B. Wirtz, Wiesbaden 2006, S. 405-428.

Menon, M.K.; McGinnis, M.A.; Ackerman, K.B.: Selection Criteria for Providers of Third-Party Logistics Services: An Exploratory Study. In: Journal of Business Logistics, 1998, 19. Jg., H. 1, S. 121-137.

Merz, H.: Berater und Mittler bei Unternehmensverkäufen und Fusionen, München u.a. 1994.

Milewicz, J.; Herbig, P.: Differences in Market Signaling Behavior Between Manufacturers and Service Firms. In: Journal of Professional Services Marketing, 1996, 14. Jg., H. 2, S. 3-23.

Mintzberg, H.: The nature of managerial work, New York 1973.

Mitchell, V.W.: Problems and Risks in the Purchasing of Consultancy Services. In: Service Industries Journal, 1994, 14. Jg., H. 3, S. 315-339.

Mitchell, V.W.: Organizational Risk Perception and Reduction: A Literature Review. In: British Journal of Management, 1995, 6. Jg., H. 2, S. 115-133.

Mitchell, V.W.: Consumer perceived risks: conceptualisations and models. In: European Journal of Marketing, 1999, 33. Jg., H. 1/2, S. 163-195.

Mitchell, V.W.; Moutinho, L.; Lewis, B.R.: Risk Reduction in Purchasing Organisational Professional Services. In: Service Industries Journal, 2003, 23. Jg., H. 5, S. 1-19.

Moriarty, R.; Spekman, R.E.: An Empirical Investigation of the Information Sources Used During the Industrial Buying Process. In: Journal of Marketing Research, 1984, 21. Jg., H. 2, S. 137-147.

Mourali, M.; Laroche, M.; Pons, F.: Antecedents of consumer relative preference for interpersonal information sources in pre-purchase search. In: Journal of Consumer Behaviour, 2005, 4. Jg., H. 5, S. 307-318.

Müller-Stewens, G.; Spickers, J.; Deiss, C.: Mergers & acquisitions: Markttendenzen und Beraterprofile, Stuttgart 1999.

Mugler, J.; Lampe, R.: Betriebswirtschaftliche Beratung von Klein- und Mittelbetrieben. In: Betriebswirtschaftliche Forschung und Praxis, 1987, 39. Jg., H. 6, S. 477-493.

Murphy, P.R.; Daley, J.M.: Investigating Selection Criteria for International Freight Forwarders. In: Transportation Journal, 1997, 37. Jg., H. 1, S. 29-36.

Murray, K.B.: A Test of Services Marketing Theory: Consumer Information Acquisition Activities. In: Journal of Marketing, 1991, 55. Jg., H. 1, S. 10-25.

Murray, K.B.; Schlacter, J.L.: The Impact of Services versus Goods on Consumers' Assessment of Perceived Risk and Variability. In: Journal of the Academy of Marketing Sciences, 1990, 18. Jg., H. 1, S. 51-65.

Myers, J.H.: Measuring Customer Satisfaction: Is Meeting Expectations Enough? In: Marketing Research, 1991, 3. Jg., H. 4, S. 35-43.

Nelson, P.: Information and Consumer Behavior. In: Journal of Political Economy, 1970, 78. Jg., H. 2, S. 311-329.

Nelson, P.: Advertising as Information. In: Journal of Political Economy, 1974, 78. Jg., H. 4, S. 729-754.

Nikolova, N.: The client-consultant relationship in professional business service firms, Köln 2007.

O'Farrell, P.N.; Moffat, L.A.R.: An Interaction Model of Business Service Production and Consumption. In: British Journal of Management, 1991, 2. Jg., H. 4, S. 205-221.

O'Reilly, C.A.: Variations in Decision Makers' Use of Information Sources: The Impact of Quality and Accessibility of Information. In: Academy of Management Journal, 1982, 25. Jg., H. 4, S. 756-771.

Oleownik, S.; Bußmann, M.: Akquisitionsstrategien börsennotierter Aktiengesellschaften in Deutschland. Ergebnisse einer empirischen Studie. In: M&A Review, 2002, H. 5, S. 244-248.

o.V.(a): Die Regenmacher. In: Capital, Nr. 12, 25.05.2005, S. 72.

o.V.(b): Interview mit Continental-Finanzchef Alan Hippe und Marcus Schenck, Partner von Goldman Sachs. In: Börsenzeitung, Nr. 32, 16. Februar 2005, S. 13.

Panayides, P.M.; Cullinae, K.P.B.: The vertical disintegration of ship management: choice criteria for third party selection and evaluation. In: Maritime Policy & Management, 2002, 29. Jg., H. 1, S. 45-64.

Pálffy von Erdöd, P.: Der Einsatz von Unternehmensberatern, Augsburg 1984.

Patterson, P.G.; Spreng, R.A.: Modelling the relationship between perceived value, satisfaction and repurchase intentions in a business-to-business context: an empirical examination. In: International Journal of Service Industry Management, 1997, 8. Jg., H. 5, S. 414-434.

Parasuraman, A.; Zeithaml, V.A.; Berry, L.L.: A Conceptual Model of Service Quality and Its Implications for Future Research. In: Journal of Marketing, 1985, 49. Jg., H. 4, S. 41-50.

Parasuraman, A.; Zeithaml, V.A.; Berry, L.L.: SERVQUAL: A Multiple-Item Scale for Measuring Customer Perceptions of Service Quality. In: Journal of Retailing, 1988, 64. Jg., H. 1, S. 12-40.

Payne, J. W.: Task complexity and contingent processing in decision-making. An information search and protocol analysis. In: Organizational Behavior and Human Performance, 1976, 16. Jg., S. 366-387.

Payne, J.W.; Bettman, J.R.; Luce, M.F.: When Time is Money: Decision Behavior under Opportunity-Cost Time Pressure. In: Organizational Behavior and Human Decision Processes, 1996, 66. Jg., H. 2, S. 131-152.

Picot, A.; Reichwald, R.; Wigand, R.T.: Die grenzenlose Unternehmung. Information, Organisation und Management, 4. Aufl., Wiesbaden 2003.

Porter, A.M.: How one firm automated its professional services buy. In: Purchasing, 21. September 2000, S. S52-S59.

Porter, M.E.: The structure within industries and companies' performance. In: Review of Economics and Statistics, 1979, 61. Jg., H. 2, S. 214–227.

Prechtl, A.; Völker-Albert, J.-H.: Die Bedeutung von Informationen, Garantien und Reputation bei integrativer Leistungserstellung, Diskussionsbeitrag Nr. 365, FernUniversität Hagen, Juli 2004.

Rao, C.P.; Kelkar, M.M.: Relative Impact of Performance and Importance Ratings on Measurement of Service Quality. In: Journal of Professional Services Marketing, 1997, 15. Jg., H. 2, S. 69-86.

Ratchford, B.T.; Andreasen, A.A.: A Study of Consumer Perceptions of Decisions. In: Advances in Consumer Research, 1974, 1. Jg., H. 1, S. 334-345.

Rau, R.: Investment Bank Market Share, Contingent Fee Payments, and the Performance of Acquiring Firms. In: Journal of Financial Economics, 2000, 56. Jg., S. 293-324.

Rau, P. R.; Rodgers, K. J.: Do Bidders Hire Top-tier Investment Banks to Certify Value? Arbeitspapier, Purdue University, Januar 2002.

Reicheneder, T.: Investment banking: Mergers & Acquisitions, Buyouts, Junk Bonds, Going Public, Wiesbaden 1992.

Rohleder, M.: Einmal geschaffene Beratungsplattform sichert Folgegeschäfte. In: Handelsblatt, 29.04.1999, Nr. 82, S. 73.

Roodhooft, F.; Van den Abbeele, A.: Public procurement of consulting services. Evidence and comparisons with private companies. In: International Journal of Public Sector Management, 2006, 19. Jg., H. 5, S. 490-512.

Rützel, S.; Jürgens, A.: M&A-Berater: Haftungsrisiken und Haftungsvermeidung. In: M&A Review, 1999, H. 12, S. 521-525.

Russo, A.; Perrini, F.: The Real Cost of M&A Advice. In: European Management Journal, 2006, 24. Jg., H. 1, S. 49-58.

Russo, E.J.; Meloy, M.G.; Wilks, J.T.: Predecisional Distortion of Information by Auditors and Salespersons. In: Management Science, 2000, 46. Jg., H. 1, S. 13-27.

Sanbonmatsu, D.M.; Kardes, F.R.; Houghton, D.C.; Ho, E.A.; Posavac, S.S.: Overestimating the Importance of the Given Information in Multiattribute Consumer Judgment. In: Journal of Consumer Psychology, 2003, 13. Jg., H. 3, S. 289-300.

Sands, J.; McPhail, J.: Choice Criteria of Listed Australian Public Companies for Selecting an Auditor: An Exploratory Study. In: International Journal of Business Studies, 2003, 11. Jg., H. 1, S. 109-133.

Scandura, T.A.; Williams, E.A.: Research Methodology in Management: Current Practices, Trends, and Implications for Future Research. In: Academy of Management Journal, 2000, 43. Jg., H. 6, S. 1248-1264.

Schade, C.; Schott, E.: Kontraktgüter im Marketing. In: Marketing ZFP, 1993a, 15. Jg., H. 1, S. 15-25.

Schade, C.; Schott, E.: Instrumente des Kontraktgütermarketing. In: Die Betriebswirtschaft, 1993b, 53. Jg., H. 4, S. 491-511.

Scherm, E.: Outsourcing – Ein komplexes, mehrstufiges Entscheidungsproblem. In: Zeitschrift für Planung, 1996, 7. Jg., H. 1, S. 45-60.

Schiele, J.J.: Meaningful involvement of municipal purchasing departments in the procurement of consulting services: Case studies from Ontario, Canada. In: Journal of Purchasing & Supply Management, 2005, 11. Jg., H. 11, S. 14-27.

Schmidt, R. H.; Schor, G.: Modell und Erklärung in den Wirtschaftswissenschaften. In: Modelle in der Betriebswirtschaftslehre, hrsg. v. R. H. Schmidt/G. Schor, Wiesbaden 1987, S. 9-36.

Schmitz, G.: Marketing für professionelle Dienstleistungen: Bedeutung und Dynamik der Geschäftsbeziehungen, dargestellt am Beispiel Wirtschaftsprüfung, Wiesbaden 1997.

Schmitz, R.: Mergers & Acquisitions-Beratung als Bankdienstleistung: Grundlagen und Probleme, Wiesbaden 1993.

Schnabel, A.: Gefühlvolle Entscheidung und entscheidende Gefühle. Emotionen als Herausforderung für Rational Choice-Theorien. In: Kölner Zeitschrift für Soziologie und Sozialpsychologie, 2005, 57. Jg., H. 2, S. 278-307.

Schroder, H.; Driver, M.; Streufert, S.: Human information processing. New York 1967.

Schruck, C.; Loy, M.: Die Anforderungen wachsen. In: Handelsblatt, 28.06.2006, Nr. 122, S. b09.

Schuler, U.K.: A Risk-Information Perspective on the Marketing of M&A Advisory, Bern u.a. 2004.

Schwaiger, M.: Components and parameters of corporate reputation – an empirical study. In: Schmalenbach Business Review, 2004, 56. Jg., H. 1, S. 46-71.

Scott, D.R.; van der Walt, N.T.: Choice criteria in the selection of international accounting firms. In: European Journal of Marketing, 1995, 29. Jg., H. 1, S. 27-39.

Selnes, F.; Grønhaug, K.: Subjective and Objective Measures of Product Knowledge Contrasted. In: Advances in Consumer Research, 1986, 13. Jg., H. 1, S. 67-71.

Servaes, H.; Zenner, M.: The Role of Investment Banks in Acquisition. In: The Review of Financial Studies, 1996, H. 9, S. 787-815.

Sharp, B.: Brand Equity and Market-Based Assets of Professional Service Firms. In: Journal of Professional Services Marketing, 1995, 13. Jg., H. 1, S. 3-14.

Shaw, M.: Group Dynamics. The psychology of small group behavior, New York 1976.

Sheth, J.N.: A Model of Industrial Buyer Behavior. In: Journal of Marketing, 1973, 37. Jg., H. 4, S. 50-56.

Sheth, J.N.: Organizational buying behavior: past performance and future expectations. In: Journal of Business & Industrial Marketing, 1996, 11. Jg., H. 3/4, S. 7-24.

Silk, A.J.; Kalwani, M.U.: Measuring Influence in Organizational Purchase Decisions. In: Journal of Marketing Research, 1982, 19. Jg., H. 2, S. 165-181.

Simonson, I.: Choice based on reasons: The case of attraction and compromise effects. In: Journal of Consumer Research, 1989, 16. Jg., H. 2, S. 158-174.

Simonson, I.: The Influence of Anticipating Regret and Responsibility on Purchase Decisions. In: Journal of Consumer Research, 1992, 19. Jg., H. 1, S. 105-118.

Slama, M. E.; Taschchian, A.: Selected socioeconomic and demographic characteristics associated with purchasing involvement. In: Journal of Marketing, 1985, 49. Jg., H. 1, S. 72-82.

Smeltzer, L.R.; Ogden, J.A.: Purchasing Professionals' Perceived Differences between Purchasing Materials and Purchasing Services. In: The Journal of Supply Chain Management, 2002, 38. Jg., H. 1, S. 54-70.

Smolka, K.M.: Mittelgroße Deals retten M&A-Markt. In: Financial Times Deutschland, 28.12.2007, o.S.

Sommerlatte, S.: Lernorientierte Unternehmensberatung, Wiesbaden 2000.

Speckbacher, G.; Wratschko, K.; Wolfbauer, J.: Top-Management-Beratung: Der Vergabeprozess aus Sicht der Kunden, Studie der Wirtschaftsuniversität Wien, Juni 2004.

Spence, M.: Job Market Signaling. In: Quarterly Journal of Economics, 1973, 87. Jg., H. 3, S. 355-374.

Spremann, K.: Reputation, Garantie, Information. In: ZfB, 1988, 58. Jg., H. 5/6, S. 613-629.

Steffan, C.: Investment Banking - Entwicklung bei Mergers & Acquisitions. In: Sparkasse, 1998, H. 2, S. 86-88.

Steinmann, D.: The effects of cognitive feedback and task complexity in multiple-cue probability learning. In: Organizational Behavior and Human Performance, 1976, 15. Jg., S. 168-179.

Steppan, R.: Erfolgshonorare bleiben umstritten. In: Financial Times Deutschland, 7. Oktober 2005, S. A2.

Steyrer, J.: Unternehmensberatung in Österreich – Ergebnisse einer Befragung von Führungskräften. In: Journal für Betriebswirtschaft, 1989, 39. Jg. H. 4-5, S. 244-249.

Steyrer, J.: „Unternehmensberatung“ – Stand der deutschsprachigen Theorienbildung und empirischen Forschung. In: Theorie und Praxis der Unternehmensberatung, hrsg. v. M. Hofmann, Heidelberg 1991, S. 1-44.

Stock, J.R.; Zinszer, P.H.: The Industrial Purchase Decision for Professional Services. In: Journal of Business Research, 1987, 15. Jg., H. 1, S. 1-16.

Strick, S.: Der Kuchen wird kleiner – Branchenbarometer: Sinkende Transaktionszahlen und -volumina treffen auch die M&A-Dienstleister. In: Finance, 2002, H. 9, S. 12-21.

Strick, S.: Lokale Wurzeln, weltweit. Wie erfolgreich sind M&A-Berater-Netzwerke? In: Finance, März 2006, S. 78-79.

Sturm, R.: Entscheidungen und Entscheidungsmodelle. In: WISU, 2005, 34. Jg., H. 1, S. 56-59.

Tetlock, P.E.; Kim, J.I.: Accountability and judgment processes in a personality prediction task. In: Journal of Personality and Social Psychology, 1987, 52. Jg., H. 4, S. 700-709.

Tempelmeier, H.: Beschaffung, Materialwirtschaft, Logistik. In: Handwörterbuch der Betriebswirtschaftslehre, hrsg. v. E. Wittmann, 5. Aufl., Stuttgart 1993, Sp. 312-325.

Thiell, M.: Strategische Beschaffung von Dienstleistungen. Eine Grundlegung und Untersuchung der Implikationen dienstleistungsspezifischer Objektmerkmale auf Basis institutionen-ökonomischer Ansätze, Dissertation an der Universität Erlangen-Nürnberg, 2006.

Tolle, E.: Informationsökonomische Erkenntnisse für das Marketing bei Qualitätsunsicherheit der Konsumenten. In: ZfbF, 1994, 46. Jg., H. 11, S. 926-938.

Trommsdorf, V.: Die Messung von Produktimages für das Marketing, Saarbrücken 1975.

Van Osselaer, S.; Ramanathan, S.; Campbell, M.; Cohen, J.; Dale, J.; Herr, P.; Janiszewski, C.; Kruglanski, A.; Lee, A.; Read, S.; Russo, J.; Tavassoli, N.: Choice Based on Goals. In: Marketing Letters, 2005, 16. Jg., H. 3/4, S. 335-346.

Vogel, D.H.: M&A - Ideal und Wirklichkeit, Wiesbaden 2002.

Vogt, J.: Vertrauen und Kontrolle in Transaktionen: eine institutionenökonomische Analyse, Wiesbaden 1997.

Voß, S.; Fiedler, C.; Greistorfer, P.: Meta-Heuristiken als moderne Lösungskonzepte für komplexe Optimierungsprobleme. In: WISU, 2000, 29. Jg., H. 4, S. 552-566.

Webster, F.E.: Industrial Marketing Strategy, 3. Aufl., New York u.a. 1991.

Webster, F.E.; Wind, Y.: Organizational Buying Behavior, Englewood Cliffs 1972.

Webster, F. E.; Wind, Y.: A General Model for Understanding Organizational Buying Behavior. In: Marketing Management, 1996, 4. Jg., H. 4, S. 52-57.

Weekes, D.J.; Scott, M.E.; Tidwell, P.M.: Measuring Quality and Client Satisfaction in Professional Business Services. In: Journal of Professional Services Marketing, 1996, 14. Jg., H. 2, S. 25-37.

Wei, N.S.: How to Select and Manage Environmental Consultants. In: Pollution Engineering, 2002, 34. Jg., H. 7, S. 40-41.

Weiber, R.: Was ist Marketing? Ein informationsökonomischer Erklärungsansatz, 2. Aufl., Trier 1996.

Weiber, R.; Adler, J.: Informationsökonomisch begründete Typologisierung von Kaufprozessen. In: ZfbF, 1995a, 47. Jg., H. 1, S. 43-65.

Weiber, R.; Adler, J.: Der Einsatz von Unsicherheitsreduktionsstrategien im Kaufprozeß: Eine informationsökonomische Analyse. In: Kontrakte, Geschäftsbeziehungen, Netzwerke – Marketing und Neue Institutionenökonomik, hrsg. v. K.P. Kaas, Sonderheft ZfbF 35, 1995b, S. 61-77.

Weigelt, K.; Camerer, C.: Reputation and corporate strategy: A review of recent theory and applications. In: Strategic Management Journal, 1988, 9. Jg., H. 5, S. 443-454.

Weihe, R.: Interessenkonflikte zwischen Unternehmensverkäufer und Management. Eine Analyse im Kontext der Mergers & Acquisitions-Beratung, Wiesbaden 2003.

Weihe, R.: M&A-Beratung bei managementobstruierten Unternehmensverkäufen. In: M&A Review, 2004, H. 10, S. 408-415.

Weihe, R.; Elschen, R.: Interessenkonflikte im Mergers & Acquisitions-Prozess. In: Finanz-Betrieb, 2004, 6. Jg., H. 9, S. 602-609.

White, T.B.: Consumer Trust and Advice Acceptance: The Moderating Role of Benevolence, Expertise, and Negative Emotions. In: Journal of Consumer Psychology, 2005, 15. Jg., H. 2, S. 141-148.

White, L.; Johnson, L.W.: A Conceptual Model of Relative Influence in Decision Making in a Professional Services Context. In: Journal of Professional Services Marketing, 1998, 16. Jg., H. 2, S. 75-93.

Wilson, E.J.: Theory transitions in organizational buying behaviour research. In: Journal of Business & Industrial Marketing, 1996, 11. Jg., H. 6, S. 7-19.

Wilson, E.J.; Lilien, G.L.; Wilson, D.T.: Developing and Testing a contingency paradigm of group choice in organizational buying. In: Journal of Marketing Research, 1991, 28. Jg., November, 452-466.

Williamson, O.E.: The Economic Institutions of Capitalism. Firms, Markets, Relational Contracting, New York 1985.

Wilson, T.D.: Information Behaviour: An Interdisciplinary Perspective. In: Information Processing & Management, 1997, 33. Jg., H. 4, S. 551-572.

Windsperger, J.: Transaktionsspezifität, Reputationskapital und Koordinationsform. In: ZfB, 1996, 66. Jg., H. 8, S. 965-978.

Wirtz, B.: Mergers & Acquisitions Management, Wiesbaden 2003.

Witte, E.: Organisation für Innovationsentscheidungen: das Promotoren-Modell, Göttingen 1973.

Witte, E.: Informationsverhalten. In: Handwörterbuch der Betriebswirtschaftslehre, hrsg. v. E. Grochla; W. Wittmann, 4. Aufl., Stuttgart 1984, Sp. 1915-1924.

Wittreich, W.J.: How to Buy/Sell Professional Services. In: Harvard Business Review, 1966, 44. Jg., H. 2, S. 127-138.

Wöhe, G.: Einführung in die Allgemeine Betriebswirtschaftslehre, 17. Aufl., München 1990.

Woudstra, L.; van den Hoof, L.: Inside the source selection process: Selection Criteria for human information sources. Erscheint in: Information Processing & Management (2007), doi:10.1016/j.ipm.2007.07.004

Yeung, R.M.W.; Morris, J.: An empirical study of the impact of consumer perceived risk on purchase likelihood: a modelling approach. In: International Journal of Consumer Studies, 2006, 30. Jg., H. 3, S. 294–305.

Yi, S.; Baumgartner, H.: Coping With Negative Emotions in Purchase-Related Situations. In: Journal of Consumer Psychology, 2004, 14. Jg., H. 3, S. 303-317.

Zabala, I.; Panadero, G.; Gallardo, L.M.; Amate, C.M.; Sanchez-Galindo, M.; Tena, I.; Villalba, I.: Corporate Reputation in Professional Services Firms: ‚Reputation Management Based on Intellectual Capital Management‘. In: Corporate Reputation Review, 2005, 8. Jg., H. 1, S. 59-71.

Zeithaml, V.A.: How Consumer Evaluation Processes Differ between Goods and Services. In: Marketing of Services – AMA´s Special Conference on Services Marketing, hrsg. v. J.H. Donnelly/W.R. George, Orlando 1981, S. 186-190.

Zelewski, S.: Betriebswirtschaftslehre als wissenschaftliche Disziplin. In Betriebswirtschaftslehre, hrsg. v. H. Corsten/M. Reiß, München 1994, S. 1-140.

Zucker, L.G.: Production of Trust: Institutional Sources of Economic Structure. In: Research in Organizational Behavior, 1986, 8. Jg., S. 53-111.

EINZELSCHRIFTEN

Lara T. Mohr
Die Bedeutung subjektiv-rationaler und emotionaler Manager-Motive bei Mergers & Acquisitions – Untersucht am Beispiel der Übernahme von REEBOK durch ADIDAS
Lohmar – Köln 2009 ♦ 352 S. ♦ € 64,- (D) ♦ ISBN 978-3-89936-790-4

Wolfgang Dorfner
Ethno-Marketing unter dem Aspekt der demografischen Entwicklung
Lohmar – Köln 2009 ♦ 156 S. ♦ € 47,- (D) ♦ ISBN 978-3-89936-791-1

Jörn-Axel Meyer (Hrsg.)
Management-Instrumente in kleinen und mittleren Unternehmen – Jahrbuch der KMU-Forschung und -Praxis 2009
Lohmar – Köln 2009 ♦ 484 S. ♦ € 74,- (D) ♦ ISBN 978-3-89936-793-5

Sylvia Heller
Die Bilanzierung von Versicherungsverträgen nach IFRS – Eine ökonomische Analyse
Lohmar – Köln 2009 ♦ 304 S. ♦ € 59,- (D) ♦ ISBN 978-3-89936-795-9

Thomas M. Woytt
Fremdfinanzierungsratgeber für kleine Unternehmen
Lohmar – Köln 2009 ♦ 68 S. ♦ € 19,90 (D) ♦ ISBN 978-3-89936-800-0

Christiane Büch
Bewertung von Investitionen in der immobilienwirtschaftlichen Projektentwicklung anhand eines modularen Realoptionsmodells
Lohmar – Köln 2009 ♦ 260 S. ♦ € 57,- (D) ♦ ISBN 978-3-89936-802-4

Lesya Zalenska
Bildungsbedarfsanalyse in Unternehmen
Lohmar – Köln 2009 ♦ 148 S. ♦ € 43,- (D) ♦ ISBN 978-3-89936-804-8

Antje Beier
Die Nachfrage nach M&A-Dienstleistungen – Eine Analyse des Beschaffungsprozesses und der Auswahlkriterien
Lohmar – Köln 2009 ♦ 348 S. ♦ € 63,- (D) ♦ ISBN 978-3-89936-809-3

JOSEF EUL VERLAG